Peter Gruss/Ferdi Schüth (Hrsg.)

Die Zukunft der Energie

Die Zukunft der Energie ist eine der zentralen Menschheitsfragen der nächsten Jahrzehnte. Auf der Suche nach Antworten spielt die Wissenschaft eine entscheidende Rolle. Denn nur durch intensive Forschung können neue Energiequellen für eine dauerhafte wirtschaftliche Nutzung erschlossen und die Möglichkeiten zur Speicherung von Energie erweitert werden. In diesem Buch werden allgemeinverständlich die wesentlichen Forschungslinien skizziert, die darauf zielen, langfristig die Weltbevölkerung mit ausreichenden Mengen nachhaltig erzeugter Energie zu versorgen.

Die Herausgeber
Peter Gruss ist Biologe und seit 2002 Präsident der Max-Planck-Gesellschaft. Peter Gruss hat für seine wissenschaftliche Arbeit zahlreiche Preise und Auszeichnungen erhalten, darunter den Niedersächsischen Staatspreis, den Leibniz-Preis, den Louis-Jeanet-Preis für Medizin sowie den Deutschen Zukunftspreis (Preis des Bundespräsidenten für Technik und Innovation).
Ferdi Schüth ist Chemiker und seit 1998 Direktor und Wissenschaftliches Mitglied am Max-Planck-Institut für Kohlenforschung in Mülheim an der Ruhr. 2001 erhielt er den Preis des Stifterverbandes und 2003 den Leibniz-Preis der DFG. Seit 2007 ist er Vizepräsident der DFG.

Peter Gruss/Ferdi Schüth (Hrsg.)

Die Zukunft der Energie

Die Antwort der Wissenschaft

Verlag C. H. Beck

Mit 46 Abbildungen, davon 21 in Farbe, und 8 Tabellen

© Verlag C. H. Beck oHG, München 2008
Satz: Fotosatz Reinhard Amann, Aichstetten
Druck und Bindung: CPI – Ebner & Spiegel, Ulm
Umschlaggestaltung: roland angst, Berlin + stefan vogt, München
Umschlagabbildung: © Daryl Benson/The Image Bank/Getty Images
Gedruckt auf säurefreiem, alterungsbeständigem Papier
(hergestellt aus chlorfrei gebleichtem Zellstoff)
Printed in Germany
ISBN 978 3 406 57639 3

www.beck.de

Inhalt

Vorwort

Von Peter Gruss und Ferdi Schüth

«Experten warnen vor dramatischem Öl-Engpass», «Energiesicherheit gefährdet», «Biosprit-Boom verstärkt Hunger» – solche und ähnliche Schlagzeilen kann man inzwischen fast täglich lesen. Manches davon mag übertrieben und einer gewissen medialen Vorliebe für Katastrophenszenarien geschuldet sein. Doch dass die Frage einer nachhaltigen Energieversorgung eine der zentralen Menschheitsfragen der nächsten Jahrzehnte darstellt, ist nicht erst seit den Ölpreissprüngen und Biospritdiskussionen der letzten Monate unbestreitbar. Auf der Suche nach Antworten spielt die Wissenschaft eine entscheidende Rolle. Denn nur durch intensive Forschung können neue Energiequellen für eine dauerhafte wirtschaftliche Nutzung erschlossen und die Möglichkeiten zur Speicherung von Energie erweitert werden. Die Wissenschaftler an Max-Planck-Instituten leisten dazu vielfältige Beiträge, die sie in diesem Buch darlegen.

In der sich verschärfenden Diskussion darüber, wie die Zukunft der Energie aussehen soll, verzahnen sich mehrere Themenkomplexe, was die Suche nach Antworten nicht unbedingt einfacher macht. Da ist zum einen die Frage der künftigen Versorgungssicherheit. Einige der wichtigsten Energiequellen, die wir heute nutzen, sind bekanntlich endlich. Die fossilen Energieträger, die noch immer in weit überwiegendem Maße den heutigen Primärenergieverbrauch decken, gehen unwiderruflich zur Neige, und insbesondere für die nach wie vor wichtigste energetische Grundlage unserer Zivilisation, das Erdöl, werden die Prognosen von Tag zu Tag dramatischer: Nahm man bis vor kurzem an, die maximale Fördermenge («Peak Oil») werde in naher bis mittlerer Zukunft erreicht sein, so glauben einige Fachleute inzwischen sogar, das Fördermaximum sei bereits überschritten und die geförderte Menge schon heute rückläufig. Hinzu kommt die stetig steigende Nachfrage vor allem aus den aufstrebenden Schwellenländern China und Indien, deren Bedarf an Primärenergie sich in den nächsten beiden Jahrzehnten verdoppeln dürfte.

So geht etwa die Internationale Energiebehörde (IEA) davon aus, dass sich die Zahl der Automobile in China bis 2030 auf dann 270 Millionen Fahrzeuge versiebenfachen wird. Dass sich diese wachsende Nachfrage nicht allein mit fossilen Energieträgern befriedigen lässt, scheint klar zu sein – auch wenn hier, wie *Carl Christian von Weizsäcker* in seinem bedenkenswerten Beitrag zeigt, deutlich mehr Ressourcen vorhanden sein dürften, als vorschnelle Endzeitpropheten gerne postulieren. Andererseits ist aber auch klar, dass Energiesysteme lange Zyklenzeiten aufweisen und ein radikales Umsteuern in diesem Bereich gar nicht möglich ist. Fossile Energieträger – und hier insbesondere die noch am längsten verfügbare Kohle – werden deshalb auch weiterhin eine wichtige Rolle spielen, wenn auch in anderen Formen, wie etwa im Fall der Kohle als verflüssigter Kraftstoff. Gleichzeitig muss die Suche nach neuen Energiequellen und nach Möglichkeiten der Energieeinsparung intensiver denn je vorangetrieben werden.

Anders als noch während der «Ölkrise» Anfang der 1970er Jahre ist die Energiediskussion heute immer auch eine Klimadiskussion. Denn bei der Verbrennung fossiler, also Kohlenstoff enthaltender Energieträger werden große Mengen des Treibhausgases Kohlendioxid (CO_2) frei, und dieses trägt – zusammen mit anderen Gasen wie Methan oder Lachgas (N_2O) – nach inzwischen fast einheiliger wissenschaftlicher Meinung in hohem Maße zur globalen Erderwärmung bei. «Die Menschheit verändert zurzeit die Zusammensetzung der Erdatmosphäre und das globale Klima mit einer Geschwindigkeit, die mindestens zehnmal höher ist als am Ende einer Eiszeit», schreiben *Jochem Marotzke* und *Erich Roeckner* in ihrem Beitrag, in dem sie verschiedene – durchaus ernüchternde – Klima-Szenarien für das 21. Jahrhundert skizzieren. Die am Max-Planck-Institut für Meteorologie erstellten Modellrechnungen und Klimaprojektionen fanden Eingang in den viel beachteten jüngsten Sachstandsbericht des Weltklimarats (IPCC), der 2007 vorgelegt wurde und so deutlich wie nie zuvor die Verantwortung des Menschen für den zu beobachtenden Klimawandel betonte. Das heißt, die Energie der Zukunft muss nicht nur Versorgungssicherheit bieten, sondern auch Klimasicherheit – es müssen demnach Energieformen sein, die entweder möglichst wenig bzw. überhaupt kein CO_2 produzieren oder bei denen sich das entstehende Treibhausgas abscheiden und einlagern lässt – wie dies im Fall der Kohleverstromung unter dem Stichwort «Clean Coal» zur Zeit erprobt wird.

Die Zukunft der Energie muss somit auf drei Säulen ruhen: auf der Erschließung und Weiterentwicklung neuer Energiequellen, auf der Steigerung der Energieeffizienz und auf der Reduzierung der CO_2-Emissionen bei der Erzeugung und Nutzung von Energie.

Um mit Letzterem zu beginnen: Eine globale Verringerung des CO_2-Ausstoßes ist nur im Rahmen eines Weltklimaabkommens zu erreichen. Wie eine solche Vereinbarung aussehen müsste, um wirklich erfolgreich zu sein, zeigt der Beitrag von *Carl Christian von Weizsäcker*. Neben der Regelung auf politischer Ebene, die sich alles andere als einfach gestalten dürfte, bedarf es aber auch technischer Weiterentwicklungen, um CO_2-Emissionen ganz zu vermeiden oder anfallendes CO_2 so zu speichern, dass es in der Atmosphäre nicht wirksam wird. Eine besonders interessante und weitreichende Form der Kohlenstoffspeicherung, nämlich die so genannte hydrothermale Carbonisierung von Biomasse, beschreiben *Markus Antonietti* und *Gerd Gleixner* in dem Kapitel «Biomasse-Nutzung für globale Zyklen: Energieerzeugung oder Kohlenstoffspeicherung?». Solche «neuen» Kohlenstoffsenken, die sich natürliche Prozesse zum Vorbild nehmen, könnten in Zukunft einen wesentlichen Beitrag zur Reduktion von atmosphärischem CO_2 leisten und damit ein wirksames «Atmosphärenmanagement» ermöglichen.

Was die Erschließung neuer Energiequellen angeht, so ist grundsätzlich festzuhalten, dass die weitaus meisten Energieformen in direkter oder indirekter Form ihren Ursprung im Licht der Sonne haben. Nicht nur die fossilen Energieträger sind über Jahrmillionen aus Biomasse entstanden. Auch der Wind weht nur deshalb, weil die Sonne für Temperaturunterschiede in der Atmosphäre sorgt, die auf Ausgleich drängen, und selbst die Wasserkraft lässt sich nur nutzen, weil die Sonne über den Ozeanen Wasser verdunsten lässt, das an anderer Stelle als Regen die Flüsse füllt. Das direkt eingestrahlte Sonnenlicht würde prinzipiell ausreichen, den gesamten Energiebedarf der Menschheit zu decken. Warum es trotzdem so schwierig ist, das Potenzial der Sonne effizient zu nutzen, legt *Hartmut Michel* exemplarisch in seinem Beitrag dar. Er fragt danach, ob die natürliche Photosynthese der Pflanzen, bei der das Sonnenlicht für den Aufbau von Biomasse genutzt wird, einen Beitrag zur Lösung des Energieproblems leisten könnte. Die Bilanzen fallen freilich recht ernüchternd aus. Als Vorbild für künstliche, biomimetische Systeme der Lichtenergiewandlung mittels organischer Materialien taugt die Photosynthese deshalb nur mit

Einschränkungen. Weitaus effizienter erscheinen dagegen die Nutzung der Sonnenwärme mittels Solarthermik sowie insbesondere die direkte Umwandlung der Sonnenenergie in elektrische Energie mit Hilfe der Photovoltaik. Die dabei zum Einsatz kommenden anorganischen Halbleiter (Silicium, Galliumarsenid) weisen einen deutlich besseren Wirkungsgrad auf als organische Materialien, wie *Hans-Joachim Queisser*, einer der Pioniere der Solarzellenforschung, in seinem Beitrag zeigt. Das Problem sind die weiterhin sehr hohen Materialkosten, die eine wirkliche breite Nutzung dieser Form von Energiegewinnung erschweren. Abhilfe kann hier möglicherweise die «Querschnittswissenschaft» Chemie schaffen, wie *Bruno Schmaltz, Randolf Schücke* und *Klaus Müllen* in ihrem Beitrag deutlich machen. Die Polymerforschung arbeitet intensiv daran, den Wirkungsgrad und die Lebensdauer polymerbasierter Solarzellen so weit zu steigern, dass die Organische Photovoltaik (OPV) auch kommerziell mit siliciumbasierten Solarzellen konkurrieren kann. Mindestens ebenso große Bedeutung hat die Polymerelektronik aber auch im Bereich der Energieeinsparung, vor allem durch die so genannte OLED-Technologie, die Bildschirmanzeigen und Beleuchtungsmittel um ein Vielfaches effizienter macht, sowie durch die Entwicklung neuer Transistoren.

Wie aber lässt sich das Sonnenlicht nutzen, um daraus nicht nur Wärme und Strom zu erzeugen, sondern flüssige oder gasförmige Treibstoffe, die gerade im Bereich des Verkehrs (Auto, Schiff, Flugzeug), aber auch bei Heizungsanlagen eine zentrale Rolle spielen? Hier kommen die so genannten Biokraftstoffe ins Spiel, die gerade in jüngster Zeit für viel Aufregung und Verwirrung gesorgt haben. Denn einerseits ist es ein verlockender Gedanke, «Bäume zu Autofutter» zu verarbeiten, wie es der *Spiegel* ein wenig salopp formuliert, also pflanzliches Material (Biomasse) in Biosprit für die motorische Verbrennung umzuwandeln. Derzeit werden 95 % der Kraftstoffe auf Basis von Erdöl gewonnen, sodass gerade auf diesem Sektor Alternativen besonders dringlich sind – nicht zuletzt deshalb, weil alle Prognosen für die kommenden Jahrzehnte weltweit eine weitere deutliche Zunahme des Transport- und Personenverkehrs voraussagen. Angesichts dessen erscheinen Kraftstoffe wie Biodiesel oder Ethanol, die aus Pflanzenölen bzw. Zucker und Stärke gewonnen werden, als technologisch am wenigsten aufwändige und als am schnellsten umzusetzende Lösung. In Brasilien etwa sind schon über 80 % aller Fahrzeuge in der Lage, Ethanolbeimischungen bis zu 85 % zu verwerten. Andererseits ist aber in den letzten Monaten zunehmend deutlich geworden, dass diese «Biokraftstoffe der ersten Generation» bedenkliche Nebeneffekte haben. Nicht nur dass die dafür verwendeten Anbauflächen und Ressourcen (vor allem Wasser) in Konkurrenz zur landwirtschaftlichen Nutzung für Ernährungszwecke stehen oder wertvollen Naturraum wie etwa die Regenwälder im Amazonasgebiet zerstören, ist problematisch. Auch die Energiebilanzen fallen eher mäßig aus, da nur Teile des pflanzlichen Materials verwertet werden können und zudem der für die Brennstoffgewinnung nötige Energieaufwand oftmals unverhältnismäßig hoch ist. Hinzu kommt, dass der erhöhte Einsatz von Düngemitteln zu einer verstärkten Freisetzung des Treibhausgases Distickstoffoxid (N_2O) führt.

Wichtige Forschungsansätze aus verschiedensten Richtungen arbeiten deshalb intensiv an so genannten Biokraftstoffen der zweiten Generation. Dabei geht es zum einen darum, das gesamte Pflanzenmaterial, also auch die bislang weitgehend nicht genutzte Lignozellulose, das Gerüstmaterial der Pflanze, zu verwerten. Hier stellt vor allem das Verfahren *biomass to liquid* (BTL), also die Biomasse-Verwertung durch Umwandlung in Gas und anschließende Verflüssigung mittels Fischer-Tropsch-Synthese, einen viel versprechenden Ansatz dar, wie *Walter Leitner* in seinem Beitrag zeigt. Eine andere Möglichkeit sind neue Fermentationsverfahren, bei denen Mikroorganismen auch Zellwandmaterial und damit beispielsweise sogar Stroh und Holz abbauen können. Damit würde sich nicht zuletzt die Verwertbarkeit von niederwertiger Biomasse, etwa von landwirtschaftlichen Abfällen, deutlich erhöhen. Die Energiebilanzen der Methanerzeugung mittels Biogaserzeugung und des Einsatzes von Mikroorganismen würden sich auf einer solch breiteren «Verwertungsgrundlage» signifikant verbessern, wie die mikrobiologischen Beiträge von *Rudolf K. Thauer* und *Friedrich Widdel* im Detail darlegen. Dass sich aber auch das Pflanzenwachstum und die «energetischen» Eigenschaften der Pflanzen verbessern lassen, darauf weist sehr anschaulich der Beitrag von *Mark Stitt* hin. Mittels Züchtung könnte man die anfallende Biomasse quantitativ steigern, man könnte aber auch ihre Zusammensetzung verändern oder sogar völlig neue Nutzpflanzen, so genannte «energy crops», entwickeln. Bemerkenswerte Perspektiven weist auch die von *Markus Antonietti* und *Gerd Gleixner* beschriebene «Verkohlung» von Biomasse auf, bei welcher der natürliche Vorgang der Kohlebildung imitiert und durch die Zugabe von Katalysatoren um ein Vielfaches beschleunigt wird.

Insgesamt zeigt sich, dass die Biomasse eine breite Palette an Möglichkeiten der Energiegewinnung bietet. Es wäre jedoch fatal, hier nach dem einen «Königsweg» zu suchen. Wie am Streit um den Biosprit deutlich wird, sind die Unwägbarkeiten in diesem Bereich noch sehr groß, sodass es geboten erscheint, in möglichst viele Richtungen weiterzuforschen. In einer so zentralen Frage wie der nach der Zukunft der Energie sollte man nicht vorzeitig mögliche Alternativen ausschließen.

Lediglich drei Energieformen, nämlich die Kernenergie, die Gezeitenenergie und die Geothermie, sind nicht auf die Sonne zurückzuführen. Ebbe und Flut sowie die Erdwärme können zwar einen wertvollen Beitrag zur Energieversorgung liefern, weisen aber wohl insgesamt kein wirklich ausreichendes Potenzial auf. Die eine Form der Nutzung von Kernenergie, nämlich durch Kernspaltung, findet gesellschaftlich nur begrenzt Akzeptanz. Auch die hohen Investitionskosten für Kernkraftwerke und der Rückgang an Rohstoffvorkommen mit hohem Urangehalt schränken einen Ausbau der Kernenergienutzung ein. Deshalb richten sich umso größere Hoffnungen auf die Kernfusion als nachhaltige Energiequelle, die *Alexander M. Bradshaw* beschreibt. Wäre die sehr langwierige Forschung in diesem Bereich von Erfolg gekrönt, würde man über eine höchst attraktive Energiequelle verfügen: praktisch CO_2-freie Energieerzeugung, überschaubare Kosten, Abfälle, die schon bald ihre Radiotoxizität verlieren, und vor allem die physikalische Unmöglichkeit, dass Reaktoren außer Kontrolle geraten.

Nicht minder große Hoffnungen verbinden sich auch mit der Brennstoffzellentechnologie, gerade im Bereich des (Auto-)Verkehrs. Doch so einfach es auf den ersten Blick erscheint, die in Wasserstoff und Sauerstoff gespeicherten molekularen Bindungsenergien ohne weiteren Umweg in elektrische Energie zu verwandeln: Dass die Brennstoffzelle den technischen Durchbruch zum massenhaften Einsatz bisher nicht geschafft hat, hat durchaus seine Gründe, wie *Kai Sundmacher* in seinem Beitrag erläutert. So ist es bisher nicht gelungen, Wasserstoff in großen Mengen umweltfreundlich zu erzeugen. Daneben bedarf es auch materialtechnischer Verbesserungen, um die Brennstoffzelle zu vertretbaren Kosten im Bereich der Automobilindustrie nutzen zu können. Vor allem aber muss die Brennstoffzelle als Energiewandler sinnvoll und produktiv in energietechnische Versorgungssysteme eingebunden werden.

Denn die Zukunft der Energie betrifft nicht nur die Frage nach neuen

Energiequellen, sondern es geht auch darum, die prinzipiell verfügbaren Energiemengen tatsächlich zu nutzen. Oder anders gesagt: Um die Abhängigkeit von fossilen Energieträgern zu reduzieren, bedarf es auch einer neuen Energieinfrastruktur mit neuen Transport- und Speicherformen für Energie sowie neuen, deutlich effizienteren Formen der Energiewandlung. Gerade regenerative Energien, ob aus Wind, Wasserkraft, Biomasse oder Sonne, werden mehr oder weniger unstetig produziert, sind also abhängig von Windstärke, Sonnenstunden, Wassermenge der Flüsse oder von der Vegetation, sodass es hoher Pufferkapazitäten bedarf, die einerseits bei Überversorgung die überschüssige Energie speichern und andererseits bei Unterversorgung zusätzliche Energie ins Netz einspeisen können. Wie *Robert Schlögl* und *Ferdi Schüth* in ihrem umfassenden Überblick über Transport- und Speicherformen darlegen, gibt es keine ideale Energieform, die nach Bedarf regelbar, sehr gut speicherbar, leicht transportierbar und breit einsetzbar wäre. Insofern bedarf es auch hier einer breiten Palette an Forschungsansätzen, um den «Wirkungsgrad» des gesamten Energiesystems zu steigern.

Was den schlecht zu speichernden elektrischen Strom angeht, steht in diesem Kontext vor allem die Batterieforschung vor großen Herausforderungen, wie der Beitrag von *Joachim Maier* zeigt. Sie ist zwar bereits auf einem hohen Entwicklungsstand – wie die steigenden Betriebszeiten von Mobiltelefonen und Laptops eindrucksvoll belegen –, doch wird es in Zukunft verstärkt darauf ankommen, verschiedene Forschungsfelder und Fachrichtungen miteinander zu verzahnen, um eine effizientere und zugleich umweltfreundlichere Energieinfrastruktur zu entwickeln.

Der vorliegende Band macht deutlich, dass die Zukunft der Energie nur in einem breit gefächerten «Energiemix» bestehen kann, der die verschiedensten Energiequellen – alte wie neue, fossile wie regenerative – so effizient wie möglich miteinander verzahnt, der die Möglichkeiten der Speicherung und des Transports von Energie – beispielsweise aus sonnenreichen Ländern in sonnenärmere Regionen – deutlich verbessert und der vor allem dafür sorgt, dass Umwelt- und Klimaverträglichkeit der Energiegewinnung und -nutzung gewährleistet sind. Um das zu erreichen, bedarf es noch stärker als bisher der transdisziplinären Forschung, bei der Grundlagen- und anwendungsorientierte Forschung weiter miteinander verknüpft werden.

Grundlagen der Energiediskussion

Von Ferdi Schüth

«Energie» ist ein Begriff, der im täglichen Leben in vielen Bedeutungsschattierungen vorkommt. Wirft man einen Blick in ein Lexikon wie den Brockhaus, so finden sich zwei Erklärungen: die umgangssprachliche, nämlich Tatkraft, Schwung, Spannkraft, und die physikalische, nämlich gespeicherte Arbeit, die mit dem griechischen Wortursprung «energeia», d. h. wirkende Kraft, verknüpft ist. Um diese zweite Definition der Energie geht es in diesem Buch.

Energie wird in der Physik oft definiert als die Fähigkeit, Arbeit zu verrichten. Damit verschmolzen in der Frühzeit der Menschheitsgeschichte beide oben genannte Bedeutungen, denn der frühzeitliche Mensch war im Wesentlichen auf die Fähigkeit seines eigenen Körpers, seine Tatkraft, seinen Schwung, seine Spannkraft, angewiesen, wenn er etwas bewirken wollte. Der menschliche Körper hat die Fähigkeit, Arbeit zu verrichten, er enthält also «Energie» auch im physikalischen Sinne. Dieser «Energievorrat» wurde und wird durch die Zufuhr von Nahrung immer wieder ergänzt. Erst später lernte der Mensch, sich andere Energieformen zunutze zu machen: die des Feuers, mit dem Wärme zum Heizen und zum Kochen erzeugt wurde, die des Wassers, das aufgestaut wurde und dann eine Mühle antreiben konnte, die des Windes zum Fortbewegen von Schiffen mittels Segeln oder zum Betreiben von Windmühlen. In jüngerer Zeit wurden schließlich die Energiequellen des Industriezeitalters in großem Maße erschlossen: Kohle, Öl, Erdgas, Nuklearbrennstoffe, die Sonne für die Solarthermie und die Photovoltaik sowie viele andere Energiequellen. Abbildung 1 zeigt die Struktur unseres derzeitigen Primärenergieverbrauchs, aufgeschlüsselt nach den einzelnen Energiequellen.

Aufgrund der Endlichkeit einer Reihe der bedeutenden Energiequellen, die wir derzeit nutzen, hat in Wissenschaft, Politik und Öffentlichkeit eine intensive Diskussion über unsere zukünftige Strategie in Sachen Energie begonnen. Diese Diskussion ist nicht neu und kehrt in regelmäßigen Abständen wieder: von der Antike, als in ganzen Regionen

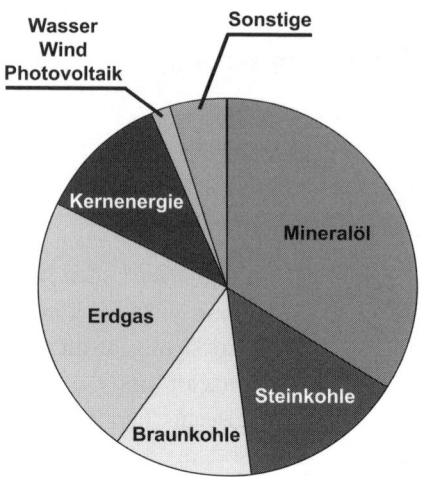

Abbildung 1: Struktur des deutschen Primärenergieverbrauchs 2007. Summe entspricht 13 842 PJ. «Sonstige» enthält Brennholz, Müll, Klärschlamm, Außenhandelssaldo Strom etc. (Quelle: Arbeitsgemeinschaft Energiebilanzen).

Wälder abgeholzt wurden, um Schiffe zu bauen, die durch Windenergie den Transport von Menschen und Gütern bewerkstelligten, bis zuletzt in der Ölkrise der 1970er Jahre, die jedoch eher politisch als durch eine echte Ressourcenknappheit bedingt war. Es gibt jedoch Anzeichen dafür, dass die jetzige Energiediskussion eine andere Qualität aufweist: In der Vergangenheit wechselten wir von einer Energiequelle zu einer anderen, weil die jeweils neue Technologie kostengünstiger und einfacher war, so etwa von Holz zu Kohle zu Erdöl, und nicht weil eine benutzte Energiequelle nicht mehr verfügbar war – obwohl das beim Holz nach großflächiger Einführung der Dampfmaschine sicher zu erwarten gewesen wäre. Nun aber haben wir klar die Endlichkeit der wesentlichen energetischen Grundlage unserer Zivilisation, des Erdöls, vor Augen. «Peak Oil», das heißt, der Zeitpunkt, zu dem die maximale Fördermenge von Erdöl erreicht ist und diese auch durch größte Anstrengungen nicht mehr gesteigert werden kann, wird von vielen Experten in naher bis mittlerer Zukunft erwartet, viele Schätzungen liegen bei etwa 2020. Dies geht einher mit einer Phase zunehmenden Energiehungers der sich schnell entwickelnden Staaten wie China und Indien. Die wirtschaftlichen, politischen und sozialen Verwerfungen, die eintreten werden, wenn «Peak Oil» tatsächlich erreicht wird, sind derzeit noch kaum abzuschätzen.

Zwar können die Reichweiten der Erdölvorräte durch die Nutzung unkonventioneller Vorkommen, wie etwa von Ölsanden oder Ölschiefern, etwas verlängert werden, an der Endlichkeit der Vorräte auf einer Zeitskala von deutlich unter 100 Jahren gibt es jedoch keinerlei Zweifel.

Da die Zyklenzeiten unserer Energiesysteme lang sind (ein heute gebautes Großkraftwerk wird 2050 immer noch in Betrieb sein) und die Frage unserer Energieversorgung untrennbar mit dem CO_2-Problem und den damit in Verbindung gebrachten Auswirkungen auf das Weltklima zusammenhängt, wird die Diskussion zu Recht zum jetzigen Zeitpunkt und in der jetzigen Intensität geführt. CO_2, Kohlendioxid, entsteht bei der Verbrennung kohlenstoffhaltiger Materialien als unvermeidbares Produkt, und alle unsere fossilen Energiequellen sowie nachwachsende Rohstoffe enthalten unterschiedliche Mengen an Kohlenstoff, von über 90 % aller Atome wie in der Kohle bis zu einem Fünftel der Atome, wie im Methan, dem Hauptbestandteil von Erdgas, das die chemische Formel CH_4 aufweist, also ein Atom Kohlenstoff und vier Atome Wasserstoff. Aussagekräftiger ist es, wenn man die entstehende Menge Kohlendioxid pro Einheit an erzeugter Energie angibt, aber auch in diesem Fall schneidet Erdgas mit Abstand am besten ab. Das Kohlendioxid absorbiert die Infrarotstrahlung, die von der Erde ausgeht, und sorgt so dafür, dass eine geringere Energiemenge in den Weltraum abgestrahlt wird, wodurch sich die Erde wie in einem Treibhaus langsam aufheizt. Dies kann gravierende Folgen für unser Klima und die Höhe des Meeresspiegels haben, wie zunehmend klar wird (vgl. dazu den Beitrag von Jochem Marotzke und Erich Roeckner). Die Energiediskussion ist somit immer auch eine Klimadiskussion, obwohl beide Probleme in der öffentlichen Wahrnehmung und der politischen Diskussion vielfach noch getrennt werden.

Generell ist häufig festzustellen, dass viele Grundbegriffe und wesentliche Zusammenhänge in der Energie- und Klimadiskussion nicht immer ganz klar sind, häufig fehlen naturwissenschaftliche Grundkenntnisse, die zur Interpretation der Informationen erforderlich sind. In diesem Kapitel sollen daher einige Grundlagen zu Energiequellen, Energieumwandlungsprozessen und den damit verbundenen Begriffen erläutert werden. Auch werden eine Reihe von Zusammenhängen in Form von Tabellen dargestellt, die bei Fragen, die möglicherweise in späteren Kapiteln auftauchen, zu Rate gezogen werden können. Eine Reihe nützlicher Informationen für die Energiediskussion ist in der Übersicht auf der vorderen Umschlaginnenseite aufgelistet.

Einige physikalische Grundlagen

Energie im physikalisch strengen Sinne kann – entgegen der Alltags-
erfahrung und dem Alltagssprachgebrauch – weder verbraucht noch
erzeugt werden. Für Energie gilt ein so genannter Erhaltungssatz, der besagt, dass in einem isolierten System die Summe aller Energien konstant
bleibt. Was passiert aber dann, wenn «Energie erzeugt» oder «Energie
verbraucht» wird? Letztlich handelt es sich dabei immer um die Umwandlung einer Energieform in eine andere – im Energieerhaltungssatz,
so wie er oben formuliert wurde, steht daher «Energien», womit jede
mögliche Energieform gemeint ist. Energieformen können beispielsweise
Bewegungsenergie, Wärmeenergie, elektrische Energie oder in chemischen
Bindungen gespeicherte Energie sein.

Eine solche Umwandlungskette sei an einem Beispiel erläutert: Benzin
enthält chemische Energie, die in den Bindungen der Kraftstoffmoleküle
gespeichert ist. Bei der Verbrennung des Benzins im Motor werden diese
Bindungen gebrochen und neue Bindungen mit Sauerstoff gebildet. Die
Summe der in den neuen Bindungen gespeicherten Energie ist geringer
als die vorher in den Bindungen steckende. Da die Gesamtenergie konstant ist, wird der Rest der Energie in eine andere Energieform, nämlich
Wärmeenergie, umgewandelt. Diese Wärmeenergie erhitzt das Gas, das
sich dadurch ausdehnt und den Kolben im Motor bewegt, beim Ausdehnen kühlt sich das Gas ab, ein Teil seiner Wärmeenergie wird in die Bewegungsenergie des Kolbens umgewandelt, der Rest durch den Auspuff
abgegeben. Der Kolben treibt über Kurbelwelle und Getriebe schließlich
die Räder an, mit denen das Auto bewegt wird, aber bei der Umwandlung zwischen verschiedenen Formen von Bewegungsenergie entsteht
Reibung, die letztlich wieder in Wärmeenergie umgewandelt wird, sodass also nicht die gesamte Energie, die für die Bewegung des Kolbens
aufgebracht wird, auch am Rad ankommt. Wenn man auf der einen Seite
die zu Beginn in den chemischen Bindungen steckende Energie und auf
der anderen Seite die Summe der erzeugten Energieformen, also die Bewegungsenergie der Teile im Motor und des gesamten Autos sowie alle
entstandenen Wärmemengen, vergleicht, so sind beide Werte identisch.
Dies ist eine Folge des Energieerhaltungssatzes.

Diese Umwandlungskette steht prototypisch für jeden Energiewand-
lungsprozess. Dabei ist aber zu berücksichtigen, dass sich eine Ener-

gieform nicmals vollständig in eine andere umwandeln lässt. Faktisch wird immer ein Teil in Wärmeenergie umgewandelt (genau gesagt wird die so genannte «Entropie» erhöht, was sich aber meist in Form von frei werdender Wärme manifestiert), die häufig nicht genutzt wird und damit verloren geht – oder sogar noch aufwändig durch Kühlung entfernt werden muss. Die besten Energiewandlungsprozesse sind also solche, in denen auch die entstehende Wärme noch verwertet wird, wie etwa bei Kraftwerken, die in Kraft-Wärme-Kopplung betrieben werden. Solche Kraftwerke erzeugen elektrische Energie, die dabei unvermeidlich freiwerdende Wärme wird aber nicht über einen Kühlturm in die Atmosphäre oder über Kühlwasser in einen Fluss abgegeben, sondern über ein Fernwärmenetz zur Beheizung von Haushalten eingesetzt.

Die Tatsache, dass es unmöglich ist, eine Energieform vollständig in eine andere umzuwandeln, ohne Wärme freizusetzen, wird im so genannten zweiten Hauptsatz der Thermodynamik gefasst, der wie der Energieerhaltungssatz ein Grundprinzip der Physik darstellt. Aus dem zweiten Hauptsatz folgt auch, dass es unter energetischen Gesichtspunkten unterschiedlich «wertvolle» Wärme gibt. Eine Wärmekraftmaschine, wie es die meisten Kraftwerke und auch Verbrennungsmotoren sind, arbeitet zwischen zwei unterschiedlichen Temperaturen, und der Wirkungsgrad, das heißt, wie viel der eingesetzten Energie tatsächlich als Nutzarbeit gewonnen werden kann, wird durch des Verhältnis zwischen dem oberen Temperaturniveau und dem unteren Temperaturniveau bestimmt. Je höher die Temperatur ist, bei der Wärme zur Verfügung steht, desto effizienter lässt sie sich in Arbeit umwandeln. Liegt das obere Temperaturniveau nur wenig über der Umgebungstemperatur, so lässt sich diese Wärme kaum noch nutzen, um Arbeit zu gewinnen, also etwa um Strom zu erzeugen oder in Motoren als Antrieb zu dienen. Dennoch kann sie sehr direkt als Wärmeenergie verwertet werden, da ein erheblicher Teil, nämlich etwa ein Drittel unseres Energiebedarfs, genau diese Wärme auf einem relativ niedrigen Temperaturniveau ausmacht, die als Heizenergie benötigt wird.

Für die Energienutzung kann man damit eine generelle Schlussfolgerung ziehen (von der es natürlich Ausnahmen geben kann): Energienutzung sollte in möglichst wenigen Schritten erfolgen, da jeder Schritt unvermeidlich mit Verlusten verknüpft ist. Dort, wo Niedertemperaturwärme entsteht, sollte man sie möglichst zum Heizen nutzen. Auch dies sei an einem Beispiel erläutert. Biogas kann dort, wo es produziert wird, also in Agrarregionen oder in einer Kläranlage, in einem Blockheizkraftwerk relativ effizient in elektrischen Strom und Heizwärme umgewandelt werden, mit Gesamtwirkungsgraden über 80%. Würde man das Methan, das im Biogas enthalten ist, zunächst durch eine so genannte Dampfreformierung zu Synthesegas umsetzen, dieses dann über ein geeignetes Verfahren in Benzin oder Diesel umwandeln und den Kraftstoff dann in einem Auto verbrennen, so läge der Gesamtwirkungsgrad sicher nicht höher als 20%, je nach den Betriebsbedingungen des Motors vermutlich sogar deutlich darunter. Zwar muss man berücksichtigen, dass hier unterschiedliche Nutzungsarten für die im Methan enthaltene Energiemenge verglichen werden, nämlich die Erzeugung von Bewegungsenergie und die Erzeugung von elektrischer Energie und Wärme, das Prinzip aber wird deutlich: Jede Energiequelle sollte möglichst so genutzt werden, dass die Nutzenergie, also die gewünschte Dienstleistung, mit den geringsten Verlusten erbracht wird, im Idealfall in Kopplung mit Wärmeerzeugung für Heizzwecke.

Die oben erwähnte «Nutzenergie» ist die Art der Energie, die für uns wirklich interessant ist. Es handelt sich hierbei um die Energie, die dem Verbraucher für eine bestimmte Energiedienstleistung zur Verfügung steht. Das kann etwa das Licht einer Glühlampe sein, die Wärme einer Herdplatte zum Kochen oder die Energie, die erforderlich ist, um ein Auto von A nach B zu bewegen. Die Nutzenergie ist in der Regel deutlich geringer als die so genannte «Endenergie». Dies ist die beim Verbraucher ankommende Energie, etwa in Form von elektrischem Strom oder von Benzin, das an der Tankstelle in das Auto gefüllt wird. Die Endenergie lässt sich niemals verlustfrei in Nutzenergie umwandeln, es treten mehr oder weniger große Umwandlungsverluste auf. So werden nur etwa 5% des Energieinhalts des elektrischen Stroms, der in einer Glühlampe verbraucht wird, in Licht umgewandelt, der Rest wird als Wärme frei. Eigentlich ist also eine Glühlampe eine Heizung, die auch etwas Licht produziert – wobei wir nur am Licht wirklich interessiert sind. Viel Energie könnte gespart werden, wenn wir effizientere Verfahren nutzen würden, um elektrische Energie in Licht umzuwandeln, wie zum Beispiel Leuchtstofflampen (als Energiesparlampen im Handel) oder Leuchtdioden, bei denen man damit rechnet, dass sie innerhalb der nächsten zehn bis zwanzig Jahre die klassische Glühlampe ablösen werden.

Auch die Endenergie, die beim Verbraucher ankommt, ist noch nicht die Energiemenge, die benötigt wird, um eine entsprechende Energiedienstleistung zu erbringen, da die Endenergie aus der so genannten

«Primärenergie» erzeugt wird. Auch das geschieht – wie gemäß dem zweiten Hauptsatz zu erwarten – nur unter Umwandlungsverlusten. Als Primärenergie bezeichnet man die Energie, die mit den natürlich vorkommenden Energieformen oder Energiequellen zur Verfügung steht. Diese natürlich vorkommenden Energieformen oder -quellen sind etwa Wind, Kohle, Erdöl, Erdgas, Sonne oder Uran. Bei deren Verarbeitung, etwa der Verstromung von Kohle oder der Raffination von Erdöl, wird nur ein Teil in Endenergie umgewandelt, sodass die Primärenergie, die eine Volkswirtschaft oder die Welt verbraucht, immer größer ist als die Endenergie oder gar die Nutzenergie. Für die Energiebilanz der Erde ist zudem zu berücksichtigen, dass auch die Primärenergie nicht ohne «energetische Kosten» zur Verfügung steht. Erdöl muss unter Energieaufwand gefördert werden, das Silicium für Solarzellen muss in energetisch aufwändigen Prozessen hergestellt und zu Modulen verarbeitet werden, Kernkraftwerke müssen gebaut werden, für den Uranbergbau werden große Mengen Gestein bewegt, usw. Es gibt Analysen, wonach unter bestimmten Bedingungen hergestellte Biokraftstoffe der ersten Generation sogar negative Gesamtenergiebilanzen aufweisen, d. h. für ihre Herstellung wird insgesamt mehr Energie verwendet, als später in Form von Endenergie im Biokraftstoff zur Verfügung steht. Dies ist auf den ersten Blick erstaunlich, denn die Pflanzen wachsen ja quasi umsonst. Auf den zweiten Blick erkennt man aber, dass für die Bewirtschaftung der Flächen Maschinen mit ihrem jeweiligen Kraftstoffverbrauch erforderlich sind, Düngemittel müssen unter Energieeinsatz produziert werden, der Transport der Biomasse zu einer Anlage, die daraus Dieselkraftstoff herstellt, kostet Kraftstoff, die Anlage selbst benötigt Energie für ihren Betrieb. Wenn all dies in die Analyse einbezogen wird, dann ist die letztlich gewonnene Energie nur noch gering, der Erntefaktor, also das Verhältnis von Energiemenge, die im Produkt enthalten ist, zur Energiemenge, die zur Produktion erforderlich war, liegt in manchen Fällen nicht mehr viel höher als 100 %, vielleicht sogar darunter.

Wie misst man Energie?

Will man das Verhältnis der unterschiedlichen Energiearten zueinander bewerten, benötigt man eine Messgröße für Energie. In der Physik wird als Basiseinheit das so genannte Joule (J) benutzt, benannt nach dem

Physiker James Joule, der als erster die Äquivalenz von mechanischer Energie und Wärmeenergie gezeigt hatte. Das Joule hat die früher benutzte Einheit für Energie, die Kalorie (cal), abgelöst, die wir alle als Kilokalorie (kcal = 1000 cal) von den Angaben zum Energiegehalt von Nahrungsmitteln kennen.

Die frühere Einheit der Kalorie war über einen alltäglichen Prozess definiert, nämlich als die Energiemenge, die benötigt wird, um ein Gramm Wasser bei Atmosphärendruck von 14,5 °C auf 15,5 °C zu erwärmen, was ein gewisses Gefühl für diese Energiemenge gibt. Eine Kalorie sind 4,18 J, mit einem Joule kann man also ein Gramm Wasser um etwa ein Viertelgrad erwärmen – nicht sehr viel. Bewegungsenergie berechnet man aus der halben Masse eines Objekts in kg multipliziert mit dem Quadrat der Geschwindigkeit in m/s. Die Einheit, die man erhält, ist $kg\, m^2/s^2$, was einem Joule entspricht. Ein Fußball mit einem Gewicht von 0,430 kg, der mir mit einer Geschwindigkeit von 30 m/s, eine nicht untypische Geschwindigkeit beim Elfmeter, an den Kopf fliegt, hat also eine Bewegungsenergie von 193,5 J, genug, um etwa ein Glas Wasser um 1 Grad zu erwärmen. In Wärmemengen umgerechnet erscheint dies nicht sehr viel, die mechanische Energie, die am Kopf spürbar wird, wird für die meisten dagegen signifikant sein. In Einheiten für elektrische Größen kennen wir die Energiebezeichnung aus unserer Stromrechnung, die in Kilowattstunden (kWh) angegeben ist, das Energieversorgungsunternehmen wird also für gelieferte Energiemengen bezahlt. Ein Joule entspricht einer Wattsekunde (Ws), eine Kilowattstunde sind also 3600 Kilojoule (kJ). Das bedeutet, dass mit der Energiemenge von einem Joule eine 60-Watt-Lampe nur 1/60 Sekunde brennen könnte – wiederum nicht sehr viel.

Auf der Produktionsseite dagegen sind die Energiemengen häufig unvorstellbar groß. Ein großes Braunkohlekraftwerk wie das in Frimmersdorf in der niederrheinischen Tiefebene hat eine elektrische Leistung von 2265 MW. Wenn dieses Kraftwerk das ganze Jahr mit dieser Leistung produziert, also 31 536 000 Sekunden lang, erzeugt es eine Energiemenge von 2265 MW × 31 536 000 s = 71 429 040 000 000 000 J oder $7{,}14 \times 10^{16}$ J. Dafür benötigt es 20,4 Mio. t Braunkohle, also pro Stunde mehr als 2000 t!

Neben dem in den Naturwissenschaften als Standardeinheit festgelegten Joule gibt es zahlreiche andere Einheiten, mit denen Energie gemessen wird, darunter intuitiv greifbare, wie die Tonne Steinkohleneinheit, also die Energiemenge die derjenigen entspricht, die in einer Tonne Steinkohle enthalten ist, aber auch andere, wie die British Thermal Unit (BTU). Die Übersichtstabelle auf der hinteren Umschlaginnenseite gibt zur besseren Orientierung einen Überblick über häufig verwendete Energiegrößen und die verschiedenen Umrechnungsfaktoren.

Verbrauch, Reserven, Ressourcen und Reichweiten

Selbst eine so große Zahl wie die Energieproduktion des Kraftwerks Frimmersdorf entspricht weniger als 0,5 % des Primärenergieverbrauchs der Bundesrepublik Deutschland. Wenn es also um Größen in dieser Dimension geht, werden die Zahlen schnell unüberschaubar, und es werden Vorsilben benötigt, die sonst in Wissenschaft und Technik kaum vorkommen. Die Übersicht auf der hinteren Umschlaginnenseite listet die wesentlichen Vorsilben und ihre Bedeutung auf. Der Primärenergieverbrauch Deutschlands im Jahr 2006 betrug 14 565 Petajoule (PJ), der Endenergieverbrauch dagegen nur 9261 PJ,[1] was einem ein Gefühl für die Umwandlungs- und Transportverluste vermittelt. Außerdem wird ein kleiner Teil der Primärenergie nichtenergetisch genutzt, etwa Teile des Öls als Rohstoff für die chemische Industrie. Ein vereinfachtes Energieflussdiagramm für die Bundesrepublik Deutschland erläutert dies in Abbildung 2.

Die Primärenergie in Deutschland wird zu fast 60 % durch Öl und Gas gedeckt, etwa 25 % stammen aus Braun- und Steinkohle, gut 10 % aus Kernenergie, der Rest aus verschiedenen Quellen wie Wasserkraft, Windenergie, Biomasse und anderen. Dies ist insofern beunruhigend, als Öl und Gas die Energiequellen mit den kürzesten Reichweiten sind, d. h. wenn sich die Verbrauchsstruktur nicht ändert, reichen diese Energiequellen noch etwa 40 Jahre im Falle des Erdöls und etwa 60 Jahre im Falle des Gases.[2]

Allerdings sind solche Angaben über Reichweiten einer bestimmten Ressource immer mit Vorsicht zu interpretieren. Es handelt sich dabei um das Verhältnis von Reserven zur Förderung im jeweiligen Bezugsjahr, d. h. es wird ein Quotient gebildet aus zwei Zahlen, die sich verändern können. Die Reserven sind die bekannten Mengen, die unter den zur jeweiligen Zeit herrschenden ökonomischen und technischen Randbedingungen gefördert werden können. Die Reichweiten haben

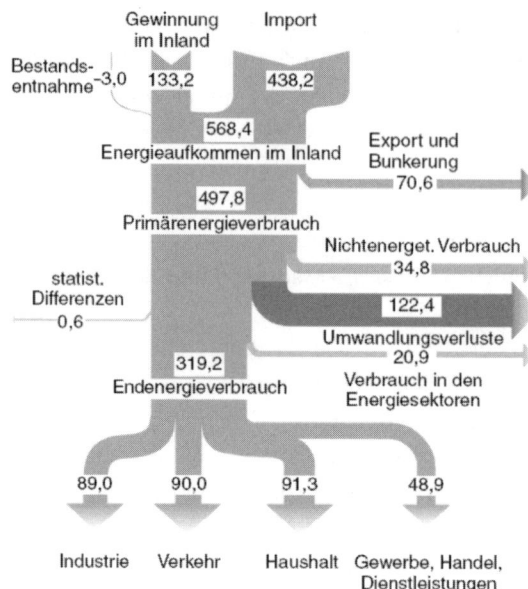

Abbildung 2: Energieflussdiagramm 2006 für die Bundesrepublik Deutschland. Zahlenangaben in Millionen Tonnen Steinkohleneinheiten (SKE) (Quelle: Arbeitsgemeinschaft Energiebilanzen).

sich erstaunlicherweise über viele Jahre nur wenig verändert, obwohl natürlich in jedem Jahr Öl, Gas und Kohle verbraucht wurden: Sie lagen für Öl 1986 bei 39,8 Jahren, 1996 bei 41 Jahren und 2006 bei 40,5 Jahren.[3] Dies war allerdings kaum auf neue große Ölfunde zurückzuführen, sondern vielmehr auf verbesserte Techniken, um die bekannten Vorkommen auszubeuten. Außerdem haben viele Länder in den 1980er Jahren ihre Reserven neu bewertet. Da es genaue Zahlen über das noch im Boden befindliche Erdöl nicht gibt, kann nur mit Wahrscheinlichkeitsangaben gearbeitet werden, wobei es keinen durchgängig angewendeten Standard gibt. Viele erinnern sich vielleicht noch an die Wellen, die es schlug, als Shell 2004 aufgrund einer Neubewertung seine Reserven um 3,9 Mrd. Barrel nach unten korrigierte, was 20 % der angenommenen Reserven des Unternehmens entsprach. Viele Anzeichen deuten also darauf hin, dass diese Entwicklung, die scheinbare oder tatsächliche Expansion der Reserven, nicht beliebig fortgeschrieben werden kann.

Eine andere wesentliche Information ist die über die Ressourcen. Unter Ressourcen versteht man die Menge an Öl, Gas, Kohle oder anderen Bodenschätzen, die bekannt ist, unabhängig davon, ob sie mit bekannter Technologie und unter den gegebenen ökonomischen Randbedingungen gefördert werden können, zuzüglich der Mengen, für deren Existenz es aufgrund geologischer Befunde begründete Vermutungen gibt. Bei Verbesserung der wirtschaftlichen oder technologischen Möglichkeiten zur Förderung können Ressourcen also zu Reserven werden. Allerdings gibt ein Blick auf die Ressourcen keinen Anlass zu übergroßem Optimismus. Sie werden für Öl nur auf etwa 50% der Reserven geschätzt.[4] Selbst wenn alle Ressourcen ausgebeutet würden, verlängerte sich die Reichweite unter der optimistischen Annahme konstanten Verbrauchs nur um etwa 20 Jahre. Schließlich gibt es noch Ressourcen an «unkonventionellem» Erdöl, wie etwa Ölsande und Ölschiefer, die etwa dreimal so hoch wie die konventionellen Ressourcen geschätzt werden.[5] Drei Viertel davon liegen allerdings in Form des bisher kaum zu prozessierenden Ölschiefers vor. «Unkonventionelles» Erdöl kann somit die Reichweite nochmals verlängern, eine nachhaltige Lösung des Problems bietet es jedoch nicht. Bei Gas sieht die Situation zum Glück etwas besser aus, die Reichweite wird derzeit auf etwa 60 Jahre geschätzt, die Ressourcen entsprechen ungefähr der gleichen Menge wie die Reserven. Erdgas kann mit bestehender Technologie – wenn auch unter Verlust eines Teils des Energiegehalts – zu Flüssigkraftstoffen umgewandelt werden, zudem kann Gas ohne größere Anpassung der Motoren als Kraftstoff für Verbrennungsmotoren genutzt werden. Der Rückgang der verfügbaren Ölmengen könnte somit zumindest für einen begrenzten Zeitraum durch Gas kompensiert werden.

Bei all dem sollte man aber berücksichtigen, dass die schwieriger zu gewinnenden Vorkommen einen immer größeren Teil ihres Energieinhalts für die Förderung verbrauchen. Bei den Ölsanden gibt es Schätzungen, wonach etwa ein Viertel bis ein Drittel für die Produktion benötigt wird, was die Reichweiten weiter verkürzt. Für das erste geförderte Öl, das praktisch ohne weitere Maßnahmen aus dem Boden sprudelte, schätzt man, dass nur etwa 1–2% des Energieinhalts für die Gewinnung aufgewendet werden mussten.

Welche Energiequellen hat die Erde?

Angesichts der Endlichkeit fossiler Ressourcen ist es nützlich, einen Blick auf die Energiequellen zu werfen, die der Menschheit grundsätzlich zugänglich sind. Die wesentliche Energiequelle für die Erde ist die Sonne, auch bei Energieformen, die man auf den ersten Blick nicht auf diesen Ursprung zurückführt. Alle fossilen Energiequellen – Kohle, Öl und Gas – wurden über Jahrmillionen aus Biomasse erzeugt. Diese wiederum entstand durch die Nutzung der eingestrahlten Sonnenenergie über die Photosynthese, also den Aufbau aus Kohlendioxid und Wasser unter Nutzung von Lichtenergie. Biomasse, die heute als eine Möglichkeit diskutiert wird, Energie zu erzeugen, entsteht ständig neu durch Photosynthese, ist also direkt auf Sonnenenergie zurückzuführen. Der Wind weht, weil die Sonne Temperaturunterschiede in der Atmosphäre erzeugt, Flüsse für den Antrieb von Wasserkraftwerken fließen, weil durch die Sonne Wasser auf den Ozeanen verdampft und als Regen auf den Landgebieten niederfällt. Diese Arten der Sonnenenergie tragen derzeit noch viel mehr zu unserer Energieversorgung bei als die augenfälligen Technologien zur photovoltaischen Stromerzeugung oder die Bereitstellung von Heizenergie über Sonnenkollektoren.

Lediglich drei Energieformen – die Kernenergie (Spaltung und Fusion), die Gezeitenenergie (im Wesentlichen aus der Gravitation des Mondes und der Erdrotation) und die Geothermie (aus Restwärme aus den Zeiten der Erdentstehung und durch radioaktive Zerfallsprozesse) – sind nicht auf die Sonne zurückzuführen. Die beiden letztgenannten Energiequellen weisen sicher kein ausreichendes Potenzial auf, um die Menschheit vollständig mit Energie zu versorgen, auch wenn sie wertvolle Beiträge liefern. Es bleiben langfristig also nur die Kernenergie oder die Sonne als Energiequelle.

Die vollständige Deckung des Energiebedarfs durch Kernspaltung würde ein unvorstellbares Ausbauprogramm für Kernkraftwerke erfordern, mit einem kompletten Einstieg in eine Wiederaufarbeitungsindustrie, die die in den 1980er Jahren diskutierte Wiederaufarbeitungsanlage in Wackersdorf wie einen winzigen Laborbetrieb erscheinen lassen würde. Die natürlichen Vorräte an Kernbrennstoffen sind endlich, und man müsste durch Brutreaktoren und Wiederaufarbeitung eine auch längerfristig tragfähige Basis schaffen, was derzeit gesellschaftlich wohl keine Akzeptanz finden würde. Dies mag sich ändern, wenn das Problem des radioaktiven Abfalls durch die so genannte «Transmutation» zumindest teilweise gelöst werden könnte. Dabei werden langlebige radioaktive Kerne durch Bestrahlung in Beschleunigern in kurzlebige Kerne umgewandelt, sodass die Radioaktivität relativ schnell, in Jahrhunderten statt in Hunderttausenden von Jahren, auf ein akzeptables Maß abklingt. Arbeiten hierzu befinden sich jedoch noch im Anfangsstadium, und es ist fraglich, ob dies in einer Dimension möglich sein wird, die erforderlich wäre, um langfristig einen nennenswerten Anteil des Energiehungers der Menschheit durch Kernspaltung zu decken.

Daher werden große Hoffnungen auf die Kernfusion als tragfähige Alternative gesetzt. Diese Energiequelle wäre praktisch unendlich nutzbar, da die Vorräte an fusionierbarem Material (das Wasserstoffisotop Deuterium sowie Lithium, aus dem Tritium hergestellt wird) auf der Erde praktisch unerschöpflich sind. Bis zur industriellen Energieproduktion durch Kernfusion sind jedoch noch große Hürden zu überwinden, die im Kapitel von Alexander Bradshaw zusammen mit den Chancen ausführlich dargestellt sind.

Technologisch wesentlich weiter entwickelt ist die Nutzung der zweiten Alternative, der Sonnenenergie. Ein Vergleich der weltweit verbrauchten Energiemenge und der von der Sonne eingestrahlten Energiemenge zeigt, dass die Versorgung der Menschheit allein mit Sonnenenergie grundsätzlich möglich ist. Die Sonne liefert pro Jahr etwa $3{,}9 \times 10^{24}$ J als Strahlungsenergie auf die Erdoberfläche. Verglichen mit dem derzeitigen weltweiten Primärenergiebedarf von etwa 5×10^{20} J bedeutet dies, dass die Sonne der Erde etwa 8000 Mal so viel Energie liefert, wie die Menschheit verbraucht. Natürlich ist dabei auch die Sonnenenergie mitgerechnet, die auf die Meere oder in unzugängliche Regionen eingestrahlt wird, aber der Vergleich macht dennoch deutlich, dass prinzipiell genügend Energie verfügbar ist. Eine Randbemerkung an dieser Stelle: Verbliebe diese Energie auf der Erde, würde sich die Erde in geologisch kurzen Zeiträumen auf unerträglich hohe Temperaturen aufheizen. Die Erde gibt aber die eingestrahlte Energie in einem anderen Wellenlängenbereich als Wärmestrahlung wieder ab, sie befindet sich in einem Strahlungsgleichgewicht, sodass in erster Näherung eine stationäre Temperatur erreicht wird. Die Klimaerwärmung ist letztlich darauf zurückzuführen, dass die atmosphärischen Gase einen Teil der Wärmestrahlung absorbieren und nach oben in den Weltraum, aber auch nach unten, zurück zur Erde, wieder abstrahlen. Damit wird nicht mehr soviel Energie von der Erde in den Weltraum abgegeben und letztlich das Strahlungsgleichgewicht verschoben.

Selbst in Deutschland, wo die meisten Menschen sicher der Ansicht sind, von der Sonne nicht gerade verwöhnt zu sein, steht prinzipiell genügend Energie durch Sonneneinstrahlung zur Verfügung. Die Sonne liefert in Deutschland im Jahr durchschnittlich etwa $1000\,kWh/m^2$. Anhand der Fläche und des Primärenergiebedarfs Deutschlands kann man daraus berechnen, dass selbst in unseren Breiten und bei der Höhe des deutschen Energieverbrauchs noch fast das 90-Fache der benötigten Energie durch die Sonne eingestrahlt wird.

Eine kurzfristig aktivierbare «Energiequelle» wurde bisher nicht erwähnt, nämlich Energieeinsparungen. Natürlich handelt es sich dabei nicht um eine Energiequelle wie die anderen bisher diskutierten, in der Wirkung ist Energieeinsparung jedoch vergleichbar mit dem Erschließen einer neuen, nachhaltigen Energiequelle. Wenn für die gleiche Energiedienstleistung weniger Energie verbraucht wird, verlängern sich die Reichweiten endlicher Energiequellen entsprechend, und in einem stationären Zustand, in dem nur erneuerbare Energiequellen genutzt würden, reichte eine geringere Produktionsmenge aus. Interessanterweise erfordern viele Maßnahmen zur Energieeinsparung nicht einmal zusätzliche finanzielle Mittel, sondern amortisieren sich durch die eingesparten Energiekosten, sodass der Saldo positiv wird. Hier stellt sich unmittelbar die Frage, warum derartige Sparmaßnahmen nicht sofort umgesetzt werden. Dies ist sicher unter anderem ein psychologisches Problem: Gerade im privaten Bereich wird eher die hohe Anfangsinvestition wahrgenommen, etwa für die verbesserte Wärmeisolation eines Gebäudes, als die jährlich eingesparte Summe. Außerdem ist die Anfangsinvestition eine konkrete Zahl, die spätere Einsparung hingegen lässt sich nicht immer präzise beziffern. Hier können Aufklärung und die Gewährung von staatlichen Krediten für die erforderlichen Investitionen helfen, die psychologische Schwelle abzubauen.

Die Energieversorgung der Menschheit als Systemproblem

Die prinzipiell verfügbaren Energiemengen auch tatsächlich zu nutzen wirft jedoch enorme Probleme auf, die im Wesentlichen damit zu tun haben, dass die Energieversorgung von Volkswirtschaften nicht aus isolierten Einzelkomponenten besteht, sondern ein systemisches Problem darstellt. Derzeit bilden zwei wesentliche Transportformen die Basis unseres Energiesystems: Strom und Kohlenwasserstoffe, hauptsächlich Öl und Gas. Für beide Transportformen sind ausgeklügelte Infrastrukturmaßnahmen erforderlich, man denke nur an die Stromnetze und deren Regelung. Die produzierte und die entnommene Strommenge in unseren Netzen müssen zu jedem Zeitpunkt genau ausgeglichen sein, und es stehen nur geringe Pufferkapazitäten in Form von Speicherkraftwerken zur Verfügung. Jeder Eingriff in dieses System zieht eine ganze Reihe von Effekten nach sich. Die Folgen, die der Verlust von einigen Hauptleitungen nach sich ziehen kann, wurden bei den großräumigen Stromausfällen im Winter 2006 mehr als deutlich. Für Kohlenwasserstoffe ist die Infrastruktur ähnlich komplex. Das deutsche Tankstellennetz besteht aus etwa 17 000 Tankstellen,[6] die von Raffinerien aus mit jeweils den richtigen Mengen passender Kraftstoffe beliefert werden müssen; hinzu kommt die Infrastruktur für andere Kraftstoffe wie Kerosin oder für Heizöl. Die Anfälligkeit unserer Gasversorgung ist spätestens in dem Moment klar geworden, als Russland der Ukraine den Hahn zudrehte, denn Gas lässt sich schwieriger lagern als Flüssigkraftstoffe, Lieferengpässe haben damit viel schneller Auswirkungen als bei Öl, das nach dem Ölbevorratungsgesetz in Deutschland für einen Zeitraum von 90 Tagen vorgehalten werden muss.

Wenn über ein neues Energiesystem nachgedacht wird, muss also die dazugehörige Infrastruktur mit berücksichtigt werden. Solare Energie kann relativ einfach lokal direkt in elektrische Energie – mittels Photovoltaik – und in Niedertemperaturwärme zu Heizwecken umgewandelt werden. Ein Aluminiumwerk mit seinem enormen Bedarf an elektrischer Energie wird man jedoch nicht mit einem lokalen Solarenergiefeld versorgen können. Öl und Gas als Speicher- und Transportform für Energie lassen sich ebenfalls nicht ohne weiteres ersetzen. Hier wären aufwändige Prozessketten erforderlich. Aus Solarstrom könnte etwa Wasserstoff hergestellt werden, der mit Kohlendioxid über katalytische Prozesse zum Beispiel zu Benzin oder Diesel umgesetzt würde. Dabei würde jedoch nur ein kleiner Teil der ursprünglich eingestrahlten Energie als Nutzenergie verwendet werden. Alternativ könnte die Sonne genutzt werden, um Biomasse wachsen zu lassen und aus dieser über verschiedene Prozesse Flüssigkraftstoffe zu gewinnen. Aber auch hier geht ein großer Teil der ursprünglich eingestrahlten Energie verloren, zudem ist die Nutzungskonkurrenz zu Nahrungs- und Futtermitteln zu beachten. Außerdem kommt hinzu, dass die Photosynthese von der Natur nicht in Richtung höchster Energieumwandlungseffizienz optimiert worden ist und nur einen Wirkungsgrad im Prozentbereich hat. Für die bedarfsdeckende photosynthetische Energieproduktion reicht also die Fläche der Bundesrepublik nicht aus, von der Konkurrenz zur Nahrungsmittelproduktion ganz zu schweigen (siehe dazu das Kapitel von Hartmut Michel). Eine zukünftige Energieinfrastruktur muss diese Zusammenhänge berücksichtigen, und es ist daher fraglich, ob Fahrzeuge mit Verbrennungsmotoren langfristig zukunftstauglich sind.

Aber auch die erforderlichen Infrastrukturentscheidungen und -investitionen für Alternativen dürfen nicht unterschätzt werden. Bei Fahrzeugen, die mit Brennstoffzellen betrieben werden, gibt es bisher keine befriedigende Lösung für die Wasserstoffspeicherung an Bord, und eine Wasserstoffinfrastruktur ist nur in Ansätzen vorhanden. Für Autos mit Batteriebetrieb ist die Reichweite der verfügbaren Batterien noch nicht ausreichend, sodass diese nur im Nahverkehrsbereich sinnvoll eingesetzt werden können. Allerdings gibt es hier Ideen für interessante Infrastrukturkonzepte: Da erneuerbare Energien relativ unstetig produziert werden – die Sonne scheint nicht immer, und auch der Wind bläst nicht Tag und Nacht –, sind hohe Pufferkapazitäten erforderlich, die in Zeiten von überschüssigem Stromangebot die elektrische Energie speichern, in Zeiten der Unterversorgung Energie ins Netz abgeben. Wenn die deutsche Automobilflotte auf Batteriefahrzeuge umgestellt wäre, könnten diese als ortsverteiltes Puffersystem wirken, da nur ein Bruchteil der Autos zu jedem Zeitpunkt wirklich fährt, der Rest könnte an einer Steckdose entweder elektrische Energie aufnehmen oder abgeben. Wenn jedes Auto eine Speicherkapazität von 100 kWh hätte (die Kapazität des Tesla-Batteriepacks von Tesla Motors Inc., derzeit wohl das am weitesten fortgeschrittene Konzept, wird mit 53 kWh angegeben) und man von einer Flotte von 50 Millionen Fahrzeugen ausgeht, könnte hiermit der Primärenergiebedarf – nicht nur der an elektrischer Energie – der Bundesrepublik für etwa einen halben Tag gespeichert werden. Welcher Anteil des Endenergieverbrauchs in einem zukünftigen System elektrische Energie wäre, ist schwer abzuschätzen, da sich die Verbrauchsstruktur sehr stark in Richtung elektrischer Energie verschieben würde. Derzeit (2006) beträgt der Stromverbrauch in Deutschland 2,21 EJ/Jahr, d. h. als reiner Puffer für die heute verbrauchte elektrische Energie reichte ein solches verteiltes Speichersystem für etwa drei Tage.

Für derartig gravierende Änderungen unseres Energiesystems wären natürlich immense Infrastrukturmaßnahmen und ein ausgeklügeltes Regelsystem erforderlich, verbunden mit enormen Kosten. Dennoch erscheint der Ansatz nicht unattraktiv. Lediglich Langstrecken würden in einem solchen Energiesystem noch mit konventionellen Autos zurückgelegt, alternativ mit Zügen, und erst am Zielort würde man auf batteriebetriebene Mietwagen umsteigen.

Diese Gedanken zeigen aber bereits das vielleicht größte Problem der Diskussion um zukünftige Energiesysteme: Wir werden unsere bisherigen Gewohnheiten vermutlich nicht beibehalten können, sondern müssen uns damit abfinden, beispielsweise unser Mobilitätsverhalten neuen Gegebenheiten anzupassen. Verhaltensmuster sind oft noch schwieriger zu verändern als technische Systeme, aber aufgrund der Endlichkeit der Ressourcen werden wir nicht umhin kommen, unser Verhalten dem Wandel unserer Energiequellen und -träger und der dazugehörigen Infrastruktur anzupassen. Diese Prozesse benötigen Zeit, und je eher wir damit beginnen, desto sanfter wird der Wandel sein können. Wenn wir diese Umwälzung intelligent gestalten, wird sie letztlich nicht mit einem Verzicht auf Lebensqualität verbunden sein, sondern wir werden die gleiche Energiedienstleistung in anderer, intelligenterer und ressourcenschonenderer Weise in Anspruch nehmen können.

Energie und Klima:
Klimaprojektionen für das 21. Jahrhundert

Von Jochem Marotzke und Erich Roeckner[1]

Einleitung

Energieversorgung und Klimawandel sind untrennbar miteinander ver-knüpft. Die bei der Verbrennung fossiler Brennstoffe ausgestoßenen Treibhausgase haben die Zusammensetzung der Erdatmosphäre bereits fundamental verändert. Man muss Jahrmillionen in die Erdgeschichte zurückgehen, um Konzentrationen des Treibhausgases Kohlendioxid (CO_2) zu finden, die mit den heutigen vergleichbar sind.[2] Die Menschheit verändert zurzeit die Zusammensetzung der Erdatmosphäre und das globale Klima mit einer Geschwindigkeit, die mindestens zehnmal höher ist als am Ende einer Eiszeit. Andererseits beeinflusst die Sorge über menschengemachte Klimaänderungen, die zu möglicherweise nicht be-herrschbaren Anpassungsproblemen führen, in entscheidendem Maße die Debatte über eine zukunftssichere Energieversorgung. Im Rahmen der umfassenden Diskussion über die Zukunft der Energieversorgung in diesem Buch geben wir hier einen Überblick über die Klimaänderungen, die für das 21. Jahrhundert zu erwarten sind.

Globale Klimapolitik erfordert, wie jede globale Umweltpolitik, inter-nationale Abkommen, um ihre Ziele zu erreichen. Durch das Kyoto-Protokoll soll die weltweite Emission von Treibhausgasen reduziert werden. Um die Politik bei der Begrenzung des künftigen Klimawandels zu unterstützen, erstellt der «Zwischenstaatliche Ausschuss zum Klima-wandel» (Intergovernmental Panel on Climate Change, IPCC) regel-mäßig Bewertungen der aktuellen Forschungsergebnisse. Dazu gehören Projektionen von möglichen zukünftigen Klimaentwicklungen mit Hilfe detaillierter Klimamodelle, die sich auf vorgegebene Szenarien zum Aus-stoß von CO_2 und anderen Treibhausgasen stützen. Auch für den im Jahr 2007 erschienenen 4. Sachstandsbericht des IPCC wurden solche Klima-projektionen berechnet und ihre Ergebnisse den Wissenschaftlern zur Auswertung zur Verfügung gestellt.

Der deutsche Beitrag zum 4. Sachstandsbericht des IPCC umfasste eine Serie von Modellrechnungen, die mit den Modellen des Max-Planck-Instituts für Meteorologie (MPI-M) am Deutschen Klimarechenzentrum (DKRZ) in Hamburg erstellt wurden. Diese extrem aufwändigen Rechnungen – insgesamt etwa 5000 simulierte Jahre – erforderten etwa 400 000 Prozessorstunden auf dem Höchstleistungsrechner für die Erdsystemforschung (HLRE) des DKRZ. Dies entspricht einem Viertel der Ressourcen eines Jahres. Die Rechnungen erfolgten mit Unterstützung der Arbeitsgruppe «Modelle und Daten» (M&D), einer nationalen Serviceeinrichtung, die das Weltdatenarchiv für die Klimaforschung (WDCC) verwaltet. Da die Ergebnisse der Simulationen von allgemeinem Interesse und potenziell für viele Forschergruppen von Bedeutung sind, wurden die Modelldaten (etwa 115 Terabyte) in der Klimadatenbank von M&D und DKRZ gespeichert und im Rahmen des WDCC über das Internet zur Verfügung gestellt.

Wir geben im Folgenden einen Überblick über die vom IPCC vorgestellten Szenarien, über die verschiedenen Modellkonfigurationen sowie über die wichtigsten Ergebnisse unserer Klimaprojektionen.

Der IPCC-Prozess

In den vergangenen Jahrzehnten wuchs in der internationalen Gemeinschaft der Klimaforscher die Sorge, dass menschliche Aktivitäten negative Einflüsse auf das Klima der Erde ausüben könnten. Bereits in einem frühen Stadium der Forschung waren die Wissenschaftler überzeugt, dass der menschliche Einfluss auf das Klima genauer analysiert werden müsse, um die wissenschaftlichen Grundlagen für die Beratung politischer Entscheidungsträger zu schaffen. Zu diesem Zweck wurde 1988 unter Federführung zweier UN-Organisationen, des UNEP (United Nations Environment Programme) und der WMO (World Meteorological Organization), der IPCC gegründet.

Von Beginn an konzentrierte sich der IPCC auf drei Bereiche. Gruppe I beschäftigt sich mit den wissenschaftlichen Aspekten des Klimawandels. Gruppe II untersucht die Konsequenzen des Klimawandels und analysiert unsere Verwundbarkeit sowie mögliche Anpassungsmaßnahmen. Gruppe III diskutiert Klimaschutzmaßnahmen, wie etwa die Minderung des Ausstoßes von Treibhausgasen und die Vergrößerung der Senken.

Bis heute sind vier vollständige Berichte veröffentlicht worden, und zwar 1990, 1995, 2001 und 2007. In jeder der drei Gruppen sind zehn bis fünfzehn Wissenschaftler aus verschiedenen Ländern für die Abfassung der einzelnen Kapitel verantwortlich. Diese Hauptautoren werten die wissenschaftlichen Publikationen aus, die für die entsprechenden Themen relevant sind. Auf der Basis dieser umfangreichen Berichte – rund 1000 Seiten von jeder Gruppe – entstehen «Zusammenfassungen für Entscheidungsträger», die wesentlich kürzer und in verständlicherem Stil abgefasst sind. Der ganze Dokumentensatz wird durch einen Synthesebericht vervollständigt. Einmal ausgearbeitet, werden die verschiedenen Dokumente von der wissenschaftlichen Gemeinschaft und den Vertretern der Regierungen rezensiert. Der Schreibprozess und der Rezensionsprozess dauern über zwei Jahre; das stellt sicher, dass der Text, der schließlich den Regierungen vorgelegt wird, auch die Zustimmung der wissenschaftlichen Gemeinschaft gefunden hat.

Die Vorhersage der Klimaerwärmung durch menschliche Aktivitäten basiert auf einer Hierarchie von Modellen, angefangen bei einfachen global gemittelten Energiebilanz-Modellen bis hin zu dreidimensionalen gekoppelten Atmosphäre-Ozean-Modellen, mit denen sich auch die geographischen Verteilungen der Klimaänderungen darstellen lassen. Der 4. Sachstandsbericht des IPCC stellt einen beispiellosen Fortschritt in der Modellierung dar. Dies gilt für die Zahl der beteiligten Institutionen (weltweit 15, darunter das MPI-M), für die Modelle selbst, für den Umfang der durchgeführten Modellrechnungen sowie für die darauf basierenden wissenschaftlichen Arbeiten.

Szenarien

Die im Rahmen des IPCC-Prozesses entwickelten Zukunftsszenarien für den Zeitraum 2001 bis 2100 basieren auf unterschiedlichen Annahmen über den demographischen, gesellschaftlichen, wirtschaftlichen und technologischen Wandel. Den für den 4. Sachstandsbericht des IPCC ausgewählten Emissionsszenarien A2, A1B und B1 liegen folgende sozioökonomische Annahmen zugrunde:

Die Szenarienfamilie A2 beschreibt eine sehr heterogene Welt. Die Geburtenraten der verschiedenen Regionen nähern sich nur langsam an, was zu einem kontinuierlichen Anstieg der Weltbevölkerung führt. Wirt-

schaftliches Wachstum ist vor allem regional orientiert, und das Wirtschaftswachstum pro Kopf sowie der technologische Wandel verändern
sich heterogener und langsamer als in anderen Szenarienfamilien.

Die Szenarienfamilie A1 beschreibt eine Welt mit sehr raschem wirtschaftlichen Wachstum, mit einer Weltbevölkerung, deren Zahl bis Mitte
des 21. Jahrhunderts zunimmt und danach abnimmt, und mit einer
raschen Einführung von neuen und effizienteren Technologien. Die drei
A1-Gruppen unterscheiden sich durch ihren jeweiligen technologischen
Schwerpunkt: intensive Nutzung fossiler Brennstoffe (A1FI), intensive
Nutzung nicht-fossiler Energiequellen (A1T) oder Ausgeglichenheit über
alle Energieträger hinweg (A1B).

Die Szenarienfamilie B1 beschreibt eine Welt mit der gleichen Zu- und
Abnahme der Weltbevölkerung wie in Szenario A1, jedoch mit raschen
Veränderungen bei den wirtschaftlichen Strukturen hin zu einer Dienst-
leistungs- und Informationswirtschaft, deutlich geringerer Material-
intensität sowie der Einführung von emissionsarmen und ressourcen-
schonenden Technologien. In diesem Szenario liegt der Schwerpunkt auf
globalen Lösungen, die in Richtung wirtschaftliche, soziale und ökologische Nachhaltigkeit weisen. Zusätzliche Klimaschutzinitiativen werden allerdings nicht berücksichtigt.

Nach diesen Vorgaben wurden von einer IPCC-Arbeitsgruppe Emissionsszenarien für die wichtigsten klimawirksamen Gase und Aerosole
erstellt (Beispiele in Tab. 1). Daraus wurde mit Hilfe von biogeochemischen Modellen der zeitliche Verlauf der atmosphärischen Konzentrationen für den Zeitraum 2001–2100 in den Szenarien A2, A1B und B1
berechnet. Selbst im relativ «günstigen» B1-Szenario wird sich der vor-
industrielle Wert von 280 ppmv (millionstel Volumenanteil) am Ende
des 21. Jahrhunderts fast verdoppelt haben (550 ppmv). Im A1B-Szena-
rio erreicht die atmosphärische CO_2-Konzentration 700 ppmv, im A2-
Szenario 830 ppmv.

Bereits heute ist die Zusammensetzung der Erdatmosphäre mit einer
CO_2-Konzentration von 380 ppmv anders als während der gesamten
vergangenen 650 000 Jahre, also dem Teil der letzten Eiszeitzyklen, für
den sehr präzise Daten vorliegen. So lag die CO_2-Konzentration in der
Atmosphäre zum jeweiligen Höhepunkt einer Eiszeit bei etwa 200 ppmv
und zum Höhepunkt einer Warmzeit bei 300 ppmv. Insofern wird die
Veränderung der Erdatmosphäre im 21. Jahrhundert dramatisch sein,
selbst im Vergleich mit den großen Eiszeiten.

	CO_2-Emissionen (PgC/Jahr)			SO_2-Emissionen (TgS/Jahr)		
Jahr	A2	A1B	B1	A2	A1B	B1
2000	8	8	8	69	69	69
2020	12	13	11	100	100	75
2040	16	15	12	109	69	79
2060	19	16	10	90	47	56
2080	23	15	7	65	31	36
2100	29	13	4	60	28	25

Tabelle 1: Emissionen von Kohlendioxid (CO_2) und Schwefeldioxid (SO_2) aus fossilen Brennstoffen, industriellen Aktivitäten und Landnutzungsänderungen in den IPCC-Szenarien A2, A1B und B1. 1 Petagramm Kohlenstoff (PgC) = 1 Milliarde Tonnen Kohlenstoff, 1 Teragramm Schwefel (TgS) = 1 Million Tonnen Schwefel.

Die in den IPCC-Szenarien für den Zeitraum 2001–2100 berechneten atmosphärischen Konzentrationen von Treibhausgasen und Aerosolen werden in unserem Klimamodell vorgeschrieben, die vorgeschriebenen Konzentrationen für den Zeitraum 1860–2000 wurden aus Beobachtungen gewonnen. Neben dem CO_2 wurden im Modell auch Methan (CH_4), Distickstoffoxid (N_2O), Ozon (O_3), die wichtigsten chlorierten Fluorkohlenwasserstoffe (CFCs) sowie das Sulfataerosol (SO_4) berücksichtigt, das in der Atmosphäre durch Oxidation des emittierten Schwefeldioxids (SO_2) entsteht.

Klimamodelle des Max-Planck-Instituts für Meteorologie

Klimamodelle dienen als theoretische Werkzeuge zur Erforschung der Zusammenhänge im Klimasystem. Sie sind die einzige «Sprache», in der sich die komplexen Prozesse im Klimasystem quantitativ ausdrücken lassen. Die deutschen IPCC-Simulationen wurden mit globalen Klimamodellen des Max-Planck-Instituts für Meteorologie durchgeführt. Das Basismodell (kurz: IPCC-Modell) besteht aus zwei Hauptkomponenten, dem Atmosphären- und Landoberflächenmodell ECHAM5 und dem Ozeanmodell MPI-OM. Die horizontale Auflösung des Atmosphärenmodells beträgt 1,875 °, was einem Gitterabstand von etwa 200 km am Äquator entspricht. Die horizontale Auflösung des Ozeanmodells beträgt 1,5 °, was einem Gitterabstand von etwa 160 km am Äquator entspricht. Das Modell enthält die im Modellgitter darstellbaren («aufgelösten») Prozesse sowie die nicht aufgelösten («parametrisierten») Prozesse, die für die Transporte von Impuls, Energie und Wasser im Erdsystem von Bedeutung sind.

Die Tests von Klimamodellen verlaufen in der Regel in zwei Stufen. Zuerst werden die einzelnen Modellkomponenten (z. B. Atmosphäre oder Ozean) entwickelt und optimiert. Atmosphärenmodelle werden beispielsweise mit beobachteten Randbedingungen (Meeresoberflächentemperatur und Meereis) der 1980er und 1990er Jahre angetrieben. Das simulierte Klima wird dann mit dem beobachteten Klima dieser Jahre verglichen. In der zweiten Stufe werden die Modellkomponenten gekoppelt und in Simulationen über mehrere Jahrhunderte getestet. Es wird dabei vor allem auf die Stabilität des Klimas und auf jene Phänomene geachtet, die direkt von den Kopplungsprozessen abhängen, wie beispielsweise auf die Meereisverteilung oder die El Niño/La Niña-Oszillationen im tropischen Pazifik. Mit dem IPCC-Modell lief eine Simulation über 500 Jahre mit konstanten vorindustriellen Konzentrationen von CO_2 und anderen Treibhausgasen. Erwartet wird unter diesen Bedingungen ein nahezu trendfreier Klimazustand. Tatsächlich steigt die globale bodennahe Lufttemperatur in dieser 500-jährigen Simulation nur unwesentlich an, und zwar um etwa 0,03 °C pro Jahrhundert. Diese Simulation des vorindustriellen Klimas liefert die Anfangswerte für die Simulationen des Klimas im 19. und 20. Jahrhundert und die anschließenden Klimaprojektionen für das 21. Jahrhundert.

Ein weiterer Standardtest besteht darin, zu untersuchen, ob das Modell in der Lage ist, bei beobachtetem externen Antrieb (Treibhausgase, Aerosole, Sonneneinstrahlung, Vulkaneruptionen) den beobachteten Klimatrend des 19. und 20. Jahrhunderts zu reproduzieren. Dabei ist zu beachten, dass die Temperaturschwankungen von Jahr zu Jahr natürlichen Ursprungs sind und sich überwiegend auf El Niño/La Niña-Oszillationen zurückführen lassen. Diese natürlichen Oszillationen können prinzipiell nur in ihren statistischen Eigenschaften (z. B. Häufigkeit und Amplitude), nicht aber in der beobachteten Abfolge wiedergegeben werden. Prinzipiell reproduzierbar sind dagegen längerfristige Trends infolge der Änderungen im externen Antrieb (z. B. CO_2-Anstieg), aber auch kurzfristige Temperaturänderungen nach starken Vulkanausbrüchen. Das IPCC-Modell reproduziert die beobachteten längerfristigen

Temperaturtrends im 19. und 20. Jahrhundert. Allerdings überschätzt
das Modell die Abkühlung der Erdoberfläche nach größeren Vulkanausbrüchen wie nach dem Ausbruch des Krakatau im Jahre 1883, was
vermutlich auf unzureichende Kenntnis über die emittierten Schwefel-
mengen zurückzuführen ist.

Ergebnisse der Klimaprojektionen

Temperatur und Niederschlag Die Zunahme der Treibhausgase und
Veränderungen bei den Schwefelemissionen führen im IPCC-Modell
zu einer globalen Erwärmung, die – bezogen auf das Mittel der Jahre
1961–1990 – im Jahr 2100 Werte zwischen 2,5 °C (B1) und 4,1 °C (A2)
erreicht. Gemessen an den unterschiedlichen CO_2-Konzentrationen in
A2 und A1B sind die Erwärmungsraten unerwartet ähnlich (3,7 °C in
A1B). Das liegt daran, dass die abkühlende Wirkung der Schwefelaero-
sole in der zweiten Hälfte des 21. Jahrhunderts in A1B deutlich schneller
abnimmt als in A2 (Tab. 1). Damit ist die durch verringerte Schwefelemissionen bedingte Erwärmung in A1B größer als in A2 und kompensiert zum Teil den schwächeren CO_2-Anstieg in A1B.

Die geographische Verteilung der erwarteten Temperaturänderungen
im 21. Jahrhundert ist in Abbildung 1 für die Szenarien A1B und B1
dargestellt. In beiden Szenarien heizen sich die Kontinente schneller
auf als die Ozeane. Besonders ausgeprägt ist die Erwärmung in hohen
nördlichen Breiten, in denen die Ausdehnung von Schnee- und Meer-
eisflächen abnimmt, wobei helle Eis- und Schneeflächen durch relativ
dunkles Wasser und schneefreies Land ersetzt werden. Damit wird ein
größerer Anteil der Sonneneinstrahlung in Wärme umgewandelt, wodurch die Temperatur weiter ansteigt. In diesem selbstverstärkenden
Prozess liegt der Hauptgrund für die extrem großen Temperaturänderungen in hohen nördlichen Breiten. Die Ozeane reagieren relativ träge,
da die Erwärmung aufgrund von vertikalen Mischungsprozessen über
ein größeres Volumen verteilt wird als über Landflächen. Besonders effizient wirken die vertikalen Mischungsprozesse im Nordatlantik und im
südlichen Ozean. Hier werden daher auch die geringsten Erwärmungsraten simuliert.

Die globale Erwärmung führt unmittelbar zu höheren Verdunstungs-
raten und damit auch zu höheren Niederschlägen. Die jährlichen Nie-

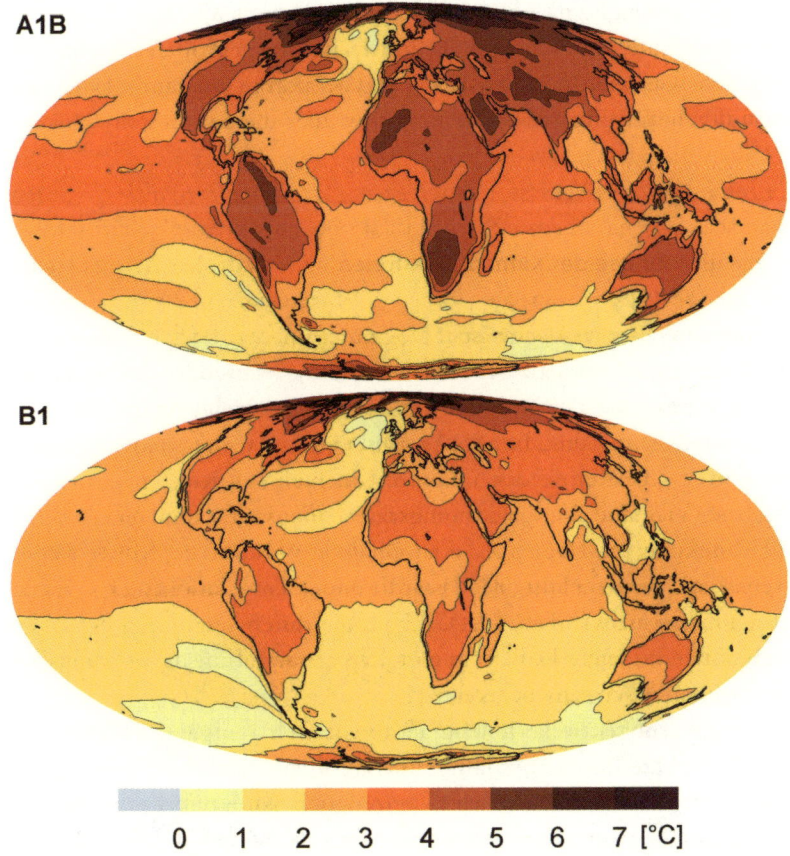

Abbildung 1: Temperaturänderungen in Erdbodennähe in den Szenarien A1B und B1. Gezeigt ist die Differenz der 30-Jahresmittel 2071–2100, minus 1961–1990.

derschläge nehmen im globalen Mittel in allen drei Szenarien mit der Zeit zu und erreichen im Jahr 2100 Zuwächse zwischen etwa 5 % (B1) und 7 % (A2, A1B) gegenüber dem Mittelwert der Periode von 1961 bis 1990. Höhere Niederschläge treten vor allem in Äquatornähe sowie in hohen geographischen Breiten auf (Abb. 2), geringere Niederschläge vor allem in den Subtropen (Mittelmeergebiet, Südafrika, Australien, subtropische Ozeangebiete). Das verstärkt die Gegensätze zwischen trockenen Klimazonen (Subtropen) und feuchten Klimazonen (Tropen, hohe Breiten). Die Änderungen des Niederschlags in Europa und anderen Gebieten (z. B. Südamerika, Zentralafrika) hängen eng mit der jahreszeitlichen Verschiebung der Klimazonen zusammen. Im Mittelmeergebiet wird eine ausgeprägte Niederschlagsabnahme im Winter simuliert. Im Sommer wandert diese Anomalie nordwärts und betrifft Teile von Süd- und Mitteleuropa. In Mitteleuropa und besonders in Skandinavien nehmen die Niederschlagsmengen im Winter zu.

Extreme Wetterereignisse   Unter extremen Wetterereignissen versteht man sehr seltene, überdurchschnittlich intensive Ereignisse mit schwerwiegenden Folgen für Natur, Mensch und Wirtschaft. Nach Angaben der Münchner Rückversicherung haben die durch extreme Wetterereignisse verursachten sozioökonomischen Schäden in den letzten Jahrzehnten drastisch zugenommen. Faktoren wie die wachsende Bevölkerungsdichte – besonders in Ballungsgebieten – sowie steigende Lebens- und Technologiestandards, die anfälliger für extreme Wettersituationen sind, können zu größeren Schäden führen. Analysen von langjährigen Klimadaten sollen aufzeigen, ob das erhöhte Schadensaufkommen auch durch die Zunahme der Häufigkeit oder der Intensität von extremen Wetterereignissen verursacht worden ist. Die Modellsimulationen des vergangenen Klimas sowie die IPCC-Klimaprojektionen liefern umfangreiches Datenmaterial, das Einblicke in mögliche Veränderungen von intensiven Wetterereignissen erlauben sollte.

Bei den sehr seltenen «Jahrhundertereignissen» – wie etwa dem europäischen Hitzesommer des Jahres 2003 – sind statistische Aussagen über Trends im Auftreten praktisch nicht möglich. Anders sieht dies bei den häufigeren intensiven Ereignissen aus, die z. B. einmal im Jahr auftreten. Zur Vereinfachung des globalen Datenvergleichs und der einheitlichen Analyse von intensiven Wetterereignissen wurden Indikatoren für intensive Temperatur- und Niederschlagsereignisse eingeführt, die moderate Wetterextreme auf größeren zeitlichen und räumlichen Skalen beschreiben. Sie eignen sich daher auch für globale Klimamodelle, die im Rahmen ihrer horizontalen Auflösung von 100 bis 200 km nur länger andauernde und großräumige Ereignisse – wie etwa mehrtägige Starkniederschläge als Auslöser für Flutkatastrophen oder länderübergreifende Hitzewellen – erfassen können. In orographisch stark geprägten Gebieten oder für kleinräumige Extreme sollte man hingegen feiner auflösende Regionalmodelle oder statistische Analysemethoden in Betracht ziehen.

Indikatoren auf der Basis von globalen Beobachtungsdaten der letzten 50 Jahre zeigen generell einen Anstieg der Nachttemperaturen und der Dauer von Hitzewellen, eine Abnahme der Frosttage sowie eine Zunahme

Januar

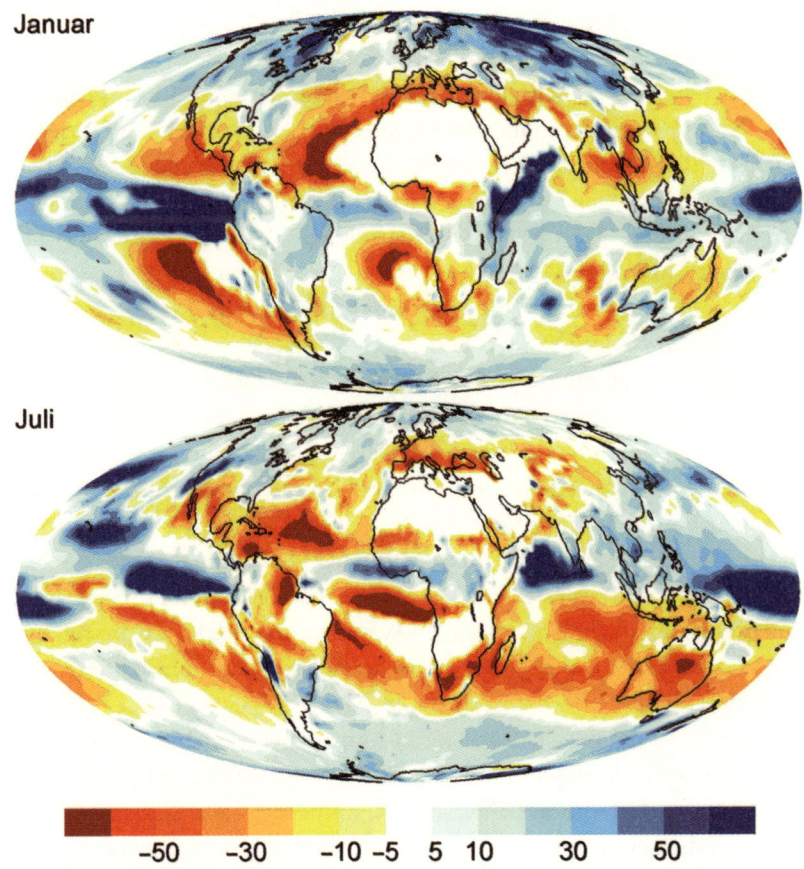

Juli

Abbildung 2: Niederschlagsänderungen im Januar und Juli für das Szenario A1B. Gezeigt sind die relativen Änderungen (in %) im Zeitraum 2071–2100, bezogen auf die Mittelwerte der Jahre 1961–1990.

der nassen Tage bzw. der maximalen 5-Tages-Niederschlagsmengen während eines Jahres. Berechnungen der genannten Indikatoren mit dem IPCC-Klimamodell bestätigen diese Veränderungen für das 20. Jahrhundert. In den Klimaprojektionen für das 21. Jahrhundert setzen sich die Trends fort, wobei sie in den extremeren A2- und A1B-Szenarien erwartungsgemäß stärker ausfallen als im B1-Szenario. In weiten Teilen der Erde nimmt die maximale 5-Tages-Niederschlagsmenge und damit auch die Hochwassergefahr zu, wenn man das Ende des 21. Jahrhunderts (2071–2100) mit dem Mittelwert der Jahre 1961–1990 vergleicht. In Europa zeichnet sich dieser Trend vor allem für die Wintermonate ab.

Gleichzeitig steigt die maximale Dauer der Trockenperioden während eines Jahres an. Dies ist in Mittel- und Südeuropa sowie in niederen geographischen Breiten (Mittelamerika, Brasilien, südliches Afrika, Australien) besonders ausgeprägt. Zusätzlich zu den Änderungen des mittleren Niederschlags (Abb. 2) wird somit auch eine Zunahme in den Extremen beiderlei Vorzeichens simuliert. Starkniederschläge haben einen immer größeren Anteil am mittleren Niederschlag, während gleichzeitig die zeitlichen Abstände zwischen Niederschlagsereignissen größer werden.

Wie zu erwarten, nimmt im wärmeren Klima auch die Dauer der Hitzewellen zu. Im 20. Jahrhundert dauerte eine Hitzeperiode in Europa – mit Temperaturen von mindestens 5 °C über dem monatlichen Klimamittel – durchschnittlich etwa 10 Tage. Am Ende des 21. Jahrhunderts beträgt die mittlere Dauer im A1B-Szenario über 60 Tage. Temperaturen, wie sie während der Hitzewelle im Sommer 2003 in Europa auftraten, würden dann zur Normalität.

Die Hurrikan-Saison des Jahres 2005 hat sehr dramatisch das Schadenspotenzial extremer tropischer Stürme gezeigt. Ob diese Stürme in einem wärmeren Klima mit höheren Wassertemperaturen an Häufigkeit, Stärke oder beidem zunehmen, ist in der Wissenschaft umstritten. Dies liegt unter anderem daran, dass die Maschenweite heutiger Klimamodelle von typischerweise 100 bis 200 km nicht ausreicht, um tropische Stürme realistisch simulieren zu können. Deren Gesamtzahl wird in Klimamodellen systematisch unterschätzt, und Hurrikanstufen mit Windgeschwindigkeiten von mehr als 118 km pro Stunde werden nicht erreicht. Die Klimaprojektionen für das 21. Jahrhundert zeigen zwar mit zunehmender globaler Erwärmung eine Abnahme in der Häufigkeit und eine leichte Zunahme in der Stärke tropischer Stürme. Allerdings gelten diese Aussagen aus den oben genannten Gründen nicht unbedingt für Hurrikane.

Im Gegensatz zu tropischen Stürmen werden Stürme in mittleren geographischen Breiten in ihrer statistischen Gesamtheit realistisch simuliert. Dies gilt für die Lage der Zugbahnen, die Gesamtzahl der Stürme, deren saisonale Variationen und insbesondere auch für die Häufigkeitsverteilung in Abhängigkeit von der Windstärke. In den Klimaprojektionen für das 21. Jahrhundert sinkt die Gesamtzahl der Stürme mit zunehmender Erwärmung. Bei den extremen Stürmen wird eine leichte Zunahme simuliert. Die Änderungen fallen jedoch regional sehr unterschiedlich aus: So erhöht sich in Mitteleuropa die mittlere Stärke der Winterstürme

um etwa 10 %, während die regenbringenden Winterstürme im Mittelmeergebiet sowohl an Zahl wie an Stärke signifikant abnehmen. Darin
liegt der Hauptgrund für die dortige Abnahme der Niederschläge im
Winter (Abb. 2) und die Verlängerung der Trockenperioden.

Meeresspiegel, Meereis und Ozeanzirkulation   Die wichtige Rolle des
Ozeans im Klimasystem ergibt sich aus seiner Funktion als Speicher- und
Transportmedium für Wärme und Stoffe (z. B. Salz, Kohlenstoff und
Nährstoffe). Im Vergleich zur Atmosphäre besitzt der Ozean eine ungleich
größere Wärmespeicherkapazität – insgesamt fast um das Zweitausend-
fache. Große Teile der Ozeane in hohen Breiten sind allerdings von
Meereis bedeckt, das den Austausch zwischen Atmosphäre und Ozean
behindert. Ein für die Menschheit unmittelbar spürbarer Effekt der globalen Erwärmung ist der zu erwartende Meeresspiegelanstieg, zu dem
mehrere Faktoren beitragen:
a) Volumenerhöhung durch Verminderung der Wasserdichte
b) Massenverlust der kontinentalen Eisschilde und Gletscher
c) Änderungen in der Ozeanzirkulation.
  Der globale Meeresspiegel steigt aufgrund der Erwärmung (Mechanismus a) je nach Szenario bis zum Jahr 2100 um 0,21 bis 0,28 m. Diesem globalen Anstieg überlagern sich regionale, durch Veränderungen
in der Ozeanzirkulation hervorgerufene Änderungen im Meeresspiegel,
die sowohl positiv als auch negativ sein können. Sie reichen von einer
geringen Abnahme im südlichen Ozean bis hin zu einem Anstieg, der
örtlich mehr als 1 m betragen kann (Abb. 3). Für den Bereich des östli-
chen Nordatlantiks ergibt sich ein Anstieg von weiteren 0,2 m gegenüber
dem global gemittelten Anstieg, für die Nordsee also ein Gesamtanstieg
von etwa 0,5 m. Die mit einer Intensivierung des Wasserkreislaufs (mehr
Verdunstung in niederen, mehr Niederschlag in hohen Breiten) einhergehende Änderung des Salzgehalts im Ozean wirkt sich auch auf die Dichte
des Wassers und die Volumenänderung aus. In der Arktis trägt dieser
Effekt entscheidend zum Anstieg des Meeresspiegels bei, während in den
Subtropen ein Absinken zu erwarten ist.
  Der Beitrag durch Massenänderungen der kontinentalen Eisschilde und
Gletscher (Mechanismus b) kann in unseren Modellen nicht direkt simu-
liert werden, lässt sich aber aus der Änderung der Schneefall- und Schmelz-
raten für diese Gebiete abschätzen. Im A1B-Szenario erhält man bis zum
Jahr 2100 einen zusätzlichen Meeresspiegelanstieg von etwa 0,08 m im

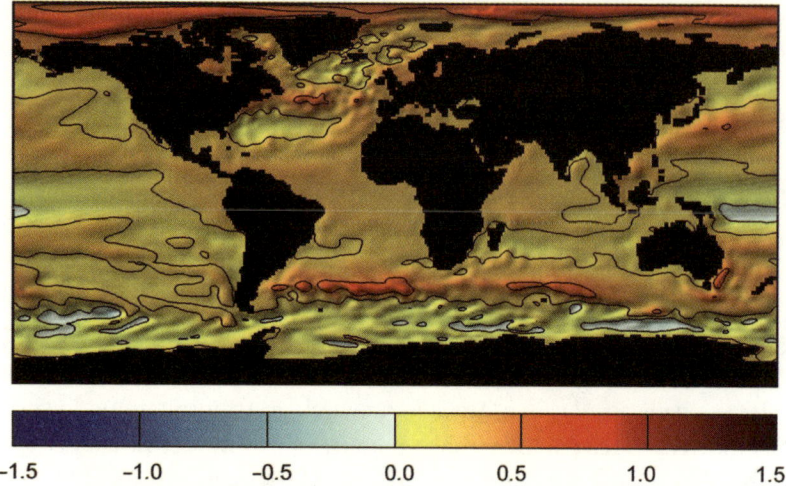

-1.5   -1.0   -0.5   0.0   0.5   1.0   1.5

Abbildung 3: Änderung des Meeresspiegels (in m) im Jahr 2100 relativ zum Zustand des Jahres 2000 für das A1B-Szenario.

globalen Mittel, wobei die Schmelze von Grönland einen Beitrag von
0,13 m leistet, verstärkter Schneefall auf der Antarktis hingegen zu einer
Absenkung des globalen Meeresspiegels um 0,05 m führt.

Seit Beginn der Satellitenmessungen im Jahre 1978 beobachtet man
eine Abnahme der sommerlichen Meereisbedeckung in der Arktis von
etwa 8 % pro Jahrzehnt, wobei sich der Trend in den letzten Jahren verstärkte. So lag die mittlere Meereisbedeckung in den Jahren 2002–2006
im September um ca. 20 % unter dem September-Mittel der Jahre 1978–
2000, im September 2005 sogar um 25 %. Der Rückgang entspricht etwa
der fünffachen Fläche Deutschlands. Im Jahr 2005 war die so genannte
Nordostpassage – der Seeweg entlang der sibirischen Küste – vom
15. August bis zum 28. September eisfrei. Im Sommer 2007 fiel die Abnahme der Meereisbedeckung in der Arktis noch dramatischer aus und
stellte ein klimatisches Extremereignis dar.

Der schon jetzt zu beobachtende Trend zu einer immer geringeren
Meereisbedeckung im Sommer setzt sich in den Klimaprojektionen fort.
Die Szenarien A2 sowie A1B zeigen die Arktis gegen Ende des 21. Jahrhunderts im Sommer eisfrei, während im Szenario B1 noch Reste vorhanden sind (Abb. 4). Das Abschmelzen des Meereises lässt einschneidende
Veränderungen und Bedrohungen für die arktischen Ökosysteme erwarten. Das Meereis um den Südpol wird ebenfalls dünner und seine Aus-

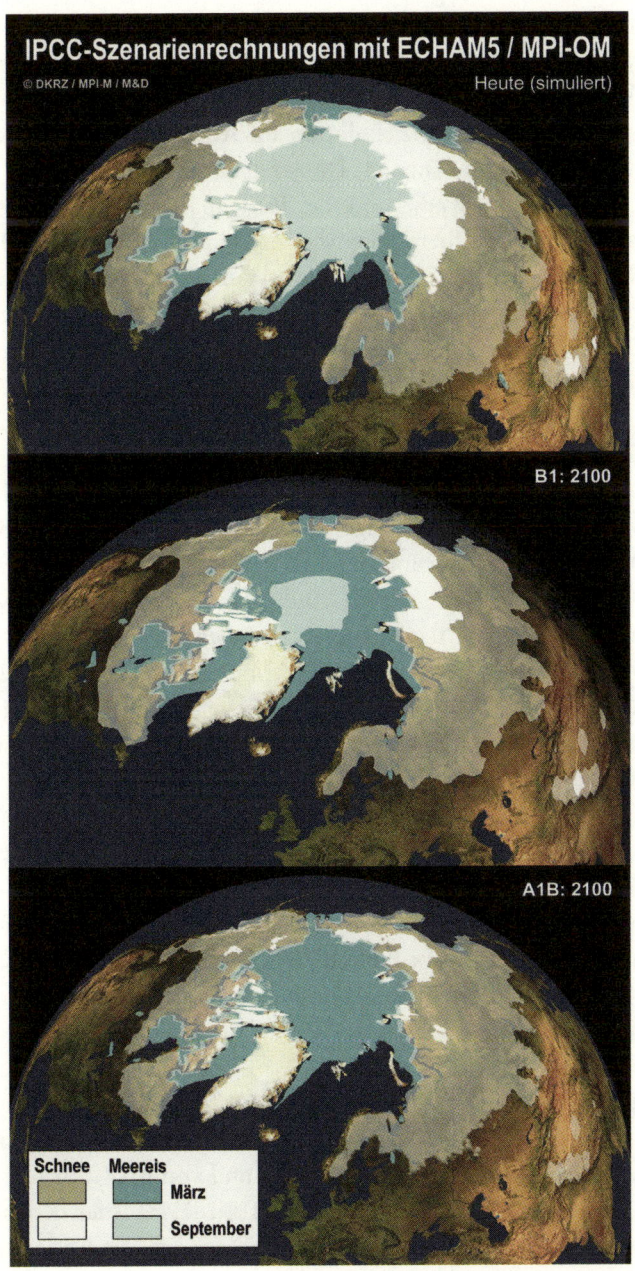

Abbildung 4: Vergleich der heutigen Meereisbedeckung im März und September (oben) mit den Projektionen für das Szenario B1 (Mitte) und A1B (unten) im Jahr 2100. Ebenfalls dargestellt ist die Schneebedeckung über Land.

dehnung geringer. Allerdings sind die Schmelzraten wegen der geringeren Erwärmung im südlichen Ozean weniger dramatisch als in der Arktis (siehe Abb. 1).

Die großräumige Ozeanzirkulation im Atlantik spielt eine wichtige Rolle für das Klima in Europa. Die so genannte thermohaline Zirkulation bringt warmes Wasser in Oberflächennähe aus den Tropen nach Norden, wo sich das Oberflächenwasser abkühlt, absinkt und dann als kaltes Wasser in großer Tiefe nach Süden zurückkehrt. In einem wärmeren Klima erwarten wir eine verringerte Wasserdichte in den oberflächennahen Schichten der hohen Breiten, sowohl durch Erwärmung als auch durch Süßwasserzufuhr infolge erhöhter Niederschläge. Die verringerte Oberflächendichte würde das Absinken und somit die thermohaline Zirkulation stören oder, im Extremfall, sogar zusammenbrechen lassen. Während solche Zusammenbrüche in der Klimageschichte ihre Spuren hinterlassen haben, zeigen unsere Klimasimulationen bis zum Jahr 2100 eine Verringerung der thermohalinen Zirkulation von bis zu 30 %, jedoch keinen totalen Zusammenbruch.[3] Der schwächere Wärmetransport wirkt der allgemeinen Erwärmung entgegen, sodass sich im Nordatlantik nur geringe Erwärmungsraten bis hin zu leichter Abkühlung in der Nähe von Grönland feststellen lassen. Trotz geringer Erwärmung des Nordatlantiks erwärmt sich der europäische Kontinent allerdings nur unwesentlich schwächer als vergleichbare Regionen.

Schlussfolgerungen

Die Simulationen des Max-Planck-Instituts für Meteorologie zu möglichen Klimaänderungen im 21. Jahrhundert lassen sich folgendermaßen zusammenfassen:

- Die globale Erwärmung hängt von der Wahl des Emissions-Szenarios ab und wird am Ende des 21. Jahrhunderts Werte von 2,5 °C im Szenario B1 erreichen, von 3,7 °C in A1B und von 4,1 °C in A2, jeweils bezogen auf den Mittelwert der Jahre 1961–1990. Dies bedeutet insbesondere, dass selbst das vergleichsweise optimistische Szenario B1 das von Bundesregierung und EU formulierte Klimaschutzziel, die globale Erwärmung auf weniger als 2 °C gegenüber dem vorindustriellen Klima zu begrenzen, um ca. 1 °C verfehlen wird.

- Landoberflächen erwärmen sich stärker als die Ozeane. Besonders ausgeprägt ist die Erwärmung in der Arktis. Hier liegen die jährlichen Erwärmungsraten bis zu dreimal höher als im globalen Mittel.
- Weltweit ist mit einer Zunahme von Hitzewellen zu rechnen. So werden die Temperaturen in Europa, wie sie während der extremen Hitzewelle im Sommer 2003 auftraten, in der zweiten Hälfte dieses Jahrhunderts zur Normalität werden.
- Als Folge der Erwärmung steigt die globale Niederschlagsrate um etwa 2 % pro Grad globaler Erwärmung. Erhöhte Niederschlagsraten sind in den Tropen und in hohen geographischen Breiten zu erwarten, geringere im Mittelmeerraum, in Südafrika und Australien. Im Mittelmeergebiet wird eine ausgeprägte Niederschlagsabnahme im Winter simuliert. In Mitteleuropa und besonders in Skandinavien steigen hingegen die Niederschlagsmengen im Winter.
- Intensive Niederschläge und die damit verbundene Hochwassergefahr nehmen weltweit zu. Fast überall nimmt auch die Dauer von Trockenperioden zu. Damit vergrößern sich nicht nur die Gegensätze zwischen relativ feuchten Klimaregionen (Tropen, hohe Breiten) und relativ trockenen (Subtropen), sondern auch die Niederschlagsextreme am jeweiligen Ort.
- Die Erwärmung der Ozeane bedingt einen Anstieg des Meeresspiegels. Im globalen Mittel beträgt der Anstieg im Jahre 2100 zwischen 0,21 m im Szenario B1 und 0,28 m in A2 (relativ zum Mittel der Jahre 1961–1990). Die regionalen Unterschiede reichen von einer leichten Absenkung in einigen Gebieten bis hin zu einem Anstieg von mehr als 1 m. Hinzu kommt ein Anstieg des globalen Meeresspiegels von bis zu 0,08 m durch den Massenverlust der kontinentalen Eisschilde und Gletscher.
- Die ausgeprägte Erwärmung der Arktis führt zu dünnerem Eis im Winter und geringerer Eisfläche im Sommer. Die in den letzten Jahren beobachtete Eisabnahme im Sommer setzt sich in den Klimaprojektionen verstärkt fort. Am Ende des Jahrhunderts ist in den Szenarien A1B und A2 die Arktis im Sommer eisfrei.
- Eine Abnahme der Dichte des Oberflächenwassers im Nordatlantik durch höhere Temperaturen und vermehrte Niederschläge führt zu einer Abschwächung der thermohalinen Zirkulation um ca. 30 % bis zum Ende des 21. Jahrhunderts. Die damit verbundene Verringerung der ozeanischen Wärmetransporte erzeugt jedoch keine Abkühlung

im Nordatlantik, sondern kompensiert nur teilweise die durch Erhöhung der Treibhausgase verursachte Erwärmung. Trotz geringer Erwärmung des Nordatlantiks erwärmt sich der europäische Kontinent nur unwesentlich schwächer als vergleichbare Regionen.

Quellen der Unsicherheit in den Klimaprojektionen für das 21. Jahrhundert sind:

- die zukünftigen Emissionen;
- natürliche Klimaschwankungen, die anthropogene Trends überlagern;
- nicht dargestellte Prozesse wie z. B. biogeochemische Kreisläufe;
- ein grobes Rechengitter von etwa 200 km;
- Berechnung der vom Rechengitter nicht auflösbaren Prozesse.

In den meisten heutigen Klimamodellen werden Wechselwirkungen zwischen Klima und Kohlenstoffkreislauf sowie anderen biogeochemischen Kreisläufen (z. B. Methan oder Ozon) vernachlässigt, obwohl diese Wechselwirkungen für die Konzentrationen atmosphärischer Treibhausgase wichtig sind. Erste Untersuchungen deuten auf eine positive Rückkopplung zwischen Klima und Kohlenstoffkreislauf hin. Die globale Erwärmung führt zu einer verminderten Aufnahmekapazität der Kohlenstoffspeicher Vegetation, Erdboden und Ozeane, was wiederum einen verstärkten Anstieg der atmosphärischen CO_2-Konzentration bewirkt. Fortschritte in der Vorhersagbarkeit zukünftiger Klimaänderungen erfordern deshalb eine breit angelegte, interdisziplinäre Erdsystemforschung.

Ein erheblicher Teil der Unsicherheiten in den Klimaprojektionen resultiert aus der unzureichenden Gitterauflösung der heutigen Modelle infolge begrenzter Rechnerkapazitäten. Feiner auflösende Modelle ermöglichen eine bessere Berechnung von Änderungen in der Statistik extremer Ereignisse (Überschwemmungen, Dürren, Hitzeperioden, Hurrikane). Aber die Hauptfolgen von Klimaänderungen entstehen insbesondere durch extreme Ereignisse und nicht durch Änderungen der Klimamittelwerte. Fortschritte in der Vorhersagbarkeit extremer Ereignisse erfordern daher unbedingt den Ausbau der Kapazitäten von Höchstleistungsrechnern.

Internationale Energiepolitik

Von Carl Christian von Weizsäcker

Einleitung: Die Internationalisierung des Energiegeschäfts

In früheren Zeiten hat jeder souveräne Staat sich das Ziel gesetzt, seinen Energiebedarf aus eigenen, heimischen Quellen zu decken. Allerdings gab es schon im 19. Jahrhundert einen regen internationalen Handel mit Holz und Kohle. So war Großbritannien als Vorreiter bei der Nutzung von Steinkohle und als Pionier in der Kohleförderung ein großer Kohleexporteur. Aber je unsicherer der Frieden wurde, desto mehr trat das Ziel der Autarkie auf dem Energiegebiet in den Vordergrund. Es ist jedoch nie wirklich erreicht worden. Denn der Energiehunger, angetrieben vom wirtschaftlichen Wachstum, war zu groß.

Endgültig besiegelt wurde die Internationalisierung des Energiegeschäfts durch die zunehmende Nutzung des Erdöls. 1865 hatte der brillante Ökonom Stanley Jevons in seinem Buch *The Coal Question*[1] die gerade neu entdeckte Energiequelle Erdöl noch als ungeeigneten Ersatz für die Kohle angesehen, weil sie ob ihres flüssigen Aggregatzustands nicht für den Seetransport geeignet sei. Doch wenige Jahrzehnte später waren es die Folgeinnovationen des Otto-Motors und des Diesel-Motors, die dem Erdöl mittels des Automobils gerade auf dem Verkehrssektor seinen großen Aufschwung ermöglichten. Die daraus resultierende fundamentale Veränderung des Verkehrs- und Transportwesens war eine der Begleiterscheinungen des steigenden Lebensstandards im Verlauf des 20. Jahrhunderts. Damit geriet das Erdöl ins Zentrum des wirtschaftlichen Geschehens. Nun ist aber Erdöl zu erträglichen Kosten nur an wenigen Stellen der Erdoberfläche förderbar. Und diese Orte entsprechen nicht den Verbrauchszentren. Hieraus ergibt sich der Zwang zum weiträumigen Transport und damit zur Internationalisierung, ja Globalisierung des Energiegeschäfts.[2]

Auch das Erdgas, das dem Erdöl im Abstand von einigen Jahrzehnten folgte, ist ein überwiegend internationales Geschäft. Hier sind die Verbrauchszentren ebenfalls von den Vorkommen weit entfernt, sodass erheblicher und grenzüberschreitender Transportbedarf entsteht.

Es ist im Übrigen von Interesse, dass sich im Verlauf des 20. Jahrhunderts die Wanderungsrichtung umgekehrt hat. Während im 19. und frühen 20. Jahrhundert ganz überwiegend der Mensch zur Kohle wanderte und damit Industrieagglomerationen wie das Ruhrgebiet entstanden, wandern Kohle, Erdöl und Erdgas oder ihre Derivate heute zum Menschen. Dies gilt selbst für die Braunkohle, wenn man den aus ihr produzierten Strom als «Derivat» bezeichnen kann. Diese Umkehrung der Wanderungsrichtung ist letztlich ein Triumph des Fortschritts in der Transporttechnologie. Sie hat dem Menschen in den reichen Ländern Europas eine neue «Sesshaftigkeit» verschafft. Wer unter den Zeitgenossen im Rheinland, in Süddeutschland, in den Niederlanden, in Oberitalien oder in der Schweiz geboren wurde, ist mit sehr viel geringerer Wahrscheinlichkeit zum Auswanderer geworden, als dies in der Generation seiner Vorfahren aus dem 19. oder 18. Jahrhundert der Fall war. Angesichts des Themas «Mobilität», das unser aller Bewusstsein ständig beschäftigt, gerät diese neue Sesshaftigkeit, die laut Umfragen ja auch mit einer hohen Zufriedenheit mit der regionalen Umgebung einhergeht, allzu leicht aus dem Blick.

Der gegenwärtige Weltbedarf an Energie

Die heute vorherrschende Sicht der Energiepolitik ist die, dass sich das Angebot an Energie der Nachfrage anpasst. Ähnlich bewertet man ja die meisten Produkte der Wirtschaft. Insofern fügt sich die Energie aus dieser Perspektive in das allgemeine Schema ein. Voraussetzung dafür, dass ein solcher analytischer Ansatz Sinn macht, ist, dass sich das Angebot sehr elastisch der jeweiligen Nachfrage anpassen kann. Das aber ist bei Energie keine Selbstverständlichkeit. Denn das Angebot beruht zu einem großen Teil auf der Ausbeutung von fossilen, erschöpfbaren Ressourcen. Wie viel Energie letztlich bereitgestellt und verbraucht wird, kann nur durch die Interdependenz zwischen Angebot und Nachfrage ermittelt werden. Da allerdings eine gewisse Elastizität des Angebots vorhanden ist, ist es durchaus sinnvoll, zunächst die Energienachfrage und anschließend erst die Angebotssituation zu betrachten.

Dafür hält man sich am besten an die Internationale Energie-Agentur

(IEA). Sie ist eine Unterorganisation der OECD, also der Organisation, in der die gemeinsamen Interessen der reichen Staaten diskutiert werden. Die IEA wurde von der OECD ursprünglich gegründet, um die Reaktion der Öl-Importländer auf die Preissteigerung beim Erdöl im Jahre 1973 zu koordinieren. Inzwischen ist sie zu einem kompetenten Prognosebüro der OECD-Staaten für alle Fragen geworden, die mit Energie zu tun haben und von gemeinsamem Interesse sind. Zu diesen Fragen gehört natürlich auch die nach dem Ausgleich von Angebot und Nachfrage bei den verschiedenen Energieträgern. Daher erstellt die IEA regelmäßig einen *World Energy Outlook* (WEO). Der letzte *WEO* wurde Ende 2007 veröffentlicht.[3] In diesem *WEO 2007* findet sich ein Referenz-Szenario für die künftige Weltenergienachfrage bis zum Jahre 2030. Daneben werden zwei weitere Szenarien skizziert.

Laut dem Referenz-Szenario der IEA wird die weltweite Energienachfrage im Jahre 2030 um mehr als das Anderthalbfache höher sein als im Jahre 2005, dem Basisjahr der Prognose. Treiber dieser gestiegenen Energienachfrage ist das weltwirtschaftliche Wachstum. Von dem erwarteten Zuwachs bei der Energienachfrage entfallen 45 % allein auf China und Indien. Die fossilen Energieträger Kohle, Öl, Gas werden dabei auch weiterhin die dominierenden Energiequellen bleiben. Deshalb kommt es auch zu weiter steigenden Emissionen von CO_2. Ferner steigt der Importbedarf zum Beispiel für China und Indien, aber auch für andere Länder, massiv. Die hauptsächlichen Exportregionen für Öl und Gas sind der Mittlere Osten und Russland. Diese Entwicklungen verstärken die Besorgnisse im Hinblick auf den Klimawandel und das Thema Energiesicherheit.

Würden alle politischen Maßnahmen, die die Regierungen in der ganzen Welt heute planen, tatsächlich auch durchgeführt – und das ist die Annahme im Alternative-Policy-Szenario der IEA –, dann würden der Zuwachs bei der Energienachfrage und damit der Zuwachs bei den Emissionen erheblich geringer ausfallen. Der billigste und am schnellsten funktionierende Weg zur Reduktion von Energienachfrage und Emissionszuwachs in der näheren Zukunft sind dabei Maßnahmen zur Verbesserung der Energieeffizienz. Doch selbst in diesem Alternative-Policy-Szenario liegen die CO_2-Emissionen im Jahre 2030 um ein Viertel höher als 2005.

Und schließlich gibt es noch ein drittes Szenario, genannt «High Growth Scenario», in dem angenommen wird, dass die Volkswirtschaften Chinas und Indiens im Durchschnitt pro Jahr um 7,5% wachsen statt, wie im Referenzszenario, um 6%. Bis zum Jahre 2030 läge dann die Energienachfrage in China und Indien um 21% höher als im Referenzszenario. Die globale Energienachfrage wäre um 6% höher.

Der Verbrauch von fossilen Energieträgern wächst im Referenzszenario um 1,8% pro Jahr, was bedeutet, dass er im Jahre 2030 um 55% höher ist als 2005. Das sind 17,7 Milliarden Tonnen Öläquivalent pro Jahr verglichen mit 11,4 Milliarden Tonnen im Jahre 2005. Die fossilen Energieträger tragen zum Wachstum des Energieverbrauchs in der Welt 84% bei. Der Anteil des Erdöls an der Gesamtnachfrage nach Energie fällt zwar von heute 35% auf 32%, es bleibt aber wichtigster Energieträger. Das Wachstum der Erdölnachfrage in dieser Zeit beläuft sich auf 37%. Der Anteil der Kohle erhöht sich in den 25 Jahren von 25% auf 28% der gesamten Energienachfrage. Damit steigt die Nachfrage nach Kohle in diesem Zeitraum um 73%, also fast doppelt so schnell wie die Nachfrage nach Erdöl. Der Großteil der zusätzlichen Kohlenachfrage kommt aus China und Indien. Der Anteil von Erdgas steigt von 21% auf 22%. Die weltweite Nachfrage nach Strom wird sich im relevanten Zeitraum verdoppeln. Der Anteil des Stroms an der Endenergienachfrage steigt von 17% auf 22%.

Die Investitionen, die im Energiesektor nötig sind, um die Infrastruktur für diese steigende Energienachfrage bereit zu stellen, belaufen sich auf 22 Billionen US-$ (= 22 000 Milliarden US-$). Es wird eine große Herausforderung sein, diese Investitionen tatsächlich aufzubringen. Die Entwicklungsländer (inklusive Indien und China) werden 74% der zusätzlichen Energienachfrage beanspruchen. Davon entfallen allein auf China und Indien 45%, also mehr als sechs Zehntel des Zuwachses aus der Dritten Welt. Die OECD-Länder werden ein Fünftel der zusätzlichen Energienachfrage stellen, die «Transition Economies» des früheren Ostblocks 6%. Der Anteil der Entwicklungsländer, inklusive der Schwellenländer, an der globalen Energienachfrage liegt heute bei 41%. Er wird im Jahre 2015 47% betragen und im Jahre 2030 weit mehr als die Hälfte ausmachen.

Ungefähr die Hälfte des Zuwachses bei der weltweiten Energienachfrage bis 2030 resultiert aus der zusätzlichen Nachfrage nach Strom, ein Fünftel aus der zusätzlichen Nachfrage beim Verkehr, hier vor allem in Form von ölbasierten Energieträgern.

Im Gegensatz zu früheren Prognosen der IEA wird eine verstärkte

Nachfrage nach Kohle prognostiziert. Dies hat vor allem mit der rasant steigenden Nachfrage nach Elektrizität zu tun. Dies führt – verbunden mit der Erwartung, dass die Energieeffizienz der Kraftwerke steigen wird, d. h. also weniger Kohle pro Kilowattstunde Strom verbraucht wird – zwar einerseits zu einer Nachfragedämpfung bei gegebener Stromnachfrage, andererseits aber zu einer Nachfrageerhöhung, weil dadurch die Wettbewerbsfähigkeit der Kohle gegenüber insbesondere Gas und anderen Herstellungsmethoden von Strom steigt. Kohle ist pro Kilowattstunde Strom eben wesentlich billiger als Erdöl und Erdgas. Die Preisprämie, die Erdöl und Erdgas pro Energieeinheit erzielen, beruht auf der besseren Handhabbarkeit, die bei dezentralem Verbrauch im Haushalt und im Büro für Heizzwecke und beim Automobil ausschlaggebend sind.

Im alternativen Politikszenario steigt die Nachfrage nach Energie pro Jahr um 1,3 %, statt wie im Referenzszenario um 1,5 % pro Jahr. Die Nachfrage nach Öl ist damit im Jahre 2030 um 14 Millionen Barrel/Tag geringer als im Referenzszenario. Das entspricht dem gesamten gegenwärtigen Öl-Output der Vereinigten Staaten, Kanadas und Mexikos zusammen. Die Nachfrage nach Kohle verliert absolut gesehen und prozentual in diesem Alternativ-Szenario noch stärker. Energiebasierte CO_2-Emissionen stabilisieren sich in den 2020er Jahren und sind im Jahre 2030 um 19 % niedriger als im Referenzszenario, aber dennoch höher als heute.

Besondere Aufmerksamkeit widmet die IEA in ihrem aktuellen *World Energy Outlook* den beiden größten Ländern der Welt, China und Indien.

China Im Referenzszenario prognostiziert die IEA, dass sich der Primärenergiebedarf Chinas zwischen 2005 und 2030 mehr als verdoppelt, von 1742 Millionen Tonnen Öläquivalent auf 3819 Millionen Tonnen. Das entspricht einer Zunahme von 3,2 % pro Jahr. Bald nach dem Jahre 2010 – also in wenigen Jahren – wird China die USA als größten Energieverbraucher überholen. Noch 2005 lag der Energieverbrauch in den USA um ein Drittel höher als in China. Das Wachstum der chinesischen Energienachfrage wird im kommenden Jahrzehnt höher sein als in der Gesamtperiode, da in der näheren Zukunft die Wirtschaftsstruktur noch stark mit einem Wachstum der Schwerindustrie verbunden ist. Danach wird dann die mit weiterem Wachstum einhergehende übliche Verschiebung in Richtung auf mehr Dienstleistungen die Energienachfrage weniger stark steigen lassen. Die Ölnachfrage aus Gründen des Transports wird sich in China zwischen 2005 und 2030 vervierfachen. Die Anzahl der Automobile wird sich versiebenfachen und damit im Jahre 2030 ungefähr einen Bestand von 270 Millionen Stück erreichen. Der Verkauf neuer Automobile wird in China denjenigen in den Vereinigten Staaten im Jahr 2015 überholen. China wird 2030 der größte Erdölimporteur der Welt sein. Auf die geopolitischen Implikationen dieser Erwartung will ich hier nicht weiter eingehen. Indessen kann schon die heutige Außenpolitik der Volksrepublik China unter dieser Perspektive gesehen werden.

Neben steigenden CO_2-Emissionen muss China auch mit steigenden lokalen Umweltverschmutzern rechnen, so z. B. mit SO_2-Emissionen, die sich von heute 26 Millionen auf 30 Millionen Tonnen bis 2030 erhöhen werden.

Indien   Im Referenzszenario wird sich der Primärenergiebedarf in Indien bis zum Jahre 2030 mehr als verdoppeln, mit einer durchschnittlichen jährlichen Wachstumsrate von 3,6 %. Die Kohle bleibt Indiens wichtigste Energiequelle, die Nachfrage wird sich verdreifachen. Das liegt vor allem an der zunehmenden Elektrifizierung. Wegen einer steigenden Nachfrage nach Automobilen wird aber auch die Nachfrage nach Öl entsprechend steigen. Hingegen wächst die Nachfrage nach Energie in den Haushalten sehr viel langsamer, was vor allem damit zu tun hat, dass man von traditioneller Biomasse-Energie, die sehr ineffizient genutzt wird, auf moderne Energieträger umstellt. Die Anzahl der Inder, die sich für Kochen und Heizen auf die traditionelle Biomasse verlassen, wird sich von 668 Millionen Personen 2005 auf ungefähr 470 Millionen 2030 verringern. Der Anteil der Bevölkerung, die Zugang zu Elektrizität hat, steigt von 62 % auf 96 %. Die zusätzliche Energienachfrage wird Indien vor allem durch Importe decken müssen. Die Ölimporte werden bis 2030 auf 6 Millionen Barrel pro Tag steigen. Anfang der 2020er Jahre wird Indien Japan als drittgrößter Netto-Importeur von Öl ablösen. Ein wachsender Anteil der indischen Gas-Nachfrage wird durch Importe gedeckt werden müssen. Diese Gasimporte werden praktisch zu 100 % Flüssiggas-Transporte über See sein. Die Elektrizitätsgenerierungskapazitäten – meistens aus Kohlekraftwerken – werden sich zwischen 2005 und 2030 verdreifachen, der Kapazitätszuwachs wird bei über 400 Gigawatt liegen. Das entspricht der heutigen Stromproduktionskapazität von Japan plus Korea plus Australien. Der Investitionsbedarf im Energiesektor – davon drei Viertel für die Bereitstellung von Elektrizität – beläuft sich in dem Vierteljahrhundert von 2006 bis 2030 auf 1250 Milliarden US-$.

Die Verfügbarkeit natürlicher Ressourcen

Kann diese enorm wachsende Nachfrage nach fossilen Energieträgern befriedigt werden?

Bei Erdöl und Erdgas ist es üblich, zwischen Reserven und Ressourcen zu unterscheiden. Unter Reserven werden herkömmlicherweise nachgewiesene Mengen an Erdöl bzw. Erdgas verstanden, die wirtschaftlich gefördert werden können. Unter Ressourcen versteht man vermutete Vorkommen, bei denen möglicherweise auch die Förderkosten höher sind, sodass ihre Förderung unwirtschaftlich ist. In der Öffentlichkeit wird vielfach die Reichweite der Reserven diskutiert. Dabei ist interessant, dass seit dem Jahre 1865, also kurz nachdem 1859 das erste Erdöl aus einem Bohrloch hervorkam, prognostiziert wird, das Erdöl in der Welt reiche noch 40 Jahre. 150 Jahre später – also heute – geistert in den Medien immer noch diese Zahl herum. Sie bezieht sich auf die so genannten Reserven, während die so genannten Ressourcen nicht darin enthalten sind.

Die konventionelle Unterscheidung zwischen Reserven und Ressourcen ist allerdings reichlich künstlich. Auch bei den Vorkommen, die genau exploriert worden sind, die man in ihrer Höhe abgeschätzt hat und die deshalb zu den Reserven zählen, handelt es sich um eine Schätzung. Die Erfahrung hat gezeigt, dass die Ergiebigkeit von Vorkommen im Verlauf des Förderprozesses vielfach über der Schätzung lag, die vorgenommen wurde, bevor man mit der Förderung begann. Nur sehr selten ist die tatsächlich verfügbare Fördermenge am Ende geringer als die geschätzten Reserven. Ferner muss berücksichtigt werden, dass diese Schätzung immer von einer bestimmten Fördertechnologie ausgeht. Indessen gibt es unterschiedliche Fördertechnologien, und je nachdem, wie hoch der Weltmarktpreis für Erdöl oder Erdgas ist, lohnen sich auch Fördertechnologien, die ergiebiger, aber auch teurer sind. Schließlich gilt bei Erdöl und Erdgas, dass die Menge an bekannten Vorkommen ganz wesentlich von der Intensität der Explorationstätigkeit abhängt. Immer dann, wenn sich Erdöl und Erdgas verknappen, was man an einem höheren Preis feststellen kann, lohnt sich eine verstärkte Explorationstätigkeit. Dies hat zur Folge, dass danach die ausgewiesenen Reserven ansteigen. So sind die heute nachgewiesenen Reserven höher als je zuvor in der Geschichte des Erdöls, obwohl die Menschheit seit 1859 schon mehr als 1000 Milliarden Barrel verbraucht hat.

Es gibt eine Analyse der IEA, in der sie abzuschätzen versucht, wie hoch die wirtschaftlich förderbaren Erdölvorkommen in Abhängigkeit vom Weltmarktpreis für Erdöl sind.[4] In erster Approximation kann man sagen, dass die förderbaren Erdölvorkommen (nennen wir sie nun Reserven oder Ressourcen) proportional mit dem Weltmarktpreis für Erdöl steigen. Zu Förderkosten pro Barrel von unter 10 US-$ gibt es nach heutiger Erkenntnis noch ungefähr soviel Erdöl im Boden, wie die Menschheit seit 1859 bis heute gefördert hat. Bei einem Weltmarktpreis von 10 US-$ pro Barrel könnte sich der kumulative weltweite Verbrauch von Erdöl noch einmal verdoppeln. Setzt man den Weltmarktpreis für Erdöl mit 20 US-$ pro Barrel fest, dann erhöhen sich die wirtschaftlich förderbaren Rohölreserven auf ungefähr das Doppelte der bisher geförderten Menge. Bei 30 US-$ pro Barrel lohnt sich die «enhanced oil recovery», d. h. der Einsatz von wesentlich kostspieligeren, aber dafür ergiebigeren Fördermethoden. Ferner lohnt sich die systematische Ausbeutung von Vorkommen in unwirtlichen Regionen, insbesondere in der Arktis oder im Meeresboden bei 5000 Meter Wassertiefe, wie die jüngst entdeckten Vorkommen im Atlantik vor Brasilien in der Größenordnung von einem Weltjahresverbrauch. Jenseits eines Preises von 30 US-$ pro Barrel wird es interessant, auch Schweröl, Bitumen, Ölsande oder Ölteer zur Herstellung von Rohöl zu nutzen. Die bekannten Vorkommen dieser Varianten an Bodenschätzen sind sehr groß. Es ist durchaus sinnvoll anzunehmen, dass die Kurve der Vorkommen weiter als proportionale Kurve in Abhängigkeit vom Preis gezeichnet werden kann. Beim heutigen Preis von rund 100 US-$ pro Barrel kommen wir damit auf Vorkommen, die ungefähr um eine Größenordnung höher liegen als alles bisher von der Menschheit geförderte und verbrauchte Erdöl.

Auch die Gasvorkommen, die wirtschaftlich gefördert werden können, hängen sehr stark davon ab, wie hoch der Gaspreis ist. Es gelten also analoge, wenn auch im Detail etwas unterschiedliche Kurvenverläufe für das Erdgas wie für das Erdöl. In diesem Zusammenhang ist auch bedeutsam, dass die Suche nach Erdöl aus geologischen Gründen auch vielfach zu Funden von Erdgas führt.

Die regionale Verfügbarkeit von Erdöl und Erdgas ist sehr ungleich. Die entwickelten Industrienationen, also die OECD-Länder, haben die heimischen Vorkommen schon weitgehend ausgebeutet und sind – mit Ausnahme von Kanada und Norwegen – auf große Importmengen angewiesen. Ähnliches gilt nach heutigem Kenntnisstand für China und Indien. Demgegenüber sind der Persische Golf, die zentralasiatischen Staaten wie Turkmenistan, Kasachstan und insbesondere der sibirische Teil Russlands Regionen, in denen sich die Vorkommen sehr stark konzentrieren. Auch Lateinamerika wird vermutlich in Zukunft noch stärker als bisher Exportregion werden. Insbesondere Venezuela und Mexiko sind klassische Erdölexportländer. Brasilien erhofft sich von neuen Funden, dass es in Zukunft eines der Hauptexportländer von Erdöl und vielleicht auch Erdgas wird. Auch einige afrikanische Staaten sind mit Erdölvorkommen und Erdgasvorkommen gesegnet, sodass sie erhebliche Exportmöglichkeiten haben.

Aufgrund der rasant steigenden Nachfrage besteht heute Einigkeit darüber, dass der Erdölpreis und der Erdgaspreis im historischen Vergleich hoch bleiben werden. Diese Aussage gilt, wenn wir den Preis von Erdöl relativ zu dem eines allgemeinen Güterkorbs betrachten. Relativ zum Einkommensniveau des Durchschnittsbürgers in den OECD-Staaten ist Erdöl auch heute noch billiger als vor einem halben Jahrhundert. Denn damals war der Lebensstandard wesentlich niedriger. Erdöl bildete schon bei wesentlich niedrigeren Preisen als den heutigen einen Weltmarkt. Die Transportkosten über große Distanzen waren kein Hindernis dafür, dass sich ein einheitlicher Weltmarktpreis für Erdöl bilden konnte. Denn die Lieferländer, die einen großen Teil des Erdöls per Tanker verschiffen, haben die Wahl, diese Tanker nach Europa oder nach Nordamerika oder nach Ostasien zu schicken. So entsteht eine Arbitragemöglichkeit mit der Folge, dass sich die Preise in den drei Hauptimportregionen weitgehend parallel entwickeln.

Das war beim Erdgas traditionell anders, denn die hauptsächliche Transportform dafür war die Erdgasleitung, und diese legte ein für allemal fest, wohin das Gas geliefert wurde. Mit dem gestiegenen Erdgaspreis und mit voranschreitender Technologie lohnt es sich heute aber auch, Gas zu verflüssigen, es dann auf Spezialschiffen über weite Strecken zu transportieren und im Importhafen wieder in einen gasförmigen

Aggregatzustand zurückzuverwandeln. Diese LNG-Technologie (*liquid natural gas*) führt, in großem Stile eingesetzt, ebenfalls dazu, dass ein einheitlicher Weltmarktpreis entstehen wird. Es ist noch nicht so weit, aber angesichts des steigenden Gashungers werden mehr und mehr Vorkommen ausgebeutet, für die es aufgrund ihrer geographischen Lage kostengünstiger ist, das Gas per LNG zu transportieren als per Pipeline.

Bei Kohle (Steinkohle und Braunkohle) reichen die Vorkommen noch Jahrhunderte. Sie sind über den ganzen Erdball verstreut; aber es gibt Länder, die ausgesprochene Kohleexportländer sind, und es gibt andere Regionen, in denen Kohle importiert wird. Zu Letzteren gehört inzwischen Europa, zu Ersteren gehören insbesondere Australien, aber auch Kolumbien und Südafrika. Die Zukunft gehört der Kohleverflüssigung, d. h. der Umwandlung von Kohle in Öl. Dafür gibt es drei Gründe. Erstens kann man angesichts des reichlichen Kohleangebots damit rechnen, dass das Preisdifferential zwischen Öl und Kohle wenigstens so hoch bleibt, wie es heute ist. Das aber macht die Kohleverflüssigung rentabel. Zweitens ist die Reichweite der Kohle wesentlich höher als die des Öls, und so wird die Energiepolitik mancher maßgeblicher Länder zwecks Reichweitenverlängerung die Kohleverflüssigung fördern. Drittens gibt es den Aspekt der Versorgungssicherheit. Ein Land wie China ist bei Kohle vielleicht nicht mehr autark; aber es hat doch immerhin die Möglichkeit, einen sehr hohen Prozentsatz seines Bedarfs mit heimischer Kohle zu decken. Demgegenüber ist die Importabhängigkeit bei Öl und bei Erdgas – wie weiter oben ausgeführt – demnächst sehr hoch.

Grundsätzlich bedeutet die Möglichkeit der Kohleverflüssigung, dass man erst recht keine Angst davor haben muss, dass das Öl demnächst zur Neige geht und der Automobilverkehr zum Erliegen kommt.

Herkömmlicherweise wird auch Uran, das die Basis für Kernkraftwerke bildet, als erschöpfbare Ressource angesehen. Nicht nur von offizieller Seite wie z. B. dem deutschen Umweltministerium heißt es, die Reichweite des Urans betrage beim heutigen Verbrauch in Kernkraftwerken nur einige Jahrzehnte – vielleicht 50 Jahre. Indessen wird hier derselbe Fehler gemacht wie bei der Aussage, das Öl reiche nur noch 40 Jahre. Die Frage, wie viel Uran gefördert werden kann, ist eine Frage des Weltmarktpreises von Uran. Es gibt viele Vorkommen, die bei dem bis vor kurzem recht niedrigen Uranpreis nicht rentabel zu fördern waren, die aber schon beim heutigen Preis rentabel und bei einem noch weiter steigenden Preis des Urans sicher abbauwürdig sind. Darüber hinaus muss berücksichtigt werden, dass das Meerwasser in sehr dünner Konzentration Uran enthält. Es gibt inzwischen Verfahren, um zu erträglichen Kosten Uran aus dem Meerwasser zu gewinnen. Und die dort verfügbaren Mengen sind quasi unerschöpflich.[5]

Die hier skizzierte langfristige Perspektive einer ausreichenden Verfügbarkeit von mineralischen Energierohstoffen darf aber nicht vergessen lassen, dass es zu vorübergehenden Verknappungen mit entsprechenden Preissteigerungen kommen kann. Im bereits mehrfach erwähnten *World Energy Outlook* aus dem Jahr 2007 weist die IEA denn auch auf die Gefahr hin, dass bei weiter starkem Wachstum der Weltwirtschaft innerhalb des nächsten Jahrzehnts Engpässe bei der Erdöl- und Erdgasversorgung auftreten könnten, dass, mit anderen Worten, die Verfügbarkeit von Erdöl und Erdgas zum limitierenden Faktor dieses Wirtschaftswachstums werden könnte.

Der Grund für diese vorübergehenden Verknappungen ist der enorme Investitionsaufwand für die Erschließung neuer Bezugsquellen. Zwar ist der internationale Kapitalmarkt dank seiner Globalisierung heute sehr ergiebig. Rohstoffpotenziale werden seitens der Kapitalmärkte mit hohen Preisprämien für die entsprechenden Aktien honoriert und ermöglichen es damit diesen Unternehmen, die Investitionen zur Markterschließung dieser Potenziale zu finanzieren. Indessen entstehen diese Finanzierungsmöglichkeiten immer erst, wenn die entsprechenden Rohstoffpreise aufgrund beginnender Verknappungen schon hoch sind. Dann aber dauert es mehrere Jahre, bis die durch die hohen Rohstoffpreise ausgelösten Investitionen zu einem erhöhten Marktangebot führen. Da die Zukunft nicht voraussehbar ist, bedeutet das hohe Investitionserfordernis für die Erweiterung des Angebots, dass sich «konträre» Positionen bei den Investitionsentscheidungen nicht hinreichend durchsetzen können. Eine solche «konträre» oder antizyklische Position wäre, wenn man gerade bei niedrigen Rohstoffpreisen investiert, in der Erwartung, dass die Preise doch wieder steigen werden. Das Management eines Rohstoffunternehmens würde sich dem Vorwurf der «Spekulation» aussetzen und seinen Job verlieren, wenn es entgegen der Meinung des Marktes bei niedrigen Rohstoffpreisen seine Geschäftspolitik auf stark steigende Preise ausrichten und kräftig investieren würde.

Aber auch die in staatlicher Hand befindlichen Unternehmen in den rohstofffreien Ländern am Persischen Golf, in Russland oder Venezuela sind nicht in der Lage, antizyklisch zu investieren. Sie sind gerade in «schlechten» Zeiten mit niedrigen Rohstoffpreisen die «Melkkühe», die ihre Inhaberstaaten vor dem Staatsbankrott retten müssen und daher keine Mittel für Zukunftsinvestitionen zur Verfügung haben. Diese Mittel stehen nur bei hohen Rohstoffpreisen zur Verfügung. Also investieren sie genau wie die börsengehandelten kapitalistischen Publikumsgesellschaften prozyklisch und nicht antizyklisch. Einzig sehr reiche Unternehmer, die eigenes Geld und nicht das Geld anderer investieren, haben die Möglichkeit, antizyklisch zu investieren.

Das hat zur Folge, dass man sich auch in Zukunft auf zyklische Rohstoffpreise einstellen muss.

Formale Aspekte eines künftigen Weltklimaabkommens

Der Weltklimarat IPCC (Intergovernmental Panel on Climate Change) hat im Jahre 2007 seinen neuen Bericht vorgelegt.[6] Ungefähr gleichzeitig damit erschien die «Review» des britischen Ökonomen Nicholas Stern.[7] Beide Berichte befassen sich mit dem Thema, das nach heute vorherrschender Auffassung den eigentlichen Engpass in der internationalen Energiepolitik darstellt: die Problematik der menschenverursachten übermäßigen Emission von Treibhausgasen in die Atmosphäre. Dadurch bewirkt die Menschheit möglicherweise einen Klimawandel mit erheblichen Folgen für die Natur und für die Menschen selbst. In beiden Berichten wird auch erörtert, welche Maßnahmen erforderlich sind, um den Klimawandel zu verhindern oder doch zumindest auf einen Anstieg der Durchschnittstemperatur auf der Erdoberfläche von 2 Grad Celsius zu beschränken. Die Kostenabschätzung von Stern über die Folgen des Klimawandels und über die Maßnahmen zur Verhinderung des Klimawandels hat in den Medien große Resonanz gefunden. Dies wohl vor allem deshalb, weil nach Aussagen des «Stern-Reports» die Vermeidungskosten des Klimawandels um ein Vielfaches geringer sind als die Kosten des Klimawandels selbst.

Die in den Medien häufig zitierte mittlere Variante Sterns bezüglich der Kosten der Klimastabilisierung liegt bei einem Prozent des Weltbruttosozialprodukts. Man kann aus dieser Abschätzung Rückschlüsse ziehen auf die Höhe des Preises, den eine Tonne CO_2-Emission haben müsste, um die Anreize zu setzen, die erforderlich sind, um das Klima zu stabilisieren. Ein US-Dollar des Weltsozialprodukts wird mit knapp unter einem halben Kilogramm CO_2-Äquivalent-Emission erkauft.[8] Dabei sind auch die anderen Treibhausgase eingerechnet, wie insbesondere Methan oder zum Beispiel Lachgas, das beim Ausbringen von Kunstdünger auf den Feldern in die Atmosphäre freigesetzt wird. Um das Klima einigermaßen zu stabilisieren und die Durchschnittstemperatur um nicht mehr als 2 °C steigen zu lassen, müssen die CO_2-Emissionen und die Emissionen der anderen Spurengase bis Mitte des Jahrhunderts um die Hälfte ihres gegenwärtigen Wertes reduziert werden. Ohne Klimapolitik würden die Emissionen bis zur Jahrhundertmitte noch einmal um mindestens 50% anwachsen. Gemessen an dieser künftigen Größe ist also ein Reduktionsbedarf von mindestens zwei Dritteln zu konstatieren.

Gleichzeitig kann man aber auch davon ausgehen, dass die Energieeffizienz des Sozialprodukts steigen wird, sodass man pro Dollar (konstanter Kaufkraft) Weltsozialprodukt dann nur noch 350–400 g CO_2-Äquivalent benötigen wird. Bei einer energischen Klimapolitik müssten von diesen 350–400 g zwei Drittel eingespart werden, was dazu führt, dass ungefähr ein Viertel Kilogramm pro Dollar Weltsozialprodukt eingespart werden muss. Wenn gemäß der Schätzung von Stern dies ungefähr ein Prozent des Weltsozialprodukts kostet, dann kostet die Einsparung von 250 g CO_2-Äquivalent einen US-Cent. Damit kostet die Einsparung einer Tonne CO_2-Äquivalent 40 US-$.

Nun muss man berücksichtigen, dass die Durchschnittskosten der Einsparung dieser Emissionen umso höher sind, je mehr an Emissionen eingespart werden soll. Denn es gibt «leichte Fälle» der CO_2-Einsparung und es gibt schwerere Fälle der CO_2-Einsparung. Will man nur wenig CO_2-Emissionen einsparen, dann kann man sich mit den leichten Fällen, also mit den kostengünstigen Formen der Einsparung begnügen. Je ehrgeiziger die Einsparziele sind, desto stärker verschiebt sich das Mischungsverhältnis zwischen kostengünstigen und kostspieligen Einsparmaßnahmen in Richtung auf Letztere. Mit anderen Worten: die Grenzkosten sind höher als die Durchschnittskosten. Steigen die Durchschnittskosten der CO_2-Vermeidung proportional zur Wurzel der Menge an vermiedenem CO_2, dann liegen die Grenzkosten beim anderthalbfachen Wert der Durchschnittskosten. Den Grenzkosten entspricht dann ein Wert von 60 US-$/t oder etwa 40 Euro pro Tonne CO_2-Äquivalent. Der Preis muss so hoch sein, dass bei der Menge an vermiedenem CO_2, die für die Klimastabilisierung erforderlich ist, die Grenzkosten gleich dem Preis sind. Also muss der Weltmarktpreis des CO_2 ungefähr 40 Euro pro Tonne betragen.

Eine effiziente Lösung des Weltklimaproblems würde nun aus einem völkerrechtlichen Vertrag bestehen («Weltklimaabkommen»), der Folgendes vorsieht. Erstens sollten die großen Emittenten durch diesen Vertrag gebunden werden. Das heißt, die OECD-Staaten plus die BRIC-Staaten (Brasilien, Russland, Indien, China) müssen Teil des Weltklimaabkommens sein. Sieht man dabei die Kyoto-Staaten als eine Einheit, dann sitzen sechs Partner am Verhandlungstisch: 1. die Kyoto-Staaten, 2. die USA, 3. Brasilien, 4. Russland, 5. Indien, 6. China.

Ein solches Weltklimaabkommen sieht dann vor, dass den einzelnen Mitgliedsstaaten CO_2-Emissionsrechte zugeteilt werden. Diese CO_2-Rechte sind aber handelbar. Zu diesem Zweck richten die Mitgliedstaaten einen Fonds ein, der CO_2-Rechte ankauft und verkauft und auf diese Weise den Weltmarktpreis für CO_2 stabilisiert, anfänglich zum Beispiel bei 40 Euro/t. Dieser Fonds muss natürlich mit Finanzmitteln ausgestattet werden. Gleichzeitig werden die national zugeteilten CO_2-Emissionsrechte auch für die Zukunft festgelegt, und es wird damit ein Welt-CO_2-Emissionspfad für die Zukunft vorgegeben. Im Verlauf der Zeit werden somit die CO_2-Emissionen immer geringer werden.

Sollte nun bei dem vom Fonds stabilisierten Preis von 40 Euro/t die Nachfrage nach CO_2-Emissionen höher sein als das Angebot, so stellt der Fonds zusätzliche CO_2-Emissionsrechte bereit. Damit verhindert er einen Anstieg des CO_2-Preises über die 40 Euro hinaus. Sollte sich über eine mittlere Frist herausstellen, dass die Nachfrage ständig höher ist als das Angebot, so muss der Fonds das Recht haben, den CO_2-Preis allmählich anzuheben. Das langfristige Ziel muss sein, dass der Fonds im Saldo kumulativ keine zusätzlichen CO_2-Emissionsrechte schafft, sodass langfristig der CO_2-Emissionspfad, der den nationalen Emissionsrechten entspricht, eingehalten werden kann. Die Finanzierung des Fonds ist dann kein Problem, wenn eine Übernachfrage nach Emissionslizenzen zu dem vom Fonds stabilisierten Preis entsteht, denn dann verkauft der Fonds Emissionsrechte, und damit erhält er Finanzmittel. Ein Finanzierungsproblem des Fonds entsteht nur dann, wenn bei dem vom Fonds stabilisierten CO_2-Preis das Angebot an CO_2-Emissionsrechten größer ist als die Nachfrage, sodass er zur Stabilisierung des CO_2-Preises Emissionsrechte aufkaufen muss.

Dieser letztere Fall ist zwar der finanzpolitisch kritischere, aber umweltpolitisch bessere, denn das bedeutet ja, dass die nationalen CO_2-Emissionen im Durchschnitt geringer sind als die vertraglich erlaubten Emissionen. Andererseits muss für diesen Fall natürlich im Vertrag von vorneherein eine Vorkehrung getroffen sein, wie das Defizit des Fonds durch eine faire Verteilungsregel finanziell ausgeglichen wird.

Hinter diesem Gedanken von handelbaren Emissionsrechten auf weltweiter Ebene steht die Erkenntnis der ökonomischen Theorie, dass ein solcher Markt für ein homogenes Gut dafür sorgt, dass das knappe Gut dort eingesetzt wird, wo es seine effizienteste Verwendung findet. Das Gut wandert – wie der Ökonom sagt – «zum besten Wirt», denn der effizienteste Nutzer von CO_2 ist dann auch derjenige, der bereit und in der Lage ist, den höchsten Preis für CO_2 zu bezahlen. Ein modernes Kohlekraftwerk, das pro Kilowattstunde weniger Kohle verbraucht als ein altes Kohlekraftwerk, kann sich bei gleichem Strompreis einen höheren CO_2-Preis leisten als das alte. Damit aber wird erreicht, dass der Strom mit weniger CO_2-Emissionen verbunden ist, als dies der Fall wäre, wenn es das Regime nicht gäbe oder wenn die CO_2-Lizenzen auf irgendeine andere Weise quasi administrativ-planwirtschaftlich verteilt würden. Dieser Markt findet also die Minimalkosten einer vorgegebenen Reduktion von CO_2-Emissionen.

Es ist wichtig, dass mittelfristig der CO_2-Preis einigermaßen stabil ist. Langfristig kann er durchaus entweder im Trend steigen oder absinken, je nachdem, wie sich der Bedarf unter dem Aspekt einer effizienten Klimapolitik entwickelt. Wenn er aber mittelfristig sehr stark schwanken würde, was ohne die Ausgleichsfunktion dieses Fonds der Fall wäre, dann würde es den Investoren von Anlagen, die zu einer Verringerung der CO_2-Emissionen beitragen, sehr viel schwerer fallen, zu disponieren. Sie würden eine wesentlich höhere Risikoprämie verlangen, und damit würde das ganze System wesentlich ineffizienter arbeiten.

Nimmt man einmal an, dass ein Weltklimaabkommen in dieser Form die effizienteste Lösung darstellt, bleibt das Problem, wie man sich auf die Emissionsmengen der einzelnen Staaten einigt. Das ist letztlich eine Sache, die in den Verhandlungen, die zu einem solchen Abkommen führen sollen, gelöst werden muss. Sicherlich gibt es aber hier bestimmte allgemeine Gerechtigkeitsprinzipien. So kann man den Ländern der Dritten Welt zustimmen, dass zumindest auf Dauer die Erlaubnis, CO_2 oder andere Spurengase zu emittieren, proportional zur Bevölkerungszahl des jeweiligen Landes sein sollte. Heute sind die Pro-Kopf-Emissionen der reichen Länder natürlich wesentlich höher als die der armen Länder. Also müssen die nationalen Zielpfade so aussehen, dass schließlich irgendwann in der Mitte des Jahrhunderts die CO_2-Emissionen pro Kopf in den verschiedenen Ländern gleich groß sind. Davor liegt eine Anpassungsperiode, in der es den reichen Staaten möglich sein muss, mehr an CO_2 zu emittieren, als es ihrem Bevölkerungsanteil entspricht, was andererseits bedeutet, dass umgekehrt die Länder der Dritten Welt weniger emittieren, als sie eigentlich dürften. Um die ärmeren Teilnehmerstaaten an einem solchen Abkommen für diese Ungerechtigkeit zu entschädigen, ist es erforderlich, dass die anfängliche Finanzausstattung des Fonds von den reichen Ländern getragen wird.

Inhaltliche Aspekte eines Weltklimaabkommens

Von der Struktur des Weltklimaproblems her wissen wir, dass es nicht genau auf den Zeitpunkt ankommt, wann CO_2 emittiert wird. Es muss nur dafür gesorgt werden, dass die CO_2-Emissionen kumulativ und auf Dauer zurückgehen. Hierbei kann es durchaus sinnvoll sein, zu Anfang höhere CO_2-Emissionen in Kauf zu nehmen, wenn es dadurch leichter wird, die CO_2-Emissionen auf Dauer stärker zu reduzieren. Diesen Gedanken kann man am Beispiel China verdeutlichen (analoge Überlegungen gelten aber auch für Indien oder Brasilien).

China war bis vor kurzem ein sehr armes Land. Durch die Hinwendung zur Marktwirtschaft befindet es sich nunmehr in einem stürmischen Aufholprozess des wirtschaftlichen Wachstums. Der Lebensstandard der chinesischen Bevölkerung verdoppelt sich jeweils in weniger als 10 Jahren. Wenn man diesen Wachstumspfad in die Zukunft bis in die Mitte des Jahrhunderts fortschreibt, dann bedeutet dies, dass China schon vor der Jahrhundertmitte denselben Pro-Kopf-Reichtum erreicht hat wie heute Europa.

Nun lehrt die historische Erfahrung, dass das Umweltbewusstsein mit steigendem Lebensstandard wächst. Wer heute hungert, denkt nicht an die fernere Zukunft. Für ihn hat Priorität, jetzt genug zu essen zu bekommen, um zu überleben. Kann eine Bevölkerung sich ernähren, so beginnt sie sich um Wohnung und Kleidung zu kümmern. Danach interessiert sie sich für eine gute Ausbildung ihrer Kinder und für die eigene Gesundheit. An dieser Stelle beginnt das Umweltbewusstsein; denn es ist ja nicht zu leugnen, dass Umweltverschmutzung in der Regel auch mit Gesundheitsschäden einhergeht. Zuerst denkt man an die lokale Umwelt. Es werden nun Filter in die Kraftwerke eingebaut, die Kohlestaub, Schwefeldioxid und andere gesundheitsschädliche Substanzen zurückhalten. Bei weiter steigendem Lebensstandard wird dann auch das Klimaproblem bedeutsam für die Bevölkerung. So bekommt man das paradoxe Ergebnis, dass das wirtschaftliche Wachstum zwar einerseits schädlich für die Stabilisierung des Weltklimas ist, dass es aber andererseits die subjektive, psychologische Voraussetzung dafür ist, die Bevölkerung für die Stabilisierung des Klimas zu interessieren. Da es unbedingt erforderlich ist, dass China in ein Weltklimaabkommen mit einbezogen wird, sollte man deshalb zu Anfang der chinesischen Bevölkerung erhebliche CO_2-Emissionsrechte konzedieren, sodass von daher das dortige Wirtschaftswachstum nicht gebremst wird. Dies allerdings zu dem Preis, dass China sich heute schon verpflichtet, die CO_2-Emissionen in späteren Jahrzehnten entsprechend dem Abkommen zu reduzieren. Ein solches Vorgehen hätte erstens den Vorteil, China dazu zu bewegen, einem solchen Abkommen beizutreten, und zweitens den Vorzug, den Preis der Emission von CO_2 in China sogleich auf das Niveau des Weltmarktpreises anzuheben. Die Opportunitätskosten der Emission von CO_2 würden dann auch für ein Land wie China steigen, obwohl China mehr Emissionsrechte zugeteilt bekommen hat, als es gegenwärtig braucht; denn alle nicht benötigten CO_2-Emissionsrechte können an den Fonds verkauft werden. Damit ist für die chinesische Regierung ein Anreiz geschaffen, den CO_2-Preis auch auf dem einheimischen Markt auf diesem Welt-Niveau festzusetzen und so einen effizienten Allokationsmechanismus für CO_2 zu installieren. Dies kann sofort nach Abschluss des Weltklimaabkommens geschehen. Ein solches Vorgehen würde auch den Wachstumsprozess in China in keiner Weise beeinträchtigen, denn der Verteuerung des Stroms durch dieses CO_2-Regime stehen die zusätzlichen Einnahmen aus dem Verkauf von CO_2-Rechten an den Fonds gegenüber, die ja ihrerseits Geldmittel sind, die wieder in den Investitionsprozess für das Wirtschaftswachstum einfließen können.

Konfrontiert man die Notwendigkeit eines Weltklimaabkommens, wie es hier skizziert wurde, mit den oben vorgestellten Energieprognosen der IEA, so ist völlig klar, dass das Weltklimaproblem nur gelöst werden kann, wenn es gelingt, die CO_2-Abscheidung und Sequestrierung (Einlagerung) beim Verbrennen von Kohle, Öl oder Gas in großen Anlagen technisch in den Griff zu bekommen und wirtschaftlich zu erträglichen Kosten durchzuführen. Noch so viele Windräder, Solaranlagen und Kernkraftwerke können «Clean Coal» nicht ersetzen. Technisch gesehen ist der wichtigste Beitrag, den ein Land wie Deutschland zur Lösung des Klimaproblems leisten kann, dass es der Welt vorführt, wie «Clean Coal» funktioniert. Das wäre um ein Vielfaches wichtiger als die Förderung von Windenergie oder Solarenergie.

Diese Aussage wird zusätzlich untermauert durch die Überlegungen, die der Ökonom Hans-Werner Sinn im Hinblick auf das Klimaproblem angestellt hat.[9] Er weist darauf hin, dass die Exportländer von fossilen Energierohstoffen, also Kohle, Erdöl und Erdgas, am Absatz ihrer Ware interessiert sind, ja noch lange Zeit darauf angewiesen bleiben. Der Weltmarktpreis für diese Waren bildet sich durch Angebot und Nachfrage. Wenn nun durch zusätzlichen Bau von Anlagen für erneuerbare Energien oder von Kernkraftwerken oder durch Energieeinsparung die Nachfrage nach Kohle und Erdgas zurückgeht, wenn die Nachfrage nach Erdöl zurückgeht, weil die Autofahrer gezwungen werden, zusätzlich Bio-Sprit zu verwenden, dann führt dieser Nachfrageausfall kurz- und mittelfristig vor allem zu einem Absinken des Preises dieser Energieträger, also zu einem niedrigeren Ölpreis, zu einem niedrigeren Gaspreis und wahrscheinlich auch zu einem niedrigeren Kohlepreis. Dadurch aber wird an anderen Orten der Welt dann umso mehr Kohle, Gas und Öl verwendet, bis wieder ein Ausgleich zwischen Angebot und Nachfrage stattgefunden hat. Mit anderen Worten: Nach einer extremen Variante der «Sinn-These» reduzieren die Förderung erneuerbarer Energien und der Bau zusätzlicher Kernkraftwerke die CO_2-Emissionen gar nicht. Sie werden dadurch nur verlagert. Nachdem wir nun einmal über Jahrhunderte – und verstärkt in den letzten Jahrzehnten – auf fossile Brennstoffe gesetzt haben und damit das Angebot durch technischen Fortschritt und hohe Investitionen «herausgelockt» haben, werden wir dieses Angebot so schnell nicht mehr los. Der Drang der Anbieter, also z. B. der Staaten am Persischen Golf oder anderer erdölexportierender Staaten, ihre Kassen mit diesen Exporten zu füllen, kann nur dann mit einer erfolgreichen Klimapolitik kompatibel gemacht werden, wenn man mithilfe von CO_2-Abscheidung und Sequestrierung dafür sorgt, dass dieses Angebot eben nicht oder nur in vermindertem Maße zu CO_2-Emissionen führt.

Die Frage, wie stark dieser «Sinn-Effekt» ist, kann nur empirisch beantwortet werden. Wie viel von einem Kubikmeter Erdgas oder einer Tonne Steinkohle, die durch den Bau von Windkraftanlagen an einer Stelle der Welt eingespart werden, verschwindet vom Weltmarkt, weil der gesunkene Preis dieses Energieträgers seine Förderung unrentabel macht? Wie viel von diesem eingesparten fossilen Energieträger wird anderweitig auf der Welt zusätzlich verbraucht, weil der gesunkene Preis diesen Einsatz nunmehr rentabel macht? Unterstellt man im Rahmen einer Beispielrechnung, dass die langfristige Nachfragekurve nach fossilen Energieträgern dieselbe Steigung (mit negativem Vorzeichen) hat wie die langfristige Angebotskurve (mit positivem Vorzeichen), dann bewirkt jede technische Einsparung fossiler Energieträger durch den Einsatz erneuerbarer Energieträger, durch zusätzliche Kernenergie, durch zusätzliche Energieeinsparmaßnahmen, durch Verzicht auf wirtschaftliches Wachstum, dass die Hälfte der so eingesparten fossilen Energie über den gesunkenen Preis anderweitig zusätzlich verbrannt wird. Das hat zur Folge, dass der Nettoeinspareffekt aufgrund des «Sinn-Effekts» nur halb so groß ist, wie er ohne diesen Effekt wäre.

Demgegenüber ist die Netto-Wirkung der CO_2-Einsparung bei «Clean Coal» aufgrund des «Sinn-Effekts» sogar größer als die anfängliche technische Einsparung. Denn die Sequestrierung von CO_2 bei Kohlekraftwerken kostet ja zusätzliche Energie. Also benötigt man bei «Clean Coal» mehr Kohle pro Kilowattstunde Strom als ohne die Sequestrierung. Obwohl also mit «Clean Coal» die CO_2-Emissionen sinken, vermehrt sich durch sie die Nachfrage nach Kohle. Insofern hat diese Art der Einsparung von CO_2-Emissionen im Gegensatz zu den anderen Arten einen preissteigernden Effekt für fossile Energieträger mit der Folge, dass die Nachfrage in den Anwendungsbereichen, in denen keine Sequestrierung stattfindet, zurückgeht. Für eine Tonne sequestrierten CO_2 ergibt sich damit eine Gesamteinsparung von CO_2, die sogar größer ist als eine Tonne. Der Klimaeffekt einer Tonne technisch eingesparten CO_2 durch Sequestrierung ist damit wesentlich größer als der Klimaeffekt einer technisch eingesparten Tonne CO_2 durch erneuerbare Energien oder durch Kernenergie.

Abschließend noch einige Bemerkungen zur Klimapolitik in ihrer europäischen bzw. nationalen Umsetzung. Das 1997 geschlossene Kyoto-Abkommen umfasst 30% der weltweiten CO_2-Emissionen – soweit es sich um diejenigen Staaten handelt, die tatsächlich Minderungspflichten übernommen haben. Diese Minderungspflichten liegen in der Größenordnung von 10% verglichen mit dem Ausgangswert von 1990. Es handelt sich bei diesen Staaten überwiegend um wirtschaftlich langsam wachsende Staaten. Das bedeutet, dass ohne das Kyoto-Abkommen ihre CO_2-Emissionen zwischen 1990 und 2012 in der Größenordnung von 10% gewachsen wären. Damit bewirkt das Kyoto-Abkommen, dass die CO_2-Emissionen innerhalb der Staaten, die sich zur Minderung verpflichtet haben, um durchschnittlich 20% niedriger liegen, als sie ohne das Abkommen gelegen hätten. Diese 20% beziehen sich auf 30% der weltweiten Emissionen. Sie machen damit 6% der weltweiten Emissionen des Ausgangsjahrs 1990 aus. Angesichts der Tatsache, dass die CO_2-Emissionen weltweit (trotz Kyoto-Abkommen) zurzeit immer noch um 1,8% pro Jahr zunehmen, bedeutet diese einmalige Einsparung von 6% der weltweiten Emissionen nur eine Verzögerung des Wachstums der CO_2-Emissionen um etwa drei Jahre. Mehr hat das Kyoto-Abkommen nicht erreicht. Sein direkter Effekt auf das Klima ist damit vernachlässigbar klein.

Das Kyoto-Abkommen macht also nur Sinn, wenn man unterstellt, dass das gute Vorbild, das Verhalten eines Musterschülers, das man hier an den Tag legt, andere Staaten der Weltgemeinschaft dazu veranlasst, sich an einem echten Weltklimaabkommen zu beteiligen. Es spricht einiges dafür, dass diese Verhaltensannahme richtig ist. So ist etwa in den Vereinigten Staaten die Bereitschaft, aktive Klimapolitik zu betreiben, in den letzten Jahren doch stark gestiegen. Auch die chinesische Führung hat sich möglicherweise durch «Kyoto» beeindrucken lassen.

Allerdings ist keineswegs ausgeschlossen, dass ein Weltklimaabkommen unter Einschluss aller OECD-Staaten sowie Chinas, Indiens, Brasiliens und Russlands doch noch scheitert. Für diesen Fall bedarf es in Europa eines «Plans B». Sollte es zu einem solchen Scheitern kommen, spricht manches dafür, die Klimapolitik auch in den Kyoto-Staaten zu beenden. Denn solange Industrieunternehmen aus diesen Staaten mit Unternehmen in den USA oder China konkurrieren müssen, die den Belastungen eines solchen Abkommens nicht unterliegen, ergeben sich Wettbewerbsverzerrungen zulasten von Arbeitsplätzen und Wohlstand in den Kyoto-Staaten – und dies, das Scheitern vorausgesetzt, ohne jeden Effekt auf das Weltklima. Außerdem führt die Abwanderung insbesondere der energieintensiven Industriezweige in die Nicht-Kyoto-Staaten dazu, dass die Emissionen gar nicht reduziert, sondern nur verlagert werden. Das alles macht dann keinen Sinn mehr. Es wäre sogar ein Stück weit eine verlogene Politik, wenn man sich einer CO_2-Einsparung rühmt, die im Bereich des Kyoto-Akommens zwar stattgefunden hat, aber weitgehend wirkungslos bleibt, weil sie zu vermehrten CO_2-Emissionen in anderen Weltgegenden geführt hat.

Ein zweiter Punkt ist, dass die Maßnahmen, die getroffen werden, um CO_2-Emissionen zu reduzieren, zurzeit außerordentlich dirigistisch sind. Zum Teil sind sie deswegen sogar kontraproduktiv. Das zeigt das Beispiel Biosprit. Wenn aufgrund der Verpflichtung, dem Benzin Biosprit beizumischen, die Agrarpreise steigen, bedeutet dies zunächst einmal eine starke Benachteiligung des armen Teils der Weltbevölkerung, für die Nahrungsmittel immer teurer werden. Es bedeutet aber zweitens, dass mehr Kunstdünger ausgebracht wird. Denn die höheren Agrarpreise erhöhen die gewinnmaximierende Menge an eingesetztem Kunstdünger. Wie Crutzen und Mitautoren gezeigt haben[10], ist das Ausbringen von Kunstdünger wegen des dabei entstehenden Spurengases Lachgas aber außerordentlich klimaschädlich. Im Saldo ist demnach die Beimischung von Biosprit, was Treibhausgase betrifft, emissionstreibend und nicht emissionshemmend.

Aber auch sonst ist der Staat nicht der beste Verwalter knapper Ressourcen. Das zeigen die miserablen Ergebnisse planwirtschaftlicher Versuche in der Menschheitsgeschichte, wenn man sie mit marktwirtschaftlichen Systemen vergleicht. Sinnvoll ist deshalb auch in der Klimapolitik ein Übergang zu Preismechanismen. Das oben skizzierte Weltklimaabkommen könnte damit auch ein Vorbild für eine effizientere Klimapolitik auf nationaler Ebene sein. Wenn heute z. B. die Solarenergie in Form der Einspeisung von Solarstrom in das Netz zu einem Preis von fast einem halben Euro pro Kilowattstunde gefördert wird, dann ist das eine Form von Klimapolitik, die im Vergleich zu dem oben geschätzten Preis von 40 Euro pro Tonne eingesparter CO_2-Emission deutlich zu teuer ist. Es werden damit Anlagen gefördert, deren Beitrag zur Emissionsminderung vielleicht 300–400 Euro pro Tonne CO_2 kostet.

Solche Extravaganzen in der Klimapolitik kann sich ein reiches Land natürlich leisten. Es zahlt dann eben der Stromkunde ein Stück mehr für seinen Strom. Aber man könnte die so verwendeten Ressourcen für den Klimaschutz wesentlich effizienter einsetzen und würde damit bei gleichen Kosten vielleicht ein Acht- bis Zehnfaches an Klimaschutz erreichen.

Die Schätzung eines für die Klimapolitik ausreichenden Preises von

40 Euro pro Tonne CO_2-Äquivalent kann damit auch heute schon als Leitlinie für die Vorreiter-Politik bei der nationalen oder europäischen Klimapolitik dienen. Fördermaßnahmen und dirigistische Gebote und Verbote sollten daraufhin überprüft werden, ob sie CO_2 zu Kosten einsparen, die unter 40 Euro pro Tonne liegen. Viele der heutigen klimapolitischen Instrumente würden diesen Test kaum bestehen.

Es muss gerade auch im Interesse einer nachhaltigen Klimapolitik liegen, dass diese effizient ausgestaltet ist. Ineffiziente, zu teure Klima- Instrumente werden letztlich angesichts der drängenden Probleme, die sonst noch auf die Politik einströmen, die Klimapolitik selbst diskreditieren. Wenn heute zum Beispiel der Neubau von Kohlekraftwerken in Deutschland auf Widerstand stößt, der zum Teil auch klimapolitisch begründet wird, dann wird die dadurch und durch den Ausstieg aus der Kernenergie zu erwartende Engpasssituation bei der Stromversorgung in der Bevölkerung zu einem Stimmungsumschwung führen, der sich dann auch negativ auf die Klimapolitik auswirken wird.

Als Fazit lässt sich deshalb festhalten: Sinnvoll ist allein ein Weltklimaabkommen, das zumindest die OECD-Staaten sowie China, Indien und Russland zu massiven Emissionsreduzierungen verpflichtet. Sie lassen sich nicht allein durch Energieeinsparung, Förderung erneuerbarer Energien und Kernenergie erreichen; auf «Clean Coal» kann nicht verzichtet werden. Der wichtigste Beitrag, der aus Deutschland technisch-wirtschaftlich kommen kann, ist das Vorführen von funktionsfähigen Anlagen für «Clean Coal». Bestimmte Formen der Förderung erneuerbarer Energien hingegen, wie zum Beispiel die Zwangsbeimischung von Biosprit, sind klimapolitisch geradezu kontraproduktiv.

Die natürliche Photosynthese:
Ihre Effizienz und die Konsequenzen

Von Hartmut Michel

Uns Menschen stehen drei verschiedene, natürliche Energiequellen zur Verfügung: (1) das Licht der Sonne, ein Produkt der Kernfusionsreaktionen, die in der Sonne ablaufen; (2) die geothermale Energie, Ergebnis des Zerfalls natürlicher radioaktiver Atome; und (3) die in den Gezeiten steckende Energie, die wir der Wirkung der Schwerkraft des Mondes auf die Ozeane verdanken. Die mit Abstand bedeutendste davon ist das Sonnenlicht. Alle uns zur Verfügung stehenden fossilen Energieträger, nämlich Kohle, Erdöl und Erdgas, sind durch Umwandlungsprozesse in Abwesenheit von Luftsauerstoff aus der Biomasse längst vergangener Zeiten entstanden. Biomasse ist ihrerseits, direkt oder indirekt, das Produkt der natürlichen Photosynthese. Eine Umwandlung der Energie des Lichts in biologisch nutzbare Energieformen (Photosynthese im weiteren Sinne) findet man in der Natur weit überwiegend bei Organismen, die Chlorophyll (Blattgrün) und chlorophyllähnliche Verbindungen zur Lichtabsorption und Energiewandlung nutzen. Diese Photosynthese im engeren Sinne beruht auf einem lichtgetriebenen Transport von Elektronen, die auch zur Umwandlung («Fixierung») von Kohlendioxid (CO_2) in Kohlenhydrate eingesetzt werden und damit Biomasse aufbauen. Daneben gibt es Mikroorganismen, die Retinal, das Sehpigment des Auges, für die Lichtenergiewandlung einsetzen. Diese letztere, auf dem Transport von Protonen beruhende Art der Lichtenergienutzung ist wegen ihrer (noch) geringeren Effizienz im Kontext dieses Buches nicht von Interesse und wird daher in diesem Kapitel nicht behandelt.

Die Photosynthese wird in Lichtreaktionen und Dunkelreaktionen unterteilt. Schematisch sind diese Reaktionen für die pflanzliche Photosynthese in Abbildung 1 dargestellt. Bei den Lichtreaktionen wird in den Chloroplasten von Pflanzen und Algen sowie in den Cyanobakterien Wasser in Sauerstoff und Wasserstoff gespalten, wobei Letzterer in Form von NADPH (reduzierte Form des Coenzyms Nikotinamid-*a*denin-*d*inukleotid-*p*hosphat) gespeichert wird. Dieser Prozess findet an biologischen Membranen statt und beinhaltet den lichtgetriebenen Transport von Elektronen über diese Membranen, der an die Synthese des universellen biologischen Energieträgers ATP (*Adenosin-5'-tri*phosphat) aus ADP (*Adenosin-5'-di*phosphat) und anorganischem Phosphat gekoppelt ist. In den anschließenden Dunkelreaktionen werden NADPH und ATP zur Synthese von Kohlenhydraten (CH_2O) aus CO_2 (Kohlendioxid) genutzt. Der erste Teil dieses Prozesses wird auch als CO_2-Fixierung bezeichnet und hat die folgende Summenformel:

$$2\ NADPH + 2\ H^+ + CO_2 \rightarrow 2\ NADP^+ + CH_2O + H_2O$$

Bei der evolutionär älteren Photosynthese der Purpurbakterien, der grünen Schwefelbakterien und der Heliobakterien wird kein Wasser gespalten. Stattdessen dienen reduzierte organische Verbindungen oder reduzierte Schwefelverbindungen als Donoren von Elektronen. Alle diese Bakterien besitzen nur ein Photosystem. Die Fähigkeit, Wasser als Elektronendonor zu nutzen und dabei Sauerstoff als Abfallprodukt freizusetzen («Wasserspaltung»), trat erstmals vor etwa 3 Milliarden Jahren bei den Cyanobakterien oder deren Vorfahren auf. Die Cyanobakterien sind entsprechend der Endosymbiontentheorie die evolutionären Vorläufer der Chloroplasten. Die allgemein akzeptierte Endosymbiontentheorie besagt, dass Cyanobakterien von anderen, höheren (eukaryontischen) Zellen aufgenommen worden sind, ohne verdaut zu werden. Beide Zellen nutzen sich gegenseitig, die Cyanobakterien liefern der höheren Zelle Energie, während sie Minerale und Nährstoffe erhalten. Cyanobakterien und Chloroplasten besitzen zwei Photosysteme, das wasserspaltende Photosystem II und das Photosystem I. Beide sind hintereinander geschaltet (Abb. 2). Der zentrale Teil («photosynthetisches Reaktionszentrum») des Photosystems II ähnelt dem photosynthetischen Reaktionszentrum der Purpurbakterien, der zentrale Teil des Photosystems I dem photosynthetischen Reaktionszentrum der grünen Schwefelbakterien. Allerdings besteht auf Grund einer ähnlichen, prinzipiell symmetrischen Struktur aller photosynthetischen Reaktionszentren kein Zweifel daran, dass alle photosynthetischen Reaktionszentren und Photosysteme von einem gemeinsamen Vorläufer abstammen. Die Photosynthese ist damit höchstwahrscheinlich im Laufe der Evolution nur einmal entstanden. Später führte die Erfindung der Wasserspaltung durch die Cyanobakterien (oder deren Vorläufer) auf Grund der Freisetzung von molekularem Sauerstoff zur größten ökologischen Katastrophe auf unserem Planeten, die jemals stattgefunden hat, da Sauerstoff, insbesondere in seinen angeregten Formen, für fast alle Lebewesen toxisch war. Auch die Cyanobakterien selbst mussten zunächst effiziente Entgiftungsverfahren entwickeln. Andererseits ermöglichte erst die Freisetzung von Sauerstoff durch die Cyanobakterien die Umwandlung der Erdatmosphäre von einer reduzierten in eine oxidierende, Sauerstoff enthaltende Form und somit das Leben, wie wir es heute kennen.

Die Lichtreaktionen

Die Lichtreaktionen laufen an und in den photosynthetischen Membranen (innere Membran der Cyanobakterien oder Chloroplasten, «Thylakoidmembranen») ab. Katalysiert werden sie von Pigment-Protein-Komplexen, die in diese Membranen integriert sind. Im allerersten Schritt der Photosynthese wird Licht von einem Pigmentmolekül absorbiert. Dieses Pigmentmolekül ist in der Regel ein Chlorophyllmolekül eines Lichtsammelkomplexes, kann aber auch ein Carotinoidmolekül sein. Das Pigment geht durch die Lichtabsorption in einen angeregten Zustand über. Die Anregungsenergie kann von einem Pigmentmolekül zum nächsten weitergereicht werden. Sie wandert von den äußeren Lichtsammelkomplexen zu den inneren (die auch als Core-Komplexe bezeichnet werden). Diese gehören zu den photosynthetischen Reaktionszentren. Die Lichtsammelkomplexe haben somit eine Art Antennenfunktion. Von den inneren Lichtsammelkomplexen wird die Anregungsenergie zum primären Elektronendonor transferiert. Bei diesem handelt es sich um zwei Chlorophyllmoleküle in einer spezifischen Umgebung, die sich auf der Innenseite der inneren Chloroplastenmembran befinden.

Ist bis hierhin Energie gewandert, so fließen in den nachfolgenden Schritten Elektronen, also negative elektrische Ladungen. Werden nämlich die primären Elektronendonoren durch die Energieübertragung angeregt – dies kann auch direkt durch Lichtabsorption geschehen –, geben sie ein Elektron ab. Dieses Elektron wird über eine Reihe von Pigmenten von der Innenseite der Membran auf einen Akzeptor auf der anderen Membranseite geleitet. Dieser wird dadurch chemisch reduziert. Bei die-

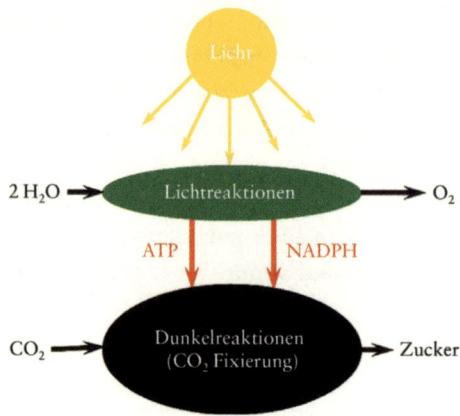

Abbildung 1: Prinzip der pflanzlichen Photosynthese. In den Lichtreaktionen wird das absorbierte Sonnenlicht dazu genutzt, energiereiche Verbindungen (ATP und NADPH) herzustellen. Wasser (H_2O) wird gespalten, molekularer Sauerstoff (O_2) wird als Abfallprodukt freigesetzt. In den nachfolgenden Dunkelreaktionen werden ATP und NADPH dazu verwendet, um CO_2 aus der Atmosphäre zu entnehmen und Zucker (Kohlenhydrate) zu synthetisieren.

sem Prozess wird Energie in Form einer elektrischen Spannung über die Membran («Membranpotenzial») und in Form des reduzierten Elektronenakzeptors gespeichert. Das reduzierte Akzeptormolekül (ein Plastochinon) verlässt das Photosystem II und diffundiert zum so genannten Cytochrom-b_6f-Komplex. Dieser Komplex übernimmt die Elektronen vom reduzierten Plastochinonmolekül und transferiert sie zurück auf die andere Membranseite auf ein Plastocyaninmolekül. Dieses re-reduziert den durch Licht oxidierten primären Elektronendonor des Photosystems I. Vom Elektronenakzeptor des Photosystems I werden die Elektronen über weitere Intermediate auf ein $NADP^+$-Molekül übertragen, das dann als NADPH für die CO_2-Fixierung zur Verfügung steht. Das ebenfalls für die CO_2-Fixierung notwendige ATP wird durch eine indirekte Kopplung des Elektronenflusses im Cytochrom-b_6f-Komplex von dem Enzym ATP-Synthase gebildet. Abbildung 2 zeigt schematisch den photosynthetischen Elektronenfluss. Dieser geht vom primären Elektronendonor des Photosystems II aus. Der oxidierte Elektronendonor des Photosystems II seinerseits hat eine extrem hohe Oxidationskraft. Er ist in der Lage, einer Aminosäureseitenkette der Proteinumgebung, einem Tyrosinrest, ein Elektron zu entziehen. Dieser wiederum nimmt sich ein Elektron aus einem nahegelegenen Mangankomplex, der aus vier Manganatomen und einem Calciumion besteht. Dieser Mangankomplex kann insgesamt vier Elektronen abgeben, extrahiert diese wiederum aus insgesamt zwei Wassermolekülen und setzt dabei ein Sauerstoffmolekül (O_2) und vier Protonen frei. Die Details dieser Reaktion sind allerdings noch nicht verstanden.

Die Effizienz der Lichtreaktionen der Photosynthese

Die Quantenausbeute der primären Lichtreaktionen der Photosynthese liegt bei nahezu 100%. Das heißt, dass für jedes von einem Chlorophyllmolekül absorbierte Lichtteilchen (Photon, Quant) ein Elektron in den photosynthetischen Reaktionszentren über die photosynthetische Membran transportiert wird. Um die zwei Moleküle NADPH zu erzeugen, die zur Fixierung eines Moleküls CO_2 nötig sind, ist die Absorption von etwa neun Photonen notwendig. Laut Abbildung 2 würden acht Photonen ausreichen, um diese zwei NADPH-Moleküle zu erzeugen. Allerdings werden nicht alle Elektronen, die den Akzeptor des Photosystems I erreichen, auch tatsächlich zur Bildung von NADPH benutzt. Ein kleiner Teil der Elektronen sorgt in einem zyklischen Elektronenfluss für die Synthese von zusätzlichem ATP, das ebenfalls zur CO_2-Fixierung benötigt wird. Das entsprechend Abbildung 2 durch den Elektronenfluss im Cytochrom-b_6f-Komplex erzeugte ATP reicht mengenmäßig für die CO_2-Fixierung nicht aus. Insgesamt werden drei ATP-Moleküle für die Fixierung eines CO_2-Moleküls benötigt.

Bei der Photosynthese der Pflanze kann Licht im Wellenlängenbereich von etwa 380 nm bis 700 nm verwendet werden. Neun Photonen photosynthetisch aktiven Lichts der Wellenlänge 400 nm (violettes Licht) haben einen Energiegehalt von jeweils 3,09 eV (bezogen auf ein Mol), ergibt zusammen 27,8 eV an Energieinput. Ein Elektron/Wasserstoffatom, das Bestandteil des Wassers ist, hat einen um 1,2 eV/Mol geringeren Energiegehalt als eines, das an NADP⁺ gebunden ist. Damit enthalten die zwei NADPH-Moleküle 4,8 eV/Mol der eingesetzten Lichtenergie, drei ATP-Moleküle 0,95 eV/3 Mol, ergibt zusammen rund 5,8 eV. Damit sind in der Lichtreaktion der Photosynthese nur 20,9% der Energie des absorbierten violetten Lichts gespeichert worden. Wird ursprünglich energieärmeres, rotes Licht der Wellenlänge 700 nm absorbiert, so werden 1,76 eV pro Mol Lichtquanten, zusammen 15,84 eV, ein-

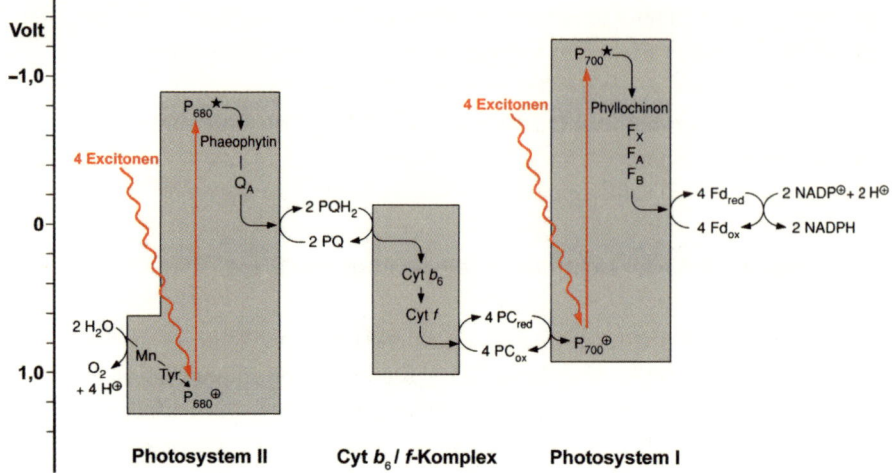

Abbildung 2: Z-Schema der Lichtreaktionen der Photosynthese. Getrieben wird der photosynthetische Elektronentransport durch Übertragung der Lichtenergie der von den Antennenpigmenten absorbierten Photonen («Excitonen») auf die primären Elektronendonoren P680 und P700. Im Photosystem II (links) führt die Energieübertragung zu einer Anregung eines P680 um ca. 2,1 eV. Das angeregte P680 setzt pro Exciton ein Elektron frei. Dieses wird über ein Phaeophytin und ein Chinon Q_A auf Plastochinon (PQ) auf der entgegengesetzten Membranseite übertragen. Das positiv geladene P680 holt sich das abgegebene Elektron über ein Tyrosin (Tyr) von einem Mangankomplex (Mn) zurück. Dieser kann vier Elektronen abgeben, bevor er seinerseits in Summe die vier Elektronen zwei Wassermolekülen (H_2O) entreißt. Dabei werden vier Protonen (H^+) und ein Sauerstoffmolekül (O_2) freigesetzt. Im Cytochrom-b_6f-Komplex werden Elektronen vom reduzierten Plastochinon (PQH_2) auf Plastocyanin (PC) auf die ursprüngliche Membranseite zurück transportiert. Das Plastocyanin überträgt sein Elektron auf das oxidierte P700 des Photosystems I (rechts), das nach Anregung durch ein Exciton ein Elektron abgegeben hat, und reduziert es dadurch wieder. Das Elektron wird über weitere intermediäre Überträger auf ein Ferredoxin (Fd) und dann auf $NADP^+$ übertragen. Zwei Elektronen sind notwendig, um ein Molekül NADPH zu bilden. Aus den Redoxpotenzialen (Y-Achse) lässt sich die jeweils gespeicherte bzw. verlorene Energie ableiten.

gesetzt. Damit werden 36,7 % der absorbierten Lichtenergie gespeichert.

Insgesamt sind, bezogen auf die Lichtenergie, nur 47 % des die Erdoberfläche erreichenden Sonnenlichts von der Pflanze absorbierbar und für die Photosynthese nutzbar. Das photosynthetisch genutzte Licht hat pro Mol Lichtquanten einen durchschnittlichen Energiegehalt von 2,17 eV. Damit ergibt sich, dass unter optimalen Bedingungen etwa 29 %

des absorbierten Lichts in den Lichtreaktionen der pflanzlichen Photosynthese gespeichert werden. Dies entspricht allerdings nur etwa 14% der Energie des auf die Pflanze fallenden Sonnenlichts.

Für die Effizienz der Photosynthese optimale Bedingungen sind jedoch solche geringer Lichtintensität. Bereits bei mehr als 5% vollen Sonnenlichts sind die Bedingungen für die Photosynthese suboptimal. Dies liegt teilweise daran, dass die reduzierten terminalen Elektronenakzeptoren beider Photosysteme (Plastochinonmoleküle im Photosystem II, Ferredoxine im Photosystem I) gegen oxidierte ausgetauscht werden müssen. Erfolgt der Austausch der Akzeptoren und damit der Abfluss (Verbrauch) der Elektronen nicht schnell genug, ist die Photosynthese gehemmt. Noch schlimmer: Ist die Bindungsstelle für die terminalen Akzeptoren leer, fallen die ankommenden Elektronen von den intermediären Akzeptoren wieder auf die Donoren zurück. Dieser Vorgang kann zur Ausbildung von schädlichen, so genannten Triplettzuständen führen. Insbesondere im Photosystem II führt die Bildung aggressiver Sauerstoffspezies zur Zerstörung einer Proteinuntereinheit, die den wesentlichen Teil des photosynthetischen Reaktionszentrums bildet. Diese Hemmung der Photosynthese tritt bereits bei Lichtintensitäten auf, die 5% des vollen Sonnenlichts entsprechen. Sie reduziert die Effizienz der Umwandlung des auf die Pflanze einfallenden Lichts in den Lichtreaktionen auf etwa 9%.

Die Effizienz der Umwandlung der Energie des einfallenden Sonnenlichts ist damit signifikant schlechter als die Effizienz kommerziell erhältlicher photovoltaischer Zellen.

Die Dunkelreaktionen

Bei den Dunkelreaktionen werden, wie oben bereits angeführt, zwei NADPH-Moleküle und drei ATP-Moleküle verwendet, um ein Molekül CO_2 zu fixieren und in einem zyklischen Reaktionsablauf in Kohlenhydrate überzuführen. Der erste Schritt in dieser Reaktionskette wird von dem Enzym Ribulose-1,5-Biphosphat-Carboxylase katalysiert. Dieses Enzym hat nur eine geringe katalytische Aktivität und ist wenig spezifisch. Insbesondere ist es nicht in der Lage, zwischen Kohlendioxid (CO_2) und Luftsauerstoff (O_2) genau zu unterscheiden. Dies führt dazu, dass etwa bei jedem dritten bis vierten Katalysezyklus O_2 anstelle von CO_2 in die Kohlenhydratvorstufen eingebaut wird. Das falsche Produkt muss dann wieder aufwändig entsorgt werden. Die Pflanze muss zudem atmen und Energie für Biosynthesen bereitstellen. Wie bereits erwähnt, wird eine Proteinuntereinheit des Reaktionszentrums des Photosystems II, das so genannte D_1-Protein, im Verlauf der photosynthetischen Primärreaktionen oxidativ geschädigt. Diese Proteinuntereinheit wird deshalb ständig neu synthetisiert, und etwa alle 20 Minuten werden die vorhandenen D_1-Proteine gegen die neu synthetisierten ausgetauscht.

Diese Reaktionen verringern die Effizienz der Dunkelreaktionen beträchtlich. Zusätzlich ist die pflanzliche Photosynthese ganz wesentlich auf die Verfügbarkeit von Wasser angewiesen. Bei zunehmender Trockenheit und Wassermangel schließen sich die Stomata an der Blattunterseite. Diese Reaktion hat zur Folge, dass der Verlust von Wasser reduziert wird. Gleichzeitig wird aber die Aufnahme von Kohlendioxid (CO_2) verhindert, so dass die Dunkelreaktionen der Photosynthese zum Erliegen kommen, die Effizienz geht gegen Null.

Die Gesamteffizienz der Photosynthese

All diese Faktoren führen dazu, dass die Effizienz der natürlichen Photosynthese maximal 4,5 % beträgt. Dieser Wert gilt als theoretische Obergrenze, die unter realistischen Bedingungen jedoch nicht erreicht wird. Tatsächlich wird weniger als 1 % der einfallenden Lichtenergie in Form von Biomasse gespeichert. Sieht man sich zusätzlich etwa ein Maisfeld an – Mais gilt als besonders effizienter Biomasseproduzent –, so stellt man fest, dass die ausgesäten Maiskörner nicht vor Ende Mai keimen und es weitere ein bis zwei Monate dauert, bis die Erde weitgehend von Maispflanzen und deren Blättern bedeckt ist. Im Oktober ist die Vegetationsperiode bereits wieder zu Ende. Das heißt, im überwiegenden Teil des Jahres wird die zur Verfügung stehende Fläche überhaupt nicht oder nur ungenügend für die photosynthetische Lichtenergiewandlung genutzt.

Natürlich kann man die Gesamteffizienz der Photosynthese auch dadurch ermitteln, dass man die Menge der erhaltenen Biomasse bestimmt und mit der eingestrahlten Lichtenergie vergleicht. Besonders große Mengen an Biomasse erhält man mit schnell wachsenden Laubhölzern wie etwa Pappeln (bis zu 2 kg Trockenmasse pro Jahr und m²). Nimmt man in optimistischer Weise an, es handele sich bei der Trockenmasse bevorzugt um Kohlenhydrate (auch Zellulose und Hemizellulosen sind Kohlenhydrate), und berücksichtigt deren Energiegehalt (Brennwert) von 4,78 kWh pro kg, so werden knapp 10 kWh Energie pro m² und Jahr gespeichert. Andererseits strahlt die Sonne auch in unseren Breiten beträchtlich, auf jeden Quadratmeter Boden fallen in Deutschland jährlich etwa 1000 kWh an Sonnenenergie. Von diesen werden bei optimalen Wachstumsbedingungen 10 kWh, also etwa 1 %, in Form von Biomasse gespeichert.

Möglichkeiten zur Steigerung der Effizienz der Photosynthese und eine alternative Nutzbarmachung

Wie oben dargestellt, ist einer der Hauptschwachpunkte der pflanzlichen Photosynthese, dass nur etwa 47 % der einfallenden Lichtenergie für die Photosynthese genutzt werden können, weil die pflanzlichen Pigmente (Chlorophylle und Carotinoide) nur Licht bestimmter Wellenlänge, mit Maxima um 400 und 680 nm, absorbieren können. Wie ließe sich dieses Spektrum erweitern?

In der Natur gibt es insbesondere im Reich der verschiedenen Algen noch eine Reihe weiterer Lichtsammelkomplexe, die andere spektrale Bereiche des Sonnenlichts abdecken. Für den UV-Bereich bietet es sich an, die Biosynthesewege der Carotinoidmoleküle, bzw. die an der Biosynthese beteiligten Enzyme, so zu verändern, dass die Anzahl der konjugierten Doppelbindungen verringert wird. Dies hätte zur Folge, dass sich das Absorptionsmaximum dieser Antennenpigmente in den UV-Bereich verschiebt und damit eine Absorption von UV-Licht und die Weiterleitung der Anregungsenergie zum Reaktionszentrum möglich wird. Für den längerwelligen Bereich könnte man auf die Lichtsammelsysteme von verschiedenen Algen zurückgreifen. Sollte es gelingen, die Biosynthese von Lichtsammelkomplexen aus Algen, die z. B. Phycoerythrin in den Chloroplasten enthalten, funktionell zu bewerkstelligen, könnten die Effizienz der Lichtabsorption und die Photosynthesewirksamkeit von grünem Licht in den Chloroplasten gesteigert werden. Für den nahen Infrarotbereich bietet sich der Einsatz von Bakteriochlorophyllen aus Purpurbakterien an. Es ist allerdings fraglich, ob ein Energietransfer von den Bakteriochlorophyllen zu den kürzerwelligen, energiereicheren Chlorophyllen der pflanzlichen Photosysteme möglich wäre.

Insgesamt erscheint eine Erweiterung des nutzbaren Spektralbereichs noch reichlich utopisch. Deutlich Erfolg versprechender ist eine Verbesserung der Ribulose-1,5-Biphosphat-Carboxylase. Wie oben erwähnt, entstehen bei den Dunkelreaktionen große Verluste dadurch, dass dieses Enzym nur unzureichend in der Lage ist, zwischen Kohlendioxid (CO_2) und Sauerstoff (O_2) zu unterscheiden. Das gilt aber nicht für alle Ribulose-1,5-Biphosphat-Carboxylasen. So kann das entsprechende Enzym aus Rotalgen CO_2 und O_2 wesentlich besser unterscheiden. Gelänge es, das Gen dieser Ribulose-1,5-Biphosphat-Carboxylase in das Chloroplastengenom zu integrieren und dort funktionell zu exprimieren, könnte man die Effizienz der pflanzlichen Photosynthese möglicherweise um 50 bis 100 % steigern. Alternativ könnte es gelingen, die Ribulose-1,5-Biphosphat-Carboxylase der Pflanze gentechnologisch oder durch Chimärenbildung mit dem Rotalgenenzym gezielt zu verbessern. Die Anpassung des pflanzlichen Stoffwechsels an die gesteigerte Verfügbarkeit von Primärprodukten der Photosynthese wird allerdings einer Optimierung von weiteren Enzymen und von Stoffwechselwegen bedürfen.

Denkbar wäre auch, die Pflanzen auf die lichtgetriebene (Bio-)Synthese von Wasserstoff umzuprogrammieren. Besonders effizient wäre es, ausschließlich das Photosystem II für diesen Zweck zu nutzen. Die Kopplung einer Hydrogenase, die Protonen und Elektronen (Lieferant der Elektronen wäre der reduzierte terminale Elektronenakzeptor des Photosystems II, reduziertes Plastochinon) zu Wasserstoff kombiniert und diesen freisetzt, an das bestehende Photosystem II wäre energetisch ungünstig, weil das chemische Gleichgewicht auf Seiten des reduzierten Plastochinons läge. Gelänge es hingegen, den primären Chinonakzeptor im photosynthetischen Reaktionszentrum des Photosystems II durch das katalytische Zentrum einer Hydrogenase zu ersetzen, könnte dieses modifizierte Photosystem II direkt unter Absorption von nur vier Photonen zwei Wasserstoffmoleküle ($2\ H_2$) produzieren und dabei zwei Wassermoleküle spalten. Die Effizienz dieser Lichtenergiewandlung läge dann für violettes Licht bei 39 % und für rotes Licht sogar bei 68 %. Dieses Knallgas produzierende Photosystem müsste natürlich mit großer Sorgfalt behandelt werden. Die Realisierbarkeit eines solchen Systems erscheint jedoch insgesamt als wenig wahrscheinlich. Vergleichsweise einfach ist dagegen die Kopplung des Elektronenflusses am Photosystem I an eine Hydrogenase. Ein solches Enzym könnte direkt aus dem NADPH molekularen Wasserstoff freisetzen. Unter energetischen Gesichtspunkten ist diese Möglichkeit freilich weitaus weniger interessant, weil bis zur Bildung des NADPH bereits der Großteil der Lichtenergie verloren ist.

Konsequenzen für die Entwicklung artifizieller, biomimetischer Systeme für die technische Lichtenergiewandlung

Die natürliche Photosynthese hat mit fundamentalen Problemen zu kämpfen, die zu lösen die Natur im Laufe von mindestens drei Milliarden Jahren nicht in der Lage war. Das Hauptproblem dürfte sein, dass energiereiches Licht schädliche Wirkungen auf die Farbstoffe (Pigmente, Chromophore) hat, mit denen es in Wechselwirkung tritt. Insbesondere kann sich die Bildung von energiereichen Triplettzuständen schädlich auswirken und zum Aufbrechen kovalenter Bindungen führen. Zu solchen Triplettzuständen kommt es bei einem Rückfall von Elektronen auf die primären Elektronendonoren. Diesen Rückfall versucht die Natur dadurch zu minimieren, dass sie mehrere intermediäre Elektronenakzeptoren in Reihe schaltet, wobei der Weitertransfer des Elektrons von einem intermediären Akzeptor zum nächsten jeweils um mehrere Größenordnungen schneller erfolgt als ein potenzieller Rücktransfer des Elektrons. Dies gelingt dann, wenn eine genügend große Triebkraft für den Weitertransfer vorhanden ist. Eine große Triebkraft ist aber gleichbedeutend mit einem großen Verlust an Energie. Das führt dazu, dass bereits in den primären Elektronentransferschritten in den photosynthetischen Reaktionszentren der Großteil der Anregungsenergie verloren geht. Dennoch hat es die Natur nicht geschafft, eine Schädigung des Reaktionszentrums des Photosystems II, insbesondere des D_1-Proteins, durch Licht in Kombination mit Sauerstoff zu verhindern. Immerhin aber entwickelte die Natur einen Reparaturmechanismus, der es ihr erlaubt, die D_1-Proteine mehrmals pro Stunde auszutauschen. Insgesamt steht deshalb zu befürchten, dass biomimetische, künstliche photosynthetische Systeme ebenfalls große Probleme mit ihrer Stabilität haben werden. Dies gilt auch für organische photovoltaische Zellen.

Konsequenzen für die Verwendung von Biomasse
für die Herstellung von Biogas und Biokraftstoffen

Welche Konsequenzen haben nun der geringe Wirkungsgrad und die schlechte Effizienz der natürlichen Photosynthese für die Nutzung der Produkte der Photosynthese, nämlich der Biomasse, zur Herstellung von Biogas oder Biokraftstoffen?

Biogas: Biogas stammt bevorzugt aus Mais. Dabei wird die ganze Pflanze geerntet, zerkleinert und unter Luftausschluss in großen Behältern fermentiert. Unter anaeroben Bedingungen erzeugen bestimmte Mikroorganismen (Archaebakterien oder Archaeen, siehe den Beitrag von Rudolf Thauer) Methan, das etwa 60 % des Biogases ausmacht. Der Rest ist Kohlendioxid (CO_2). Aus dem durchschnittlich auf einem Hektar Land wachsenden Mais lassen sich 4600 m³ Methan erzeugen. Diese haben einen Brennwert von 46 000 kWh. Das Biogas wird in der Regel zur Erzeugung elektrischer Energie eingesetzt. Der Wirkungsgrad der Umwandlung beträgt weniger als ein Drittel. Damit produziert der Landwirt maximal 17 000 kWh an elektrischer Energie pro Hektar bewirtschafteter Fläche, die er an den lokalen Energieversorger verkauft. Andererseits sind auf denselben Hektar Land in einem Jahr 10 000 000 kWh Energie in Form von Sonnenlicht gefallen. Die Ausbeute an elektrischer Energie betrug damit magere 0,17 % der zur Verfügung stehenden Lichtenergie. Hinzu kommt, dass für Feldbestellung, Ernte, Düngemittelproduktion und Transport Energie aufgewendet wurde. Dadurch verringert sich die Nettoenergieausbeute nochmals beträchtlich.

Hätte der Landwirt (bzw. «Energiewirt») auf nur 1 % seines zur Produktion von Energiemais genutzten Landes kommerziell erhältliche photovoltaische Solarzellen (Wirkungsgrad ca. 15 %) installiert, so würde er mehr elektrische Energie produzieren als auf dem Umweg über Biogas und müsste dafür nicht einmal arbeiten.

Biodiesel: Biodiesel wird in Deutschland aus den Samen der Rapspflanze gewonnen. Das Rapsöl wird extrahiert und in Fettsäuremethylester überführt. Als Nebenprodukt fällt Glycerin an. Die Ausbeute an Biodiesel beträgt etwa 1200 Liter pro Hektar Land. Diese haben einen Energiegehalt von rund 11 000 kWh. Das bedeutet, dass der pro Hektar produzierte Biodiesel 0,11 % der Energie des auf einen Hektar pro Jahr eingestrahlten Sonnenlichts enthält. Hinzu kommt, dass für den Anbau des Rapses und die Herstellung des Biodiesels der Einsatz von Energie notwendig ist, der mindestens 50% der im Biodiesel steckenden Energie entspricht.

Bioethanol: Bioethanol wird in Europa überwiegend aus Getreide oder Zuckerrüben, in den USA aus Mais gewonnen. Die zerkleinerte Biomasse oder ein wässriger Extrakt wird vergärt und das entstandene Ethanol durch wiederholte Destillation und weitere Behandlung bis auf 99,5% angereichert. Pro Hektar Ackerland erhält man durchschnittlich 3000 Liter (maximal bis zu 5000 Liter). 3000 Liter Ethanol enthalten 17 700 kWh an Energie. Dieser Wert entspricht 0,18% des Energiegehalts des pro Jahr auf einen Hektar Land einfallenden Sonnenlichts.

Der Energieaufwand zur Produktion von Bioethanol ist hoch. Die meisten Studien zeigen, dass 80 bis 90% der im Bioethanol enthaltenen Energie eingesetzt werden müssen (einige kommen sogar auf 125%). Besser sieht es aus, wenn wie in Brasilien Zuckerrohr für die Bioethanolproduktion verwendet wird. Das liegt daran, dass Zuckerrohr nach dem Abernten wieder nachwächst, die Felder also nicht jährlich neu bestellt werden müssen. Die ausgepressten Stängel werden getrocknet und als Brennmaterial bei der Destillation verwendet. Allerdings enthält der pro Flächeneinheit in Brasilien aus Zuckerrohr produzierte Alkohol auch nur 0,2% der Energie des auf diese Fläche eingestrahlten Sonnenlichts.

Btl-Diesel, FT-Diesel, «SunDiesel»: Hier wird getrocknete Biomasse aller Pflanzenteile, insbesondere Holz und Stroh, zunächst in Synthesegas – eine Mischung aus Kohlenmonoxid (CO) und Wasserstoff (H_2) – überführt und daraus dann nach dem Fischer-Tropsch-Verfahren Diesel synthetisiert. Früher wurde eine Ausbeute von 0,3 bis 0,4 kg SunDiesel pro m^2 angenommen. Eine von der Europäischen Union finanzierte Studie kam jüngst auf Ausbeuten von 0,860 bis 2,3 kg pro m^2. Die Ausbeute lässt sich durch zusätzlichen Einsatz von Wasserstoff (H_2) steigern. Da für die Herstellung von Wasserstoff jedoch Energie aufgewendet werden muss, kann diese zusätzliche Ausbeute bei Betrachtung der Energiebilanzen keine Berücksichtigung finden. 2 kg SunDiesel enthalten etwa 23 kWh Energie. Die Ausbeute, bezogen auf das auf die Flächeneinheit eingestrahlte Sonnenlicht, beträgt damit etwa 0,23%. Für die Herstellung von SunDiesel muss etwas mehr als die Hälfte der darin enthaltenen Energie eingesetzt werden.

Bilanzen: Dass die Herstellung von Biogas und Biokraftstoffen mit einem Nettogewinn an Energie einhergeht, scheint festzustehen. Am geringsten ist dieser bei der Herstellung von Bioethanol aus Getreide, Mais und Zuckerrüben. Allerdings liegt die Ausbeute an nutzbarer Energie für alle Biokraftstoffe, bezogen auf die zur Verfügung stehende Energie des Sonnenlichts – und das bereits ohne Berücksichtigung der Energie, die zur Herstellung der Biokraftstoffe eingesetzt werden muss –, bei weniger als 0,2 %. Berücksichtigt man zusätzlich noch den Energie-einsatz, liegt sie in fast allen Fällen bei weniger als 0,1 %. Am besten schnei-det Biogas ab. Im Gegensatz zu den Energiebilanzen können die CO_2-Bilanzen negativ sein. Positiv ist die CO_2-Bilanz, wenn (im Idealfall) die eingesetzte Energie überwiegend aus Windkraft oder Kernenergie stammt. Ist die eingesetzte Energie jedoch überwiegend elektrische Ener-gie, die im Extremfall aus Braunkohle gewonnen worden ist (Braunkohle enthält etwa 55 % Wasser, mit 1 kg Braunkohle wird etwa 1 kWh elektri-sche Energie erzeugt, wobei 1,066 kg CO_2 anfallen), so kann der Einsatz von zugeführter elektrischer Energie leicht zu einer negativen CO_2-Bi-lanz führen. Entscheidend sind damit die Art der für die Biokraftstoff-herstellung eingesetzten Energie und deren Erzeugung. Es ist zu bezwei-feln, dass mit der Ersetzung fossiler Treibstoffe durch Biokraftstoffe in der Realität eine signifikant positive CO_2-Bilanz und damit eine wesent-liche Reduktion der CO_2-Freisetzung erzielt werden. Im Gegenteil zeigt sich, dass durch die Umwidmung von Wäldern und Wiesen in Ackerland für den Energiepflanzenanbau durch Abbrennen der ursprünglichen Vegetation und insbesondere aufgrund der Oxidation von organischem Material im Wald- und Wiesenboden so viel CO_2 zusätzlich freigesetzt wird, dass es mehrere Jahrzehnte bzw. sogar Jahrhunderte dauert, bis die Menge des freigesetzten CO_2 durch die angebauten Energiepflanzen wieder fixiert wird. Entsprechend einer aktuellen Publikation dauert dieser Prozess bei der Umwandlung von Regenwald auf torfhaltigem Grund in Palmölplantagen in Indonesien und Malaysia 423 Jahre, bei Umwandlung von brasilianischem Regenwald in Sojabohnenfelder zur Sojadieselproduktion 319 Jahre und beim Umpflügen nordamerikani-scher Prärie und der Anlage von Maiskulturen 93 Jahre.

Fazit

Es ist insgesamt also wenig wahrscheinlich, dass die natürliche Photo-synthese und die davon abgeleitete Biomasse einen wesentlichen Beitrag zur Lösung des Energieproblems leisten können. Aus europäischer Bio-masse hergestellte Biokraftstoffe enthalten netto gerade einmal ein Tau-sendstel der Energie des Sonnenlichts, das auf das zur Produktion der Biomasse verwendete Ackerland gefallen ist. Weltweit führt der gezielte Anbau von Energiepflanzen zur Abholzung von Regenwäldern mit nega-tiven Folgen für das Klima. Steigende Preise für Lebensmittel sind bereits heute zu beobachten. Betroffen davon sind insbesondere die Armen aus den Entwicklungsländern, die den Großteil ihres Einkommens für den Erwerb von Lebensmitteln ausgeben.

Die technische Lichtenergiewandlung nutzt die zur Verfügung stehende Lichtenergie um den Faktor 150 besser. Somit kann die Energiegewin-nung über natürliche Photosynthese → Biomasse → Biokraftstoffe auch bei einer möglichen Verdoppelung der Ausbeute an Biomasse (durch gentechnische Optimierung der Photosynthese) mit der technischen Lichtenergiegewinnung nicht konkurrieren. Stattdessen ist der direkten Umwandlung der Energie des Sonnenlichts in elektrische Energie durch photovoltaische Zellen der Vorzug zu geben. Die Herausforderungen bestehen hier vor allem darin, eine kostengünstigere Produktion dieser Solarzellen zu entwickeln und insbesondere die Energiespeicherung zu verbessern. Gelingt der Übergang von Fahrzeugen, die mit (Bio-)Flüssig-kraftstoff-getriebenen Verbrennungsmotoren arbeiten, zu solchen, die photovoltaisch geladene elektrische Batterien und Elektromotoren be-sitzen, wird die zur Verfügung stehende Landfläche mindestens um den Faktor 150 effektiver genutzt (siehe dazu den Beitrag von Hans-Joachim Queisser).

Solarzellen auf Basis anorganischer Materialien

Von Hans-Joachim Queisser[1]

Licht und Wärme der Sonne

Auf die Solarenergie richten sich angesichts von Klimawandel und schwindenden Öl- und Gasressourcen viele Hoffnungen. Tatsächlich liefert uns die Sonne ein Vielfaches dessen, was wir Menschen an Energie verbrauchen.[2] Warum ist es dann aber so schwierig, die Sonne zu nutzen, um den Bedarf an elektrischer Energie und Wärme zu decken? Das Sonnenlicht auf der Erde ist sehr verdünnt; glücklicherweise, denn sonst könnten wir Menschen nicht überleben; der solare Energiestrom ist also wesentlich geringer, als wir ihn etwa in einem Toaster als elektrischen Strom gebrauchen. Somit muss die einfallende Energie der Sonne stark komprimiert werden, und das kostet wiederum Energie.

Natürlich leben wir alle vom Sonnenlicht. Die grünen Pflanzen vermögen es auf ebenso erstaunliche wie raffinierte Weise, mit ihrem Farbstoff Chlorophyll dem Licht Energie zu entziehen, damit den Kohlenstoff der Luft aufzunehmen und so den Aufbau der Pflanze zu ermöglichen. Wäre es möglich, diese natürliche Methode technisch zu simulieren und damit das Sonnenlicht zu nutzen? Leider nein, denn die Effizienz der Pflanzen ist viel zu gering, ihr Wirkungsgrad liegt bei gerade einmal 1%. Die riesigen Flächen grüner Pflanzen auf unserer Erde und die langen Zeiträume der Belichtung machen diesen Mangel wett – aber für die Technik ist diese Photosynthese kein Vorbild (vgl. dazu den Beitrag von Hartmut Michel).

Die Wärme des Sonnenlichts hingegen kann man recht gut nutzen. «Solarthermik» bedeutet, das Sonnenlicht zur Erwärmung von Brauchwasser einzusetzen. Diese Methode erscheint auch wissenschaftlich gar nicht unvernünftig, denn sowohl der Lichteinfall als auch die Wasserwärme sind gleichermaßen verdünnt; wir sprechen davon, dass die Entropien, die Angaben der energetischen Verdünnungen, vergleichbar sind. Tatsächlich wird diese Technik in sonnengünstigen Ländern – wie etwa in Japan – in zunehmendem Maße intensiv genutzt. Dabei stellen sich vor allem handwerkliche Aufgaben, denn die Wissenschaft dieser Solarthermik ist gründlich erforscht.

Die Verdichtung der Wärmestrahlung wird gerade heute wieder zu einem wichtigen Thema. In sehr sonnenreichen Gegenden wie beispielsweise in Südspanien oder im amerikanischen Bundesstaat Nevada wird mit optischen Verfahren, also mit Brennspiegeln oder Linsen, das Licht so stark konzentriert, dass damit Wasserdampf erzeugt werden kann, der wiederum in Turbinen zur Erzeugung elektrischer Energie genutzt wird. Es bedarf allerdings eines erheblichen Aufwands, um die Geräte stets dem tagszeitlichen Stand der Sonne anzupassen; für diese Nachführung ist kontrollierte Mechanik vonnöten.

Die Sonnenwärme könnte aber auch in sehr hohen Schornsteinen genutzt werden. In der unmittelbaren Umgebung solcher Türme – in sonnenbestrahlten Wüstenregionen beispielsweise – wird die Luft erhitzt, steigt dann im Turm sehr hoch – am besten fast einen Kilometer – und treibt mit dieser Aufströmung eine Turbine zur Elektrizitätserzeugung an. Mancherorts aber ist zweifelhaft, ob der dabei entstehende Wirkungsgrad der Energiewandlung einen solch extremen Bauaufwand für kilometerhohe Turmstrukturen rechtfertigen kann.

Direkte Wandlung mit Photovoltaik

Viel günstiger hingegen erscheint die direkte Umwandlung der Sonnenenergie in elektrische Gleichspannungs-Energie mit Hilfe der Photovoltaik. Die quantenphysikalischen Teilchen des Lichts, «Photonen» genannt, erzeugen in einem halbleitenden Material oder in einer geeigneten Flüssigkeit unmittelbar eine elektrische Spannung, die in Volt gemessen wird. Deshalb nennt man diese Erscheinung «Photovoltaik». Diese Technik ist ungemein reizvoll, denn die Umwandlung erfolgt, ohne dass irgendwelche Teile mechanisch bewegt werden müssen. Es entsteht kein Lärm und keinerlei Abfall – also ist dieses Verfahren ausgesprochen umweltfreundlich. Allerdings müssten recht große Flächen mit den schwarzen Photovoltaikzellen belegt werden.

Nahezu sämtliche heute kommerziell gefertigten Solarzellen bestehen aus dem halbleitenden chemischen Element Silicium (engl. *silicon*). Ein Halbleiter verdankt seine elektrische Leitfähigkeit einem Zusatz von fremden Atomen. Elektronenspender (so genannte Donatoren oder

Donoren) geben ein zusätzliches Elektron an das Silicium-Gitter ab, sorgen damit für negative Träger der Elektrizität; man nennt das deshalb n-Leitung. Bringt man elektronenfangende Fremdatome (so genannte Akzeptoren) in den Kristall, so entsteht durch die fehlenden Teilchen in der Elektronenschar eine Leitfähigkeit. Sie wirken wie positiv geladene Teilchen; man spricht daher von p-Leitung. Diese in großen Bereichen nach Art und Größe des Leitvermögens einstellbare Eigenschaft ist ein großartiger Vorteil von Halbleitern. Die gesamte Mikroelektronik verdankt ihre Erfolge diesem Umstand. Grenzt ein Bereich mit n-Leitung an einen p-leitenden Bereich, so entsteht ein «p-n-Übergang». Eine solche Grenzschicht wirkt wie ein Gleichrichter, sie lässt Strom nur in einer Richtung durch und spielt auch bei den Solarzellen eine herausragende Rolle.

Die Geschichte der Solarzelle

Die Geschichte der Solarzelle[3] beginnt vor etwas mehr als fünfzig Jahren in den Laboratorien der Bell Telephone-Gesellschaft in Murray Hill im amerikanischen Bundesstaat New Jersey. Man hatte eben gelernt, das relativ schwierig zu reinigende Material Silicium sauber und kontrolliert herzustellen, und begann nun seine kristallographische Perfektion voranzutreiben. Man wusste, dass dieser Stoff für die Transistoren und Gleichrichter besonders geeignet war. G. L. Pearson hatte schon recht große Kristalle hergestellt – für die damalige Zeit einige Quadratzentimeter im Durchmesser –, und sein Kollege C. S. Fuller konnte gezielt p-n-Übergänge einbauen. Der Batteriefachmann D. M. Chapin wurde hinzugezogen, als man feststellte, dass solche Silicium-Übergänge bei Beleuchtung wie eine Batterie wirkten und Strom und Spannung lieferten.

Wie diese neuartige Batterie funktionierte, war sofort klar. Das einfallende Photon bricht mit seiner Energie im Siliciumkristall eine chemische Bindung auf und erzeugt so ein freies Elektron sowie ein «Loch», ein fehlendes Elektron. Die beiden Ladungsträger finden ihren Weg in ihre jeweiligen Bereiche: das Elektron in den n-Bereich hinein, das «Defektelektron» ins p-Gebiet. Der p-n-Übergang hat also eine Ladungstrennung bewirkt; an den Kontakten entsteht eine Spannung. Legt man einen Verbraucher an die Kontakte, so fließt nutzbringender Strom.

Die Bell-Laboratorien mussten diese neue Erfindung von Chapin, Pearson und Fuller[4] im Pentagon melden. Doch die Militärs hatten keinerlei Interesse; die Batterie erschien viel zu schwach, um sie den Soldaten zuzumuten. Patente durften angemeldet werden, eine wissenschaftliche Veröffentlichung wurde gestattet. Die Telefongesellschaft probierte die neuen Zellen im Staate Georgia aus; aber der Erfolg war gering, denn die Vögel mochten die schön schwarz glänzenden Plättchen auf den Telefonmasten und belegten sie mit ihrem – fürs Sonnenlicht undurchdringlichen – Kot. Nur eine Gruppe hatte größtes Interesse: die sowjetischen Physiker. Sie brauchten eine kleine und sehr leichte Energiequelle für ihren ersten Satelliten, den «Sputnik». Und so kam in der Tat die Energie für die Piepstöne des ersten Erdtrabanten aus Silicium-Solarzellen. Der «Sputnik-Schock» belebte urplötzlich das Interesse in den USA an dieser Energiequelle.

1959 erhielt ich ein Angebot von William Shockley, in seine kleine Firma *Shockley Transistor Corporation* einzutreten. Das Labor war in einer mickrigen kleinen Holzscheune in Mountain View, südlich von San Francisco, untergebracht, wo man am neuen Halbleitermaterial Silicium arbeitete. Diese Scheune wurde zum Ursprung des heute weltweit bekannten kalifornischen *Silicon Valley*.

William Shockley bekam Forschungsgelder vom US-Militär. Sein Ziel war es, das Silicium und seine p-n-Übergänge besser zu verstehen und dann exakt zu kontrollieren, um sein nach ihm benanntes elektronisches Bauelement auf den Markt zu bringen. Dieses Element war eine Schaltdiode aus vier Schichten von abwechselnden p- und n-Bereichen, die nur mit Silicium funktioniert. Meine Aufgabe bestand zunächst darin, eine Solarzelle mit innerer Verschaltung zu bauen, um höhere Ausgangs-Spannungen zu erreichen. Daraus entstand der allererste integrierte Schaltkreis, der jedoch mit einer unmöglichen, komplizierten Technik hergestellt war. Die heutigen Chips werden mit einer viel leistungsfähigeren Methodik erzeugt.

Wichtiger und spannender war mein zweiter Forschungsauftrag. Wir sollten herausfinden, welches das beste Material für Solarzellen war und wie hoch die Ausbeute der Energieumwandlung sein konnte. Diese beiden Fragen waren damals völlig ungeklärt. Die Ingenieure verfügten nur über pragmatische Ansätze; eine saubere physikalische Theorie gab es nicht. Das von uns entwickelte Prinzip hieß «Detailliertes Gleichgewicht» und betraf die Aufnahme und Abstrahlung von Licht durch den

Halbleiter. Beide müssen sich im Detail für alle Strahlungsfrequenzen im Gleichgewicht befinden. Wir konnten zeigen, dass sich für die maximale Umwandlung ein recht breites Maximum bei der Stoffwahl finden lässt, in dem auch das Silicium liegt. Die ideale, höchstmögliche Ausbeute lag nach unserer Prognose bei knapp 40 Prozent.

Entscheidend für eine hohe Umwandlung ist die lange Lebensdauer der vom Sonnenlicht erzeugten Elektronen und Löcher. Eine Rekombination, also eine Wiedervereinigung von Elektron und Defektelektron, muss vermieden werden, denn sie sollen ja jeder für sich ihre Kontakte zur Außenwelt erreichen. Wir fanden heraus, dass vor allem die strahlungslosen Rekombinationsvorgänge extrem schädlich sind. Ein Elektron kann in ein freies Loch zurückspringen. Dabei kann es wieder ein Lichtquant aussenden oder aber irgendwie den Platz im Loch erreichen und seine überschüssige Energie nicht als Photon abgeben sondern in Wärme des Kristallgitters umwandeln. Diese Prozesse sind bis heute nicht vollständig erforscht.

Die dazugehörige wissenschaftliche Veröffentlichung erschien nach einiger Verzögerung 1961 im *Journal of Applied Physics*.[5] Das Echo war ausgesprochen enttäuschend. Kaum jemand beachtete unsere Ergebnisse. Heute hingegen bildet die Theorie des Solarzellenwirkungsgrads, die auch als *Shockley-Queisser limit* bekannt ist, noch immer den Maßstab für die Solarzellenforschung.

Martin Green aus Australien hat es mit großem experimentellen Aufwand geschafft, mit sehr reinem Silicium und speziell ausgearbeiteten Strukturen der Oberflächen und der elektrischen Kontakte sowie der Entspiegelung der Eingangsfläche sehr nah an unseren vorhergesagten Wirkungsgrad heranzukommen. Solche maximal umwandelnden Zellen wären jedoch in der Herstellung viel zu teuer für Massenanwendungen. Hier liegt eben die große Problematik der Solarzellen: Sie müssen gegenüber den üblichen Formen der Energieerzeugung ökonomisch konkurrenzfähig sein. Außerdem müssen die verwendeten Materialien in großen Mengen verfügbar sein und dürfen unter keinen Umständen irgendwie giftig wirken. Silicium erfüllt alle diese Forderungen.

Konkurrenz durch Verbindungshalbleiter

Der Halbleiter Galliumarsenid, GaAs, liegt ebenfalls auf dem breiten Maximum der Energieumwandlung. Dieser Verbindungshalbleiter besteht aus der chemischen Verbindung von Gallium mit Arsen. Im Gegensatz zum Silicium hat dieses Material aus prinzipiellen physikalischen Gründen eine weitaus stärkere Kopplung an optische Strahlungsfelder. Die schädlichen nichtstrahlenden Rekombinationsvorgänge sind darum hier sehr viel seltener. Deshalb liegen – nach unserer Vorhersage – in diesem Halbleiter auch die Ausbeuten der Energieumwandlung deutlich höher. Für Raumfahrt-Anwendungen, wo Kosten für die Zellen eine nur geringe Rolle spielen, werden darum auch vielfach GaAs-Zellen eingesetzt. Für Massenanwendungen auf der Erde aber ist dieses Material viel zu teuer, denn Gallium ist ein eher seltenes Element, und außerdem ist Arsen keineswegs ungiftig.

Extrem hohe Wirkungsgrade lassen sich mit mehrfachen p-n-Übergängen in Verbindungshalbleitern erzielen. Die dem Sonnenlicht zugewandte oberste Schicht nimmt vor allem den hochenergetischen blauen Lichtanteil für die Energiewandlung auf; die restlichen Sonnenlichtanteile werden durchgelassen und erst in den tiefer liegenden Schichten absorbiert und umgewandelt. Damit lassen sich sehr hohe Wirkungsgrade erzielen, die bei etwa 40 % liegen. Doch ist die Herstellung sehr kompliziert; die Kristallherstellung muss im Hochvakuum erfolgen. Und auch die Zusammenschaltung aus den einzelnen Schichten ist recht schwierig, denn dazu müssen quantenmechanische «Tunnel-Kontakte» eingesetzt werden.

Ein weiteres halbleitendes Material mit Solarzellenanwendung ist Kupfer-(Cu)-Indium-Diselenid (CIS). Dieser Stoff kann außerordentlich kostengünstig durch Aufdampfen hergestellt werden und liefert Zellen mit etwa 15 % Wirkungsgrad. Zurzeit werden großflächige Zellenmodule mit diesem Stoff industriell gefertigt; die Vorarbeiten wurden an der Universität Stuttgart, vor allem durch H. W. Schock, geleistet. Auch hier muss freilich bedacht werden, dass Selen nicht gerade ungiftig und Indium relativ teuer ist. Zudem ist bis heute nicht vollständig erforscht, wie die einzelnen elektronischen Prozesse der Energieumwandlung in diesen Zellen ablaufen.

Andere Materialien, die sich für Solarzellen nutzen lassen, sind beispielsweise Cadmiumtellurid (CdTe) sowie die Verbindungshalbleiter vom Typus $A^{II}B^{VI}$, also Kombinationen von Atomen aus der zweiten Säule des Periodensystems, zum Beispiel Cadmium, und denen der sechsten Gruppe, beispielsweise Schwefel oder Selen. Diese Halbleiter waren schon sehr früh als Photoleiter bekannt, ihre Leitfähigkeit erhöht sich durch Belichtung sehr stark. Sie wurden unter anderem zur Messung von Lichtstärken bei Belichtungsmessern für die Photographie genutzt. Heute sind sie als Solarzellenmaterialien allerdings nicht mehr aktuell.

Hoffnungen auf Organisches

Eine völlig andere Solarzelle, die mit Flüssigkeiten arbeitet und auf elektrochemischer Wirkungsweise beruht, wurde von Michael Grätzel (heute in Lausanne) erfunden.[6] An einem organischen Farbstoff löst das Sonnenlicht eine photochemische Reaktion aus; es wird elektrische Energie gewonnen. Solche Zellen schaffen es heute, auf eine Ausbeute von etwas über 10 % zu kommen. Um wirklich konkurrenzfähig zu werden, muss dieser Wirkungsgrad aber noch deutlich gesteigert werden. Selbst wenn man eine Zelle mit 10 % Wirkungsgrad völlig kostenlos erhalten könnte, blieben doch die Gesamtkosten eines Systems mit seinem Aufbau, den elektrischen Kontakten und den nötigen Speichereinrichtungen zu hoch. Eine Faustregel lautet deshalb, dass Zellen deutlich mehr als nur 10 % Ausbeute aufweisen müssen.

Organische Materialien weisen eine Fülle von chemischen und physikalischen Eigenschaften auf und lassen sich meist mit recht kostengünstigen Verfahren herstellen. In der Forschung sind darum Zellen aus dünnen Schichten von organischen Halbleitern ein wichtiges Thema geworden. Ein erhebliches Problem ist heute noch die nachgerade winzige Ausbeute von unter 5 %; doch hegt man die Hoffnung, diese Werte durch grundlegende Forschung noch deutlich zu erhöhen (siehe dazu den Beitrag von Bruno Schmaltz, Randolf Schücke und Klaus Müllen).

Stuttgarter Beiträge

Auch das Stuttgarter Max-Planck-Institut für Festkörperforschung widmete sich mit grundlegenden Untersuchungen den Problemen der Verbesserung und Verbilligung der Sonnenbatterien. Systematische Analysen möglicher alternativer Materialien wurden durchgeführt, darunter besonders von J. Werner, der heute eine Professur für «Physikalische Elektronik» an der Universität Stuttgart innehat und sich dort voll auf die Photovoltaik konzentriert. Werner beschäftigte sich am Max-Planck-Institut mit der wichtigen Frage, wie multikristalline Zellen verbessert werden können. Silicium mit der für Mikroelektronik notwendigen Kristall-Perfektion ist bei weitem zu teuer für die Nutzung in Solarzellen. In der Firma Wacker (Burghausen) entwickelte darum E. Sirtl schon sehr früh ein geschicktes Verfahren, um Silicium zu gießen – ähnlich wie man das kostengünstige Gusseisen erzeugt. Dieses Material besteht aus vielen einzelnen Kristallkörnern und nicht aus einem einzigen, hochperfekten «Einkristall». An den Grenzen zwischen den Körnern entstehen Fehler im Kristallaufbau, und diese führen zu nichtstrahlenden Rekombinationsprozessen der Elektronen mit den Defektelektronen, damit also zu einer massiven Absenkung der Ausbeuten bei der Energiewandlung. In meiner Abteilung des Max-Planck-Instituts erarbeitete Jürgen Werner zusammen mit R. Bergmann (heute Universität Bremen) und weiteren jungen Forschern wesentliche Grundlagen der exakten Messung und des physikalischen Verständnisses dieser Fehler an Korngrenzen; man entwarf Verfahren, wie man zu einer Verringerung – einer «Passivierung» – dieser schädlichen Effekte kommen kann.

Große internationale Beachtung fand die Stuttgarter Promotionsarbeit von Sabine Kolodinski (heute Infineon, Dresden).[7] Sie befasste sich mit einem wesentlichen Verlustmechanismus in Solarzellen. Der blaue und der grüne Anteil des Sonnenlichts werden nämlich bei der Energiewandlung nur unvollständig genutzt. Die Energie dieser Photonen würde eigentlich ausreichen, nicht nur ein einzelnes Loch/Elektron-Paar zu erzeugen, sondern mehrere Paare. Damit würde die Ausbeute deutlich steigen. Doch wird in den üblichen Zellen die überschüssige Lichtenergie lediglich zur schädlichen Erwärmung der Zellen genutzt. Kolodinski zeigte, dass mit sorgfältig hergestellten Siliciumzellen tatsächlich eine Erzeugung von jeweils zwei Trägerpaaren pro Lichtteilchen durchaus möglich ist, und sie erklärte den Befund auch in den grundsätzlichen Einzelheiten.

Aus diesem Experiment ergab sich in den Stuttgarter Labors – aber auch im Ausland – eine rege Forschungsaktivität. Dabei stellten sich ganz grundsätzliche Fragen, etwa zu einer neuen optimierten Materialauswahl oder zur Unterdrückung der Gittererwärmung. Mit einem

Mischkristall aus Germanium und Silicium konnten R. Brendel (heute Leiter des Solarforschungs-Instituts bei Hameln) und R. Plieninger (heute Bosch, Reutlingen) die Erhöhung der Ausbeute auch nachweisen. Ein Verbesserungseffekt ist also zweifellos vorhanden, aber er ist leider nur relativ klein und würde auch den Aufwand und damit die Kosten der Zellen erhöhen. Immer wieder stößt man bei diesem Thema auf den Widerstreit zwischen Ausbeute-Verbesserung und Kostenanstieg.

Ausblick

Die Solarenergie ist in den letzten Jahren auch zu einem Politikum geworden. Erhebliche Subventionen, etwa im Zuge der qua Gesetz erzwungenen Netzeinspeisung, wurden besonders in der Bundesrepublik Deutschland zu einer entscheidenden Triebkraft für unsere im Ausland bestaunten hohen Investitionen in diese Form der erneuerbaren Energie – und das sogar in einem nördlicheren Teil der Erde mit eigentlich schon recht abgeschwächter Sonnenstrahlung. Konkurrenzfähig wäre die Solarenergie gegenüber fossilen Trägern und der Kernenergie heute noch nicht. In den USA besteht dagegen die Tendenz, zunächst vor allem die Forschung und Entwicklung zur Verbilligung der Solarzellen zu fördern.

Silicium hat viele Vorteile als Zellmaterial: Als eines der häufigsten chemischen Elemente in der Erdkruste ist es leicht verfügbar, umweltverträglich und ungiftig. Aber die Kosten müssen gesenkt werden, was zum Teil durch eine automatisierte Massenfertigung bereits geschieht. Eine so rasante Verbilligung wie bei der Mikroelektronik der Silicium-Chips ist hier aber nicht zu erwarten, denn die dort so erfolgreiche Miniaturisierung kommt hier nicht in Frage; die Zellen müssen großflächig bleiben. Eine Konzentration des Sonnenlichts mit Hilfe von Linsen oder Spiegeln ist eine viel untersuchte Alternative, doch müssen dazu eine nicht ganz billige Kühlung und eine Nachführung des Sonnenlichts im Tagesablauf erfolgen.

Wesentlich wird sein, die Materialkosten zu senken. Darum wird vor allem an Dünnschichtzellen geforscht, die weniger Material erfordern und möglicherweise außerordentlich kostengünstig herstellbar sein werden.[8] Hierzu wird zum Beispiel an der Universität Stuttgart und auch im niedersächsischen Solarinstitut erfolgreich gearbeitet. Es kommt dabei vor allem darauf an, dass das Sonnenlicht in diesen dünnen Strukturen auch wirklich vollständig absorbiert wird.

Die einzelnen Zellen werden dabei großflächig zu so genannten Modulen zusammengesetzt und dann aufgestellt. Auch hier lassen sich Einsparungen voraussehen. Ein Problem ist aber auch die Einspeisung des erzeugten Gleichstroms in die öffentlichen Wechselspannungsnetze oder die Speicherung der nur tagsüber verfügbaren Sonnenenergie für die Nutzung in den dunklen Zeiten des Tages. Viel Ingenieurarbeit tut not. Zugleich ist aber auch weiterhin die Grundlagenforschung gefordert, die Materialien zu verstehen und dabei besonders die Wechselwirkungen des Lichts mit den Atomen des Kristallgitters zu klären.

Polymerelektronik

Von Bruno Schmaltz, Randolf Schücke und Klaus Müllen

Einleitung

Der globale Energiebedarf steigt mit dem anhaltenden Weltwirtschaftswachstum stetig an. Gerade das überdurchschnittliche Wachstum in den so genannten asiatischen «Tigerstaaten» und in China führt zu einem deutlich erhöhten Bedarf an Energie. Es wird erwartet, dass der Energieverbrauch Chinas den Europas im Jahre 2010 und den Nordamerikas im Jahr 2020 übersteigen wird. Der Anteil der Industrienationen am Weltenergieverbrauch wird sich von heute der Hälfte auf voraussichtlich weniger als ein Drittel im Jahr 2030 verringern.[1] Die Staats- und Regierungschefs der EU haben sich im März 2007 darauf geeinigt, 20 % des gesamten Strombedarfs der EU bis 2020 durch erneuerbare Energiequellen decken zu wollen. Im Jahr 2006 verzeichnete Deutschland bereits einen Anteil von 11,5 % an erneuerbaren Energien.[2]

Die aktuelle Energiesparpolitik wird vorangetrieben durch den natürlichen Mangel an eigenen Ressourcen, durch ökonomische und geopolitische Überlegungen sowie durch den Umweltschutzgedanken. So führt die intensive Nutzung fossiler Brennstoffe zu einer drohenden Verknappung der heute wirtschaftlich sinnvoll auszubeutenden Lagerstätten von Erdgas und Erdöl. Gleichzeitig verschmutzt der Verbrauch, sprich: die Verbrennung dieser fossilen Energieträger, die Luft und setzt Treibhausgase frei.[3] Darüber hinaus wird die Wirtschaftskraft zahlreicher Länder durch die starke Abhängigkeit von den Erdöl und Erdgas exportierenden Ländern geschwächt.

Eine Möglichkeit, der Ressourcenverknappung, der Umweltbelastung und der Abhängigkeit auszuweichen, stellen Energieeinsparungen dar. Sie können jedoch nur in wirtschaftlich und technisch weit entwickelten Ländern in Betracht gezogen werden. Erklärend sei hier nur erwähnt, dass heutzutage immer noch geschätzte zwei Milliarden Menschen keinen permanenten Zugang zu Elektrizität haben.

Können fossile Energieträger wie Kohle, Erdöl und Erdgas weitgehend durch alternative Energiequellen wie Geothermie, Windenergie, Solarenergie, Gezeitenkraftwerke etc. ersetzt werden? Welche Alternativen sind zugänglich und können wissenschaftlich weiter untersucht werden? Welches Einsparpotenzial ist möglich? Diese Fragen betreffen die Energiebereitstellung ebenso wie die Energiespeicherung. Hinzu kommen weitere Aspekte wie die effiziente Nutzung sowie Einsparung von Energie sowohl bei technischen Prozessen als auch in unserem Alltag. Eine unverzichtbare Querschnittwissenschaft bildet dabei die Chemie. Keine verbesserte oder radikal neue Technologie ist denkbar ohne die geeigneten Materialien. Ob man an Erdöl oder Wasserstoff als Energieträger oder an Batterieelemente als Speichermedien denkt, stets sind vielfältige chemische Prozesse beteiligt.

Das vorliegende Kapitel befasst sich mit der Rolle der Polymerelektronik für energierelevante Technologien. Einige grundlegende Begriffsbestimmungen sind dafür unerlässlich.

Kunststoffe, landläufig auch Plastik genannt, bestehen aus organischen, also Kohlenstoffatome enthaltenden Makromolekülen. Für diese hat sich auch die Bezeichnung Polymere eingebürgert, wobei der griechische Wortstamm andeutet, dass sie aus vielen Wiederholungseinheiten aufgebaut sind. Kunststoffe sind synthetische Polymere, es gibt aber auch natürliche Polymere wie Proteine und DNA, die für biologische Vorgänge essentiell sind.

Polymere bestehen vielfach aus langen Ketten, wobei sie je nach ihrer chemischen Struktur elektrisch leitend, halbleitend oder nichtleitend/isolierend sind. Nichtleitende Kunststoffe werden seit Jahrzehnten im Elektroingenieurwesen eingesetzt, nicht zuletzt als isolierende Ummantelung für Stromkabel. Wenn von Energieeinsparungen die Rede ist, gilt es überdies zu berücksichtigen, dass Polymere wichtige Dämmmaterialien darstellen. Polymere im Allgemeinen sind preiswert, einfach zu verarbeiten, leicht und flexibel. Diese Eigenschaften erlauben eine energieeffiziente Herstellung und einen energiesparenden Transport. Kettenmoleküle mit beweglichen, leicht polarisierbaren Elektronen, so genannte konjugierte Polymere, können mit Licht und mit elektrischen Ladungen in Wechselwirkung treten.[4] Es sind diese Eigenschaften, welche die Rolle der konjugierten Polymere in der Elektronik und Optoelektronik begründen und dazu führen, dass Polymere mit herkömmlichen anorganischen Materialien in Konkurrenz treten. Polymerelektronik spielt somit eine Rolle in der Photovoltaik, wenn es gilt, elektrische Energie zu produzieren, ohne dabei klimaschädliche Treibhausgase abzugeben, aber auch, wenn es darum geht, den Energieverbrauch bei vielen technischen Prozessen wie Beleuchtung und Leuchtanzeigen zu senken. Elektronische Bauteile auf Kohlenstoffbasis stellen deshalb einen vielversprechenden Ansatz dar, energierelevante Technologien mit breiter Akzeptanz in der Bevölkerung zu entwickeln.

Konjugierte Polymere und organische Elektronik

Wie einleitend kurz erwähnt, hängen die elektrischen und optischen Eigenschaften konjugierter Polymere eng mit ihrem chemischen Aufbau zusammen. Die Polymere besitzen eine so genannte konjugierte Polymerhauptkette, die sich streng alternierend aus Einfach- und Doppelbindungen zusammensetzt (Abb. 1). In eine solche «Polyen»-Kette können zusätzlich andere Wiederholungseinheiten, z. B. aromatische Ringe, eingebaut sein. Als Konsequenz besitzen diese Polymere ein delokalisiertes Elektronensystem, das Halbleitereigenschaften besitzt. Eine weitere chemische Dotierung, genauer: die Erzeugung beweglicher Ladungsträger, kann sogar zu leitfähigen Polymeren führen, die synthetische Metalle genannt werden.

Zusätzlich zu ihren leitenden oder halbleitenden Eigenschaften können konjugierte Polymere unter bestimmten Umständen Licht emittieren und so in organischen lichtemittierenden Dioden (OLED) eingesetzt werden. Konjugierte Polymere können im umgekehrten Prozess Licht absorbieren, die aufgenommene Lichtenergie in elektrische Energie umwandeln und so als aktive Komponenten in organischen Solarzellen fungieren. Darüber hinaus können konjugierte Polymere als moderne Sensoren oder Informationsspeicher dienen. Zusammenfassend kann man sagen, dass die Polymerelektronik Einzug hält auf dem umfassenden Gebiet der Elektrotechnik und Elektronik, das bisher noch von siliciumbasierten Techniken dominiert wird.

Auch wenn der Gattungsbegriff Polymerelektronik häufig Verwendung findet, sind die beschriebenen elektronischen Eigenschaften nicht auf langkettige Polymere beschränkt. Kleinere Einzelmoleküle mit ketten- oder scheibenförmigem Aufbau können ähnliche Eigenschaften besitzen, weshalb der Oberbegriff «organische Elektronik» ebenfalls gebräuchlich ist.

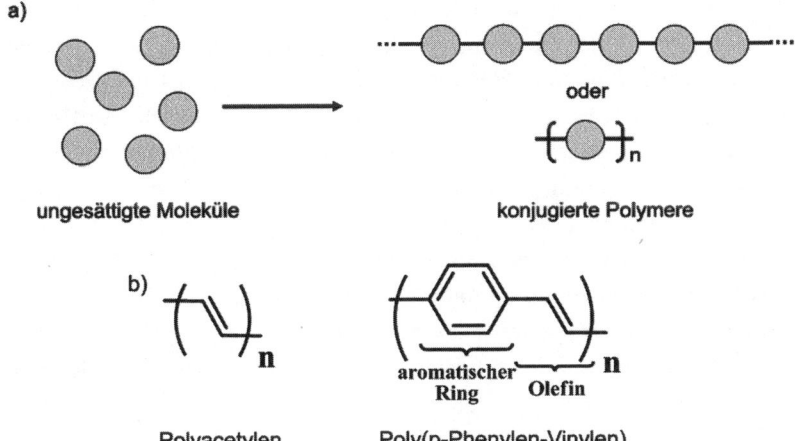

Abbildung 1: a) Schematische Darstellung der Polymerisation; b) Wiederholungseinheiten von Polyacetylen und Poly(p-Phenylen-Vinylen).

Die Besonderheiten der Polymerelektronik und organischen Elektronik lassen sich folgendermaßen zusammenfassen:

1) Die Umwandlung und der Transport von Ladungen und Energie beziehen sich auf den festen Zustand, genauer auf dünne Filme, die durch Verarbeitungsprozesse erzeugt werden müssen.

2) Insbesondere der Ladungsträgertransport hängt empfindlich von der supramolekularen Ordnung und dem Packungszustand der Moleküle im Festkörper ab.

3) Die Transportvorgänge spielen sich an und durch Grenzflächen ab. Grenzflächen entstehen zwischen Schichten organischer Materialien, aber auch zwischen den organischen Komponenten und isolierenden Substrat- bzw. leitenden Elektrodenoberflächen.

4) Der Hauptunterschied von kleinen Molekülen und Polymeren liegt in deren Verarbeitbarkeit während des Produktionsprozesses des elektronischen Bauteils. Kleine Moleküle werden normalerweise in einem Hochvakuumprozess aufgebracht, (unverdampfbare) Makromoleküle werden aus Lösungen verfilmt.

Für eine schnelle und energie- wie kostengünstige Produktion ist es vorteilhafter, Polymerlösungen einzusetzen. Diese können als elektronische Druckertinte mittels etablierter Drucktechniken großflächig aufgebracht werden. Dies würde die Herstellung elektronischer Bauteile revolutionieren, und es würde möglich, sehr preiswerte elektronische

Bauteile auf einem flexiblen Untergrund in einem kontinuierlichen Druckprozess zu produzieren, der dem Zeitungsdruck nicht unähnlich ist. Die technischen Anforderungen an die Qualität des Druckprozesses sind allerdings sehr hoch. Erwähnt seien nur die benötigte Auflösung und die definierte Dicke der aufzutragenden Schichten, damit eine hohe elektrische Funktionalität gewährleistet ist.

In grundsätzlich allen Anwendungsgebieten der Polymerelektronik spielt die Leitfähigkeit eine entscheidende Rolle. Wie später gezeigt wird, müssen Ladungen getrennt voneinander transportiert werden, entweder um miteinander zu rekombinieren (wie in einer OLED) oder um voneinander getrennt zu werden (wie in einer organischen Solarzelle). Die Leitfähigkeit, sprich die Fähigkeit, positive Ladungsträger (Löcher) oder negative Ladungsträger (Elektronen) transportieren zu können, kann auf der molekularen Ebene beeinflusst werden. Der Einsatz elektronenreicher Komponenten (wie stickstoff- oder schwefelhaltige Bausteine) führt zu lochleitenden Materialien. Die Verwendung elektronenarmer Komponenten macht Elektronenleiter zugänglich. Der Transport von Ladungen kann allerdings auch durch das Einstellen der Bandlücke verhindert werden.

Im Folgenden wollen wir den aktuellen Forschungsfortschritt beim Einsatz der Polymerelektronik in energierelevanten Technologien beleuchten: 1) Solarzellen auf Basis funktionaler Polymere; 2) hochenergieeffiziente organische lichtemittierende Dioden (OLED) in Beleuchtungsmitteln und Anzeigen; 3) druckfähige organische Feldeffekttransistoren (OFET).

Polymerbasierte Solarzellen

Im Alltag werden Vorhänge, Jalousien oder andere spontan einsetzbare Flächenabdeckungen genutzt, um das Sonnenlicht und die damit verbundene Wärme und übermäßige Helligkeit aus Wohnräumen herauszuhalten. Das Spektrum des Sonnenlichts besteht jedoch nicht nur aus sichtbarem Licht und Wärmestrahlung, sondern setzt sich aus unterschiedlichen Wellenlängenbereichen zusammen. Die durch Abdeckung ungenutzt reflektierte Energie des Sonnenlichts könnte durch geeignete Funktionsmaterialien genutzt werden, um beispielsweise eine parallel vorhandene Klimaanlage zu betreiben. Die Photovoltaik (PV) ist eine

Technologie, die Lichtenergie direkt in elektrische Energie umwandelt, kurz: Solarstrom liefert, und es auf diese Weise gestattet, Strom zu erzeugen, ohne gleichzeitig klimaschädliche Nebenprodukte wie Kohlendioxid freizusetzen.

Aufgrund der weltweiten Nachfrage nach Solarstrom wuchs die Produktion von Solarzellen und großflächigen Solarzelleinheiten in den letzten Jahren dramatisch.[5] Die Produktion von Solarstrom hat sich etwa alle zwei Jahre verdoppelt. Im Durchschnitt stieg sie seit 2002 um 48% pro Jahr. Damit stellt sie die weltweit am stärksten wachsende Energietechnologie dar. Nach vorläufigen Zahlen betrug die kumulierte globale Solarstromproduktion am Ende des Jahres 2007 12,4 Gigawatt.[6] Ungefähr 90% dieser Kapazität sind mit dem öffentlichen Stromnetz verbunden. Diese Photovoltaikanlagen können entweder auf freier Grundfläche aufgestellt[7] oder auf Dächern und in die Gebäudeaußenhaut integriert sein.[8] Finanzielle Anreize, wie z. B. eine hohe garantierte Einspeisevergütung in das öffentliche Stromnetz sowohl für private als auch für kommerzielle Photovoltaikanlagenbetreiber, sorgten und sorgen vor allem in den USA, Japan und Deutschland für einen weiteren Ausbau der Solarstromproduktion.[9] Im Jahr 2004 lieferten Photovoltaik-Anlagen weltweit 0,04% der Primärenergieversorgung. Bei anhaltendem Wachstum wird im Jahr 2010 ein Anteil von 0,40% erreicht werden.[10]

Die drei in der Photovoltaik weltweit führenden Länder USA, Japan und Deutschland verfügen über 89% der global installierten Solarstromkapazität, wobei der Solarstrommarkt in Deutschland in den Jahren 2005 und 2006 der am schnellsten wachsende Markt war.[11] Bis zum Jahr 2006 waren in Deutschland knapp 1 GW Photovoltaik-Leistung installiert. Die deutsche Photovoltaik-Industrie hat bisher rund 10 000 Arbeitsplätze in Produktion, Handel und Installation generiert. Bis zum Ende des Jahres 2006 befanden sich 88% der in der gesamten EU installierten Solarstromkapazität in Deutschland. Die erste praktische Anwendung der Photovoltaik zur Stromerzeugung war die Stromversorgung von Kommunikationssatelliten und tragbaren Taschenrechnern, also eine im erweiterten Sinn mobile Stromversorgung. Heutzutage wird der Großteil aller Solarmodule stationär zur Stromeinspeisung in das öffentliche Stromnetz eingesetzt.

Eine wichtige und zurzeit noch offene Frage ist, unter welchen Bedingungen polymerbasierte Solarzellen (Organische Photovoltaik, OPV) mit den aktuellen siliciumbasierten Solarzellen und der Grätzel-Zelle (siehe unten) kommerziell konkurrieren können. Für den Moment hat die klassische Siliciumsolarzellen-Industrie den Vorteil, die bereits bestehende Silicium-Infrastruktur der Computerchipindustrie nutzen zu können. Darüber hinaus wird die Silicium-Technologie seit über 50 Jahren erforscht (die erste anorganische Solarzelle wurde 1954 in den Bell-Laboratories, USA, entwickelt), und es werden heute Wirkungsgrade von über 20 % erzielt (siehe den Beitrag von Hans-Joachim Queisser).

Der Wirkungsgrad beschreibt das Verhältnis von nutzbarer elektrischer Leistung zur gesamten einfallenden Lichtenergie auf einer definierten Fläche. Der momentan erreichbare Wirkungsgrad polymerbasierter OPVs liegt bei etwa 5 %. Es kann jedoch erwartet werden, dass sich der Wirkungsgrad in relativ kurzer Zeit verdoppeln lässt und binnen der nächsten 15 bis 20 Jahre 15-20 % erreichen sollte. Damit würden polymerbasierte OPVs kommerziell wettbewerbsfähig gegenüber herkömmlichen anorganischen Solarzellen.

Um also in einer Photovoltaikanlage die Energie des Sonnenlichts in elektrische Energie umzuwandeln, werden meistens viele Einzelsolarzellen zu Modulen verbunden, und viele Module bilden eine Photovoltaikanlage zur effizienten Stromerzeugung und zur Einspeisung in das öffentliche Stromnetz. In einer einzelnen Solarzelle hebt das Sonnenlicht, vereinfachend gesprochen, ein Elektron auf ein höheres Energieniveau und es entsteht ein Stromfluss. Das ist schematisch vergleichbar mit einer Portion Wasser, die durch Schöpfen aus einem Reservoir angehoben wird. Beim Zurückfließen hinab auf das alte Niveau wird die durch das Anheben auf die Portion Wasser übertragene Energie frei und kann z. B. mittels eines Dynamos in elektrische Energie umgewandelt werden. Detaillierter beschrieben trifft ein Lichtstrahl auf die Solarzelle, passiert die transparente Oberseite und trifft auf die zwischen den Elektroden befindliche Schicht aus mindestens zwei organischen Halbleitermaterialien (Abb. 2). In den Halbleitermaterialien sind positive und negative Ladungen vereint, ähnlich wie sich magnetische Nord- und Südpole anziehen. Die Energie des einfallenden Lichtes trennt nun positive und negative Ladungen an der Grenzfläche der Halbleiterkomponenten. Die negativen Ladungen (Elektronen) und die positiven Ladungen (Löcher) wandern getrennt zu ihren entsprechenden Elektroden und erzeugen dadurch ein Ladungsgefälle zwischen den Elektroden, das heißt eine elektrische Spannung und einen elektrischen Stromfluss. So wandelt eine Solarzelle Lichtenergie direkt und ohne Umwege in nutzbare elektrische Energie um.

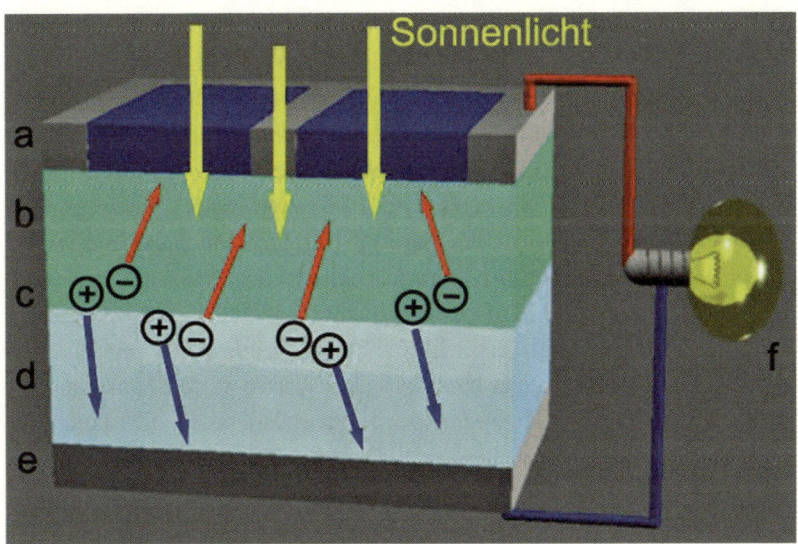

Abbildung 2: Schematische Darstellung einer organischen Solarzelle; a) transparente Elektrode; b) elektronenleitende Halbleiterschicht; c) Ladungstrennung an der Halbleitergrenzfläche; d) lochleitende Halbleiterschicht; e) intransparente Rückelektrode; f) Stromverbraucher oder -speicherung.

An dieser Stelle drängt sich die Frage nach den Vorteilen und Nachteilen organischer Solarzellen im Vergleich zu anorganischen, und hier vor allem zu siliciumbasierten Solarzellen auf. Die höchsten Wirkungsgrade von über 40 % erzielen experimentelle Solarzellen aus anorganischen Halbleitermaterialien mit einem optischen Konzentrator und spektraler Aufspaltung des Lichts.[12] Neben weiteren, weniger effizienten anorganischen Zelltypen finden siliciumbasierte Solarzellen die größte Verbreitung und zeigen im Labor Wirkungsgrade von bis zu 25 %.[13] Diese effizientesten Zellen bestehen aus Silicium-Einkristallen, einem Material, das auch in der Computerchipindustrie verwendet wird. Dieses Material ist für eine kommerzielle Anwendung viel zu teuer. Zurzeit wird der Großteil aller Solarzellen aus hochreinem, multikristallinem Silicium hergestellt. Auch wenn diese kommerziellen Solarzellen Wirkungsgrade von 15–20 % erreichen und eine Nettolaufzeit von etwa 20 Jahren besitzen, sind Silicium-Solarzellen teuer und sehr aufwändig in der Herstellung sowie mechanisch unflexibel und spröde. Diese letztgenannten Nachteile erhöhen das Interesse an polymerbasierten Solarzellen. Sie haben den Vorteil, dass sie flexibel, einfach, in großen Flächen und billig zu produzieren (da etablierte Drucktechniken genutzt werden können) und deutlich dünner und leichter sind. Nachteile sind zurzeit noch der niedrige Wirkungsgrad von etwa 5 % und die kurze Nettolaufzeit von etwa 4 Monaten.

Für den Wirkungsgrad einer Solarzelle sind sowohl die optischen Eigenschaften (wie gut absorbiert das aktive Material Licht?) als auch die elektrischen Eigenschaften (wie gut bewegen sich die getrennten Ladungen durch das aktive Material zu den Elektroden?) entscheidend. Ein sehr vielversprechender Ansatz zur lichtinduzierten Ladungstrennung ist der Einsatz von zwei unterschiedlichen organischen Komponenten als aktivem Material, einer Donor- und einer Akzeptor-Komponente. Diese beiden Komponenten transportieren jeweils nur Elektronen oder nur Löcher zu den entsprechenden Elektroden. Die eigentliche Ladungstrennung erfolgt an der Grenzfläche zwischen Donor- und Akzeptor-Komponente.

Die heutzutage am häufigsten eingesetzten Donor-Komponenten sind konjugierte Polymere. Als Elektronenakzeptor-Komponente sind Fulleren-Derivate und anorganische Nanopartikel wie Zinkoxid am weitesten verbreitet. Fullerene, auch als C_{60}-Moleküle bezeichnet, bestehen ausschließlich aus Kohlenstoff-Atomen und stellen neben Graphit und Diamant eine dritte Modifikation reinen Kohlenstoffs dar. C_{60} kann man sich als klassischen Fußball aus Fünf- und Sechsecken aufgebaut vorstellen. Die hohe Symmetrie dieses Moleküls spielt eine wichtige Rolle für seine Effizienz in organischen Solarzellen.[14]

Für ein oben beschriebenes Zweikomponentensystem als aktivem Material gibt es zwei zugängliche Morphologien, eine Doppelschicht (engl. *double layer*) oder einen Heteroübergang im gesamten Volumen des Halbleitermaterials (engl. *bulk heterojunction*). Morphologie beschreibt also in diesem Zusammenhang die mikroskopische Anordnung der Komponenten unter- und miteinander. Beide Ansätze haben ihre Vorteile, doch zurzeit wird ob der durchweg höheren Effizienz nur noch der Heteroübergang eingesetzt. Bei einer Zelle mit Doppelschicht-Morphologie werden eine reine Donorschicht und eine reine Akzeptorschicht übereinander aufgetragen. Bei diesem Ansatz ist die Kontaktfläche zwischen Donor- und Akzeptorschicht (dort, wo die Ladungsdissoziation stattfindet) genau definiert, dafür aber von nur sehr begrenzter Größe. Dadurch erreichen solche Solarzellen allenfalls Wirkungsgrade von 1 %.

Eine größere Grenzfläche zwischen Donor und Akzeptor als im Doppelschicht-Aufbau wird ermöglicht durch ein Mischen von Donor und Akzeptor und ein Verfilmen dieser Mischlösung zwischen den Elektroden. Durch das Mischen bilden die beiden Komponenten unter geeigneten Mengenverhältnissen sich gegenseitig durchdringende Netzwerke, einen so genannten Heteroübergang. Durch diese im Vergleich zur Schichtmorphologie deutlich vergrößerte Grenzfläche zwischen Donor und Akzeptor sind Wirkungsgrade von bis zu 4,4% erzielt worden.[15] Was man letztendlich erreichen möchte, ist eine «phasengetrennte» Morphologie, in der separate Wanderungswege für positive (auf den Donoren) und negative Ladungen (auf den Akzeptoren) vorliegen.

Die Absorption von Sonnenlicht durch die Solarzelle ist ebenfalls von zentraler Bedeutung für den Wirkungsgrad einer solchen Zelle. Eine erhöhte Lichtabsorption führt zu vermehrter Ladungstrennung. Um so viel Licht und damit Lichtenergie wie möglich zu absorbieren, ist es von großer Wichtigkeit, dass das Absorptionsspektrum der Donor-Akzeptor-Mischung möglichst gut mit dem Emissionsspektrum der Sonne übereinstimmt. Dies ist vor allem durch Variation der Donor- und der Akzeptor-Komponenten selbst zu erreichen. Einen Schwerpunkt der Forschungsaktivitäten am Max-Planck-Institut für Polymerforschung stellen organische Solarzellen dar. Um die Sonnenlichtabsorption zu optimieren, werden sowohl kleine, einzelne Moleküle als auch Polymere als Donor und als Akzeptor untersucht. Durch die Kombination eines roten Einzelmoleküls als Akzeptor mit einem gelben Polymer als Donor konnte die Absorption deutlich erhöht werden.[16]

Nach der Absorption von Licht und der dadurch induzierten Ladungstrennung an der Grenzfläche von Donor und Akzeptor wandern die positiven und die negativen Ladungen zu den entsprechenden Elektroden, ein Stromfluss kommt zustande. Die Ladungen sollten sich dabei möglichst schnell zu den Elektroden bewegen, um eine hohe Stromausbeute zu erhalten. Diese Beweglichkeit der Ladungsträger wird Mobilität genannt und zeigt in anorganischen, siliciumbasierten Halbleitern Werte in einer Größenordnung von $10^4 \, cm^2 \times V^{-1} \times s^{-1}$. Die Ladungsträgermobilität in organischen Polymeren beträgt durchschnittlich $10^{-3} \, cm^2 \times V^{-1} \times s^{-1}$ und ist somit um sieben Größenordnungen kleiner.

Hauptnachteil dieser niedrigen Mobilitäten ist der daraus resultierende lange Aufenthalt der gegensätzlichen Ladungen im gegenseitigen Einflussbereich, sodass die Ladungen rekombinieren, anstatt zu den

Elektroden zu wandern. Die Rekombination führt in aller Regel wieder zu einer Lichtemission und zur Erwärmung der Solarzelle. Diese Wärme- und Strahlungsenergie ist für die Erzeugung elektrischer Energie verloren und verringert die Effizienz der Zelle. Die Wärmeentwicklung verkürzt zusätzlich die Lebensdauer der Solarzelle.

Die Mobilität der Ladungen hängt, wie einleitend bereits beschrieben, stark von der supramolekularen Organisation sowohl des Donors als auch des Akzeptors ab. Auf der Suche nach innovativen Systemen mit hohen Mobilitäten wurde ein Polymer mit einer Mobilität von $0,3 \, cm^2 \times V^{-1} \times s^{-1}$ entwickelt.[17] Diese Mobilität ist um mehr als zwei Größenordnungen größer als in bis dahin bekannten Polymeren und verdeutlicht das Potenzial von Polymeren als aktiven Materialien in organischen Solarzellen. Am Max-Planck-Institut für Polymerforschung wurde dieses Polymersystem durch Veränderung der Substituenten und eine Erhöhung der Molekülplanarität weiter variiert. Die Variationen ergaben zwar eine anvisierte bessere Organisation, aber keine erwartete verbesserte Mobilität. Ein anderes Donor-Akzeptor-System zeigte hingegen sehr gute Mobilitäten von bis zu $0,2 \, cm^2 \times V^{-1} \times s^{-1}$.[18]

Ein weiterer relativ neuer Solarzelltypus ist die elektrochemische Farbstoff-Solarzelle, nach ihrem Entwickler auch Grätzel-Zelle genannt.[19] Dieser Typus erscheint ebenfalls vielversprechend, da die Materialien der Zelle sehr preiswert sind und die Herstellung der Zellen unter relativ einfachen Bedingungen erfolgen kann. Das Funktionsprinzip der Grätzel-Zelle orientiert sich am photoelektrochemischen Prozess, der während der Photosynthese in Pflanzenblättern abläuft. Eine Grätzel-Zelle ist prinzipiell aufgebaut aus einem lichtabsorbierenden Farbstoff, einem Elektronentransportmaterial (Titandioxid), einem Elektrolyten und zwei Elektroden. Der durch Lichtabsorption angeregte Farbstoff überträgt ein angeregtes Elektron auf das Elektronentransportmaterial, von dort gelangt das Elektron zur Anode. Der Farbstoff wird durch den Elektrolyten regeneriert, der Elektrolyt selbst durch die Kathode, sodass er für einen weiteren Zyklus zur Verfügung steht. Der Elektrolyt übernimmt somit die Funktion eines Elektronendepots.

In einer so genannten «flüssigen» Grätzel-Zelle fungiert Titandioxid als Elektronentransportmaterial. Gleichzeitig adsorbiert der Farbstoff an dem Titandioxid und vergrößert so seine Oberfläche für eine verbesserte Lichtabsorption. Der Elektrolyt ist eine I^-/I_3^--Lösung. Die hohe physische Mobilität der Elektrolytlösung ermöglicht eine schnelle Rege-

neration, quasi eine schnelle Auffüllung des Elektronendepots zur Re-
generation des Farbstoffs. Dadurch erzielen optimierte Grätzel-Zellen
Wirkungsgrade von 10 bis 11 %. Dies liegt im Bereich von Solarzellen
aus amorphem Silicium.

Der Vorteil des hohen Wirkungsgrads aufgrund der hohen physischen
Mobilität des Elektrolyten wirkt sich in Hinsicht auf die Lebensdauer als
gravierender Nachteil aus. Mit der Zeit diffundiert der Elektrolyt durch
die Elektronentransportschicht aus Titandioxid und erreicht die Anode.
Dort kommt es zur direkten Oxidation des Elektrolyten, quasi einem
chemischen Kurzschluss und darüber hinaus noch zur chemischen Reaktion zwischen Elektrolyt und Anodenmaterial. Nach 1000 Stunden bei
80 °C verliert eine solche flüssige Grätzel-Zelle bereits 6 % an Leistung.
Zum Vergleich zeigen siliciumbasierte Solarzellen eine Lebensdauer von
etwa 25 Jahren.

Als Alternative sind Grätzel-Zellen mit ionischen Flüssigkeiten und
ionischen Polymeren als Elektrolyten untersucht worden. In diesen
Systemen wird der flüssige Elektrolyt durch ein stationäres, lochleiten-
des Polymer ersetzt. Dadurch verlängert sich die Lebensdauer der Grätzel-Zelle auf Kosten des Wirkungsgrads, der bei Feststoff-Grätzel-Zellen
bisher unter 4 % liegt. Am Max-Planck-Institut für Polymerforschung
werden neue Farbstoffe für die Anwendung in Grätzel-Zellen entwickelt,
synthetisiert und getestet. In einer Feststoff-Grätzel-Zelle wurde mit
einem metallfreien und daher umweltverträglichen Farbstoff ein Wirkungsgrad von 6,8 % erreicht.[20]

Die individuellen mikroskopischen Einflüsse von Molekülstruktur,
Morphologie und Aufbau einer Solarzelle – gleich welchen Typs – werden immer besser verstanden, erfordern jedoch noch weitere Forschungsanstrengungen. Eingedenk der 30 Jahre kürzeren Entwicklungszeit der
organischen Photovoltaik im Vergleich zur siliciumbasierten Technik
sind die bisherigen Ergebnisse sehr ermutigend und lassen preiswerte,
großflächige und flexible Lösungen für die künftige Energieversorgung
erwarten.

Organische lichtemittierende Dioden (OLED) in Anzeigen und Beleuchtungsmitteln

Organische lichtemittierende Dioden (OLED) werden unter anderem in selbstleuchtenden Bildschirmen eingesetzt. Prinzipiell werden dabei organische, kohlenstoffbasierte Moleküle oder Polymere durch Vakuumabscheidung,[21] Tintenstrahldruck[22] oder eine andere Beschichtungsmethode zwischen zwei Elektroden gebracht, wobei eine der beiden Elektroden, die vornehmlich aus Glas[23] oder Kunststoff[24] bestehen, transparent ist. Die OLED-Technologie verspricht gegenüber der etablierten Flüssigkristall-Technologie (LCD) größere Helligkeit, höhere Farbauflösung, größeren Betrachtungswinkel, niedrigeren Stromverbrauch und einen dünneren wie auch mechanisch stabileren Gesamtaufbau.[25] Diese Kombination von verbesserten Eigenschaften lässt die OLED-Technologie als die Alternative zur LCD-Technologie für die nächste Generation von Flachbildschirmen auftreten. Es wird erwartet, dass die OLED-Technologie schon sehr bald die LCD-Technologie in kleineren Bildschirmanwendungen wie Digitalkameras, Audiowiedergabegeräten, Mobiltelefonen, Kamerarekordern, PDAs und Ähnlichem ersetzen wird. OLEDs sind der ideale Kandidat für die Bildschirm-Industrie, da das Grundmaterial der OLEDs selbst leuchtet und daher keine weitere Hintergrundbeleuchtung wie in der LCD-Technik benötigt.

Auch wenn weltweit sehr viel Forschung auf diesem Gebiet geleistet wird, gibt es nur wenige Hersteller, die aktuell OLEDs produzieren. Kommerziell betrieben wird zurzeit die Massenproduktion von passiven Matrix-OLED-Bildschirmen für Kleinanwendungen wie Mobiltelefone, Digitalkameras und PDAs. Im Herbst 2007 löste die Präsentation des ersten kommerziellen OLED-Fernsehgeräts ein großes Medienecho aus und zeigte, dass die ersten Großserienprodukte marktreif sind.

Zum Betrieb einer OLED wird eine Spannung angelegt, so dass die Anode positiv im Vergleich zur Kathode wird (Abb. 3). Auf diese Weise fügt die Kathode Elektronen in die emittierende Schicht, während die Anode Elektronen aus der Leitungsschicht herauszieht. Umgekehrt betrachtet fügt die Anode Elektronenlöcher (also positive Ladungen) in die Leitungsschicht.

So lädt sich die emittierende Schicht negativ auf, während die Leitungsschicht positive Ladungen anreichert. Aufgrund in diesem Fall anzie-

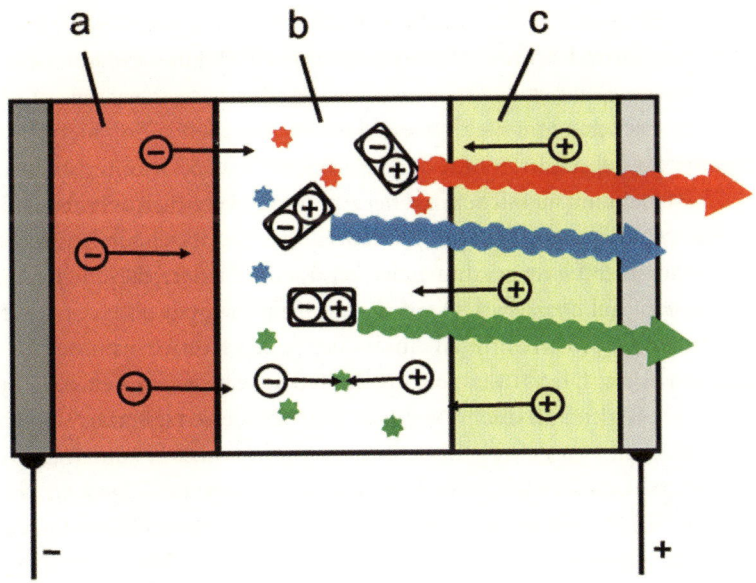

Abbildung 3: Schematischer Aufbau einer OLED; a) elektronenleitende Schicht; b) Emitterschicht; c) lochleitende Schicht.

hender elektrostatischer Kräfte rekombinieren Elektronen und Löcher. Dies geschieht nahe der emittierenden Schicht, da in organischen Halbleitern (anders als in anorganischen) Löcher besser stabilisiert werden und schneller wandern können als Elektronen. Die Rekombination von Löchern und Elektronen überträgt die elektrische Energie auf die Emitterschicht. Diese Energie wird als Strahlung im sichtbaren Bereich wieder abgegeben. Mit diesem Grundverständnis ausgerüstet lässt sich nun auch nachvollziehen, dass sowohl die Emitterschicht als auch die Leitungsschicht Eigenschaften besitzen sollten, die Ladungsaufnahme und -transport begünstigen. Die Diode funktioniert nicht, wenn an der Anode ein negatives Potenzial im Vergleich zur Kathode angelegt wird. In diesem Fall würden sich die Löcher zur Anode und die Elektronen zur Kathode, also voneinander weg bewegen und nicht rekombinieren.

Häufig wird hier das für Licht im sichtbaren Bereich transparente Indium-Zinn-Oxid (engl. *indium tin oxide*, ITO) als Anodenmaterial verwendet. Es benötigt viel Energie, um Elektronen aus einer ITO-Schicht herauszulösen (d. h. es besitzt eine hohe Austrittsarbeit), was umgekehrt die Injektion von Löchern in die entsprechende Polymerschicht unterstützt. Als Kathodenmaterial werden vor allem Metalle wie Aluminium und Calcium eingesetzt, da sie eine niedrige Austrittsarbeit zeigen und somit die Injektion von Elektronen in die entsprechende Polymerschicht unterstützen.[26]

OLEDs leuchten aus sich selbst heraus, und das macht sie auch als Beleuchtungsmittel attraktiv. Das bisher weltweit hauptsächlich eingesetzte Beleuchtungsmittel ist bekanntermaßen die Glühbirne. Die Lichterzeugung in der Glühbirne basiert auf dem Prinzip des schwarzen Strahlers: Durch elektrischen Strom wird ein dünner Faden so hoch erhitzt, dass er zu glühen beginnt. Dabei geht der größte Teil der eingesetzten elektrischen Energie als Wärme verloren. Nur maximal 5 % der eingesetzten Energie werden als Licht im sichtbaren Bereich emittiert. Pointiert kann man eine Glühlampe auch als leuchtende Heizung bezeichnen. Im Gegensatz dazu wandeln OLEDs nahezu den gesamten Strom in sichtbares Licht um. Eingedenk der flexiblen Substrate und der großflächigen Druckherstellung von OLEDs sind ganz neue Beleuchtungskonzepte denkbar: indirekte, flächige Lichtquellen, die angenehm für das menschliche Auge sind und weniger Strom verbrauchen als herkömmliche Lichtquellen. Dieser Doppelnutzen verspricht eine große Alltagsakzeptanz einer derartigen neuen Technologie. Noch effizienter sind OLEDs im Vergleich zu farbigen Glühlampen, denn Glühlampen benötigen dazu farbige Filter, die die Lichtleistung durch Absorption weiter mindern. OLEDs hingegen leuchten selbst stromeffizient in der gewünschten Farbe. Eingedenk der Verbreitung von Glühbirnen bietet die OLED-Technologie also ein riesiges Potenzial für Energieeinsparung – weltweit.

Neben einer flächigen Anwendung von OLEDs als Beleuchtungsmittel können OLEDs auch als kleine Punktlichtquelle in Vollfarbdisplays eingesetzt werden, dem Pixel-artigen Bildaufbau der LCD-Technik nicht unähnlich. Der gänzlich unterschiedliche Herstellungsprozess von OLEDs im Vergleich zu LCDs führt zu mehreren Vorteilen. OLEDs können mit einfachen Drucktechniken wie Tintenstrahldruck oder sogar Siebdruckverfahren[27] großflächig auf geeignete Substrate aufgebracht werden. Dadurch können OLEDs theoretisch wesentlich günstiger und effektiver hergestellt werden als LCDs oder Plasmabildschirme. Wenn man OLEDs auf flexible Substrate druckte, öffnete dies die Tür zu neuen Anwendungen wie aufrollbaren aktiven Bildschirmen oder Bildschirmen, die in Stoffe oder Kleidungsstücke integriert sind.

Die hohe Helligkeit, der hohe Farbkontrast und der große Betrachtungswinkel von OLED-Bildschirmen ermöglichen sehr leicht ablesbare Anzeigen. Die Farben der einzelnen OLED-Pixel erscheinen selbst bei Betrachtungswinkeln nahe 90 ° korrekt und unverändert (im Gegensatz zu allen LCD-Bildschirmen). Ein großer Vorteil von OLED-Bildschirmen gegenüber den eher schon klassischen LCD-Bildschirmen liegt in der fehlenden Notwendigkeit einer Hintergrundbeleuchtung. OLED-Bildschirme verbrauchen deutlich weniger Strom und können dadurch z. B. bei Batteriebetrieb deutlich länger arbeiten. Da keine Hintergrundbeleuchtung benötigt wird, können die Bildschirme auch wesentlich flacher gebaut werden. Zum Betrieb eines nicht selbst leuchtenden LCDs ist hingegen eine Hintergrundbeleuchtung notwendig. Daher können diese bauartbedingt kein Tiefschwarz anzeigen, während ein ausgeschaltetes OLED tatsächlich kein Licht emittiert und so tiefschwarz erscheint. LCDs nutzen Polarisationsfilter, um die Helligkeit jedes einzelnen Bildpunktes zu steuern. Diese Filter vermindern die maximale Helligkeit eines LCDs um etwa die Hälfte, umgekehrt bedeutet dies die Verschwendung von etwa der Hälfte der Lichtleistung der Hintergrundbeleuchtung.

Da jedes Pixel individuell auf die gewünschte Helligkeit eingestellt werden kann, verbrauchen OLED-Bildschirme im Vergleich zu den Quecksilber-Hintergrundbeleuchtungslampen in herkömmlichen LCDs deutlich weniger Strom und benötigen auch eine deutlich niedrigere Betriebsspannung. Weitere Vorteile der OLEDs sind das geringe Gewicht, die dünne Bauform und ein großer Temperaturbereich, in dem sie problemlos funktionieren. Diese Eigenschaften machen OLEDs auch zum idealen Kandidaten für Anwendungen in tragbaren Geräten. Darüber hinaus haben OLEDs eine kürzere Ansprechzeit als Standard-LCDs. Während ein Standard-LCD eine Ansprechzeit von 8–12 Millisekunden hat, benötigt ein OLED weniger als 0,01 Millisekunden.[28] Gerade die schnelle Ansprechzeit ermöglicht eine brillante, schlierenfreie Darstellung auch schnellster Bewegungen.

Das momentan noch größte ungelöste Problem bei OLEDs ist die eingeschränkte Lebensdauer des organischen Materials. Egal, ob die OLED aus kleinen Einzelmolekülen oder aus Polymeren aufgebaut ist, zeigen alle Bauteile einen messbaren Abbau an Helligkeit und Farbtreue infolge der langsamen Kontamination mit Wasser und Luftsauerstoff. Diese ungewollte Kontamination kann das organische Material schädigen und sogar zerstören, sodass diese Materialien bisher nur eingeschränkt eingesetzt werden.[29] Umso wichtiger ist es, die unter inerten Bedingungen hergestellten Bauteile einzuschweißen oder anderweitig zu verkapseln und diese Prozesse weiter zu verbessern. Um eine zehnjährige Lebensdauer eines Bauteils zu ermöglichen, muss z. B. die Permeabilität von Wasserdampf kleiner als 10^{-6} g × m^{-2} × d^{-1} (gemessen bei 90-prozentiger Luftfeuchtigkeit und 38 °C) sein. Diese Anforderung ist so präzise, dass es im Moment kein geeignetes Routine-Testverfahren gibt.

Trotzdem können weniger anspruchsvolle Anwendungen wie Mobiltelefone oder Digitalkameras die Vorteile der OLED-Technologie nutzen, da die Lebensdauer der Bauteile immer weiter zunimmt. Zum Beispiel hatten blaue OLEDs für den Einsatz in Flachbildschirmen eine Lebensdauer von ca. 5000 Stunden, was deutlich weniger ist als die durchschnittliche Lebensdauer eines LCD-Bauteils (zurzeit etwa 60 000 Stunden). Im Jahr 2007 wurden experimentelle OLEDs vorgestellt, die eine Strahlungsleistung von 400 cd × m^{-2} für grünes Licht über 198 000 Stunden und für blaues Licht über 62 000 Stunden aufrechterhalten konnten.[30] Gerade blaue OLEDs sind oxidationsempfindlich, die ursprünglich blaue Emission verschiebt sich mit der Zeit hin zu einer blau-grünen Emission. Am Max-Planck-Institut für Polymerforschung wurde ein anderer Ansatz gewählt. Es wurde nicht versucht, die Kapseltechnik zu verbessern, sondern es wurde ein Polymer entwickelt, das durch Erhöhung sowohl der Planarität der Kette als auch der molekularen Abschirmung der oxidierbaren Stellen im Polymer eine hohe Stabilität gegenüber Sauerstoff und damit eine deutlich verbesserte Farbtreue der blauen Emission zeigte.[31]

Farbreinheit und Leuchtkrafteffizienz sind wichtige Anforderungen an das Material. Die heutigen Anwendungen zur Bildwiedergabe verlangen Anzeigen mit einer großen Farbskala. Die Farbigkeit organischer Einzelmoleküle wie auch organischer Polymere lässt sich auf der molekularen Ebene durch die Auswahl geeigneter Grundkörper und Substituenten zielgerichtet beeinflussen. Der Grundkörper kann als Chromophor angesehen werden, dessen Emissionsbanden durch die geeignete Wahl von Substituenten zu längeren oder kürzeren Wellenlängen hin verschoben werden können, also von Blau (große Bandlücke) über Grün bis nach Rot (kleine Bandlücke) variiert werden können. Wie eingangs erwähnt, hängt die Leuchtkrafteffizienz stark von der Leitfähigkeit der eingesetzten Materialien ab, da jede einzelne Ladungskombination zur Leuchtkraft beiträgt. Es ist deshalb eine wichtige Aufgabe und Herausforderung, geeignete Farbigkeit und hohe Leitfähigkeit miteinander zu verbinden.

Zurzeit erfüllt kein verfügbares organisches Material die Anforderungen für eine optimale, standardisierte Wiedergabe. Trotzdem gibt es bereits Verbesserungen gegenüber den meisten LCD-Technologien. Allerdings muss auf diesem Gebiet noch viel Arbeit geleistet werden. Darüber hinaus emittieren nicht alle Materialien mit der gleichen Effizienz. Besonders rote Emitter sind problematisch und benötigen mehr Energie als die effizienteren blauen und grünen, um ein vorgegebenes Helligkeitsniveau zu erreichen. Die kommerzielle Entwicklung der OLED-Technologie wird zudem durch aktuelle Patentinhaber behindert. Dies zwingt Wettbewerber, gegebenenfalls Lizenzen zu erwerben.[32] In der Vergangenheit erlebten verschiedene Technologien erst dann den Durchbruch, als die entsprechenden Patente ausgelaufen waren. Es ist fraglich, ob wir auf den Durchbruch dieser potenziellen Schlüsseltechnologie so lange warten sollen – oder können.

Organische Feldeffekttransistoren (OFET)

Ein Transistor ist ein elektronisches Halbleiterbauelement, das als Verstärker und als kontaktloser Schalter eingesetzt werden kann. Seit seiner Entwicklung in den frühen 1920er Jahren hat er die «Elektronifizierung» unseres Alltags wie unserer Arbeitswelt als elementare Komponente in integrierten Schaltungen bestimmt und vorangetrieben, so in Radios, Fernsehern, Steuerungsbauteilen, Taschenrechnern, Computern, Mobiltelefonen und fast allen modernen elektrischen Geräten.

Ein organischer Feldeffekttransistor (OFET) ist eine mögliche Bauform von Transistoren, bei dem ein elektrisches Feld die Leitfähigkeit in einer organischen Halbleiterschicht kontrolliert. Dadurch lässt sich der Ladungsfluss kontrollieren und schalten. So werden OFETs als ultraschnelle Schalter eingesetzt, um zum Beispiel individuelle Pixel einer Bildschirmfläche gezielt ein- oder auszuschalten. Auch wenn die Verbindung von OFETs zum Feld der Energieerzeugung und -einsparung weniger offensichtlich ist als im Fall von organischen Solarzellen oder OLEDs, finden OFETs Verwendung in der Herstellung von energiesparenden Produkten. So reduziert der Einsatz von OFETs zum Beispiel den Energieverbrauch an langen Winterabenden vor dem Fernsehgerät, denn es werden nur sehr geringe Spannungen und Ströme zur Schaltung eines OFETs benötigt. Darüber hinaus werden OFETs auch eingesetzt als Verstärker von Audiosignalen, als Bauteile in auf Energieeffizienz ausgerichteter Elektronik (wie zum Beispiel batteriebetriebenen Gebrauchsartikeln) oder in kontaktlosen Identifizierungssystemen wie RFID-Transpondern (*radio-frequency identification*).

Bisher werden Halbleiterbauteile hauptsächlich aus Silicium hergestellt. Die schon in den beiden vorangegangenen Abschnitten beschriebene preiswerte Produktionsweise und die mögliche mechanisch flexible Ausführung organischer Feldeffekttransistoren machen diese zu einem attraktiven Forschungsgebiet. Gerade zur Herstellung mechanisch unempfindlicher, also flexibler OLED-Bildschirme werden ebenfalls flexible Transistoren zur Schaltung der Pixel benötigt.

Die Leistungsfähigkeit eines OFETs spiegelt sich vor allem in der Ladungsträgermobilität der Halbleiterschicht wider. Die Ladungsträgermobilität in siliciumbasierten Transistoren liegt in der Größenordnung von $10^4 \, cm^2 \times V^{-1} \times s^{-1}$. Organische Moleküle zeigen noch deutlich kleinere Mobilitäten, bergen aber noch Entwicklungspotenzial im Vergleich zur weit entwickelten Siliciumtechnologie. Als organische Halbleiter können verschiedene Molekültypen eingesetzt werden. Kleine organische, kristalline (und damit hochgeordnete) Einzelmoleküle erreichen bisher die höchsten Mobilitätswerte. So zeigte ein Rubren-Einkristall unter ganz speziellen Bedingungen auf einem flexiblen Substrat (PMMA) eine Mobilität von $15 \, cm^2 \times V^{-1} \times s^{-1}$.[33] Polymere sind aufgrund ihrer guten Verarbeitbarkeit in Lösungen für industrielle Anwendungen noch attraktiver. Polymere besitzen eine nur noch remanente Kristallinität, und durch diese geringere Ordnung in der halbleitenden Polymerschicht sinkt die zu erreichende Mobilität. Die bisher höchste Mobilität, die an einem aus einer Lösung verarbeiteten Polymer gemessen wurde, wurde mit ca. $1 \, cm^2 \times V^{-1} \times s^{-1}$ gemessen.[34]

Ein typischer Feldeffekttransistor besteht aus einer mit «*gate*» (Tor) bezeichneten Elektrode; auf dieser gate-Elektrode liegt eine isolierende Schicht eines Dielektrikums (Abb. 4). Zwei weitere getrennte Elektroden, *source* (Quelle) und *drain* (Abfluss) genannt, befinden sind auf dem Dielektrikum. Dieser Aufbau bildet den Grundkörper des Transistors. Auf diesen Grundkörper wird eine Schicht eines Halbleiters aufgebracht. In dieser Halbleiterschicht werden durch das Anlegen eines elektrischen Feldes (einer Spannung) zwischen *source* und *gate* Ladungsträger er-

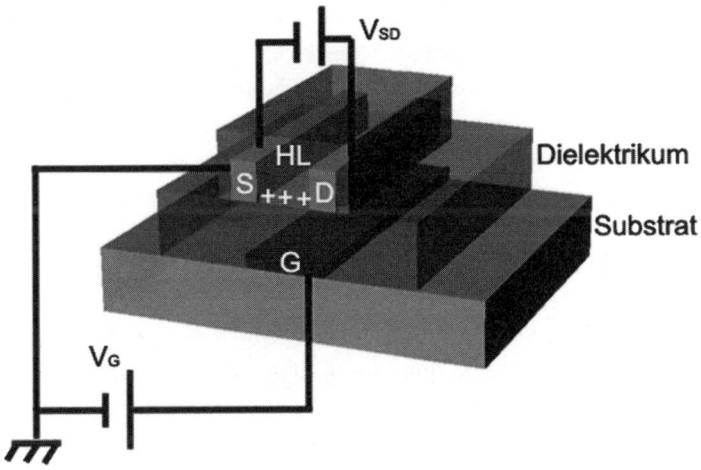

Abbildung 4: Schematische Darstellung eines OFETs; G: gate-Elektrode; S: source-Elektrode; D: drain-Elektrode; HL: Halbleiterschicht; V_G: Spannung zwischen gate und source; V_{SD}: Spannung zwischen source und drain.

zeugt. Die Ladungsträger können ob des isolierenden Dielektrikums nicht zur *gate*-Elektrode gelangen. Auf diese Weise sammeln sich die erzeugten Ladungsträger in der Halbleiterschicht an der Grenzfläche zum Dielektrikum. Um einen Ladungsfluss zu induzieren, wird eine weitere Spannung zwischen *source* und *drain* angelegt. So lässt sich der Stromfluss zwischen *source* und *drain* sowohl über die Spannung zwischen *source* und *gate* als auch über die Spannung zwischen *source* und *drain* selbst steuern. Die Ladungsträgermobilität in der Halbleiterschicht zwischen *source* und *drain* ist ein Maß für die Leistungscharakteristik eines solchen Transistors.

Einer der wichtigsten Parameter für einen OFET ist die Organisation des Halbleiters im Festkörper. Es ist einfach zu ersehen, dass für eine hohe Ladungsträgermobilität ein ungehinderter Ladungstransport zwischen den Elektroden notwendig ist. In einer Kristallstruktur sind alle Moleküle streng definiert angeordnet, was eine hohe Mobilität ermöglicht. Kristallstrukturen sind aber mechanisch spröde und auf größeren Flächen nur sehr eingeschränkt einsetzbar. Gerade die große Schwierigkeit, Kristalle auf großen Flächen aufwachsen zu lassen, legt nahe, polymerelektronische Alternativen zu entwickeln. Der Preis, der für die einfachere technische Handhabbarkeit und mechanische Flexibilität von Polymeren zu zahlen ist, sind die verminderte Ordnung in Polymerfilmen und die daraus resultierende eingeschränkte Mobilität. Dazu wurde am Max-Planck-Institut für Polymerforschung eine große Bandbreite von Polymeren untersucht, um die mögliche Kontrolle der Organisation zu verstehen, und es wurden Mobilitäten von bis zu $10^{-2}\,cm^2 \times V^{-1} \times s^{-1}$ erzielt.[35] Von diesen Ergebnissen ausgehend und um eine noch bessere Verarbeitungsfähigkeit zu erreichen, wurde ein Polymer entwickelt, das aus sich abwechselnd wiederholenden Donor- und Akzeptor-Einheiten besteht. Dieses Polymer lässt sich einfach aus der Lösung verarbeiten und zeigt eine Mobilität von $0{,}2\,cm^2 \times V^{-1} \times s^{-1}$, was dieses Polymer zu einem attraktiven Material für polymerelektronische Anwendungen macht.

Zweidimensionale, scheibenförmige Graphenmoleküle besitzen den großen Vorteil der Selbstorganisation, bedingt durch die starke Wechselwirkung zwischen den einzelnen Scheiben (Abb. 5). In der entstehenden säulenförmigen Anordnung, die an einen Münzstapel erinnert, kann man die einzelne Scheibe als Monomer und die Säule selbst als Polymer ansehen. Entlang dieser Säulen bewegen sich Ladungen analog zum Ladungstransport entlang konjugierter Polymerketten. Die höchsten Mobilitäten erzielt man, wenn sich die Moleküle parallel zur Oberfläche gleichzeitig senkrecht zur Verbindungslinie zwischen *source* und *drain* anordnen. Die Kontrolle dieser Anordnung der Moleküle durch Variation der Substituenten in der Scheibenperipherie ist mittlerweile gut verstanden,[36] und es sind OFETs mit Ladungsträgermobilitäten von bis zu $0{,}01\,cm^2 \times V^{-1} \times s^{-1}$ hergestellt worden. Leider scheinen die Mobilitäten noch durch Strukturdefekte, wie etwa einzelne fehlende Scheibenmoleküle in einer Säule, begrenzt zu sein.

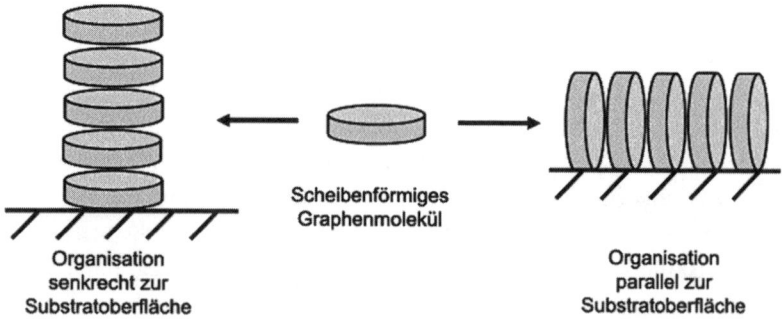

Organisation
senkrecht zur
Substratoberfläche

Scheibenförmiges
Graphenmolekül

Organisation
parallel zur
Substratoberfläche

Abbildung 5: Schematische Darstellung möglicher Packungsanordnungen von scheibenförmigen Molekülen.

Auch wenn noch nicht alle Details dieser Technologie wissenschaftlich erforscht sind, stößt die OFET-Technologie gemeinsam mit OLEDs und organischen Solarzellen die Tür zu flexiblen und gleichzeitig preiswert herzustellenden Elektronikanwendungen auf, die unseren Lebensalltag sowohl angenehmer als auch deutlich energieeffizienter und damit ressourcenschonender machen.

Zusammenfassung und Ausblick

Die Sorge um die Erschöpfung der weltweiten Vorräte an den fossilen Brennstoffen Öl und Gas und ökologische sowie ökonomische Überlegungen haben dazu beigetragen, dass sich die gemeinsame Aufmerksamkeit von Wissenschaft, Politik, Industrie und Öffentlichkeit neuen Technologien gegenüber öffnet. Dieses Kapitel stellte erfolgreiche Anwendungen auf dem Gebiet der Polymerelektronik vor. Wir haben dabei drei besonders vielversprechende Einsatzgebiete hervorgehoben, die im direkten Zusammenhang mit Energieproduktion und -einsparung stehen. Ihre Flexibilität, ihre einfache technische Verarbeitbarkeit zu großflächigen Anwendungen und ihre niedrigen Kosten verleihen der Polymerelektronik das Potenzial, die herkömmliche siliciumbasierte Halbleitertechnologie abzulösen.

Organische Solarzellen ermöglichen es, elektrischen Strom in einem der Natur nachempfundenen Prozess zu produzieren, ohne dabei umweltschädliche Nebenprodukte freizusetzen; dabei wird Sonnenenergie direkt in elektrischen Strom umgewandelt. Die Kombination aus OLEDs und OFETs ermöglicht Energieeinsparungen durch die Konstruktion von Bauelementen mit sehr niedrigem Energieverbrauch. Natürlich benötigt auch ein OLED-Bildschirm elektrische Energie, jedoch deutlich weniger als ein mit Hintergrundbeleuchtung betriebener, herkömmlicher LCD-Bildschirm. OLEDs als Beleuchtungskörper bieten in ihrer nahezu unschlagbaren Effizienz, elektrischen Strom in Licht umzuwandeln, ein riesiges Potenzial der Energieeinsparung und damit der Ressourcen- wie Umweltschonung.

Marktbeobachter sehen für die kommenden 20 Jahre eine anhaltende und erfolgreiche Entwicklung auf dem Gebiet der Polymerelektronik voraus. In nächster Zukunft wird erwartet, dass organische Solarzellen Wirkungsgrade von 10 % erreichen und somit vollends marktreif wer-

den. Der globale Solarzellenmarkt generiert zurzeit bereits einen Jahresumsatz von 6,1 Milliarden Euro (davon 9% organische Solarzellen), bis
2020 wird eine Steigerung auf 29,7 Milliarden Euro Jahresumsatz erwartet, dann mit einem Anteil von 50% organischen Solarzellen.[37] Für
OLEDs wird für das Jahr 2014 ein weltweiter Umsatz von 15,5 Milliarden Euro vorausgesagt, davon 1 Milliarde Euro für Beleuchtungsmittel
und 7,2 Milliarden Euro für Anzeigen in Mobiltelefonen und anderen
tragbaren Geräten.[38] Der erste kommerzielle OLED-Fernseher wird für
das Jahr 2009 erwartet.[39] Der globale Markt für Nanoelektronik (organische und anorganische Dünnschichttransistoren und Bildschirme) soll
von einem Volumen von 650 Millionen US-Dollar im Jahre 2005 auf bis
zu 250 Milliarden US-Dollar im Jahr 2025 anwachsen.[40]

Mit Blick auf die Entwicklung sowohl der wissenschaftlichen Erkenntnisse als auch des Marktes für Polymerelektronik[41] lässt sich heute also
kaum noch behaupten, dass mobile, aufrollbare oder sogar großflächige,
transparente und berührungsempfindliche Bildschirme (wie etwa in dem
Film *Minority Report* von 2002) nur in der Science-Fiction-Welt von
Hollywood vorkommen.

Biologische Methanbildung:
Eine erneuerbare Energiequelle von Bedeutung?

Von Rudolf K. Thauer

Methan ist ein brennbares Gas, das vom Menschen zum Heizen, zur Stromerzeugung und als Kraftstoff für Autos genutzt wird. Von den Methanlagerstätten, zu denen auch die riesigen Methanhydratansammlungen in der Tiefsee gehören, sind viele vor Jahrmillionen durch die Stoffwechselaktivität von Mikroorganismen aus Photosyntheseprodukten entstanden. Aber auch heute noch werden auf der Erde pro Jahr etwa 1 Milliarde Tonnen Methan (10^{15} g) von Mikroorganismen gebildet. Die gebildete Menge entspricht bei Verbrennung einer Energiemenge von 50×10^{15} kJ. Setzt man das in Relation zu globalen Energieumsätzen, so sind das etwas weniger als 2 % der Energiemenge, die jährlich auf der Erde durch Photosynthese aus CO_2 in Biomasse netto fixiert wird (2800×10^{15} kJ), und etwa 10 % der Energiemenge, die heute jährlich von den 6,7 Milliarden Menschen verbraucht wird (455×10^{15} kJ).

Biologisch gebildetes Methan ist aber nicht nur als mögliche Energiequelle, sondern auch als Energieträger von Interesse. Methanbildende Mikroorganismen können die chemisch schwierige Umsetzung von Wasserstoff und CO_2 zu Methan katalysieren, wobei fast die gesamte Verbrennungsenergie des Wasserstoffs im Methan gespeichert bleibt. Im Gegensatz zu Wasserstoff ist Methan relativ leicht zu speichern und zu transportieren.

Vom biologisch gebildeten Methan gelangt immer ein Teil in die Atmosphäre, wo sich die Konzentration in den letzten 100 Jahren fast verdoppelt hat, was Anlass zur Sorge ist, da Methan nach Wasserdampf und CO_2 das quantitativ drittwichtigste Treibhausgas ist und sein Konzentrationsanstieg zur Erderwärmung beiträgt.

Aus all diesen Gründen beschäftigen sich Wissenschaftler am Max-Planck-Institut für terrestrische Mikrobiologie mit der Biogeochemie, Mikrobiologie und Biochemie der biologischen Methanbildung. Die folgenden Ausführungen geben einen Einblick in diese Forschungsgebiete. Am Anfang stehen dabei zunächst grundlegende Informationen über

Methan, Energie und Energieverbrauch. Abschließend wird danach gefragt, ob sich die biologische Methanbildung zu einer bedeutsamen erneuerbaren Energiequelle entwickeln lässt.

Methan, Energie und der Kohlenstoffkreislauf

Methan ist ein geruchloses brennbares Gas, das je nach seiner Herkunft auch als Erdgas, Grubengas, Sumpfgas, Faulgas, Klärgas, Deponiegas oder, im landwirtschaftlichen Bereich, als Biogas bezeichnet wird. Es ist der einfachste Kohlenwasserstoff. Seine Summenformel ist CH_4. Ein Mol Methan hat eine Masse von 16 g.

Methan wird unter Normaldruck bei $-161\,°C$ flüssig und bei $-182\,°C$ fest. Es löst sich unter Normaldruck in Wasser bei Zimmertemperatur nur zu einer Konzentration von etwa 25 mg pro Liter. Bei niedrigeren Temperaturen und höheren Drücken bilden sich in Wasser eisförmige Methanhydrate ($CH_4 \times 5,75\ H_2O$; Dichte bei $0,9\,g/cm^3$), in denen die Konzentration von Methan bei bis zu 120 g pro Liter, also ca. 5000-fach höher liegen kann.[1] Das meiste Methan auf der Erde liegt in Form von Methanhydraten vor, die in gewaltigen Mengen in den Sedimenten der Weltmeere (Kontinentalabhänge) und in Permafrostböden vorkommen. Schätzungen zufolge sind die Mengen vergleichbar groß wie die aller anderen fossilen Energieträger (Erdgas, Erdöl und Kohle) zusammen.[2]

Methan wird zum einen durch Mikroorganismen aus Biomasse gebildet (mikrobielle Bildung). Es entsteht ferner thermokatalytisch bei der Bildung von Kohle und Öl aus Biomasse (thermogene Bildung) sowie bei der Verbrennung von organischen Verbindungen im reduzierenden Teil der Flamme, wofür die Holzgasbildung ein Beispiel ist. Methan bildet sich zudem geochemisch im Erdmantel bei Temperaturen über $200\,°C$ aus CO_2 und H_2 (sog. Mantel- oder abiogenes Methan).[3] Das Methan in den riesigen Methanhydratlagerstätten unter den Sedimenten der Weltmeere ist wahrscheinlich zu über 90 % mikrobiellen und thermogenen und zu weniger als 10 % abiogenen Ursprungs, wie sich aus der Isotopensignatur des Methan schließen lässt.[4]

Alter und Art der Methanbildung können nämlich unter anderem anhand des Gehalts an Kohlenstoffisotopen ^{12}C, ^{13}C und ^{14}C geschätzt werden. Junges Methan hat einen relativ höheren und altes Methan einen relativ niedrigeren Radiocarbongehalt (Zerfallshalbwertzeit von

^{14}C = 5730 Jahre). Mikrobiell gebildetes Methan enthält einen relativ niedrigeren Anteil (im Promillebereich) an dem stabilen Isotop ^{13}C als thermogenes Methan. Über die Isotopenverteilung ist zum Beispiel nachgewiesen worden, dass die Methanlagerstätten in Nordwestsibirien an der Obmündung vor vielen Jahrmillionen durch Mikroorganismen aus Biomasse gebildet worden sind, während zum Beispiel die Lagerstätten in Holland thermogenen Ursprungs und bei der Kohlebildung aus Pflanzen entstanden sind.[5]

Die Biomasse, aus der biogenes Methan stammt, wird zu über 99 % durch Photosynthese aus CO_2 gebildet. Schätzungen gehen davon aus, dass auf der Erde zurzeit jährlich etwa 170×10^{15} g C (623 Milliarden Tonnen CO_2) über Photosynthese in Biomasse primär fixiert werden. Davon entfallen 120×10^{15} g C auf Landpflanzen und 50×10^{15} g C auf das Plankton der Meere. Die Nettoprimärproduktion (nach Abzug der Atmung) beläuft sich auf etwa 70×10^{15} g C, wobei sie sich mit etwa 60×10^{15} g C auf Landpflanzen und 10×10^{15} g C auf Plankton verteilt. Die Gesamtbiomasse auf dem Land wird mit 610×10^{15} g C angegeben und im Meer mit 3×10^{15} g C. Die marine Biomasse ist relativ gering, weil der Umsatz mariner photosynthetischer Mikroorganismen über 100 Mal schneller als der von terrestrischen Pflanzen ist.[6]

Der Brennwert von Methan beträgt ca. 50 Kilojoule pro g (kJ/g) und liegt damit höher als der Brennwert von Öl (42 kJ/g), Steinkohle (29,3 kJ) und Braunkohle (20 kJ/g), aber niedriger als der von Wasserstoff (H_2) (120 kJ/g). Ein Kubikmeter (m^3) Methan enthält 715 g Methan und hat einen Brennwert von 36 000 kJ oder 10 kWh (siehe dazu die Übersicht auf der vorderen Umschlaginnenseite).

Bei der Verbrennung von Biomasse werden ca. 40 kJ pro g Kohlenstoff frei (gilt für Zellulose).[7] Bei 70 Milliarden Tonnen Kohlenstoff, die jährlich durch Photosynthese aus CO_2 in Biomasse netto fixiert werden, sind das $2,8 \times 10^{18}$ kJ pro Jahr.

Auf der Erde gibt es zurzeit etwa 6,7 Milliarden Menschen, die pro Jahr zusammen einen Primärenergieverbrauch von etwa 455×10^{15} kJ für Heizung, Beleuchtung, elektrische Geräte, Transport, Ernährung etc. haben. Die Energie stammt zu etwa 80 % aus der Verbrennung von fossilen Kohlenstoffquellen, davon etwa 25 % aus Erdgas, 35 % aus Öl und 25 % aus Kohle. Nur etwa 20 % des Primärenergieverbrauchs stammen aus Kernkraft (6 %), Wasserkraft (6 %) und anderen erneuerbaren Energien (6 %).[8]

Auf die einzelne Person umgerechnet verbraucht der Mensch durchschnittlich etwa 75×10^6 kJ = 21×10^3 kWh pro Jahr, was dem Energieinhalt von etwa 1,8 Tonnen Öl oder 2,6 Tonnen Steinkohle entspricht oder der Energiemenge, die jährlich von 2 Hektar Wald (20 000 m²) in Form von Holz bereitgestellt werden kann.[9]

Den Primärenergieverbrauch muss man mit 0,65 multiplizieren, um den eigentlichen Endenergieverbrauch zu erhalten, der in Berechnungen meist angegeben wird. Der Endenergieverbrauch ist der Verbrauch nach Abzug des Verbrauchs von Primärenergieträgern (Rohöl, Kohle, Gas, Holz) für nicht energetische Zwecke (z. B. Synthesen) und des Verbrauchs an Energie zur Förderung der Primärenergieträger und deren Umwandlung in Sekundärenergieträger wie Strom.[10]

Pro Person wird in den USA jährlich durchschnittlich 4,6 Mal soviel Energie verbraucht wie im globalen Mittel (75×10^6 kJ pro Jahr). In Deutschland sind es 2,3 Mal soviel und in China 0,5 Mal soviel. Der Energieverbrauch pro Einwohner in Indien (über 1,1 Milliarden Einwohner) liegt hingegen nur bei 12×10^6 kJ pro Jahr.[11]

In den entwickelten Ländern werden zwischen 15 % und 30 % der Primärenergie zur Nahrungsmittelproduktion verwendet.[12]

Der Primärenergieverbrauch der 6,7 Milliarden Menschen von 455×10^{15} kJ entspricht 18 % der Energiemenge, die jährlich durch Photosynthese in Biomasse eingefangen wird (2800×10^{15} kJ). In den USA ist der Primärenergieverbrauch um 40 % höher als die jährlich in den USA in Biomasse durch Photosynthese eingefangene Lichtenergie.[13]

Fast alle hier angegebenen Werte sind gerundet. Die globalen Angaben beruhen auf Hochrechnungen und sind daher mit größeren Fehlern behaftet.

Biogeochemie und Treibhauswirkung

Der wahrscheinlich erste Bericht über biologische Methanbildung stammt aus dem Jahr 1776. Verfasst wurde er von Alessandro Volta (nach dem auch das Volt benannt ist), der beobachtet hat, wie beim Aufwühlen von Schlamm am Boden des Comer Sees eine *aria inflammabile* in Blasen aufstieg, was er durch Auffangen in einem umgedrehten, mit Wasser gefüllten Gefäß und anschließende Entzündung des Gases nachgewiesen hat. Dieses so genannte Volta-Experiment lässt sich prinzipiell an fast jedem Süßwasserstandort mit ausreichendem Sediment wieder holen, also in jedem Teich und in jeder größeren Pfütze.[14]

Die Methanbildung in Süßwassersedimenten erfolgt aus organischem Material, das sich dort zusammen mit anorganischem Material abgesetzt hat und durch Mikroorganismen zu Methan umgesetzt wird. Bei dem organischen Material handelt es sich vorwiegend um abgestorbene Pflanzenteile wie etwa Blätter, um tote Algen sowie um tierische Abfälle. Die Hauptkomponente von Pflanzen stellt die Zellulose dar, aber auch andere polymere Kohlenhydrate (Hemizellulose, Pektin, Stärke), Proteine, Lipide und Nukleinsäuren haben einen signifikanten Anteil. Im Uferbereich von Süßwasserseen und Flüssen, die mit Pflanzen bewachsen sind, sowie in Reisfeldern gelangen auch organische Verbindungen aus der lebenden Pflanze durch Exkretion über die Wurzel in die Sedimente und werden dort durch Mikroorganismen zu Methan umgesetzt. Von Mikroorganismen in den Sedimenten nicht oder nur unmerklich langsam umgesetzt wird Lignin, der nach Zellulose mengenmäßig zweithäufigste Pflanzenbestandteil, für dessen Abbau durch Mikroorganismen aerobe Bedingungen (Anwesenheit von O_2) nötig sind.

In Methan bildenden Sedimenten herrschen nämlich anaerobe Bedingungen vor, das heißt, es fehlt am molekularen Sauerstoff (O_2) der Luft, der für die meisten Organismen auf der Erde lebensnotwendig ist. Die anaeroben Bedingungen kommen dadurch zustande, dass der Sauerstoff in und oberhalb der Sedimente durch fakultative und aerobe Mikroorganismen schneller verbraucht wird, als O_2 aus der darüberstehenden Wassersäule nach-diffundieren kann, was an einer relativ langsamen Diffusion von O_2 in Wasser liegt. Sie beträgt nur etwa 0,01 % der Diffusionsrate in Luft. Die Mikroorganismen in den Sedimenten, die an der Methanbildung beteiligt sind, müssen deshalb ohne Sauerstoff auskommen. Sie sind in der Regel strikt anaerobe Lebewesen, die O_2 nicht nur nicht verwerten, sondern auch nicht tolerieren können.

Mikrobielle Methanbildung findet prinzipiell überall dort statt, wo ähnliche Bedingungen wie in Süßwassersedimenten vorherrschen. Zu diesen Bedingungen zählen das Fehlen von molekularem Sauerstoff (O_2) und von Sulfat (oxidierter Schwefel) sowie das Vorkommen von Zellulose und anderen Biopolymeren. Solche Bedingungen finden sich außer in Süßwassersedimenten z. B. in Reisfeldböden, in tieferen Schichten von feuchten Ackerböden, in Feuchtgebieten wie Sümpfen und Mooren, im

Faulturm von Kläranlagen, im Pansen von Wiederkäuern, im Enddarm von monogastrischen Tieren, aber auch in tieferen Schichten von Meeressedimenten.

In den oberen Schichten von Meeressedimenten findet keine Methanbildung statt, da dort Sulfat vorhanden ist, das aus dem Meerwasser mit einer Sulfatkonzentration von 30 mM stammt. Dort konkurrieren Sulfat reduzierende Bakterien mit Methanbildnern um die Nahrungsquellen. Erst wenn alles Sulfat verbraucht ist, haben die Methanbildner eine Chance, das Geschehen zu bestimmen.

Schätzungen zufolge werden zurzeit auf der Erde durch die Stoffwechselaktivität von Mikroorganismen jährlich etwa 1 Milliarde Tonnen Methan gebildet. Dazu sind nur etwa 2 % des jährlich durch Photosynthese aus CO_2 gebildeten organischen Materials notwendig. Etwa die Hälfte des gebildeten Methans wird durch Mikroorganismen zu CO_2 oxidiert, der Rest gelangt in die Atmosphäre, wo der Löwenanteil in photochemischen Reaktionen mit O_2 zu CO_2 reagiert. Nur ein kleiner, aber signifikanter Anteil des atmosphärischen Methans (etwa 5 %) wird durch im Boden vorkommende, Methan oxidierende Bakterien remineralisiert.[15] Von der Gesamtmenge des gebildeten Methans werden weniger als 1 % in den Sedimenten vergraben, was aber im Laufe von Jahrmillionen zur Bildung riesiger Lagerstätten führte.[16]

Das in den Sedimenten gebildete Methan gelangt in der Regel durch Diffusion in aerobe (O_2 enthaltende) Wasserbereiche, wo Methan durch aerobe (O_2 verbrauchende) Mikroorganismen zu CO_2 oxidiert wird. Wenn es durch Diffusion in anaerobe (O_2 nicht enthaltende) Bereiche gelangt, in denen Sulfat oder Nitrat vorhanden sind, findet dort eine anaerobe Oxidation von Methan durch Mikroorganismen statt, wobei Sulfat zu Schwefelwasserstoff (H_2S) bzw. Nitrat zu molekularem Stickstoff (N_2) reduziert werden.[17]

In manchen Sedimenten entsteht Methan so schnell, dass sich Gasblasen bilden. Auf dem Weg zur Wasseroberfläche lösen sich diese Gasblasen wieder auf, nur bei geringen Wassertiefen gelangen sie, an den Methan oxidierenden Bakterien vorbei, in die Atmosphäre. In Reisfeldern und an mit Pflanzen bewachsenen Uferzonen diffundiert Methan aus dem Wurzelbereich über das Aerenchym (mit Luft gefülltes vaskuläres System) der Pflanzen an die Blattoberfläche und wird dort an die Atmosphäre abgegeben. Da das Innere der Pflanze keimfrei ist, findet auf diesem Weg keine Methanoxidation statt.[18]

Das im Magen-Darm-Trakt von Tier und Mensch gebildete Methan wird zu 100% emittiert, wobei bei einigen Tieren die gebildeten Methanmengen ganz erheblich sein können. So werden im Pansen von Rindern pro Tag durchschnittlich etwa 170 l Methan gebildet – entsprechend 44 kg pro Jahr –, die über Speiseröhre und Maul in die Atmosphäre entweichen. Schafe emittieren im Mittel 5,7 kg Methan pro Jahr und Elefanten bis zu einer Tonne pro Jahr. Die Methanproduktion im Darm des Menschen ist dagegen vergleichsweise gering. Sie beträgt durchschnittlich nur 50 g pro Jahr. Für Hochrechnungen muss man wissen, dass es auf der Erde zurzeit 1,3 Milliarden Stück Vieh und 1,2 Milliarden Schafe gibt. Alle Nutztiere zusammen geben etwa 80 Millionen Tonnen Methan pro Jahr in die Atmosphäre ab. Dazu kommen noch einmal 25 Millionen Tonnen aus deren Exkrementen.[19]

Neben Nutztieren (80 Mio. t/a) gelten zurzeit Reisfelder (80 Mio. t/a), Feuchtgebiete (140 Mio t/a), Mülldeponien (40 Mio. t/a) und Termiten (30 Mio. t/a) als Hauptquellen für atmosphärisches Methan. Insgesamt stammen also etwa 450 Mio. t/a aus mikrobiellen Quellen. Zusätzlich werden etwa 150 Millionen Tonnen Methan aus nicht mikrobiellen Quellen in die Atmosphäre emittiert. Davon stammen etwa 60 Mio. t/a aus Biomasseabbrand, 60 Mio. t/a aus der Energiewirtschaft (Lecks von Pipelines etc.) und der Rest aus Asphaltschichten, Erdausgasungen und Methanhydratschichten.[20] Die Menge aus Methanhydraten wäre viel größer, wenn nicht der größte Teil des Methans aus sich auflösenden Methanhydraten bereits durch anaerobe Mikroorganismen, meist mit Sulfat, zu CO_2 oxidiert würde, ehe es in aerobe Bereiche gelangt. Die anaerob oxidierte Methanmenge wird auf etwa 1 Milliarde Tonnen pro Jahr geschätzt.[21]

Die Konzentration von Methan in der Troposphäre (Wetterzone, Atmosphäre bis 10 km Höhe) ist in den letzten 300 Jahren von 0,75 ppm (parts per million; Kubikzentimeter pro Kubikmeter) auf 1,8 ppm angestiegen, was vermutlich auf die Zunahme der biogenen und abiogenen Methanquellen im gleichen Zeitraum zurückzuführen ist. Zuvor war sie über viele Jahrtausende nahezu konstant. Bemerkenswert ist, dass sich der Anstieg der Methankonzentration im letzten Jahrzehnt stark verlangsamt hat und zurzeit sogar fast zum Stillstand gekommen zu sein scheint.[22]

Die Methankonzentration in der Troposphäre wird bestimmt durch die Geschwindigkeit der Emission und die Geschwindigkeit des Abbaus, die mit steigender Methankonzentration zunimmt. Offensichtlich sind zurzeit beide Geschwindigkeiten gleich groß geworden. Aus der Konzentration und der Geschwindigkeit lässt sich eine Verweilzeit von Methan in der Atmosphäre von etwas weniger als 10 Jahren berechnen.

Methan gehört wie Wasserdampf, CO_2 und N_2O zu den wichtigen Treibhausgasen in der Atmosphäre. Es absorbiert sehr effektiv Infrarotstrahlen in einem Wellenlängenbereich (7,5 µm; 1320 cm^{-1}), in dem weder CO_2 noch Wasserdampf stark absorbieren. Dabei erzeugt Methan pro Molekül einen ca. 20 Mal so starken Treibhauseffekt wie CO_2. Die Treibhausgase in der Atmosphäre absorbieren zusammen Infrarotstrahlen mit einer Leistung von zurzeit etwa 155 W/m^2, was zu einer mittleren Temperatur der Erdoberfläche von etwa 15 °C führt. Für die Absorption der Wärmestrahlen sind Wasserdampf zu 65 %, CO_2 zu etwa 20 %, Methan zu 2 % und N_2O zu weniger als 1 % verantwortlich. Ohne Treibhausgase läge die mittlere Erdoberflächentemperatur bei −18 °C, also um 33 °C niedriger.[23]

Die Absorptionsleistung für Infrarotstrahlen hat in den letzten 300 Jahren um etwa 2 W/m^2 und dadurch die mittlere Temperatur um wahrscheinlich fast 0,5 °C zugenommen, was auf den Anstieg der Konzentration von CO_2 (von 280 ppm auf 380 ppm, 1,5 Watt/m^2), von Methan (von 0,75 ppm auf 1,8 ppm, 0,5 Watt/m^2) und von N_2O (von 0,27 ppm auf 0,32 ppm, 0,15 Watt/m^2) zurückgeführt wird, der vom Menschen verursacht wurde (anthropogener Treibhauseffekt).[24] Dafür spricht unter anderem, dass der Anstieg dieser Spurengase weitgehend mit dem Anstieg der Erdbevölkerung von 1 Milliarde auf 6,7 Milliarden Menschen korreliert.

Mikrobiologie

Die Umsetzung von Zellulose und anderen Biopolymeren durch anaerobe Mikroorganismen erfolgt in einem mehrstufigen Prozess, in dem die Polymere erst zu Monomeren hydrolysiert (Reaktion 1), dann die Monomere zu Essigsäure (CH_3COOH), CO_2 und H_2 fermentiert (Reaktion 2) und schließlich die Fermentationsprodukte zu Methan umgesetzt werden (Reaktionen 3a und 3b), was im Folgenden am Beispiel der Zellulose dargestellt wird.

(1) Zellulose + H_2O → Glukose $\qquad\qquad$ $\Delta G^{o'} = -15\,kJ/mol$

(2) Glukose + 2 H_2O → 2 Essigsäure + 2 CO_2 + 4 H_2 $\quad$ $\Delta G^{o'} = -215\,kJ/mol$

(3a) CO_2 + 4 H_2 → CH_4 + 2 H_2O $\qquad\qquad$ $\Delta G^{o'} = -131\,kJ/mol$

(3b) Essigsäure → CH_4 + CO_2 $\qquad\qquad$ $\Delta G^{o'} = -36\,kJ/mol$

(2+3) Glukose → 3 CH_4 + 3 CO_2 $\qquad\qquad$ $\Delta G^{o'} = -418\,kJ/mol$

wobei $\Delta G^{o'}$ die mit der Reaktion verbundene Änderung der freien Energie pro mol unter physiologischen Standardbedingungen ist (das negative Vorzeichen bedeutet, dass die Energie freigesetzt wird).[25]

Bei der Umsetzung von Glukose zu Methan und CO_2 (Reaktionen 2+3) werden pro Mol Glukose 418 kJ frei. Das sind weniger als 15 % der Energie, die bei der Oxidation von Glukose mit O_2 zu CO_2 und H_2O (Glukose + 6 O_2 → 6 H_2O + 6 CO_2 $\Delta G^{o'} = -2872\,kJ/mol$ Glukose) frei werden. Die Differenz (2872 kJ – 418 kJ = 2454 kJ) findet sich in der freien Energie der Verbrennung von Methan wieder (3 CH_4 + 6 O_2 → 3 CO_2 + 6 H_2O, $\Delta G^{o'} = -2454\,kJ/$ 3 mol Methan). Daraus errechnet sich eine freie Energie der Verbrennung von 818 kJ pro mol Methan und 51 kJ pro g Methan.

Die ersten beiden Stufen, Hydrolyse (Reaktion 1) und Fermentation (Reaktion 2), werden durch anaerobe Bakterien katalysiert, von denen viele zu den Clostridien und Bakteroiden gehören. In Süßwassersedimenten sind zusätzlich anaerobe Protozoen beteiligt, im Pansen von Wiederkäuern finden sich neben anaeroben Protozoen zusätzlich anaerobe Pilze.

Die dritte Stufe, die Methanbildung (Reaktionen 3a und 3b), wird von Mikroorganismen katalysiert, die unter dem Mikroskop wie Bakterien aussehen, von denen wir aber heute wissen, dass sie alle taxonomisch zur Domäne der Archaea gehören und innerhalb der Domäne alle zum Reich der Euryarchaeota. Die methanogenen Archaea gruppieren sich in fünf Ordnungen, die *Methanopyrales, Methanobacteriales, Methanococcales, Methanomicrobiales* und *Methanosarcinales,* von denen die Vertreter der ersten vier Ordnungen fast alle auf die Umsetzung von CO_2 und Wasserstoff zu Methan (Reaktion 3a) spezialisiert sind, während die Vertreter der *Methanosarcinales* zusätzlich Reaktion 3b katalysieren.[26]

Im Darmtrakt von Tier und Mensch finden sich fast nur Vertreter der Ordnung *Methanobacteriales*, sodass dort Methan fast ausschließlich aus H_2 und CO_2 entstehen kann. Vertreter der *Methanosarcinales* sind dort nicht vorhanden, denn im Darmtrakt wird Essigsäure vom Wirtsorganismus resorbiert und steht damit nicht mehr als Energiequelle für Darmmikroorganismen zur Verfügung.

In Süßwassersedimenten dominieren Vertreter der *Methanobacteriales*, *Methanomicrobiales* und *Methanosarcinales*, in Meeressedimenten Vertreter der *Methanococcales* und *Methanosarcinales*.

In heißen Quellen findet man hyperthermophile Vertreter der *Methanobacteriales* (*Methanothermus fervidus*), *Methanococcales* (*Methanocaldococcus jannaschii*) und *Methanopyrales* (*Methanopyrus kandleri*) (Wachstum bei Temperaturen über 70 °C). Bisher sind keine Vertreter der *Methanosarcinales* beschrieben worden, die bei Temperaturen über 60 °C wachsen könnten, weshalb in heißen Quellen Methan ausschließlich aus CO_2 und H_2 (Reaktion 3a) gebildet wird.

Vertreter der *Methanosarcinales* unterscheiden sich von den Mitgliedern der vier anderen methanogenen Ordnungen nicht nur in ihrer Fähigkeit, Essigsäure in Methan und CO_2 umzusetzen, und darin, keine thermophilen Vertreter zu haben, sondern sie verfügen auch über Cytochrome, die den anderen fehlen. Diese Unterschiede spiegeln sich auch im 16S RNA-Stammbaum wider. Die *Methanosarcinales* zweigen als Letzte ab, was darauf hindeutet, dass sie phylogenetisch jünger sind. Dagegen haben die *Methanopyrales* einen ganz tiefen Abzweigungspunkt, woraus geschlossen wird, dass sie noch den ersten Lebewesen auf dieser Erde ähnlich sein könnten. Diese Vermutung wird gestützt durch die Befunde, dass alle Vertreter der *Methanopyrales* hyperthermophil und strikt anaerob sind und für ihr Wachstum nur auf anorganische Verbindungen wie H_2 und CO_2, NH_3 und H_2S als Energie- und Baustoffquellen angewiesen sind. Sie leben also heute noch unter Bedingungen, wie sie vor vier Milliarden Jahren bei der Entstehung von Leben auf der Erde vorgeherrscht haben mögen.

Methan wird von Mikroorganismen in drei unterschiedlichen Reaktionen zu CO_2 oxidiert:[27]

(4) $CH_4 + 2O_2 \rightarrow CO_2 + 2H_2O$ $\qquad$ $\Delta G^{0'} = -818\,kJ/mol$

(5) $CH_4 + SO_4^{2-} + 2H^+ \rightarrow CO_2 + H_2S + 2\,H_2O$ $\qquad$ $\Delta G^{0'} = -21\,kJ/mol$

(6) $5CH_4 + 8NO_3^- + 8H^+ \rightarrow 5CO_2 + 4N_2 + 14H_2O$ $\quad$ $\Delta G^{0'} = -765\,kJ/mol\ CH_4$

Die Mikroorganismen, die Reaktion 4 katalysieren, gehören mit Ausnahme einer Hefe alle zur Domäne der Bakterien. Bis vor kurzem herrschte die Ansicht vor, alle aeroben methanotrophen Bakterien seien entweder alpha- oder gamma-Proteobakterien. Das lässt sich nicht länger halten, seit man herausfand, dass auch einige *Planctomyceten* aerob auf Methan wachsen können.[28]

An der Oxidation von Methan zu CO_2 mit Sulfat (Reaktion 5) sind Archaea und Bacteria beteiligt. Die methanotrophen Archaea, die mit ANME-1 bis 3 abgekürzt werden, sind den methanogenen *Methanosarcinales* nahe verwandt und haben eine ähnliche Genausstattung. Es ist noch immer nicht klar, ob die methanotrophen Archaea allein Reaktion 5 katalysieren können, da sie immer in räumlich enger Assoziation mit Sulfat reduzierenden delta-Proteobakterien vorkommen. Eine Kultivierung in Reinkultur ist bis heute nicht gelungen.[29]

Zunächst hatte man gedacht, an der Oxidation von Methan mit Nitrat (Reaktion 6) seien auch Archaea der ANME-Cluster und Bacteria beteiligt. Bei Anreicherungskulturen haben sich aber inzwischen die Archaea verloren, sodass man davon ausgehen muss, dass ausschließlich die in der Kultur vorkommenden Bakterien dafür verantwortlich sind. Sie gehören einem bis dato unbekannten Bakterienzweig an.[30]

Biochemie

Die Biochemie der Methanbildung ist in den letzten 30 Jahren weitgehend aufgeklärt worden. Dabei wurden eine ganze Reihe neuer Enzyme und Coenzyme, aber auch ein neuer Mechanismus der Energiekonservierung entdeckt.[31] Wichtige Fragen sind jedoch noch immer offen. So wissen wir noch nicht, warum methanogene Archaea nicht auf Glukose unter Bildung von CO_2 und Methan (Reaktion 2+3) wachsen können, obwohl im Genom einiger Methanbildner (alle Methanosarcina-Spezies) die meisten dazu benötigten Gene vorhanden sind.[32] Diese Frage ist von großem Interesse, wenn man verstehen will, warum in der Natur bei der Methanbildung aus pflanzlichem Material immer mehrere Mikroorganismen zusammenwirken müssen.

Zum Verständnis der Biochemie der Methanbildung sind vertiefte Kenntnisse in Chemie und Biochemie Voraussetzung, die die meisten Leser dieses Beitrags nicht mitbringen werden. Sie können die folgenden Ausführungen bis zum Kapitel «Anwendung» überschlagen, ohne dabei den Faden zu verlieren.

Die Methanbildung aus den verschiedenen methanogenen Substraten (Reaktionen 3a und 3b) kann in zwei Teilprozesse zerlegt werden: die Reaktionen, die zur Bildung von Methylcoenzym M (2-(Methylthio)-ethansulfonat) aus CO_2 bzw. Essigsäure führen, und die beiden Reaktionen (Reaktionen 7 und 8), in denen Methylcoenzym M zu Methan reduziert wird.[33] Während sich die an der Methylcoenzym-M-Bildung aus CO_2 bzw. Essigsäure beteiligten Reaktionen erheblich unterscheiden, sind die an der Methylcoenzym-M-Reduktion zu Methan beteiligten Reaktionen 7 und 8 für alle Substrate und in allen methanogenen Archaea prinzipiell gleich. Aus diesem Grund und da auch die Rückreaktion, die Bildung von Methylcoenzym M aus Methan, bei der anaeroben Oxidation von Methan (AOM) mit Sulfat (Reaktion 4) eine wichtige Rolle spielt, haben sich die Untersuchungen der letzten Jahre auf die Biochemie des zweiten Teilprozesses konzentriert.

Dabei zeigte sich, dass an der reversiblen Bildung von Methan aus Methylcoenzym M zwei weitere neuartige Coenzyme beteiligt sind: zum einen das Coenzym B, dessen Struktur als 7-Mercaptoheptanoylthreoninphosphat aufgeklärt wurde, und zum anderen das Coenzym F_{430}, das sich als Nickelporphinoid mit ungewöhnlicher Struktur entpuppt hat und dessen Strukturformel in Abbildung 1 wiedergegeben ist.[34]

Coenzym B (HS-CoB) ist der Elektronendonor für die Reduktion von Methylcoenzym M (CH_3-S-CoM) zu Methan (CH_4). Dabei entsteht als Oxidationsprodukt Heterodisulfid CoM-S-S-CoB (Reaktion 7).

(7) CH_3-S-CoM + HS-CoB $\rightleftharpoons$ CH_4 + CoM-S-S-CoB $\Delta G^{\circ\prime} = -30\,kJ/mol$

Diese Reaktion wird von der Methylcoenzym-M-Reduktase katalysiert, von der es inzwischen eine hochauflösende Kristallstruktur gibt.[35] Das Enzym mit einer $\alpha_2,\beta_2,\gamma_2$-Untereinheiten-Zusammensetzung enthält zwei strukturell und funktionell gekoppelte aktive Zentren, die jeweils ein

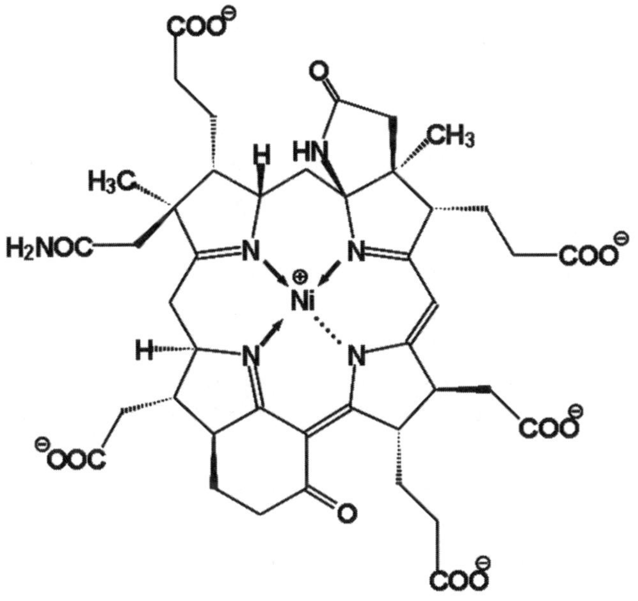

Abbildung 1: Struktur von Coenzym F_{430}, dem Cofaktor des Enzyms, das die biologische Methanbildung katalysiert.

Coenzym F_{430} als Wirkgruppe (prosthetische Gruppe) fest gebunden enthalten. Im aktiven Enzym liegt das Nickel in F_{430} in der einwertigen Oxidationsstufe vor. Im Katalysezyklus werden auch zwei- und dreiwertige Oxidationsstufen durchlaufen, wobei der Katalysezyklus des einen aktiven Zentrums zeitlich dem des zweiten Zentrums – um 180° versetzt – nachgeschaltet ist (wie in einem Zweitaktmotor).

Zwei alternative Katalysemechanismen werden zurzeit diskutiert, von denen der eine von der intermediären Bildung einer metallorganischen Verbindung, von Methyl-Nickel, ausgeht und der andere ohne ein solches Intermediat auskommt.[36]

Das in Reaktion 7 gebildete Disulfid wird in einer Folgereaktion zu den Coenzymen M (HS-CoM) und HS-CoB reduziert (Reaktion 8).

(8) CoM-S-S-CoB + 2 e⁻ + 2H⁺ → HS-CoM + HS-CoB $E^{o'} = -140\,mV$

Diese Reaktion wird durch die Heterodisulfid-Reduktase katalysiert, die in cytochromfreien Methanbildnern ein cytoplasmatischer Eisen-Schwefel-Flavoprotein-Komplex ist und in cytochromhaltigen Methanbildnern

(*Methanosarcinales*) ein membranassoziierter Eisen-Schwefel-Cyto-chrom-b-Komplex. Die Elektronen für die Reduktion von CoM-S-S-CoB stammen bei Wachstum auf H_2 und CO_2 (Reaktion 3a) von molekularem Wasserstoff ($E^{o'} = -414\,mV$) und bei Wachstum auf Essigsäure (Reaktion 3b) von Kohlenmonoxid (CO) ($E^{o'} = -520\,mV$), das bei der Übertragung der Methylgruppe der Essigsäure auf dem Weg zum Coenzym M aus der Carboxylgruppe der Essigsäure entsteht.[37]

In cytochromfreien Methanbildnern ist die Elektronentransportkette von H_2 zum Heterodisulfid so organisiert, dass die in der Redoxreaktion freiwerdende Energie über eine flavoproteinkatalysierte Elektronen-bifurkation genutzt wird, um Elektronen auf ein Redoxpotential ($E^{o'}$) von etwa $-520\,mV$ zu bringen, das benötigt wird, um den ersten Schritt der CO_2-Reduktion zu Methan energetisch möglich zu machen (Energiekon-servierung durch Elektronenbifurkation wurde kürzlich in Clostridien bei Untersuchungen der Buttersäurebildung entdeckt).[38]

In den cytochromhaltigen Methanbildnern ist die Elektronentrans-portkette vom CO zum Heterodisulfid so organisiert, dass die in der Redoxreaktion freiwerdende Energie für die elektrogene Translokation von Protonen über die Cytoplasmamembran genutzt wird, wodurch es zum Aufbau eines elektrochemischen Protonenpotenzials kommt, das dann wiederum die ATP-Synthese antreibt. Der Mechanismus der Ener-giekonservierung in cytochromhaltigen Methanbildnern ist damit prin-zipiell ähnlich dem in aeroben Organismen – freilich mit dem wesent-lichen Unterschied, dass nicht O_2, sondern CoM-S-S-CoB als terminaler Elektronenakzeptor dient.[39]

Anwendung

Die jährlich in der Natur durch Mikroorganismen gebildete Methan-menge von etwa einer Milliarde Tonnen entspricht, wie eingangs er-wähnt, bei Verbrennung einer Energiemenge von $50 \times 10^{15}\,kJ$. Das sind 10 % der Energiemenge, die zurzeit jährlich von den 6,7 Milliarden Menschen insgesamt für Nahrung, Heizung und Mobilität verbraucht wird, und etwa 2 % der Energiemenge, die jährlich auf der Erde durch Photosynthese aus CO_2 in Biomasse netto fixiert wird ($2800 \times 10^{15}\,kJ$). Das in der Natur gebildete Methan lässt sich aber nur zu einem Teil ein-sammeln und als Energiequelle nutzen. Die Zahlen verdeutlichen aber, welchcs Potenzial theoretisch in der biologischen Methanbildung als erneuerbare Energiequelle steckt.

Bei der Realisierung des Potenzials muss allerdings berücksichtigt werden, dass der mikrobielle Abbau von Zellulose und Lignin, den Hauptbestandteilen der meisten Pflanzen, ein sehr langsamer Prozess ist, der sich bis zur vollkommenen Umsetzung in Methan und CO_2 über Jahre hinziehen kann. Pflanzen synthetisieren diese Bestandteile gerade deshalb, weil sie durch Mikroorganismen schwer abbaubar sind. Nur die übrigen Pflanzenbestandteile, vor allem Stärke und Protein, die auch den Pflanzen als Energiespeicher dienen, werden von den Mikroorganismen mit einer für die Nutzung als Energiequelle brauchbaren Geschwindigkeit zu Methan und CO_2 umgesetzt. Stärke und Protein werden aber auch als Nahrungsmittel direkt oder indirekt von den 6,7 Milliarden Menschen benötigt, von denen zurzeit fast eine Milliarde als unterernährt und mehr als die Hälfte als falsch ernährt gelten.[40]

Der Prozess der biologischen Methanbildung wird vom Menschen bereits seit über hundert Jahren zur Erzeugung von Biogas (Mischung aus Methan und CO_2) aus biologischen Abfällen verwendet. In Faulttürmen von Kläranlagen können pro Einwohner und Tag bis zu 30 l Methan (21,4 g bzw. 1071 kJ) entstehen, was einer Energiemenge von etwa 400×10^3 kJ/Jahr und damit etwa 0,2 % des heutigen jährlichen mittleren Energiebedarfs von ca. 170×10^6 kJ pro Person in Deutschland entspricht. Selbst multipliziert mit einer großen Einwohnerzahl reicht die Energiemenge meist nicht aus, den Energiebedarf einer modernen Kläranlage zu decken.

In Mülldeponien entsteht aus Bioabfällen, Papier (Zellulose) und Holz eine bis zu 10-fach größere Menge an Biogas, das sich aber dort nur sehr langsam bildet, schwerer einzufangen ist und nur in einigen sehr großen Deponien partiell genutzt werden kann. Doch auch diese Biogasmengen sind bezüglich der vom Menschen benötigten Energiemengen klein. Selbst wenn es gelänge, alle vom Menschen in Deutschland jährlich produzierten organischen Abfälle (ohne Landwirtschaft) innerhalb eines Jahres in Biogas umzuwandeln und einer Nutzung zuzuführen, würde das nur etwa 1 % des Primärenergiebedarfs in Deutschland decken, insbesondere wenn der relativ große Energiebedarf für das Einsammeln und Bearbeiten des Mülls eingerechnet wird.

Für die Energiewirtschaft signifikante Biogasmengen können zurzeit mit vernünftiger Rate nur aus landwirtschaftlichen Abfällen und solchen nachwachsenden Rohstoffen gewonnen werden, die auch als Viehfutter oder direkt als Nahrungsmittel vom Menschen genutzt werden.

In Deutschland gibt es zurzeit ca. 4000 landwirtschaftliche Biogasanlagen, in denen Gülle, Stallmist, tierische Abfälle und/oder Gerste, Roggen, Hafer, Weizen, Mais, Rüben oder Kartoffeln zu Biogas fermentiert werden. Der Anteil der landwirtschaftlichen Abfälle dürfte bei einem Drittel und der von Energiepflanzen bei zwei Dritteln liegen, wobei der Anteil der Energiepflanzen in letzter Zeit stark zugenommen hat. Es wird erwartet, dass die Zahl der Anlagen in den nächsten Jahren auf 10 000 ansteigen wird.[41]

Die durchschnittliche elektrische Leistung der Biogasanlagen in Deutschland ist ständig gestiegen und erreicht bei einigen Anlagen über 1000 kW ($31,5 \times 10^9$ kJ pro Jahr). Der Durchschnitt dürfte bei etwa 400 kW ($12,6 \times 10^9$ kJ pro Jahr) liegen, woraus sich bei einem angenommenen Verstromungswirkungsgrad von 35% eine Methanmenge von etwa 800 Tonnen Methan (40×10^9 kJ) pro Jahr und Anlage errechnet. In den 4000 Anlagen, von denen 45% in Bayern stehen, werden also 3,2 Millionen Tonnen Methan mit einem Verbrennungswert von 160×10^{12} kJ pro Jahr gebildet, was ungefähr 1% des Primärenergieverbrauchs von $14,7 \times 10^{15}$ kJ in Deutschland entspricht.

Die in den Biogasanlagen aus nachwachsenden Rohstoffen netto gewonnene Energiemenge ist jedoch wesentlich kleiner, denn das Pflügen und Düngen der Äcker, die Herstellung der Düngemittel, die Ernte und der Transport der Pflanzen sowie das Errichten und Betreiben der Biogasanlagen verbrauchen große Mengen an Energie, die in der Regel aus fossilen Brennstoffen stammen. So liegt die Energie für die Produktion von Energiepflanzen im Durchschnitt bei 30% der Verbrennungsenergie der Nutzpflanzen. In der Literatur sind für Kartoffeln 66% angegeben, für Zuckerrüben 27%, für Maissilage 25% und für Heu 20%. Und die Energie für die Errichtung und das Betreiben von Biogasanlagen kann über 50% der Energiemenge betragen, die eine Biogasanlage erzeugt, was für eine kleinere Anlage (50 Tonnen Methan pro Jahr), in der ausschließlich Gülle und Stallmist zu Biogas umgesetzt werden, durchgerechnet worden ist.[42]

Hier zeigt sich das gleiche Problem wie bei der Herstellung anderer Biokraftstoffe: Es kommt auf das Verhältnis von Energie-Output und

Energie-Input an. So liegt das Verhältnis beispielsweise bei der Ethanolherstellung aus Mais in den USA nur wenig über 1, während es bei der
Ethanolherstellung aus Rohrzucker in Brasilien eher bei 5 liegt.[43]

In den Biogasanlagen werden zurzeit etwa 170–220 m³ Biogas pro
Tonne Pflanzenmaterial gebildet, was nur etwa 60 % der errechneten
Menge bei 100 % Umsatz entspricht (373 m³). Die unvollständige Umset-
zung ist im Wesentlichen durch den Anteil an Lignozellulosen bedingt.[44]
Gelänge es, den Umsatz deutlich zu erhöhen, hätte das einen sehr posi-
tiven Effekt auf die Energiebilanz.

Die Zahl der Biogasanlagen in Deutschland ist freilich begrenzt aufgrund der Verfügbarkeit der nachwachsenden Rohstoffe, die in Deutschland zum größten Teil als Viehfutter, Nahrungsmittel und/oder Rohstoffe benötigt werden. Dabei ist wichtig zu wissen, dass Deutschland
Agrarprodukte netto importiert.[45] Mehr Anlagen wären möglich, wenn
es gelänge, Biogas im Wesentlichen aus Lignozellulosen als Ausgangsmaterial zu produzieren. Der Tatsache, dass die mikrobielle Umsetzung
von Lignozellulosen inhärent langsam ist, wird man durch chemische
und physikalische Vorbehandlung begegnen müssen. Erste Versuchsanlagen sind in Betrieb, aber es gibt zurzeit kaum praktische Erfahrung.[46]

Bei der Bewertung der Methanbildung aus Energiepflanzen gibt es
aber letztlich noch etwas anderes zu berücksichtigen, nämlich die CO_2-
Bilanz. Bei «Biofuels» geht man im Allgemeinen von einer 20 %igen Einsparung im Vergleich zu «Fossile Fuels» aus. Das gilt aber nicht, wenn
für den Anbau der Energiepflanzen Wald- und Grasflächen in Ackerland
umgewandelt werden. Dann wird die Bilanz sogar stark negativ.[47]

Biologische Methanbildung ist aber nicht nur als erneuerbare Energiequelle von Interesse, sondern auch als Möglichkeit, damit Wasserstoff
zu speichern.

Die meisten Methan bildenden Mikroorganismen können nämlich die
Umsetzung von 4 H_2 (Wasserstoff) mit CO_2 zu CH_4 (Methan) und 2 H_2O
(Wasser) katalysieren (Reaktion 3a), wobei fast die gesamte Verbrennungsenergie des Wasserstoffs (960 kJ pro 8 g Wasserstoff) im Methan
(800 kJ pro 16 g Methan) gespeichert bleibt. Methan ist also eine ideale
Speicherform von Wasserstoff. Im Gegensatz zu Wasserstoff lässt sich
nämlich Methan relativ leicht speichern und transportieren, und Erdgas-
leitungen gibt es bereits fast überall. Die Reduktion von CO_2 mit H_2
zu Methan ist ein chemisch schwieriger Prozess, der bei niedrigen Temperaturen bisher nur von Methan bildenden Archaea perfekt beherrscht

wird. So ist durchaus vorstellbar, dass das in Kohlekraftwerken anfallende CO_2 und der aus Solar- oder Windenergie über Elektrolyse von Wasser gewonnene Wasserstoff mit Hilfe von methanogenen Archaea in Methan umgewandelt wird, das nach Speicherung und/oder Transport als Energiequelle genutzt wird. Das bei der Oxidation von Methan gebildete CO_2 wäre der Menge nach identisch mit der Menge CO_2, die zuvor mit H_2 zu Methan reduziert wurde.

Wäre der Prozess schnell genug? Vielleicht ja. *Methanothermobacter marburgensis* kann z. B. Methan aus CO_2 und H_2 ohne weiteres mit einer spezifischen Rate von 2,5 µmol pro min und mg Zellen katalysieren.[48] Mit 200 g dieses Organismus ließe sich also pro Tag eine Methanmenge von über 11 520 g entsprechend 576×10^3 kJ produzieren, was etwas mehr als dem durchschnittlichen täglichen Primärenergieverbrauch des Menschen in Deutschland in Höhe von etwa 474×10^3 kJ (173×10^6 kJ/a geteilt durch 365 Tage) entspricht.

Eine weitere Anwendungsmöglichkeit ist erst vor kurzem ins Gespräch gekommen. So häufen sich die Hinweise darauf, dass Erdöl durch Mikroorganismen, wenn auch langsam, zu Methan umgesetzt werden kann. Daran sind Wasserstoff bildende Bakterien und Wasserstoff verbrauchende Archaea beteiligt. Es wäre somit vorstellbar, in versiegenden Erdölquellen zurückbleibendes Öl mikrobiell in Methan umzusetzen und damit einer Nutzung zuzuführen.[49]

Abschließend sei hier noch auf die häufig gestellte Frage kurz eingegangen, ob es möglich ist, durch Fermentation aus Biomasse anstelle von Methan Wasserstoff zu gewinnen nach der Gleichung:

(9) Glukose + 6 H_2O → 6 CO_2 + 12 H_2 $\Delta G^{o\prime} = -26$ kJ/mol

Es gibt tatsächlich Mikroorganismen, wenn auch nur in Gemeinschaft, die diese Reaktion katalysieren, allerdings nur, wenn die Konzentration von Wasserstoff sehr niedrig ist. Dies liegt in der Energetik der Reaktion begründet. Wenn die H_2-Konzentration in der Atmosphäre über der Kultur 100 % beträgt, werden nämlich nur 26 kJ pro mol Glukose frei. Diese Energie reicht aber bei weitem nicht aus, um die vier Mol ATP aus ADP und Phosphat zu synthetisieren, die beim Abbau von Glukose zu CO_2 und H_2 über Glykolyse und Zitronensäurezyklus netto durch Substratkettenphosphorylierung gebildet werden. Für die Synthese von vier Mol ATP müssen nämlich mindestens 4×50 kJ/mol aufgebracht werden.[50] Erst bei niedriger H_2-Konzentration wird Reaktion 7 exergon genug, um das zu ermöglichen. Zudem ist die Energiedifferenz von 25 kJ/mol nicht groß genug, um bei den vielen beteiligten Schritten eine ausreichende Flussrate zu gewährleisten, die mit anderen Prozessen in der Natur wie der mikrobiellen Umsetzung von Glukose zu 3 CO_2 und 3 Methan (Reaktion 2 + 3) mithalten könnte.

Erneuerbare Energieträger aus Mikroorganismen: Möglichkeiten und Grenzen

Von Friedrich Widdel

Die Verfügbarkeit von Wasser, Nahrung, Rohstoffen und Energie ist in unterschiedlichem Ausmaß mit der Existenz von Mikroorganismen verknüpft. So sind die Reinigung des Abwassers und die Reinhaltung der Gewässer ebenso das Werk von Mikroorganismen wie die Humusbildung, die natürliche Stickstoffdüngung und die Freisetzung lebenswichtiger Mineralien aus Kompost für das Pflanzenwachstum. Selbst bei der Gewinnung von Rohstoffen, wenn auch kein typisches Revier für Mikroorganismen, sind diese gelegentlich dabei, so bei der Laugung niederwertiger Erze zur Metallgewinnung. Auf dem Energiesektor treten mit dem Interesse an Bioenergie neben Pflanzen (Energiepflanzen) auch Mikroorganismen zunehmend auf den Plan.[1] Energieträger aus Mikroorganismen sind allerdings keine Neuheit. Bereits in der zweiten Hälfte des 19. Jahrhunderts wurde durch Hefe (einzellige Pilze) produzierter Alkohol (Ethanol), seit Jahrtausenden ein Konsumgut, als Treibstoff für Verbrennungsmotoren erprobt. Das von schlammbewohnenden Mikroorganismen gebildete Biogas Methan, 1776 von Alessandro Volta erstmals als «brennbare Luft» beschrieben, dient im Betrieb kommunaler Kläranlagen schon seit vielen Jahrzehnten als zusätzliche Energiequelle oder in Gebieten Indiens als Brenngas, wozu es aus landwirtschaftlichen Abfällen gewonnen wird. Heute gibt es eine unüberschaubare Zahl an Programmen, Internetseiten, Stellungnahmen und Broschüren zum Thema «Bioenergie». Bei einer solchen Fülle fällt es nicht leicht, die tatsächlichen Möglichkeiten und Grenzen ebenso wie die grundlegenden Prinzipien der technischen Nutzung lebender Organismen für Energiezwecke im Auge zu behalten, vor allem, wenn dabei Mikroorganismen im Spiel sind. Denn die Welt der Mikroorganismen entzieht sich weitgehend unserer Anschauung. So werden Mikroorganismen einerseits gerne lediglich als randständige Besiedler der Lebensräume und Begleiter von Pflanzen, Tieren und Menschen angesehen werden. Andererseits traut man Mikroorganismen bisweilen ungewöhnliche Leistungen zu, bedingt durch Berichte darüber, wie sie Gifte abbauen, in heißem oder säurehaltigem Wasser wachsen oder ihre Energie zum Leben aus unverdaulich anmutenden Substanzen beziehen: Warum sollten Mikroorganismen dann nicht auch als Energielieferanten «Wunder» vollbringen können? Doch auch Mikroorganismen sind biologisch Grenzen gesetzt. Die Möglichkeiten und Grenzen des Einsatzes von Mikroorganismen auf dem Energiesektor sind zuallererst durch deren spezifische Lebensweisen und deren Stoffwechsel vorgegeben. Weil darüber hinaus Mikroorganismen bei der Produktion von Energieträgern zumeist Pflanzensubstanz umwandeln, ist im Weiteren auch diese Abhängigkeit und damit der ökologische Kontext zu berücksichtigen.

Die Mikroorganismen und ihr Stoffwechsel

Der Begriff «Mikroorganismen» (auch «Mikroben») im ursprünglichen Sinne ist eine reine Größenbezeichnung, nämlich für Lebewesen, die nicht mit dem bloßen Auge, sondern nur unter dem Mikroskop erkennbar sind. Mikroorganismen sind Einzeller oder Zellen in einfachen Verbänden wie Ketten oder wenig strukturierten Paketen. Die Ketten oder Pakete sehr großer Mikroorganismen sind manchmal mit bloßem Auge erkennbar, sodass die Größenübergänge zwischen Mikroorganismen und den kleinsten höheren Pflanzen und Tieren fließend sind. Biologisch betrachtet verbergen sich hinter der Sammelbezeichnung «Mikroorganismen» höchst unterschiedliche Lebewesen, nämlich Bakterien, Archaebakterien (Archaea), einzellige Pilze, einzellige Algen und Protozoen (Urtierchen). Untereinander sind sie stammesgeschichtlich weniger miteinander verwandt als ein Säugetier mit einer Qualle.

Im Folgenden wird jedoch der Begriff Mikroorganismen in seinem ursprünglichen Sinne verwendet. Denn außer der geringen Größe gibt es noch mindestens eine weitere äußerliche Gemeinsamkeit, die gerade im Hinblick auf biotechnologische Anwendungen wichtig ist: Mikroorganismen sind in einem weit höheren Maße ihrer Umwelt ausgeliefert als größere Organismen. So trocknet ein Mikroorganismus, der von freier Luft umgeben ist, augenblicklich aus. Er gerät damit in einen inaktiven Zustand, kann aber eine solche Situation durchaus überleben. Mikroorganismen benötigen daher für ihre Aktivität eine feuchte Umgebung, die für viele das wässrige Milieu ist. Deshalb ist die biotechnologische

Nutzung von Mikroorganismen zumeist auf Wasser als Wachstumsmedium angewiesen, sodass entsprechende technische Vorrichtungen (dichte Behälter, Rohre, Pumpen) benötigt werden. Es gibt allerdings einige Ausnahmen, wie z. B. die mikrobiologische Sanierung von Böden, die dabei ausreichend Feuchtigkeit enthalten müssen. Wasser als Medium hat einerseits den Vorteil, dass die Wachstumsbedingungen (Nährstoffkonzentrationen, pH-Wert, Temperatur) genau und gleichmäßig eingestellt und kontrolliert werden können und dass eine Beförderung über Rohrleitungen möglich ist. Andererseits werden die begehrten Produkte von den Mikroorganismen direkt ins Wasser abgegeben. Insofern es sich dabei nicht um Gase handelt, die aus dem Wasser herausperlen und abgefangen werden können, müssen die Produkte aufwändig abgetrennt werden. Gerade bei der Destillation von Alkohol kostet das viel Energie. Ferner besteht besonders im wässrigen Milieu das Risiko einer unerwünschten Ausbreitung von eingedrungenen Nahrungskonkurrenten, von Parasiten (z. B. Mikroorganismen-Viren) oder von größeren Mikroorganismen, die sich von kleineren ernähren; dann ist der Weiterbestand der eigens gezüchteten Mikroorganismen gefährdet. Eine solche Gefahr besteht gerade in Reinkulturen (Monokulturen) von Hochleistungs-Mikroorganismen. In natürlichen, komplexen Mischpopulationen wie in Biogasreaktoren ist dieses Problem so gut wie unbekannt.

Das wichtigste Prinzip im Stoffwechsel ist das vom Erhalt von Energie und Masse, das die volkstümliche Wendung «von nichts kommt nichts» wissenschaftlich formuliert. Man mag 1 kg Pflanzenmasse, die über einen vollständigen Verbrennungsprozess 18 000 kJ (5 kWh) liefern würde, durch einen noch so ausgeklügelten biotechnologischen Prozess schleusen – das Endprodukt wird stets weniger als 18 000 kJ liefern; denn unvermeidbar geht ein Teil der nutzbaren Energie in nicht nutzbare über, zumeist in Wärme, oder verbleibt in nicht verwertbaren Nebenprodukten. Ein Prozess mit den unvermeidbaren «Verlusten» an Energie kann aber dennoch technisch sinnvoll sein, weil er zu einem sauberen flüssigen oder gasförmigen Endprodukt führt. Ethanol und Methan sind für eine technische Nutzung als Energieträger, gerade für den Betrieb von Verbrennungsmotoren, vielseitiger und besser geeignet als die ursprüngliche Pflanzenmasse z. B. in Form von Briketts.

Jeder Stoffwechsel, ob in Mikroorganismen oder höheren Lebewesen, erfüllt zweierlei Aufgaben. Erstens gilt es, die Nahrung in die Bausteine des betreffenden Lebewesens (Zellbausteine, außerzelluläre Struktursubstanzen), d. h. in organismische Substanz oder die lebende «Biomasse» zu überführen. Das ist Aufgabe des Synthesestoffwechsels, auch Anabolismus oder Assimilation genannt. Dieser benötigt chemische Energie:

(1) Nährstoffe + *chemische Energie* → organismische Substanz

Zweitens muss die benötigte chemische Energie zur Verfügung gestellt werden, was Aufgabe des Energiestoffwechsels ist. Entweder stammt diese Energie aus dem Sonnenlicht, oder sie muss ebenfalls aus den Nährstoffen bezogen werden, also einem Teil davon; dieser Teil der Nährstoffe endet in Form von Abbauprodukten.

(2a) Licht → *chemische Energie*

(2b) Nährstoffe → Abbauprodukte + *chemische Energie*

Deshalb wird zwischen phototrophem (2a) und chemotrophem (2b) Energiestoffwechsel unterschieden. Entsprechend werden Lebewesen nach ihrem Energiestoffwechsel in phototrophe (photosynthetische) und chemotrophe Organismen unterteilt. Während phototrophe Organismen dank der Energie aus dem Licht ihre Nährstoffe vollständig assimilieren, ist in chemotrophen Organismen der Nahrungsfluss zweigeteilt: Ein Teil der Nährstoffe wird unter Energieverbrauch zum integralen Bestandteil des Lebewesens aufgewertet, während gleichzeitig ein anderer Teil unter Energiefreisetzung abgewertet und ausgeschieden wird. Der Energiestoffwechsel in chemotrophen Organismen wird auch Katabolismus oder Dissimilation genannt. Je energiereicher die Nährstoffe oder je effizienter der Energiestoffwechsel ist, desto mehr kann von einer vorgegebenen Nährstoffmenge assimiliert werden und desto weniger muss für die Bereitstellung von Energie dissimiliert werden.

Bei der Unterscheidung zwischen verschiedenen Arten des Energiestoffwechsels und damit zwischen Stoffwechseltypen lebender Organismen geht es jedoch noch weiter: Das Wachstum phototropher Organismen im Licht ist entweder obligat mit der Freisetzung von Sauerstoff verbunden, oder es kann ohne eine solche stattfinden. Entsprechend wird weiter zwischen oxygenen und anoxygenen phototrophen Organismen unterschieden. Diese Unterteilung findet bei chemotrophen Organismen ihr Pendant: Sie sind entweder auf eine Atmung mit Sauerstoff angewiesen, oder sie können mit Sauerstoff nichts anfangen und werden durch ihn oft sogar gehemmt oder abgetötet. Erstere bezeichnet man als aerobe, Letztere als anaerobe Organismen. Einer dieser vier Kategorien lässt sich jedes Lebewesen zuordnen. Diese Vierteilung ist auch sehr geeignet, um die grundsätzlichen Nutzungsmöglichkeiten von Mikroorganismen als Energielieferanten zu beleuchten.

Oxygene phototrophe Organismen   Oxygene phototrophe Organismen bilden ihre Biomasse aus Kohlendioxid, Wasser und Mineralsalzen, also anorganischen Nährstoffen. Zu diesen Organismen gehören grüne Pflanzen einschließlich Algen sowie Cyanobakterien. Weil Kohlendioxid die völlig oxidierte Form von Kohlenstoff ist, Biomasse aber stärker reduzierten Kohlenstoff (Kohlenstoff-Wasserstoff-Bindungen) enthält, muss das Kohlendioxid mittels Reduktionskraft oder Reduktionseinheiten (Reduktionäquivalenten) reduziert werden, hinter denen sich immer leicht übertragbare gebundene Elektronen verbergen. Diese werden unter Aufwand von viel Energie, die das Licht liefert, dem Wasser entzogen (siehe den Beitrag von Hartmut Michel). Das führt zur Spaltung von Wasser und zur Freisetzung von Sauerstoff. Oxygene phototrophe Organismen bilden direkt oder indirekt die Nahrungsgrundlage fast aller anderen Organismen.

Auf Landpflanzen, insbesonders solche mit hohem Anteil an Stärke und Ölen[2] in der Biomasse, gehen alle heute relevanten erneuerbaren Energieträger biologischen Ursprungs («Bioenergie») zurück. Hingegen hat die Biomasse der im Wasser lebenden oxygenen phototrophen Mikroorganismen (Algen und Cyanobakterien) bisher keine Bedeutung als Energieträger. Deren Zucht in Aquakulturen für energetische Zwecke wird jedoch erforscht. Insbesondere Öle aus der Alge *Botryococcus* könnten von energetischem Interesse sein. Darüber hinaus können bestimmte Algen zur Bildung von Wasserstoff veranlasst werden.

Anoxygene phototrophe Organismen   Anoxygene phototrophe Organismen gewinnen die Reduktionseinheiten zur Assimilation von Kohlendioxid nicht durch Wasserspaltung, sondern, ebenfalls lichtgetrieben, aus einigen anderen anorganischen Substanzen, vor allem aus Schwefelwasserstoff. Aus diesem entstehen Schwefel und Sulfat. Weiterhin können

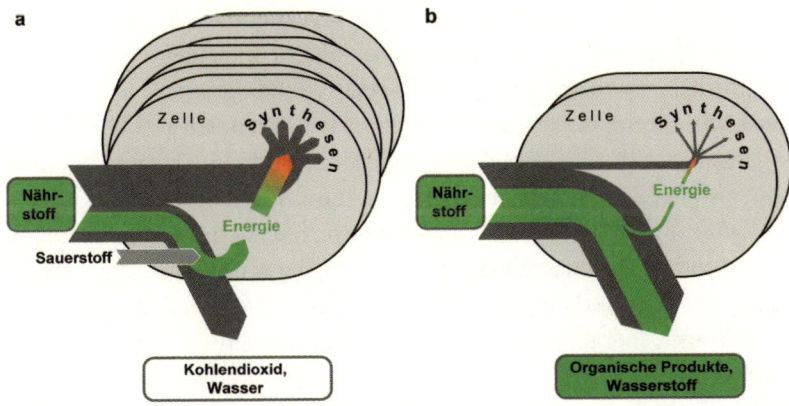

Abbildung 1: In chemotrophen Organismen ist der Weg der Nährstoffe geteilt. Er führt zu Synthesen (Anabolismus, oberer Teil) und Abbauprodukten (Katabolismus, unterer Teil). Der Übersichtlichkeit halber ist die Energie (grün) nur im Katobolismus angedeutet. **a** Der aerobe Mikroorganismus entzieht den Nährstoffen das Maximum an Energie und vermag damit im Synthesestoffwechsel viel eigene Biomasse (viele neue Zellen) zu bilden. Die Nutzung dieser Energie erfolgt «verschwenderisch», d.h., nur ein geringer Anteil wird bei den Synthesen tatsächlich konserviert. **b** Wird dieselbe Menge an Nährstoff von einem anaeroben (hier gärenden) Mikroorganismus verwertet, muss dieser zur Deckung seines Energiebedarfs einen viel größeren Anteil im Energiestoffwechsel umsetzen, gewinnt aber dennoch weniger Energie und bildet weniger Biomasse (weniger Zellen) und mehr Ausscheidungsprodukte als der aerobe Mikroorganismus. Die Produkte aus dem Energiestoffwechsel enthalten noch viel Energie, die energietechnisch genutzt werden kann. Siehe auch Abbildung 2.

auch einfache organische Verbindungen (Zucker, organische Säuren, Alkohole) mit Hilfe der Lichtenergie assimiliert werden. Die Stoffwechselgruppe umfasst nur Mikroorganismen.

Die Biomasse der anoxygenen phototrophen Mikroorganismen ist bisher von keinerlei energietechnischem Interesse. Allerdings können sie auch zur Bildung von Wasserstoff gebracht werden.

Aerobe chemotrophe Organismen Aerobe Organismen verwerten organische Nährstoffe, die alle direkt oder indirekt aus oxygenen phototrophen Organismen stammen. Dies ist die Lebensweise von Tier und Mensch sowie einer Fülle von Bakterienarten. Im Energiestoffwechel wird über die Atmung Sauerstoff als ein starkes Oxidationsmittel genutzt. Dadurch können die Nährstoffe das Maximum an Energie liefern und werden dabei zu Kohlendioxid und Wasser oxidiert, die keine Energie mehr enthalten (Abb. 1a). Aerobe Organismen kehren, summarisch betrachtet, die oxygene Photosynthese um, nutzen also indirekt Sonnenenergie.

Ein solch optimaler Energiestoffwechsel ermöglicht eine üppige Synthese von Biomolekülen, also Biomasse. Die Biomasse aerober Mikroorganismen, z. B. von Zuchthefen, mag als Tierfutterzusatz von Interesse sein; als Energieträger ist sie ohne Bedeutung. Selbst wenn man die aeroben Mikroorganismen dazu bringen würde, reichlich Stärke oder Öle zu bilden und zu speichern, stellte deren Nutzung als Energieträger gerade wegen des unvollständigen Nährstoffflusses in die Biosynthese und deren geringer energetischer Effizienz (Abb. 1a) einen unwirtschaftlichen Prozess dar.

Anaerobe chemotrophe Organismen   Die Fähigkeit zum anaeroben Wachstum ist eine Domäne der Mikroorganismen. Nur ganz wenige wirbellose Tiere wie Darmparasiten können ebenfalls anaerob leben. Anaerobe Mikroorganismen haben sehr vielfältige Strategien entwickelt, um trotz Abwesenheit von Sauerstoff Energie aus den Nährstoffen zu beziehen. Um Übersicht in diese Vielfalt zu bringen, wird biochemisch zwischen (i) anaeroben Atmungen, (ii) Gärungen und (iii) besonderen anaeroben Stoffwechselwegen unterschieden.

(i) Anaerobe Atmungen nutzen schwächere Oxidationsmittel als Sauerstoff, die zu charakteristischen Produkten reduziert werden. So werden Nitrat zu Stickstoff oder Ammoniak und Sulfat zu Schwefelwasserstoff reduziert. Dabei werden die organischen Nährstoffe wie bei der Atmung mit Sauerstoff ebenfalls zu Kohlendioxid und teils auch Wasser oxidiert.

(ii) Bei Gärungen steht gar kein Oxidationsmittel zur Verfügung, sodass eine vollständige Oxidation der Nährstoffe im Energiestoffwechsel prinzipiell nicht möglich ist. Sie werden stattdessen zu Alkoholen, organischen Säuren, einem gewissen Anteil an Kohlendioxid und nicht selten auch Wasserstoffgas abgebaut.

(iii) Die besonderen anaeroben Stoffwechselwege, die biochemisch betrachtet teils etwas an anaerobe Atmungen und teils an Gärungen erinnern, nutzen biochemische Reaktionsmechanismen, die mit denen im Stoffwechsel der meisten Lebewesen wenig Ähnlichkeit haben. Zu den besonderen anaeroben Stoffwechselwegen zählt die Bildung von Methan (siehe den Beitrag von Rudolf Thauer).

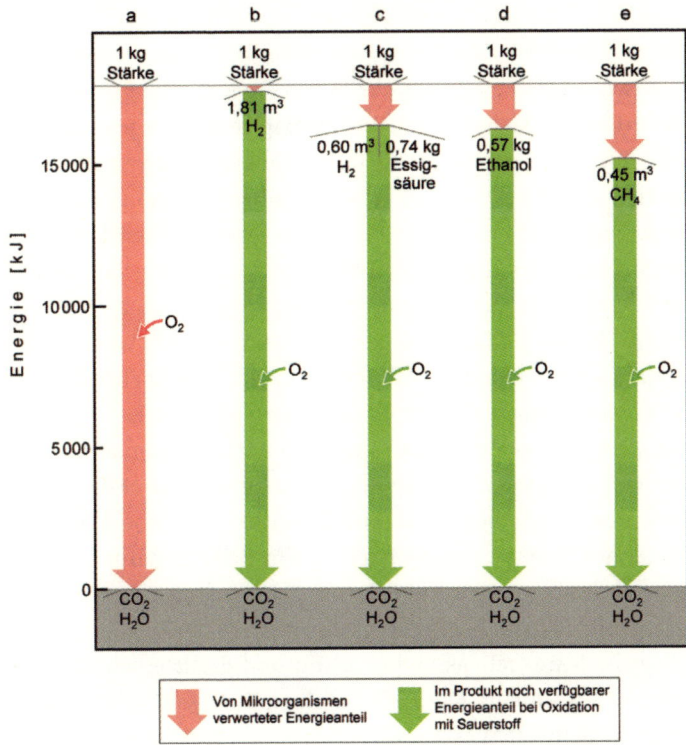

Abbildung 2: Verbleib der Energie (berechnet für 25 °C) bei der Umsetzung von 1 kg Stärke über den Energiestoffwechsel verschiedener chemotropher Mikroorganismen. **a** In aeroben Mikroorganismen ebenso wie bei Tier und Mensch wird über Atmung mit Sauerstoff (O_2) das Maximum an Energie (17 800 KJ) aus dem Nährstoff herausgeholt, die Produkte Kohlendioxid und Wasser sind energielos (s. Abb. 1a). **b–e** Im anaeroben Stoffwechsel kann prinzipiell nur ein kleiner Teil der Energie genutzt werden; der Rest bleibt in den Produkten enthalten und kann technisch über Oxidation mit Sauerstoff genutzt werden (s. Abb. 1b). In der Gesamtbilanz entstehen dann wieder Kohlendioxid (CO_2) und Wasser (H_2O). **b** Eine vollständige Umsetzung zu Wasserstoff (H_2), so gern man sie auch hätte, wurde bisher bei keinem gärenden Mikroorganismus beobachtet; sie brächte ihm zu wenig Energie zum Leben. (Eine solche Reaktion wäre nur mit Lichtenergie über bestimmte phototrophe Mikroorganismen möglich.) **c** Selbst ein Drittel der theoretischen Wasserstoffmenge mit gleichzeitiger Bildung von Essigsäure ist bereits ein günstiger Grenzfall. **d** Die Bildung von Ethanol (alkoholische Gärung) ist ein gut etablierter Prozess. Nur kann Stärke durch die gegenwärtig eingesetzten Mikroorganismen nicht direkt verwertet werden, sondern bedarf einer enzymatischen Vorbehandlung. Stärke verwertende Ethanolbildner für Produktionsprozesse lassen sich möglicherweise gentechnisch herstellen. **e** Die Umsetzung zu Methan (CH_4) ist ebenfalls gut etabliert; sie verläuft über mehrere kooperierende Gruppen von Mikroorganismen.

Weil anaerobe Mikroorganismen nicht wie aerobe das Maximum an Energie aus ihrer Nahrung herausholen können, muss die restliche Energie irgendwo verbleiben. Sie steckt in den Ausscheidungsprodukten des Energiestoffwechsels und kann im Prinzip technisch genutzt werden, wenn die Produkte mit Sauerstoff zusammengebracht werden. Außer Stickstoff sind daher alle Produkte anaerober Mikroorganismen Energieträger, und zwar umso ergiebigere, je weniger Energie der Mikroorganismus für sich selbst aus den Nährstoffen herausgeholt hat. Dieses Prinzip ist für eine Auswahl von Gärungsprodukten in Abbildung 2 dargestellt. Zudem bilden anaerobe Mikroorganismen wenig Biomasse, sodass der größte Teil der Nährstoffe in die Ausscheidungsprodukte übergeht, was energietechnisch ebenfalls von Vorteil ist.

Unter allen Mikroorganismen sind also derzeit die anaeroben die bei weitem wichtigsten für die Bereitstellung erneuerbarer Energieträger. Das bedeutet nicht, dass jedes energiereiche anaerobe Produkt auch energietechnisch genutzt werden kann. Ein Beispiel dafür ist Schwefelwasserstoff, der durch anaerobe Atmung aus Sulfat, einem verbreiteten Mineral, gebildet wird. Bei der Reaktion mit Sauerstoff wird viel Energie frei. Doch ist Schwefelwasserstoff giftig und greift etliche Metalle an. Auch existiert noch kein Konzept für einen Prozess für die energetische Nutzung von Schwefelwasserstoff.

Die Produkte

Wasserstoff   Wasserstoff, bestehend aus dem kleinsten aller Moleküle (H_2) und damit das leichteste Gas, gilt als zukünftiger sauberer Energieträger, denn seine Verbrennung (am besten über Brennstoffzellen) liefert ausschließlich reines Wasser. Zu berücksichtigen sind selbstverständlich die Abfallprodukte bei den Herstellungsverfahren. Wasserstoff wird erst bei sehr niedriger Temperatur (−253 °C) flüssig. Sein Energiegehalt pro Volumen als Treibstoff beträgt weniger als ein Drittel des Energiegehalts des anderen Biogases, Methan (Tabelle 1 am Ende des Beitrags). Eine möglichst raumeffiziente Energiespeicherung in Form von Wasserstoff ist deshalb eine wichtige Aufgabe (siehe den Beitrag von Ferdi Schüth und Robert Schlögl).

Unter Mikroorganismen kommt die Fähigkeit zur Bildung von Wasserstoff häufig vor. Bei guten Produzenten perlt er erkennbar aus dem wässrigen Medium heraus. Obwohl Wasserstoff die einfachste chemische Verbindung ist, ist seine Freisetzung im Stoffwechsel biochemisch keineswegs trivial. Eigens dafür haben Mikroorganismen spezielle Enzyme, Hydrogenasen, entwickelt. Diese übertragen Reduktionseinheiten (gebundene Elektronen) auf die ständig und reichlich aus dem Wasser verfügbaren positiven Wasserstoffionen (H^+-Ionen, Protonen), was zu Wasserstoffgas führt[3].

Gut entwickelt ist die Fähigkeit zur Bildung von Wasserstoffgas unter gärenden Bakterien. Weil sie über kein Oxidationsmittel im Energiestoffwechsel verfügen, haben sie natürlicherweise einen Überschuss an Reduktionseinheiten. Etliche gärende Bakterien können diesen Überschuss in Form von Wasserstoff über Hydrogenase als biochemisches Ventil abblasen. Eine biotechnologische Nutzung dieser Fähigkeit müsste bestrebt sein, so viel Wasserstoff wie möglich aus dem Ausgangsmaterial herauszuholen. Doch gerade hier sind leider biochemisch enge Grenzen gesteckt. Chemisch-rechnerisch ließen sich aus einem Kohlenhydratmolekül wie Glukose (Traubenzucker, Summenformel $C_6H_{12}O_6$) oder ihrer gebundenen Form (der $C_6H_{10}O_5$-Einheit) als Baustein von Stärke und Zellulose 12 Moleküle Wasserstoff (12 H_2) gewinnen, obwohl das bei erster Betrachtung der Formel nicht sofort einleuchten mag;[4] gleichzeitig würden 6 Moleküle CO_2 gebildet. Das entspräche einem Gasvolumen (bei 25 °C) von ca. 1,8 m³ Wasserstoff/kg Stärke. Diese Ausbeute wurde bisher bei keinem gärenden Mikroorganismus beobachtet und ist auch unwahrscheinlich. Denn eine solche Reaktion würde bei 25 °C nicht genügend Energie liefern, um einen Gärungsstoffwechsel zu unterhalten; der Mikroorganismus könnte nicht leben. Energetisch günstiger für einen Stoffwechsel würde die Reaktion, wenn man den Wasserstoff durch Vakuumpumpen absaugen würde, oder bei höherer Temperatur. Doch auch ein Kandidat für einen solchen Prozess ist unter den bekannten Mikroorganismen bisher noch nicht in Sicht. Über bekannte Reaktionswege, die ausreichend Energie für einen Gärungsstoffwechsel liefern, ließen sich maximal 4 Moleküle Wasserstoff pro Molekül Glukose (bzw. Stärke-Baustein) gewinnen,[5] also höchstens ein Drittel der theoretischen Maximalmenge; und auch dieser Wert ist bereits ein idealer Grenzfall. Dabei entstünden ferner 2 Moleküle Essigsäure und 2 Moleküle Kohlendioxid. Eine solch geringe Ausbeute an Wasserstoff wäre biotechnologisch unwirtschaftlich, zumal die gärenden Bakterien in diesem Fall hochwertige Ausgangsstoffe wie Zucker oder Stärke benötigen. Immerhin könnte man die Essigsäure einer biologischen Methanbildung oder lichtgetriebenen Wasserstoffproduktion zuführen (s. im Folgenden), die dann den Hauptanteil der Energie lieferten.

In der Grundidee überzeugender sind Konzepte zur Erzeugung von Wasserstoff durch oxygene phototrophe Mikroorganismen. Mit der Energie des eingefangenen Sonnenlichts spalten diese eine solch universal verfügbare Substanz wie Wasser in Sauerstoff und Reduktionseinheiten. Würde man die Reduktionseinheiten an ihrer natürlichen Verwendung für die Biosynthese aus Kohlendioxid hindern und stattdessen einer Hydrogenase zuführen, entstünde Wasserstoff. Kein anderer Herstellungsprozess wäre sauberer und umweltverträglicher als die lichtgetriebene Spaltung von Wasser in Wasserstoff und Sauerstoff:

(3) Wasser + *Sonnenlicht* → Sauerstoff + Wasserstoff

Tatsächlich besitzen einige einzellige Algen Hydrogenasen. Das Problem wäre nur, dass beide Gase zur selben Zeit im selben Organismus als ein nur aufwändig trennbares und gefährliches Gemisch (Knallgas) entstünden; bei gegebenem Anlass würde es die chemisch gespeicherte Sonnenenergie in einer Detonation freisetzen und wieder in Wasser übergehen. Es gibt jedoch die Möglichkeit, die Bildungsreaktionen der beiden Gase zeitlich voneinander zu entkoppeln, indem die Reduktionseinheiten im Organismus zwischengespeichert und erst nach Abschalten der Sauerstoffbildung als Wasserstoff freigesetzt werden. Ein intensiv erforschter Kandidat dafür ist die Mikroalge *Chlamydomonas reinhardii*.[6] Wird sie in Abwesenheit des Minerals Sulfat gezüchtet, das für jede Proteinsynthese benötigt wird, kann Letztere nicht mehr stattfinden. Obwohl die Zellen sich dann nicht mehr vermehren können, laufen die lichtgetriebene Wasserspaltung unter Sauerstoffbildung und die Kohlendioxidfixierung mit den Reduktionseinheiten noch eine Zeitlang weiter. Die Kohlendioxidfixierung kann jedoch nicht mehr dem Wachstum dienen und führt deshalb zu einem Speicherstoff, Stärke (Prozess 4; dieser ist von höheren Pflanzen wie Getreide oder Kartoffeln unter natürlichen Wachstumsbedingungen gut bekannt). Weil die Proteinsynthese verhindert ist, kann ferner der unvermeidbare Verschleiß (das «Altern») der Proteine nicht behoben werden. Davon ist besonders ein alterungsempfindliches Protein für die Wasserspaltung betroffen, sodass im weiteren Verlauf auch diese und damit ebenso Sauerstoffbildung und Stärkesynthese zum Erliegen kommen. Eine Ausschaltung der Sauerstoffbildung kann auch durch Zusatz von Kupfer erreicht werden.[7] Der im Wasser noch verbliebene restliche Sauerstoff wird durch Atmung, verbunden mit dem Abbau eines Teils der Stärke, verbraucht, sodass die Bedingungen anoxisch (sauerstofffrei) werden. Unter diesen Bedingungen wird nun die gegen Sauerstoff empfindliche Hydrogenase aktiv. Gleichzeitig geht der Abbau der Stärke zu ihren Ausgangssubstanzen, Kohlendioxid und Reduktionseinheiten weiter. Empfangen die Algen weiterhin Licht, das nun zu keiner Sauerstoffbildung mehr führt, werden die Reduktionseinheiten aus noch nicht ganz verstandenen Gründen über die noch funktionierenden Teile des ansonsten angegriffenen Photosystems lichtgetrieben der Hydrogenase zugeführt und als Wasserstoff freigesetzt (Prozess 5). Dabei entstehen pro Stärkebaustein (also pro gebundenem Glukosemolekül) 12 Moleküle Wasserstoff. Mit genau dieser Reaktion hätten gärende Bakterien ein großes Problem (siehe oben). Der Alge hingegen wird sie durch die Zufuhr von Lichtenergie ermöglicht.

(4) Kohlendioxid + Wasser + *Sonnenlicht* → Stärke + Sauerstoff

(5) Stärke + Wasser + *Sonnenlicht* → Kohlendioxid + Wasserstoff

Der Gesamtprozess, die Bilanz beider Einzelprozesse (Summe von 4 und 5), ist also die erstrebte Wasserspaltung (Prozess 3). Für eine hohe Wasserstoffausbeute muss in der ersten (oxygenen) Phase möglichst viel Stärke gespeichert und diese dann in der zweiten (anoxygenen) Phase möglichst vollständig abgebaut werden. Ein Problem bei diesem Prozess besteht allerdings darin, dass die Algen unter ungewöhnlichem Stress stehen, kranken und bald absterben. Nach ein paar Tagen müssen wieder frische Algen eingesetzt werden. Ferner ist die Prozesssteuerung kompliziert.

Auch anoxygene phototrophe Mikroorganismen können zur Produktion von Wasserstoff veranlasst werden.[8] Hier handelt es sich um die Nutzung einer Nebenreaktion der Fixierung von Stickstoff (Luftstickstoff). Wenn kein in Form von Mineralsalzen gebundener Stickstoff (Ammoniak, Nitrat) vorliegt, überführt das Enzym Nitrogenase den Stickstoff aus der Luft mittels Reduktionseinheiten aus den Nährstoffen und unter hohem Energieaufwand in Ammoniak; dieser dient dann über Biosynthesen dem Wachstum. In einer Nebenreaktion der Nitrogenase entsteht durch Reaktion der Reduktionseinheiten mit H^+-Ionen aus Wasser unvermeidbar immer etwas Wasserstoff. Fehlt auch noch der Luftstickstoff, wird die Wasserstoffbildung zur Hauptreaktion der Nitrogenase; sie wird damit zu einer Art Hydrogenase. Doch Stickstoffmangel bedeutet Wachstumsstillstand. Deshalb können die Reduktionseinheiten aus den Nährstoffen (organische Säuren, Alkohole, Schwefelwasserstoff) nicht mehr in die Biosynthese fließen. Es bleibt nur der Weg zur Nitrogenase und damit in die Wasserstoffbildung. Durch den Entzug von Reduktionseinheiten werden die Nährstoffe oxidiert; aus den organischen Nährstoffen wird CO_2, aus Schwefelwasserstoff Sulfat. Dieser Weg der Wasserstoffbildung ließe sich in einen biotechnologischen Gesamtprozess integrieren, der mit oxygener Photosynthese beginnt. Zunächst würden oxygene phototrophe Organismen, bevorzugt kohlenhydratreiche Pflanzen, auf natürliche Weise wachsen (Prozess 6). Deren Biomasse würde dann geerntet, durch gärende Bakterien in Gärungsprodukte (Prozess 7) und letztlich über die anoxygenen photosynthetischen Bakterien in H_2 und CO_2 überführt (Prozess 8).

(6) Kohlendioxid + Wasser + *Sonnenlicht* → Pflanzenmasse + Sauerstoff

(7) Pflanzenmasse → Gärungsprodukte

(8) Gärungsprodukte + Wasser + *Sonnenlicht* →
    Kohlendioxid + Wasserstoff

Die Gesamtbilanz (Summe von 6, 7 und 8) wäre wiederum die lichtgetriebene Wasserspaltung (3), nun aber mit räumlicher Trennung von Sauerstoff- und Wasserstoffbildung und außerdem mit der Beteiligung diverser Organismen. Doch wiederum befinden sich die Mikroorganismen infolge des Stickstoffmangels in einem unnatürlichen Stresszustand. Man könnte sie mit Stickstoff in niedrigen, wachstumsbegrenzenden Konzentrationen versorgen, damit eine gewisse Zellsynthese möglich ist. Das erforderte eine sehr genaue Prozessführung. Aus Effizienzbetrachtungen[9] unter Berücksichtigung des photosynthetisch aktiven Strahlungsanteils im Sonnenlicht[10] läßt sich abschätzen, dass rund 2% der auf den Lichtreaktor eingestrahlten Sonnenenergie in Form von Wasserstoff gespeichert werden können. Noch nicht genau vorstellbar ist der enorme technische Aufwand, der betrieben werden muss, um die

Prozessbedingungen in den zur «Ernte» von Sonnenlicht über weite Landschaftsflächen ausgebreiteten Bioreaktoren zu kontrollieren. Auch muss zusätzlich noch die Anbaufläche für die Pflanzen berücksichtigt werden, sofern es nicht nur um die Nutzung von Pflanzenabfall geht.

Ethanol Ethanol (Äthanol, Ethylalkohol, üblicher Alkohol; C_2H_5OH) ist neben Pflanzenöl und Biodiesel (technisch umgeestertes Pflanzenöl) der derzeit wichtigste biologisch erzeugte Kraftstoff für Fahrzeuge. Ethanol wird in verschiedenen Anteilen dem Benzin zugesetzt. Ausgangsstoffe für die Ethanolgewinnung durch Mikroorganismen sind bisher vor allem Zuckerrohr oder Getreide; doch auch Zuckerrüben gewinnen an Interesse. Zuckerrohr und Zuckerrüben liefern den für die Gärung benötigten Zucker (Saccharose, eine Verbindung aus Glukose und Fruktose; auch als Rohrzucker oder Rübenzucker bekannt) direkt. Getreide hingegen liefert Stärke, ein Biopolymer und Makromolekül, das von den Ethanol bildenden Mikroorganismen nicht direkt verwertet werden kann. Zwar können sehr viele anaerobe Bakterienarten Stärke verwerten, doch bilden solche Arten kein oder nur wenig Ethanol. Die Stärke wird daher nach dem Mahlen der Getreidekörner durch einen Auflösungsprozess in Wasser unter Erhitzung und durch Zusatz von Enzymen (Amylase, Amyloglukosidase) in Glukose gespalten.[11] Die Enzyme werden industriell gewonnen, wobei hitzestabile Enzyme aus thermophilen Mikroorganismen besonders beliebt sind. Solche Enzyme arbeiten bei ca. 100 °C und damit recht schnell. Die enzymatische Spaltung kann auch gleichzeitig während der Gärung erfolgen, dann selbstverständlich bei etwa 30 °C mit entsprechend geeigneten Enzymen. Ferner wird versucht, in Ethanol bildenden Mikroorganismen gentechnisch die Fähigkeit zu verankern, selbst Stärke spaltende Enzyme zu bilden und auszuscheiden.

Der derzeit am häufigsten eingesetzte Mikroorganismus für die Ethanolerzeugung ist die Brauhefe, *Saccharomyces cerevisiae*, ein einzelliger Pilz. Er wandelt Zucker mit hoher Ausbeute, d. h. mit nur geringer Bildung von unerwünschten Nebenprodukten (wie Glycerin) und Biomasse, in Ethanol um.[12] Der vom eingesetzten Zucker zu Ethanol (und Kohlendioxid) umgesetzte Anteil[13] liegt bei etwa 90%. Obwohl die Gärung ein anaerober Prozess ist, muss eine kleine Menge Sauerstoff eingetragen werden. Die Hefe benötigt diesen für die Biosynthese lebensnotwendiger Steroide und bestimmter Fettsäuren der Zellmembran. *S. cerevisiae* ist ausgesprochen tolerant gegenüber dem produzierten Ethanol und häuft davon in den gängigen Produktionsverfahren bis 12% (Vol./Vol.) an. Die auf das Arbeitsvolumen (Kulturflüssigkeit) bezogene Produktionsrate von *S. cerevisiae* kann bei 12 kg Ethanol/m³/h liegen und somit 96 kW/m³ liefern. Ein weiterer Produzent von Ethanol in hoher Ausbeute und hohen Konzentrationen und somit von energietechnischem Interesse ist das Bakterium *Zymomonas mobilis*. Gegenüber Hefe hat es den Vorteil, noch weniger eigene Biomasse zu bilden und noch höhere Produktionsraten, nämlich bis ca. 40 kg Ethanol/m³/h entsprechend 320 kW/m³, zu erreichen. Das Bakterium ist nur wenig empfindlicher gegenüber Ethanol als die Hefe und erreicht Konzentrationen von 10% (Vol./Vol.).[14] Ethanol können noch viele andere gärende Bakterien produzieren, doch ist deren Ausbeute oft niedrig. Vor allem erreichen sie nicht die hohen Ethanolkonzentrationen wie *S. cerevisiae* und *Z. mobilis*. Je niedriger aber die Konzentration des produzierten Ethanols ist, desto kostspieliger wird dessen Abtrennung durch Destillation.

Mit der Verwendung von Zucker und Stärke für die Treibstoffherstellung konkurriert der dafür betriebene Pflanzenanbau ernsthaft mit dem für den Nahrungsmittelsektor. Daher wird verstärkt erforscht, inwieweit zusätzlich oder bevorzugt andere Pflanzenbestandteile als Zucker und Stärke in Ethanol überführt werden können.[15] Zellulose, der bei weitem häufigste Pflanzenbestandteil und die häufigste biologische Substanz auf der Erde, besteht zwar aus sehr langen Ketten von Glukosemolekülen. Doch sind diese Ketten regelmäßig und dicht gepackt und damit sehr stabil; sie können durch Enzyme nicht sehr zügig gespalten werden. Die Widerstandsfähigkeit der Zellulose gegenüber einem Abbau kann in der Pflanze durch Anlagerung von Hemizellulosen und Lignin noch weiter verstärkt werden. Die Substanz insgesamt wird Lignozellulose genannt. Hemizellulosen sind aus unterschiedlichen Zuckern zusammengesetzt, darunter solchen, die nur fünf statt (wie Glukose) sechs Kohlenstoffatome im Molekül enthalten. Hemizellulosen haben also eine kompliziertere Struktur, wenn auch kleinere Makromoleküle als Zellulose. Im biologischen Kontext ist die erzielte Stabilität und Abbaubeständigkeit von Zellulose verständlich, denn sie hat ja gerade die Aufgabe, Pflanzen als zug- und biegefeste Gerüstsubstanz von langer Haltbarkeit zu dienen. Stärke hingegen ist ein Energiespeicher, der bei Bedarf leicht mobilisierbar und spaltbar sein muss. Damit der Lignozelluloseanteil von Pflanzen für die Ethanolgärung zugänglich wird, bedarf die Pflanzenmasse eines Aufschlusses durch thermische und chemische Vorbehandlung, welche die Strukturen lockert und teilweise chemisch zerlegt. Zum Einsatz kommen, je nach Art der Pflanzenmasse, z. B. übererhitzter Wasserdampf, verdünnte Schwefelsäure oder Ammoniak. Die so besser zugänglich gewordene Zellulose kann dann durch Enzyme (Zellulase, Zellobiase) in Glukose überführt und anschließend vergoren werden. Ein Problem besteht darin, dass bei der chemischen Vorbehandlung Nebenprodukte entstehen, die den Gärungsstoffwechsel hemmen. Diese Hemmstoffe müssen in einer weiteren chemischen Behandlung entfernt werden. Auch Hemizellulosen lassen sich im Zuge der Vorbehandlung in ihre unterschiedlichen Zuckerbausteine spalten. Leider werden viele dieser besonderen Zucker von den derzeit erprobten Mikroorganismen mit nur schlechter Ausbeute zu Ethanol vergoren. Lignin besteht nicht aus Zuckerbausteinen, sondern aus aromatischen Ringsystemen, die vielfältig miteinander verknüpft sind; es ist nach bisherigen Erkenntnissen durch anaerobe Mikroorganismen überhaupt nicht verwertbar und kommt deshalb für Gärungsprozesse nicht in Frage.

1-Butanol   Ein anderer durch Mikroorganismen gebildeter Alkohol, dessen Verwendung als erneuerbarer Energieträger diskutiert wird, ist Butanol, genauer 1-Butanol (primärer Butylalkohol; C_4H_9OH).[16] In reiner Form hätte er gegenüber Ethanol mehrere Vorteile. Zum Beispiel hat Butanol eine höhere Energiedichte und könnte ferner ohne Beimischung von Benzin und ohne Umkonstruktion der Verbrennungsmotoren verwendet werden. Butanol wird aus Zuckern und sogar Stärke durch ein paar Arten der anaeroben Bakteriengattung *Clostridium* gebildet, z. B. durch *C. acetobutylicum*. Die gesamte Bakteriengattung hat die Fähigkeit zur Bildung von Sporen, die Trockenheit, Hitze und Sauerstoff (gegenüber denen aktive Zellen sehr empfindlich sind) überleben. Die Herstellung von Butanol stellt höhere biotechnologische Anforderungen als die von Ethanol und wirft auch Probleme auf. Die Butanol bildenden Bakterien können leicht auf eine Bildung wertloser Säuren wie Buttersäure umschalten; zur Aufrechterhaltung der Butanolbildung muss deshalb der pH-Wert gut kontrolliert und niedrig (pH 4,3) gehalten werden. Weil Butanol ein ausgesprochenes Lösungsmittel ist und starken Stress verursacht, können keine so hohen Konzentrationen wie im Fall von Ethanol gebildet werden, nämlich nur bis 2,5 % (Vol./Vol.). Die Bakterien reagieren auf den Lösungsmittelstress leicht mit einem Übergang in das Sporenstadium, in dem sie gärungsinaktiv sind. Durch geschickte Prozessführung ist es aber möglich, die Bakterien langzeitig im Produktionszustand zu halten. Neben Butanol entstehen unvermeidbar auch noch Aceton und Ethanol in geringeren Anteilen (Aceton $1/_2$ und Ethanol $1/_6$ des Butanolvolumens). Produktionsraten von Butanol bis ca. 2 kg/m^3/h entsprechend 19,5 kW/m^3 sind möglich. Die aus dem Zucker theoretisch zu erwartende Ausbeute wird nicht erreicht.

Methanol   Methanol (Methylalkohol; CH_3OH), der chemisch einfachste aller Alkohole, ist kein Gärungsprodukt. Methanol kann also auch nicht, entgegen gelegentlichen Befürchtungen, durch eine «verunglückte» Weingärung aus dem vorhandenen Zucker entstehen. Vielmehr entstehen geringe Anteile von Methanol unabhängig von der Gärung jedoch gleichzeitig infolge seiner Abspaltung aus den Methylester-Gruppen von Pektin, einer pflanzlichen Bindesubstanz unter anderem in Trauben und Obst und insbesondere in Rüben. Höhere Anteile an Methanol in vermeintlichen alkoholischen Getränken sind auf chemische Beimischungen oder Verwechslungen zurückzuführen. Die gefürchtete Giftigkeit von Methanol ist keine direkte, sondern die seiner Umwandlungsprodukte im Körper, Formaldehyd und Ameisensäure. Im Abwasser ist Methanol recht unbedenklich, weil es von Mikroorganismen, die sich eigens darauf spezialisiert haben, schnell abgebaut wird. Als Energieträger wird Methanol immer wieder diskutiert. So gibt es eine auf Methanol basierende Brennstoffzelle (DMFC, Direct Methanol Fuel Cell; siehe den Beitrag von Kai Sundmacher). Wenn auch nicht durch Gärung, so kann Methanol doch im Stoffwechsel spezialisierter Mikroorganismen gebildet werden. Es sind Bakterien, die sich von dem Biogas Methan (CH_4) ernähren. Der erste Schritt dabei ist ein Einbau von Sauerstoff in das Methanmolekül, was zu Methanol führt. Allerdings wird das so gebildete Methanol normalerweise gleich weiter umgesetzt und häuft sich nicht an. Eine Zeitlang waren Pläne von Interesse, das Enzymsystem dieser Bakterien so zu verändern, dass sich das gebildete Methanol anhäuft. So könnte das gasförmige Methan in das leichter zu transportierende flüssige Methanol überführt werden. Dieser Prozess erwies sich jedoch als nicht realisierbar und wäre außerdem mit spürbarem Energieverlust verbunden. Nur 57 % der Energie des Methans blieben im produzierten Methanol erhalten,[17] das dazu noch sehr verdünnt im Wasser anfiele.

Was gelegentlich irreführend als «Biomethanol» bezeichnet wird, ist aus Synthesegas (Kohlenmonoxid und Wasserstoff) in einem rein chemischen Prozess gewonnenes Methanol, wobei in diesem Fall das Synthesegas aus «verkohlter» Biomasse gewonnen wird.

Methan Methan (CH_4) ist der einfachste und leichteste Vertreter der chemischen Gruppe der Kohlenwasserstoffe (Verbindungen, die nur aus den Elementen Kohlenstoff und Wasserstoff bestehen) und neben Wasserstoff der einzige relevante gasförmige Energieträger, der von Mikroorganismen gebildet wird (siehe den Beitrag von Rudolf Thauer). Methan hat zwar einen deutlich höheren Siedepunkt (−162 °C) als Wasserstoff, kann jedoch wie Wasserstoff bei Raumtemperatur durch noch so hohen Druck nicht verflüssigt werden. Die einfachste Form einer raumsparenden Speicherung von Methan ist die in Druckbehältern (z. B. bei 200-fachem Überdruck).

Die biologische Gewinnung von Methan (Biogas im üblichen Sinn) bietet etliche Vorteile. Sie bedarf wie die von Wasserstoff keiner Destillation. Auch werden nicht unbedingt ausgesuchte, wertvolle Ausgangsstoffe wie Zucker oder Stärke benötigt. Zwar werden auch diese leicht und mit hervorragender Ausbeute in Methan überführt, doch werden auch viele andere biologische Substanzen wie Proteine, Lipide, Fette (sofern sie nicht zu kompakt sind), Zellulose und Hemizellulosen zu Methan umgesetzt. Methan kann somit aus diversen Sorten von Pflanzenmasse und Abfällen biologischen Ursprungs gebildet werden. Ein weiterer Vorteil ist, dass für die Methanbildung weder der Einsatz von Zuchtstämmen noch eine Reinhaltung und besondere Pflege der Mikroorganismenkulturen erforderlich sind. Bei vielen biologischen Abfällen stellt sich die Methanbildung wie von selbst ein, wenn diese unter Ausschluss von Sauerstoff und anderen biologischen Oxidationsmitteln (Nitrat, Sulfat) in Wasser mit etwas Grabenschlamm als Mikroorganismenquelle vermengt und aufbewahrt werden. Erklären lassen sich die gute Verwendbarkeit sehr diverser Ausgangsstoffe für die Methanbildung und die Robustheit der Mikroorganismenkulturen dadurch, dass es sich um einen in der langen Entwicklungsgeschichte des Lebens «optimierten» und in Gewässersedimenten weit verbreiteten Prozess beim Abbau toter Biomasse handelt. In Abwesenheit von Sauerstoff und anderen Oxidationsmitteln (Nitrat, Sulfat) ist er sogar nahezu unvermeidbar. An der Methanbildung sind diverse Mikroorganismen unterschiedlicher

Abstammung beteiligt, die arbeitsteilig «kooperieren». Die eigentlichen Methanbildner, so genannte methanogene Archaebakterien (Archaeen), sind recht spezialisiert und bilden Methan nur aus ganz wenigen Verbindungen, so durch Reduktion von Kohlendioxid mit Wasserstoff oder Spaltung von Essigsäure. Dass dennoch die chemisch sehr heterogene Biomasse in Methan überführt werden kann, ist zahlreichen gärenden und so genannten syntrophen Bakterien zu verdanken; diese überführen die tote Biomasse in die einfachen Abbauprodukte Essigsäure, Kohlendioxid und Wasserstoff.

Berechnungen des Verhältnisses von Methan zum gleichzeitig gebildeten Kohlendioxid basieren meist auf der Tatsache, dass die chemische Zusammensetzung von Biomasse in der Summe etwa der von Kohlenhydraten, also der der pflanzlichen Hauptbestandteile, entspricht. Bei Kohlenhydraten als Ausgangsstoff stammen zwei Drittel des Methans aus der Spaltung von Essigsäure und ein Drittel aus der Reduktion von Kohlendioxid mit Wasserstoff. Das Verhältnis von Methan zum übrig gebliebenen Kohlendioxid beträgt am Ende 1:1. Sehr oft ist der Methananteil im Biogas jedoch höher. Das erklärt sich dadurch, dass die Biomasse auch Lipide und Fette enthält, die prinzipiell einen höheren Methananteil liefern,[18] sowie ferner dadurch, dass das Kohlendioxid zu einem beträchtlichen Teil (als Hydrogencarbonat) gelöst in dem schwach alkalischen Wasser verbleibt. Methan hingegen ist wenig löslich und sammelt sich in der Gasphase.

Methanreaktoren werden bevorzugt kontinuierlich, also mit ständiger Zufuhr von Biomasse und Ausleitung von «ausgefaultem» Schlamm betrieben. Sehr wichtig ist der Ausschluss von hemmendem Sauerstoff. Ebenfalls sollte so wenig wie möglich des weit verbreiteten Minerals Sulfat vorhanden sein. Letzteres wird durch anaerobe Bakterien in Schwefelwasserstoff überführt. Wegen seiner korrosiven Wirkung auf Metalle und seiner Giftigkeit, vergleichbar mit der von Blausäure, ist Schwefelwasserstoff ein unerwünschter und zu Recht gefürchteter Bestandteil von Biogas. Er kann chemisch jedoch verhältnismäßig einfach entfernt werden, z. B. mit eisenhaltigen Pellets, die sogar regeneriert werden können. Sulfat, in fester Form als Gips bekannt, kommt in fast allen Gewässern und im Leitungswasser, jedoch so gut wie nicht im Regenwasser, vor. Auch Zement kann Sulfat abgeben. Der Eintrag von Säuren und giftigen Substanzen wie Lösungsmitteln oder Schwermetallen muss ebenfalls vermieden werden. Der pH-Wert sollte etwas oberhalb von 7 liegen, ein Wert, den eine funktionierende Methananlage oft von sich aus aufrecht erhält. Heizen auf 33–40 °C ist günstig. Zu vermeiden ist weiterhin ein zu plötzlicher hoher Eintrag großer Mengen leicht vergärbarer Biomasse wie Zucker. Passiert das, so können infolge sehr aktiver Gärungen organische Säuren schneller gebildet als in den Folgeprozessen zu Methan umgewandelt werden. Denn die gärenden Bakterien arbeiten viel schneller als die syntrophen Bakterien und Essigsäure spaltenden Methan bildenden Archaebakterien. Die Säuren häufen sich dann an und hemmen die Methanbildung.

Wieviel vom organischen Abfall in Methan überführt wird, hängt nicht nur von der Zusammensetzung des Eintrags, sondern auch von dessen Verweilzeit im Reaktor ab.[19] Pflanzenmasse und natürlicher organischer Abfall bestehen aus schnell bis sehr langsam und schwer abbaubaren Fraktionen. Zu den schnell abbaubaren gehören Zucker und Stärke bzw. deren Reste, langkettige Fettsäuren und viele Proteine. Langsamer, aber mit akzeptabler Rate werden auch aufbereitete Zelluloseprodukte (Toilettenpapier, Abfälle aus der Papierindustrie) und Hemizellulosen in Methan überführt. Sehr langsam und auch unvollständig ist der Abbau von Zellulose und Hemizellulosen im natürlichen Verbund mit Lignin (d. h. die Lignozellulose). Mit der Länge der Verweilzeit des Abfalls im Reaktor wird daher der Abbau vollständiger, d. h. die Ausbeute an Methan pro Biomasse nimmt zu; doch steigt der Zugewinn an Methan aus den schwerer abbaubaren Fraktionen mit zunehmender Verweilzeit immer weniger. Je länger die Verweilzeit bei gleichbleibendem Anfall von Biomasse ist, desto größer muss zwangsläufig das Reaktorvolumen sein, und desto geringer wird die Rate der Methanbildung pro Schlammvolumen. Die wirtschaftlichsten Verweilzeiten hängen sehr vom Ausgangsmaterial ab und liegen bei Pflanzenmasse gewöhnlich bei 20 Tagen oder länger. Dabei kann die Methanausbeute aus der Pflanzenmasse oder dem Abfall[20] in günstigen Fällen bis zu 75 % der theoretischen Menge[21] betragen, entsprechend ca. 0,34 m^3 Methan/kg Pflanzentrockenmasse. Die Bildungsrate von Methangas (als Volumen bei 25 °C) pro Volumen Reaktorschlamm liegt oft zwischen 0,02 und 0,12 m^3/m^3/h, entsprechend einer auf das Schlammvolumen bezogenen Leistung von 0,19 bis 1,12 kW/m^3. Mit reinen Ausgangssubstanzen werden höhere Raten erzielt. Der Abbau der Pflanzenmasse oder des Abfalls zu Methan ist grundsätzlich langsamer als die Vergärung von Zucker zu Ethanol, primär bedingt durch die Langsamkeit der syntrophen Bakterien und

Essigsäure spaltenden methanogenen Archaebakterien. Biogasfermenter als Energielieferanten aus Pflanzenmasse müssen also grundsätzlich sehr groß sein.

Ein nicht zu unterschätzender Vorteil der Methangewinnung ist, dass der übrig bleibende («ausgefaulte») Schlamm, sofern er nicht mit Problemstoffen wie Schwermetallen belastet ist, einen guten Pflanzendünger mit hohem Gehalt an Mineralstoffen und organischer, humusähnlicher Gerüstsubstanz darstellt.

Weitere Kohlenwasserstoffe, Öle   Während der einfachste Kohlenwasserstoff, Methan, bei Raumtemperatur immer gasförmig ist, sind fast alle anderen Kohlenwasserstoffe unter Druck zu verflüssigen oder bereits bei Normaldruck flüssig oder fest. Solche Kohlenwasserstoffe sind wegen ihrer hohen Energiedichte (hoher Energiegehalt bei wenig Gewicht) ideale Energieträger. Entsprechend interessant wären anaerobe Mikroorganismen, die leicht zu verflüssigende oder flüssige Kohlenwasserstoffe als Ausscheidungsprodukte des Energiestoffwechsels, analog zur mikrobiellen Methanproduktion, bilden können. Doch sind solche Fähigkeiten eher eine Rarität und offensichtlich wenig entwickelt. So wurde eine biologische Bildung von Ethan und Propan in Abwesenheit von Sauerstoff beobachtet;[22] doch waren die Mengen so winzig, dass an eine Nutzung nicht zu denken ist. Ferner wurde die Bildung von Toluol, einem aromatischen Kohlenwasserstoff, durch anaerobe Mikroorganismen nachgewiesen.[23] Ausgangsstoff dafür ist ein Produkt aus dem Abbau von Aminosäuren, nämlich Phenylessigsäure. Toluol ist ein häufiger Bestandteil in Erdöl und Benzin. Biotechnologische Anwendungen verspricht die mikrobielle Bildung jedoch nicht, denn die gebildete Konzentration ist gering und der Ausgangsstoff sehr teuer.

Kohlenwasserstoffe kommen in Mikroorganismen ebenso wie in höheren Lebewesen (insbesondere Pflanzen) bisweilen auch in der Zellmembran (Lipid-Membran) und in gespeicherten Ölen vor. Solche Kohlenwasserstoffe sind keine Endprodukte eines Energiestoffwechsels, sondern biochemisch dem Synthesestoffwechsel zuzurechnen. Eine Nutzung chemotropher Mikroorganismen als Produzenten solcher Kohlenwasserstoffe ebenso wie generell von Ölen[24] wäre nicht sinnvoll, weil grundsätzlich nur ein Teil der Nährstoffe in die Biosynthese fließt (vgl. Abb. 1). Sinnvoll hingegen wäre ein Einsatz phototropher Mikroorganismen als Produzenten von Kohlenwasserstoffen und Ölen. Der sicherlich interessanteste Mikroorganismus in dieser Hinsicht ist *Botryococcus braunii*, eine Süßwasseralge, deren Einzelzellen zu kleinen Kolonien vereinigt sind. Diese enthalten einen hohen Anteil langkettiger ungesättigter Kohlenwasserstoffe, die in sichtbaren Öltröpfchen enthalten sind. Die Kohlenwasserstoffe können einen großen Anteil der Trockenmasse ausmachen, nämlich zwischen 35 und 75%.[25] Weil diese Alge die Kohlenwasserstoffe im Zuge ihrer Photosynthese im Licht aus Kohlendioxid und Wasser unter Sauerstofffreisetzung bildet, handelt es sich um eine Art Umkehrung der Verbrennung von Kohlenwasserstoffen. Über eine biotechnologische Anwendung wurde diskutiert. So könnte man diese Algen in großen flachen Wasserbecken im Sonnenlicht züchten, die Algenmasse kontinuierlich ernten und aus dieser die Kohlenwasserstoffe extrahieren und gegebenenfalls durch einen Crackprozess veredeln.

Elektrizität   Ein weiteres energietechnisch möglicherweise nützliches Produkt aus Mikroorganismen ist Elektrizität. Diese wird in so genannten mikrobiellen Brennstoffzellen (Microbial Fuel Cells, MFCs) erzeugt.[26] Das Prinzip gleicht dem einer chemischen Brennstoffzelle. An zwei Elektroden, die in eine Elektrolytlösung tauchen und mit einem oxidierbaren bzw. oxidierenden Betriebsmittel versorgt werden, laufen kontinuierlich jeweils unterschiedliche Reaktionen ab, nämlich eine Elektronen abgebende und eine Elektronen aufnehmende Reaktion. Die elektrische Spannung zwischen den Elektroden treibt über einen angeschlossenen Verbraucher, der Nutzarbeit verrichtet, einen Stromfluss. Der Unterschied zu einer rein chemisch arbeitenden Brennstoffzelle liegt darin, dass mindestens eine der Reaktionen durch Mikroorganismen bewerkstelligt wird. An der negativen Elektrode, dem äußeren Minuspol, sind es stets anaerob wachsende Mikroorganismen, welche mit einem organischen Nährstoff versorgt werden; normalerweise würden sie ihn mittels eines natürlichen Oxidationsmittels oxidieren. Ein solches wird ihnen jedoch vorenthalten. Die Reduktionseinheiten aus dem organischen Nährstoff werden daher in Form von Elektronen an die elektrisch leitende Elektrode abgegeben, so dass der organische Nährstoff schließlich doch oxidiert wird. Die von der Elektrode über den Verbraucher in die gegenüberliegende Elektrode, den Pluspol, fließenden Elektronen werden dort entweder in einer chemischen Reaktion mit einem Oxidationsmittel oder durch einen anderen Mikroorganismus, der über ein Oxidationsmittel verfügt, aufgenommen. Das Oxidationsmittel ist idealerweise Sauerstoff aus der Luft. Weil es sich am Minuspol und Pluspol um grundsätzlich verschiedene Mikroorganismen handelt, müssen diese durch eine Barriere im wässrigen Elektrolyten voneinander getrennt gehalten werden. Die Barriere verhindert außerdem, dass das Oxidationsmittel vom Pluspol zum Minuspol und den dort ansässigen Bakterien gelangt und die Elektronen direkt aufnimmt. Auch würde das Oxidationsmittel die anaerobe Lebensweise der Bakterien stören. Umgekehrt soll der Nährstoff der anaeroben Bakterien nicht auf die Gegenseite in die Umgebung des Pluspols gelangen und mit dem dort vorhandenen Oxidationsmittel reagieren. Dennoch muss die Barriere für den Fluss geladener Teilchen im Wasser, der Ionen, durchlässig sein; denn wenn intern in der Brennstoffzelle kein Ionenfluss zwischen den Elektroden möglich ist, kommt auch extern kein Elektronenfluss zustande. Bewährt haben sich spezielle Membranen, die bevorzugt für die positiven Wasserstoffionen (H^+-Ionen) durchlässig sind.

Die Abgabe der Elektronen an die Elektrode bzw. deren Aufnahme von der Elektrode erfolgt entweder über lösliche Elektronenüberträger oder im beinahe direkten Kontakt mit den Mikroorganismen. Im ersteren Fall befinden sich lösliche Substanzen im Elektrolyten, die Elektronen aufnehmen und abgeben können und so zwischen den Elektrodenoberflächen und den Zellen, die sich frei im Elektrolyten befinden, vermitteln. Im zweiten Fall sitzen die Mikroorganismenzellen dicht gedrängt z. B. an der Elektrode aus Graphit («Kohle»). Der Elektronenfluss zwischen Zellen und Elektrodenoberfläche findet dann über noch nicht ganz verstandene leitende Mikrostrukturen oder über nur dort aktive lösliche Elektronenüberträger statt.

Als Bakteriennährstoff wurden häufig Glukose und Essigsäure verwendet. Auf lange Sicht möchte man Abfallstoffe wie lösliche Abbauprodukte aus Abwässern verwenden und so deren Entsorgung mit Stromerzeugung verbinden. Der Vorteil von Bio-Brennstoffzellen liegt nämlich darin, dass der Betrieb im Prinzip mit den unterschiedlichsten Substanzen möglich ist, auch solchen, die für chemische Brennstoffzellen ungeeignet sind. Denn Mikroorganismen können sehr diverse organische Substanzen verwerten. Wie alle Prozesse zur Gewinnung von Bioenergie haben mikrobielle Brennstoffzellen jedoch auch Nachteile. Die maximal mögliche Spannung zwischen den Elektroden, die man auf Grund der chemischen Natur des eingespeisten Bakteriennährstoffs und des Oxidationsmittels berechnen kann, wird nie erreicht.

Denn die Bakterien können nur leben, wenn ihnen ein Teil von der Gesamtspannung als Triebkraft zur Verfügung steht. Die Bakterien sind ebenfalls Verbraucher, die, elektrotechnisch gesehen, mit dem technischen Verbraucher in Reihe geschaltet sind, entsprechend dem Elektronenfluss

Biochemische Elektronenquelle → Bakterien (→ Elektrode) → techn. Verbraucher (→ Elektrode) → Bakterien → Biochemische Elektronensenke.

Die außen an den Elektroden abgreifbare Spannung erreicht kaum 0,5 V. Ferner sind die Stromdichten (Strom pro Elektrodenfläche) derzeit noch sehr gering. Um akzeptable Leistungen zu erzielen, werden große Bauvolumina zum Unterbringen der Elektroden benötigt. Zurzeit werden keine höheren auf das Volumen bezogene Leistungen als $1\,kW/m^3$ erreicht.[27] Welcher Anteil der Reduktionseinheiten aus der Biomasse (sog. Coulomb'sche Effizienz) tatsächlich über die Elektroden fließt, hängt von der Art der eingesetzten Substanzen ab. Mit Essigsäure wurde eine Coulomb'sche Effizienz bis zu 75 % gemessen. Oft ist sie geringer, da biologische Nebenreaktionen ohne Elektronenabgabe an die Elektrode ablaufen. Aus der Elektrodenspannung, dem Gehalt an Reduktionseinheiten in dem eingebrachten Nährstoff, der Coulomb'schen Effizienz und der in der Biomasse tatsächlich steckenden Energie berechnet sich der energetische Wirkungsgrad. Mit Essigsäure und Sauerstoff wurde ein Wirkungsgrad von knapp 20 % erzielt.[28]

Energiebilanzen

Die derzeit wichtigsten erneuerbaren Energieträger aus Mikroorganismen sind Umwandlungsprodukte aus Substanzen pflanzlichen Ursprungs, sei es aus roher Pflanzenmasse, aus hochwertigen Pflanzenbestandteilen (Zucker, Stärke), aus Pflanzenabfall oder aus tierisch verdauten Futterpflanzen. Die mit dem Produkt verfügbare Energie ist ein Teil der ursprünglichen Sonnenenergie, die über Photosynthese beim Wachstum der Pflanzen konserviert wurde. Sehr aufschlussreich ist es deshalb, den Weg der Sonnenenergie bis ins begehrte Endprodukt zu verfolgen, z. B. bei der Gewinnung von Ethanol oder Methan.

Oberhalb unserer Atmosphäre beträgt die Strahlungsleistung der Sonne bei senkrechtem Einfall 1367 W/m^2 (Solarkonstante). Infolge von Absorption und Streuung in der Atmosphäre, zeitweiligen Wolken, Tag-Nacht-Wechsel und zumeist schrägem Einfall ist die durchschnittliche Einstrahlung auf der horizontalen Erdoberfläche wesentlich geringer und vom geographischen Breitengrad abhängig. In der Mitte Deutschlands beträgt sie auf der waagerechten Erdoberfläche im Jahresdurchschnitt 111 W/m^2 (1110 kW/ha, 9,7 GWh/ha/Jahr), mit monatsdurchschnittlich 202 W/m^2 im Juli und 20 W/m^2 im Dezember.[29] Die Energie der durchschnittlichen Sonneneinstrahlung auf ca. 4060 km^2 (knapp einem Fünftel der Fläche von Hessen) entspricht somit dem Primärenergiebedarf – eigentlich Primärleistungsbedarf* – Deutschlands von 451 GW (14,24 EJ/Jahr, 3,96 PWh/Jahr).[30] In der Tropenzone Brasiliens liegt die Sonneneinstrahlung mit etwa 210 W/m^2 (2100 kW/ha, 18,4 GWh/ha pro Jahr) im Jahresdurchschnitt fast doppelt so hoch.[31]

Bei der Photosynthese kann jedoch nur ein Bruchteil der eingestrahlten Sonnenenergie in Form organischer Pflanzensubstanz konserviert werden. Das liegt an sehr vielen Faktoren. Selbst bei dichtem Wuchs trifft ein Teil des Lichts nicht die Blätter und ihre photosynthetisch aktiven Bereiche, wird reflektiert oder ungenutzt absorbiert. Außerdem kann über die Photopigmente nur ein Ausschnitt aus dem gesamten Wellenlängenspektrum des auftreffenden Sonnenlichts, die so genannte photosynthetisch aktive Strahlung (Photosynthetically Active Radiation, PAR), als Energie eingefangen werden. Wenn die so eingefangene Energie in die biochemischen Syntheseprozesse weitergeleitet wird, kommt es zu weiteren Verlusten. Ein merklicher Verlust aufgenommener Energie findet bereits beim ersten Biosyntheseschritt statt, der Fixierung von Kohlendioxid, weil hier eine unvermeidbare Nebenreaktion mit Sauerstoff stattfindet. Auch bei weiteren Synthesereaktionen wird stets mehr Energie aufgewendet, als in den Produkten erhalten bleibt. Energetisch betrachtet erfolgen die Synthesen also mit übermäßigem Energieaufwand, d. h. mit niedrigem Wirkungsgrad. Recht niedrig ist der

---

* Im üblichen Sprachgebrauch wird zwischen Energie und Leistung (Energie pro Zeit) nicht immer strikt unterschieden. Auch im vorliegenden Text wird diese sprachliche Ungenauigkeit bei der Verwendung eingebürgerter Ausdrücke in Kauf genommen. Eindeutigkeit ist durch die jeweils verwendete Maßeinheit gegeben.

Wirkungsgrad bci der Synthese von Proteinen, besser hingegen bei der von Kohlenhydraten. Je mehr Kohlenhydrate (und Öle) und je weniger Protein eine Pflanze also enthält, desto rentabler ist sie als Energiepflanze*. Dass die Pflanze einen Teil der gebildeten Substanzen, insbesondere Zucker und Stärke, für Atmungsvorgänge im Dunkeln selbst wieder verbraucht, fällt nicht so sehr ins Gewicht. Unter Berücksichtigung der hier genannten und anderer biologisch unvermeidbarer Verluste wurde berechnet, dass bei einer sehr effektiven Landpflanze bis 6 %** der auf sie insgesamt eingestrahlten Sonnenenergie in Form von Biomasse konserviert werden könnten.[32] Rechnet man mit einer Vegetationsperiode einer solchen idealen, am besten mehrjährigen Pflanze von 6 Monaten und einer durchschnittlichen Strahlungsleistung während dieser Saison in Deutschland von 171 W/m², so könnten über die geerntete Biomasse gleichmäßig über das gesamte Jahr verteilt laufend bis 5,1 W/m² (51 kW/ha) geliefert werden. Eine Anbaufläche von 88 400 km² (ein Viertel der Fläche von Deutschland; 357 059 km²) mit einer solchen Idealpflanze würde aus dem Sonnenlicht eine Leistung einfangen, die dem Primärbedarf in Deutschland entspräche. Pro Einwohner (Gesamtzahl 82 Mio.) wären das 1080 m² (33 × 33 m) Anbaufläche. Die eingefangene Sonnenleistung entspräche einem Ernteertrag (als Pflanzentrockenmasse) von etwa 9 kg/m² pro Jahr (90 t/ha) oder 0,025 kg/m² pro Tag im Jahresdurchschnitt.

Der Effizienz der Lichtnutzung der Idealpflanze am nächsten kommen möglicherweise bestimmte Arten von Mikroalgen insbesondere bei guter Versorgung mit Nährsalzen und Kohlendioxid.[33] In Aquakulturen in Japan wurden in der Sommerzeit Trockenmasse-Spitzenerträge von 0,02 oder gar 0,03 kg/m² pro Tag erzielt.[34] Bei Betrachtungen zur Effizienz der Nutzung des Lichts ist allerdings zu berücksichtigen, dass der Sonneneinfall in Japan stärker als in Deutschland ist und dass der (noch zu ermittelnde) jahresdurchschnittliche Tagesertrag

---

* Auch sonst ist ein hoher Proteingehalt in Energiepflanzen nicht erstrebenswert (ganz anders als bei Nahrungspflanzen). Denn je mehr Protein eine Pflanze enthält, desto mehr Stickstoffdünger wird für den Anbau benötigt und desto mehr Ammoniak fällt mit den Rückständen aus den biotechnologischen Umwandlungsprozessen an.

** Bei der Angabe der Effizienz wird nicht selten der von der photosynthetisch aktiven Strahlung (statt von der gesamten Einstrahlung) genutzte Energieanteil angegeben. Das ergibt selbstverständlich höhere Prozentwerte.

bei Einbeziehung der weniger produktiven Monate der kälteren Saison niedriger ausfällt.

Unter den Landpflanzen nutzen selbst die ertragreichsten das eingestrahlte Sonnenlicht zu einem deutlich geringeren Prozentsatz als die genannte Idealpflanze. Winterweizen, in Deutschland ein Kandidat für die Bioethanolgewinnung, liefert bei geeigneter Fruchtfolge einen Kornertrag von 0,85 kg/m² (8,5 t/ha[35]) pro Jahr bei gleichzeitigem Strohertrag von 0,7 kg/m² pro Jahr (jeweils als Trockenmasse),[36] also insgesamt eine Biotrockenmasse von 1,55 kg/m² (15,5 t/ha) im Jahr; das sind nur 17% des Ertrags der Idealpflanze. Eine Alkoholausbeute von 0,31 kg/kg Korn[37] über Hefegärung würde jährlich 0,26 kg Ethanol/m² (3,34 m³/ha) liefern und damit brutto 7500 kJ/m² (21 MWh/ha) oder 0,24 W/m², also 0,22% der eingestrahlten jahresdurchschnittlichen Sonnenleistung. Mit dem Stroh stünde eine Verbrennungsenergie von etwa 12 600 kJ/m² (35 MWh/ha) pro Jahr oder 0,4 W/m² zur Verfügung. Könnten damit die gesamten Energiekosten für die Ethanolherstellung gedeckt werden, wäre die mit dem Ethanol zur Verfügung stehende Energie ein Nettogewinn. Selbstverständlich sollte das Ethanol angesichts des geringen Flächenertrags und der aufwändigen Produktion nicht wahllos für Heizzwecke, sondern gezielt zum Antrieb von Fahrzeugen eingesetzt werden. Der Kraftfahrzeugverkehr in Deutschland verbraucht im Tag-Nacht-Durchschnitt 83,3 GW (18% der Primärenergie).[38] Sein Betrieb ausschließlich mit «Weizensprit» würde eine Anbaufläche von 347 000 km², also nahezu die Fläche Deutschlands, benötigen; dabei ist die Zusatzfläche für die Fruchtfolge noch gar nicht berücksichtigt. Ähnlich viel Fläche würde auch für einen ganz mit Rapsöl oder Biodiesel (mit Methanol umgeestertes Rapsöl) betriebenen Kraftverkehr benötigt, auf Grund der in etwa vergleichbaren Energieerträge pro Anbaufläche.[39] Ein höherer Flächenertrag von Ethanol wäre in Deutschland über Zuckerrüben möglich, die bei Fruchtwechsel oft Frischmasseerträge von jährlich ca. 6 kg/m² (60 t/ha) erbringen[40]. Der Trockenmasseertrag pro Jahr (1,5 kg/m² oder 15 t/ha, das Maß für die pflanzliche Nutzung der Lichtenergie) ist zwar nicht höher als bei Weizen, doch steht der vergärbare Zucker direkt und zudem mit sehr hohem Anteil in der Pflanzenmasse zur Verfügung. Zuckererträge können 1 kg/m² (10 t/ha) pro Jahr betragen, die über Gärung Ethanolmengen von jährlich etwa 0,48 kg/m² (ca. 6,1 m³ ha) liefern, entsprechend 13 800 kJ/m² (38 MWh/ha) oder 0,44 W/m², d. h. 0,4% der eingestrahlten Sonnenleistung. «Rübensprit» aus einem Anbau auf etwa der Hälfte der Fläche Deutschlands könnte dessen Kraftfahrzeugverkehr unterhalten. Energieaufwand für die Ethanolproduktion und Fläche für die Fruchtfolge sind hier allerdings nicht berücksichtigt.

In Brasilien können über Zuckerrohr etwa 0,71 kg Ethanol/m² (9 m³/ha) pro Jahr gewonnen werden,[41] bedingt durch die in den Tropen jahreszeitlich nicht eingeschränkte Wachstumszeit und die im Vergleich zum Weizen effektivere Photosynthese des Zuckerrohrs. Ein solcher Ethanolertrag liefert pro Jahr brutto 20 450 kJ/m² (57 MWh/ha) oder 0,65 W/m², entsprechend 0,31 % der dort einfallenden Sonnenleistung. Der größte Energieanteil (nutzbar für die Wärmeerzeugung) steckt in dem reichlich anfallenden Zuckerrohrstroh.

Eine besonders ertragreiche Energiepflanze ist die Hybridpflanze *Miscanthus x giganteus*, das Chinaschilf. Bei einem Anbau in Deutschland unter günstigen Bedingungen gilt ein jährlicher Trockenmasseertrag von ca. 2,5 kg/m² (25 t/ha) als möglich,[42] was 45 000 kJ/m² (125 MWh/m²) oder 1,43 W/m² und damit 1,3 % der durchschnittlichen Sonneneinstrahlung entspricht. Chinaschilf ist zwar keine stärkereiche Pflanze für die Ethanolproduktion, könnte aber zur Biogaserzeugung dienen. Nimmt man den günstigen Fall an, dass 70 % der Pflanzenmasse zu Methan umgesetzt werden, so ergibt das ein Methanvolumen (bei 25 °C) von 0,79 m³/m² (7900 m³/ha) pro Jahr und damit 26 600 kJ/m² (74 MWh/ha) oder 0,84 W/m²; das sind 0,76 % des Sonneneinfalls. Wäre das der Nettogewinn, könnte Methan aus Chinaschilf von 99 000 km² Anbaufläche (etwas mehr als ein Viertel der Fläche Deutschlands) den Kraftfahrzeugverkehr in Deutschland nach einer Umstellung von Benzin und Diesel auf Biogas[43] in fahrzeugfähigen Hochdrucktanks unterhalten. Doch selbst wenn die Biogasbetriebe direkt mit Sonnenwärme geheizt werden, wird ein Teil des Methans für den Maschinenbetrieb verwendet werden müssen, sodass die Nettoproduktion von Methan geringer und die nötige Anbaufläche größer wäre. In Abbildung 3 ist der Energiefluss vom Sonnenlicht bis zum Methan dargestellt.

Ausblick

Die hier genannten Erträge an Bioenergie sind Bruttoerträge aus den biologischen Prozessen, bei denen der Energieverbrauch für Anlagenbau, Herstellung und Ausbringung von Pflanzendünger, Landbearbeitung,

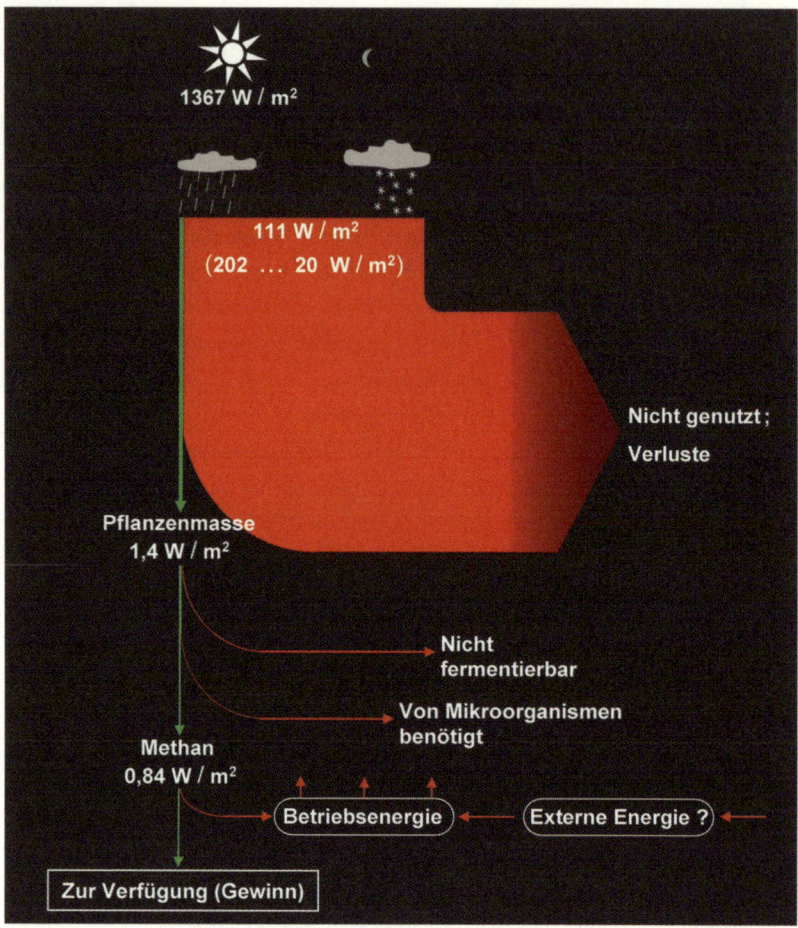

Abbildung 3: Leistungsfluss von der auf eine Anbaufläche von Chinaschilf in Deutschland einfallenden Sonnenleistung (111 W/m² im Jahresdurchschnitt, im Monatsdurchschnitt 202 W/m² im Juli und 20 W/m² im Dezember) bis zum Endprodukt, Methan. Chinaschilf ist eine besonders ertragreiche Pflanze. Der vom produzierten Methan im Betrieb benötigte Anteil hängt von dessen Effizienz und Energieeinsparung, z. B. durch Nutzung von Sonnenwärme, ab. Möglicherweise benötigte externe Energie ist in der Bilanz ebenfalls zu berücksichtigen.

Ernte, Prozessführung und Restmasse-Entsorgung nicht berücksichtigt wurde. Wird auch dieser Energieverbrauch einbezogen, ist die tatsächlich verbleibende Nettoleistung nur noch ein bescheidener Rest aus der einfallenden Sonnenleistung und ein sehr kleiner Beitrag zur Einsparung fossiler Energie in einem dicht besiedelten und hoch industrialisierten

Land. Eine solche oder gar größere Einsparung sollte langfristig auch auf anderen Wegen wie etwa eine energiebewusste Lebensweise und technische Entwicklungen (Leichtautos, Passivhäuser, Solar- und Windenergietechnik etc.) zu erzielen sein. Darüber hinaus müsste die Beurteilung des langfristigen Nutzens eines Pflanzenanbaus eigens zur Bioenergiegewinnung noch andere als rein energetische Kategorien einbeziehen, zum Beispiel die Auswirkungen auf die Nahrungsmittelproduktion, das lokale Ökosystem und die weitere Umwelt. So kann ein steigender Anbau von Energiepflanzen zur Gewinnung von Ethanol oder Methan einen ausreichenden Anbau von Nahrungspflanzen zunehmend beeinträchtigen und bestehende Ökosysteme stören oder zerstören. Die Verwendung von Stickstoffdünger zur Ertragssteigerung von Energiepflanzen kann zu einer erhöhten Freisetzung von Distickstoffoxid (N_2O) aus dem Boden führen, das in der Atmosphäre als Treibhausgas wirkt und dem über die Bioenergie angestrebten Effekt eines geringeren CO_2-Ausstoßes entgegenwirkt.[44] Bei solch übergreifenden, allerdings sehr komplexen Betrachtungen und Kalkulationen erscheinen der Anbau und die mikrobielle Umwandlung von Energiepflanzen als ein kritisches Unterfangen,[45] dessen Subventionierung und Entwicklung Anlass zu Sorgen gibt. Ausgerechnet die «Bioenergie» läuft Gefahr, Umwelt und Wirtschaft einen schlechten Dienst zu erweisen. Schwerwiegend wären die Folgen unkontrollierter weltweiter Geschäfte mit Biokraftstoffen bei steigendem Bedarf. Auf der Ebene der Marktpreise für Bioenergie bleibt diese Problematik selbstverständlich verborgen. Völlig abwegig ist die Verwendung der mit Aufwand «veredelten» Pflanzenprodukte für Heizzwecke. Stattdessen könnte die Ausgangspflanzenmasse direkt zum Heizen verwendet werden und so noch ein wenig mehr von der eingefangenen Sonnenenergie und zudem auf einfacherem Wege abliefern. Wesentlich mehr als über Energiepflanzen kann über thermischen Solarkollektoren von der Sonnenenergie (um die 70 %) als Wärme genutzt werden, wobei derzeit allerdings die nicht ausreichenden Möglichkeiten zur Speicherung der Sommerwärme für die kalte Jahreszeit ein Problem darstellen.

Solche Erwägungen mögen zunächst wie ein Widerspruch zu Schätzungen klingen, denen zufolge bereits etwa ein Zehntel der weltweit wachsenden Pflanzenmasse (Nettoprimärproduktion) den Weltenergiebedarf decken könnte. Weshalb kann dann ein flächendeckender Pflanzenanbau in Deutschland nicht einmal den nationalen Energiebedarf decken? Dafür gibt es drei wichtige Gründe: (a) Bei Angaben zur weltweiten Nettoprimärproduktion wird selbstverständlich auch die in den Weltmeeren mitgezählt. Pflanzenmasse für Bioenergie kann jedoch nur vom Festland kommen. (b) Sehr viele Menschen leben mit einem weit geringeren Energiebedarf als die Bewohner der hoch industrialisierten Länder. Hätte jeder Mensch auf der Welt den Energiebedarf wie ein Mensch z. B. in Deutschland, müsste die Hälfte der pflanzlichen Primärproduktion auf dem gesamten Festland ständig eingefahren und genutzt werden.[46] (c) Die pflanzliche Primärproduktion in einem Land wie Deutschland mit seinem gemäßigten Klima und jahreszeitlich eingeschränkten Vegetationsperioden (für welches die obigen Berechnungen angestellt wurden) kann nicht die Primärproduktionswerte (pro Fläche) warmer Klimazonen mit längeren bis ganzjährigen Vegetationsperioden und üppigerem Wachstum erreichen.

	Dichte (kg/m^3)	Energie pro Masse (kJ/kg)	Energie pro Volumen (kJ/m^3)
Wasserstoff, H_2 (Normaldruck, 25 °C)	0,082	119 000	9700 (bei 20 MPa: 1 940 000)*
Methan, CH_4 (Normaldruck, 25 °C)	0,66	51 100	33 700 (bei 20 MPa: 6 740 000)*
Ethanol (C_2H_5OH)	789 (20 °C)	28 800	22 750 000
1-Butanol (C_4H_9OH)	810 (20 °C)	35 200	28 470 000
Biodiesel	880	37 100	32 650 000
Stärke, Zellulose $(C_6H_{10}O_5)$	Von der Kompaktheit abhängig	17 800	Von der Kompaktheit abhängig
Holzbriketts	990 bis 1200	17 000 bis 19 000	16 800 000 bis 22 800 000

  * Gas im Druckbehälter mit 200-fachem Überdruck
** Freie Energie (Gibbs-Energie); bei Biodiesel und Holzbriketts handelt es sich um den Brennwert.

Tabelle 1: Energiegehalt** von Biokraftstoffen und natürlichem Pflanzenmaterial.

Die Problematik «Bioenergie contra Nahrung und Ökosysteme» wird auch anhand einer einfachen Bedarfsrechnung sichtbar: Die durchschnittliche Leistungsaufnahme des menschlichen Körpers aus der Nahrung sei hier grob auf 0,12 kW (ca. 2500 kcal/Tag geschätzt. Die Gesamtleistung, die jeder Mensch für Stromerzeugung, Heizung, Kraftverkehr, Güterproduktion (einschließlich Nahrungserzeugung) etc. benötigt oder beansprucht, beträgt in Deutschland (gemäß Primärenergiebedarf; s. oben) durchschnittlich 5,5 kW pro Einwohner und ist damit 46-fach(!) höher als der rein biologische Leistungsbedarf. Daher ist auch bei einem «Ausbau der Bioenergie» der Bedarf an Anbaufläche für Energiepflanzen ungleich größer als der für Nahrungspflanzen.

Sind nun Mikroorganismen als Produzenten erneuerbarer Energieträger uninteressant? Keineswegs, denn das Problem der unzureichenden Bioenergie liegt nicht bei den Mikroorganismen, zumindest nicht im Falle der derzeit am meisten produzierten Produkte Ethanol und Methan. Die Mikroorganismen setzen die Ausgangsmaterialien mit guter Ausbeute und hoher bzw. akzeptabler Geschwindigkeit um. Das Problem liegt bei der Gewinnung ausreichender Ausgangsmaterialien, also von Pflanzenmasse. Ganz anders zu bewerten ist daher eine Situation, bei der Pflanzenmasse in der Landwirtschaft ohnehin als Abfall anfällt und zur Beseitigung ansteht; hier wird dessen mikrobielle Umwandlung vor allem in Methan auch in Zukunft vernünftig sein und punktuell spürbar zur Energieversorgung beitragen, ähnlich wie eine energetische Nutzung von Abfallholz und brennbarem Müll sinnvoll ist. Darüber hinaus könnte Bioenergie aus eigens angebauten Pflanzen mit anschließender Umwandlung durch Mikroorganismen in dünn besiedelten Gegenden vertretbar sein, wenn Flächen vorhanden sind, die weder für Nahrungspflanzen in Frage kommen noch empfindliche Ökosysteme beheimaten. Hier könnten Produkte aus Mikroorganismen bei energiebewusster Lebensweise einen entscheidenden Beitrag zur lokalen Unabhängigkeit von fossilen Energieträgern leisten.

Kontrolle des Pflanzenwachstums

Von Mark Stitt

Der globale Kohlenstoffzyklus

Pflanzen spielen für die Energieflüsse und Energiebilanzen auf unserem Planeten eine zentrale Rolle. Denn Pflanzen, Algen und photosynthetische Bakterien sind die einzigen Lebensformen, die Licht als Energiequelle nutzen können. Damit wandeln sie Kohlendioxid (CO_2) in organische Verbindungen wie Kohlenhydrate um. Wissenschaftler bezeichnen diesen Vorgang als Photosynthese, also als Synthese mit Hilfe von Licht. Pflanzen synthetisieren sogar ihre gesamte Biomasse aus Kohlendioxid und einfachen anorganischen Nährstoffen wie Nitrat, Ammonium, Phosphat und Sulfat. Wir können sie somit als eine Art solarbetriebene Fabrik betrachten, in der eine Vielzahl verschiedener Stoffe hergestellt wird. Sie bilden daher die Basis fast aller Ökosysteme unserer Erde. Unter dem Gesichtspunkt des globalen Kohlenstoffzyklus betrachtet, setzen Pflanzen Lichtenergie um und binden Kohlendioxid in organischen Verbindungen ein, wodurch Sauerstoff freigesetzt wird. Die organischen Bestandteile von Pflanzen werden wiederum durch die Aktivität von Tieren und Mikroben in Kohlendioxid zurückgewandelt. Dies geschieht oft durch Atmung, wobei wiederum Sauerstoff aufgenommen wird.

Pflanzen spielen seit jeher eine wichtige Rolle als Energiequelle für die Menschheit. Die frühesten Vertreter der Art *Homo sapiens* verbrannten Holz und anderes getrocknetes Pflanzenmaterial, um Wärme und Licht zu gewinnen. Pflanzliche Öle und Wachs wurden schon früh als leicht brennbare Stoffe genutzt. Weitere wichtige Energiequellen der prä-industriellen Gesellschaft waren Wasser- und Windkraft sowie die Arbeit von Menschen und Tieren wie etwa Pferden, Auerochsen und Elefanten. Letztere brauchten Essen bzw. Futter und hingen somit zwar indirekt, aber vollständig von Pflanzen ab. Erst mit der Industriellen Revolution wurden Steinkohle, Öl und Gas zu den dominierenden Energieträgern. Diese so genannten fossilen Energiequellen bilden sich über

Millionen von Jahren unterirdisch aus totem Pflanzenmaterial. Bereits in den 1970er Jahren wurde deutlich, dass diese fossilen Energieträger nur in begrenztem Maße zur Verfügung stehen und man deshalb dringend alternative und «erneuerbare» Energiequellen entwickeln und erschließen muss.

Es gibt allerdings einen noch viel dringlicheren Grund, warum die Verwendung fossiler Brennstoffe deutlich reduziert werden muss. Denn die Zusammensetzung der Erdatmosphäre hängt von der Bilanz zwischen der Photosynthese und der Atmung ab. Zurzeit beträgt die Sauerstoff- bzw. Kohlendioxidkonzentration etwa 21 % bzw. 0,038 %. Wir wissen, dass die CO_2-Konzentration schwanken kann. So lag sie während der Eiszeiten wesentlich niedriger (bis zu 0,02 %). Seit etwa zwanzig Jahren wird zunehmend klar, dass die CO_2-Konzentration in der Atmosphäre ansteigt und dass diese Zunahme vorwiegend auf die Verbrennung von Kohle, Öl und Gas und das dabei freigesetzte CO_2 zurückzuführen ist.

CO_2 gehört zu den so genannten Treibhausgasen. Sie reflektieren Wärmestrahlung, was dazu führt, dass die Temperatur auf der Erde steigt. Die möglichen Auswirkungen auf das globale Klima sowie die Folgen für die Ökosysteme und für die Menschheit werden intensiv erforscht, wobei inzwischen weitgehend unstrittig ist, dass die anthropogene (d. h. vom Menschen verursachte) Zunahme von CO_2 und anderen Treibhausgasen bereits zu einer spürbaren Erwärmung der Erdatmosphäre geführt hat. Modelle prognostizieren tiefgreifende Veränderungen des Weltklimas, wenn sich der derzeitige CO_2-Ausstoß ungebremst fortsetzt. Eine deutliche Verringerung der globalen Nutzung fossiler Energiequellen und damit eine Reduktion des CO_2-Ausstoßes sind also dringend geboten.

Biomasse als erneuerbare Energiequelle

In diesem Zusammenhang kommt Maßnahmen zur Verringerung des Energieverbrauchs wie auch der Energiegewinnung durch physikalische Prozesse (Solar-, Wind-, Wasserenergie, Geothermie) eine Hauptrolle zu. Einen wichtigen Beitrag kann aber auch die Bioenergie liefern. Denn die Nutzung von Biomasse als Energie bildet – zumindest im Prinzip – einen geschlossenen Kreislauf: Pflanzenwachstum führt zu einer Sequestrierung von Kohlendioxid in Pflanzenmaterial, und dieses CO_2 wird bei der Verwendung des Pflanzenmaterials als Energiequelle wieder freigesetzt.

Insgesamt besteht der Prozess der Bioenergiegewinnung aus drei Teilprozessen (Abb. 1): erstens dem Pflanzenanbau und der Gewinnung der Pflanzenbiomasse (in der Fachsprache auch als «Feedstock» bezeichnet); zweitens dem Abbau der pflanzlichen Biomasse (Dekonstruktion), bei dem die Umwandlung von großen Zellwandpolymeren und Lignin in kleinere und einfachere Moleküle wie Zucker und einfache Fettsäuren entscheidend ist; drittens der «Konversion» (Umwandlung) dieser kleinen Moleküle in brennbare Stoffe.

Die Erzeugung volkswirtschaftlich relevanter Mengen an Bioenergie setzt allerdings mehrere wichtige technologische Entwicklungen voraus. Andernfalls hätten frühere Gesellschaften diese Energiequelle längst intensiver angezapft. So muss der gesamte landwirtschaftliche Ertrag auf einem hohen Niveau liegen, um eine Konkurrenz zwischen der Bereitstellung von Nahrungsmitteln und der Erzeugung von Bioenergie zu vermeiden. Der Ertrag muss stabil sein, was bei landwirtschaftlicher Produktion oft nicht der Fall ist; er hängt von den Wetterbedingungen ab und wird oft durch Pflanzenkrankheiten geschmälert. Bioenergie muss im Hinblick auf die finanziellen Kosten mit anderen Energieformen konkurrenzfähig sein. Und schließlich müssen negative Auswirkungen auf

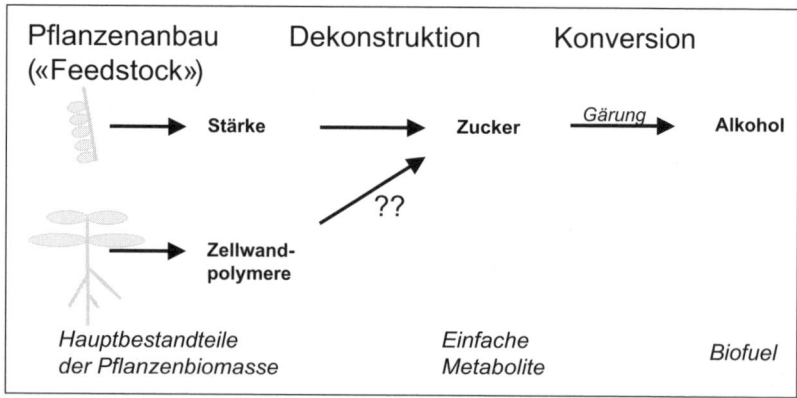

Abbildung 1: Nutzung von Pflanzenbiomasse für Bioenergie. Dieses vereinfachte Schema vergleicht das Verfahren bei der Nutzung von stärkehaltigen Getreidekörnern mit dem anvisierten Verfahren bei der Verwendung von Zellwandmaterial.

die Umwelt vermieden oder zumindest auf ein akzeptables Maß reduziert werden. Ob diese Vorgaben umgesetzt werden können, hängt von vielen Faktoren ab. Von besonderer Bedeutung sind in diesem Zusammenhang zwei wissenschaftliche Fragen sowie die Umsetzung der Erkenntnisse in der Pflanzenzüchtung.

Erstens: Wie lässt sich die Pflanzenwuchsrate erhöhen, ohne dass man dafür in verschwenderischer bzw. umweltschädlicher Weise große Mengen an Wasser, Dünger und Pflanzenschutzmitteln einsetzen muss? Zurzeit werden mehr als zwei Drittel der verfügbaren Frischwasserressourcen der Erde für die Landwirtschaft genutzt. Die Verfügbarkeit von Wasser jedoch wird aufgrund der steigenden Weltbevölkerung und des Klimawandels, der zu einer Ausdehnung der wasserarmen Regionen führen wird, in Zukunft eher abnehmen. Und eine übermäßige Applikation von Dünger kann sich negativ auf die Umwelt auswirken und – dies ist ein zentrales Problem bei Energiepflanzen – verdirbt die Energie- und CO_2-Bilanz, da die Produktion von künstlichem Dünger, insbesondere von Stickstoffdüngemitteln, große Mengen an Energie erfordert.

Zweitens: Wie lässt sich die gewonnene Pflanzenbiomasse möglichst effizient zu Energie verarbeiten? Es liegt nahe, dass dafür die vollständige oder beinahe vollständige Verarbeitung des geernteten Pflanzenmaterials erforderlich ist. Zugleich ist es so, dass nur ein kleiner Teil der Biomasse unserer Nutzpflanzen als Nährstoff genutzt wird. Zum Beispiel essen wir die Körner, aber nicht das Weizenschrot. Warum also nicht Letzteres als Ausgangspunkt für Bioenergiegewinnung nutzen? Dazu bedarf es allerdings der Entwicklung neuer Technologien, um diese Pflanzenteile in Stoffe umzuwandeln, die sich leicht als Energiequelle nutzen lassen. Das heißt, wir brauchen auch Veränderungen bei der stofflichen Zusammensetzung der Pflanze.

Durch die Verbrennung von Pflanzenmaterial kann man Wärme oder Strom erzeugen. Dies gelingt mit getrocknetem Holz, ist aber kaum praktikabel bei nassem Pflanzenmaterial. Unsere Gesellschaft ist jedoch mittlerweile stark von Technologien abhängig, die flüssige oder gasförmige Treibstoffe nutzen (etwa Benzin oder Gas für Autos, Schiffe, Flugzeuge und Heizungsanlagen). Daher liegt ein Schwerpunkt der Energiepolitik auf der Entwicklung von Verfahren, die die effiziente Umwandlung von Pflanzenmaterial in flüssige oder gasförmige Biokraftstoffe ermöglichen.

Wie wächst eine Pflanze?

Wie bereits erwähnt, wandeln Pflanzen Kohlendioxid und anorganische Nährstoffe in Zucker, Stärke, Proteine, Lipide (Öle und Fette), Nukleinsäuren und unzählige weitere Stoffe um. Im Folgenden werden die Verbindungen, die beim pflanzlichen Stoffwechsel entstehen, als Metabolite bezeichnet. Ausgangspunkt für das Wachstum sind kleine Metabolite (also Metabolite mit geringer Molekularmasse) wie Zucker, Aminosäuren und Nukleotide. Zucker entstehen als direktes Produkt der Photosynthese, Aminosäuren und Nukleotide bilden sich durch Assimilation von Nitrat, Ammonium, Phosphat und Sulfat und ihren Einbau in kohlenstoffhaltige Gerüste, die aus Zuckern entstehen. Diese kleinen Metabolite dienen dazu, größere Moleküle zu synthetisieren, aus denen die Pflanze besteht. So werden Zucker benutzt, um Fette und Speicher-Kohlenhydrate wie Stärke zu bilden. Stärke und Fette können verdaut werden und liefern Kalorien – d. h. Energie – in die Pflanzenteile, in denen die Photosynthese nicht möglich ist, zum Beispiel in Wurzeln und Samen. Sie bilden zudem eine wichtige Kalorienquelle in unserer Nahrung. Proteine werden aus Aminosäuren synthetisiert und können selbst wiederum zu Aminosäuren abgebaut werden. Nukleotide werden in Nukleinsäuren umgewandelt, die eine Schlüsselrolle beim Erbgut spielen.

Ein wesentlicher Anteil der Pflanzenbiomasse besteht allerdings aus Zellwandmaterial. Jede Zelle in einer Pflanze ist in eine stabile and starke Zellwand gehüllt. Im Gegensatz zu den Zellen von Tieren und Mikroben bestehen die meisten Pflanzenzellen großteils aus einem wässerigen Sack, der so genannten Vakuole. Die Zellwand ist für die Stabilität und Standfestigkeit der Pflanze verantwortlich. Sie besteht aus großen kohlenstoffhaltigen Polymeren wie Zellulose, Hemizellulose und Pektinen. Bei holzigen Pflanzen wie Sträuchern und Bäumen besteht die vegetative Biomasse weitgehend aus Lignin, einem besonders komplexen und stark vernetzten Polymer. Im Gegensatz zu den anderen Bestandteilen der Pflanze sind Zellwandmaterial und Lignin nur schwer abbaubar, was wichtige Konsequenzen für die Nutzung von Pflanzenmaterial hat (siehe unten).

Wachstum entsteht allerdings nicht nur aus der Synthese von Verbindungen, sondern auch durch ihren Einbau in Zellen und Organe (Abb. 2).

Betrachten wir zunächst das Zusammenspiel von Blättern und Wurzeln bei der Ressourcennutzung. In den Blättern wird mittels Lichtenergie CO_2 in Kohlenhydrate wie Saccharose umgewandelt. Die Saccharose wird dann in andere Teile der Pflanze exportiert. Kohlenhydrate werden veratmet, um Energie zu erzeugen, und dienen auch als Vorstufen für die Synthese weiterer Metabolite. Anorganische Nährstoffe wie Nitrat, Phosphat, Sulfat, Kalium und Magnesium werden über die Wurzeln aufgenommen und entweder gleich in den Wurzeln genutzt oder an die Blätter weitergereicht und dort verwendet. Daraus entstehen Metabolite wie Aminosäuren und Nukleotide. Die Aufnahme von CO_2 in Blättern erfolgt durch kleine regelbare Poren in der Blattoberfläche. Gleichzeitig geht durch diese Poren aber auch Wasser verloren. Um diese Verluste auszugleichen, wird über die Wurzeln Wasser aufgenommen und in den Spross transportiert.

Saccharose, Aminosäuren und Nukleotide ermöglichen das Wachstum weiterer Blätter und Wurzeln. Dabei werden strukturelle Komponenten wie Proteine, Nukleinsäuren, Membranlipide und Zellwandpolymere synthetisiert. Dieser Prozess wird als *vegetatives Wachstum* bezeichnet. Die Produktion von mehr Blättern ermöglicht wiederum die Absorption immer größerer Mengen an Licht und CO_2. Zugleich ermöglicht die Produktion von mehr Wurzelmasse die Besiedlung eines größeren Bodenvolumens, wodurch größere Mengen an Wasser und anorganischen Nährstoffen aufgenommen werden können. Daraus entstehen mehr Metabolite und so immer mehr Blätter und Wurzeln. Zumindest bei jungen Pflanzen verläuft das vegetative Wachstum beinahe exponentiell. Je nach Pflanzenart kann der tägliche Zugewinn bei optimalen Umweltbedingungen bis zu 50% der bisherigen Biomasse (also des Pflanzenmaterials) betragen. Diese hohen Wachstumsraten setzen allerdings voraus, dass die gewonnenen Ressourcen sofort und mit hoher Effizienz für die Produktion weiterer Blätter und Wurzeln genutzt werden. Bei jungen Bäumen hingegen finden sich deutlich niedrigere Wachstumsraten, da ein Großteil der Ressourcen für das Stängel- und Stammwachstum verwendet wird.

Pflanzen produzieren spezielle Reproduktionsorgane wie Samen, Knollen oder Rüben. Samen entstehen als Folge der Bestäubung von Blüten und ermöglichen eine sexuelle Reproduktion. Knollen und Rüben hingegen sind asexuelle Reproduktionsorgane, bei denen sich eine Pflanze letztlich selbst klont. Samen und andere Reproduktionsorgane sind aus drei Gründen wichtig: (a) Sie sichern das Überleben. So können zum Beispiel einjährige Arten die Winter als Samen, unterirdische Knollen oder Rhizome überleben. (b) Sie ermöglichen die Ausbreitung. Dies ist wichtig für Pflanzen, die sich im Gegenteil zu Tieren nicht fortbewegen können. (c) Als Samen ermöglichen sie eine Rekombination des Erbguts und somit die Aufrechterhaltung der genetischen Vielfalt.

Beim *reproduktiven Wachstum* werden die vorhandenen Ressourcen verwendet, um Speicherstoffe wie Stärke, Fette und Speicherproteine zu akkumulieren. Diese Speicherstoffe werden später bei der Keimung benötigt. Eine wichtige Eigenschaft von Knollen und ganz besonders von Samen ist, dass sie eine lange Lebensdauer haben, was unter anderem durch Austrocknung und eine starke, wasserundurchlässige Samenhülle erreicht wird. Die lange Lebensdauer ist wichtig, da so das Überleben der Art gesichert wird.

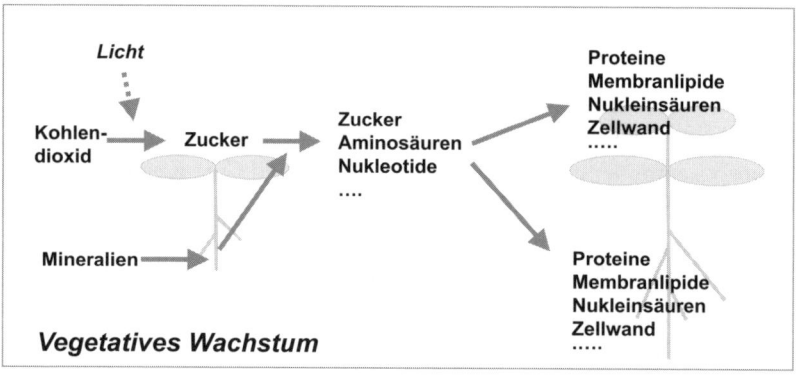

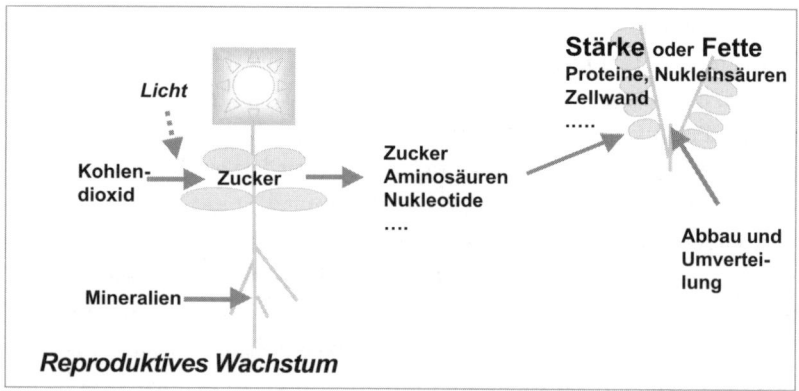

Abbildung 2: Schematische Darstellung des Pflanzenwachstums.

Die unmittelbare Folge von Samen- bzw. Knollenbildung ist allerdings, dass das Wachstum der Pflanzen oft über mehrere Wochen verlangsamt oder sogar eingestellt wird. In diesem Zeitraum wird die vorhandene Lichtenergie nicht genutzt, um mehr Blätter und Wurzeln zu produzieren, sondern es werden Speicherstoffe angelegt. Die dafür nötige Energie wird durch Veratmung eines Teils des vorhandenen Kohlenhydrats geliefert. Zudem kommt es zu einer Verlagerung bestehender Ressourcen. Vor allem in der letzten Phase des reproduktiven Wachstums werden Proteine und andere Metabolite in den Blättern, Stängeln und Wurzeln abgebaut und in die Samen oder Knollen transportiert. Dies geschieht vor allem bei einjährigen Arten, zum Beispiel bei Nutzpflanzen wie Getreide, Mais oder Sojabohnen.

Als standortfeste Lebewesen sind Pflanzen wechselnden Umweltbedingungen ausgesetzt. Die Pflanze muss ständig auf variierende Lichtintensitäten, Lichtdauer, Wasserverfügbarkeit und Nährstoffversorgung reagieren. Ein Beispiel dafür ist der tägliche Wechsel von Licht und Dunkelheit. Darum müssen Pflanzen einen Teil der tagsüber erworbenen Ressourcen für die Unterstützung des Metabolismus und das Wachstum während der Nacht speichern. Die Regulierung des Stoffwechsels ist aber nicht nur zeitlich, sondern auch räumlich nötig. Wie bereits erwähnt, werden Licht und CO_2 für die Photosynthese von den Blättern aufgenommen, Wasser und anorganische Nährstoffe dagegen von den Wurzeln aus dem Boden gewonnen. Optimales Wachstum hängt daher von der richtigen Verteilung der Ressourcen zwischen Spross- und Wurzelwachstum ab. Die Mechanismen, die die Aufnahme, den Verbrauch und die Verteilung von Ressourcen regulieren, müssen sensibel, flexibel und robust sein. Sie sind wichtig für die Konkurrenzfähigkeit von Wildpflanzen in Ökosystemen, beeinflussen aber auch die Produktivität von Nutzpflanzen und sind daher für die Pflanzenzüchtung von Bedeutung. In letzter Zeit ist zunehmend klar geworden, dass Zucker, anorganische Nährstoffe und andere Metabolite selbst von Sensoren als Information genutzt werden, um fundamentale Prozesse in den Pflanzen zu regulieren. Trotz intensiver Forschung über viele Jahre hinweg ist unser Verständnis dieser Regulationsmechanismen allerdings noch lückenhaft.

Das reproduktive Wachstum wird ebenfalls stark reguliert. Zum Beispiel steuern bei vielen Pflanzen Umweltsignale wie Tageslänge oder Nährstoffverfügbarkeit das Blühen und damit den Übergang zum reproduktiven Wachstum. Dies ermöglicht eine rechtzeitige Entstehung von

Samen bei einjährigen Pflanzen, bevor ungünstige Umweltbedingungen zum Absterben der Mutterpflanze führen. Bei mehrjährigen Pflanzen wird sichergestellt, dass die Samen sich zu einer geeigneten Jahreszeit entwickeln. Ferner müssen die Anzahl und Größe der reproduktiven Organe (z. B. Kartoffelknollen und Samen) auf die Fähigkeit von Blättern und Wurzeln abgestimmt werden, deren Wachstum zu unterstützen. Sonst würde zwar eine große Zahl von Samen entstehen, die allerdings geschwächt oder keimunfähig wären.

Wie bereits erwähnt, bilden Pflanzen die Basis von Ökosystemen, indem sie als Ernährung für viele andere Organismen dienen. Reproduktive Organe wie Samen und Knollen gelten als eine besonders attraktive Nahrungsquelle für Tiere, da sie einen hohen Anteil an leicht abbaubaren Kohlenhydraten, Fetten und Proteinen enthalten. Aus Sicht der Pflanze sieht das weniger rosig aus; sie wird schlichtweg gegessen. Es ist daher kaum erstaunlich, dass Pflanzen über Abwehrmechanismen verfügen, um unerwünschte Mikroben und Tiere von sich fernzuhalten. Ein schönes Beispiel ist das im Tabak enthaltene Nikotin, ein hoch wirksames Nervengift. Der Verzehr schon etwa eines halben Tabakblatts kam beim Menschen zum Tod führen; bei kleinen Nagetieren genügen wesentlich geringere Mengen.

Ernährung und Nutzpflanzen

Menschen essen aus verschiedenen Gründen nur besondere Teile ausgewählter Nutzpflanzen. So können wir nur bestimmte Bestandteile von Pflanzen verdauen und bevorzugen daher Pflanzenmaterial mit einem hohen Anteil an diesen Stoffen. Wir meiden Pflanzen, die giftig oder ungenießbar sind. Ein weiterer wichtiger Faktor ist die Lagerfähigkeit des Pflanzenmaterials. Viele traditionelle Methoden der Nahrungszubereitung lassen sich auf die Notwendigkeit zurückführen, die Lagerfähigkeit von verderblichem Material zu erhöhen. Man denke etwa an Sauerkraut, Essiggurken oder Marmelade oder bei Fisch- und Fleischgerichten an Sauerbraten, Speck, Schinken und Rollmops. Das gilt wohlgemerkt vor allem für die Vergangenheit. Heute sind die Lagerung und der Transport von Nahrungsmitteln durch moderne Technologien deutlich einfacher geworden. Allerdings verbraucht man dafür in der Regel Energie (für Kühlhallen, Tiefkühltruhen oder Kühlschränke).

Nutzpflanzen wurden daher über Tausende von Jahren im Hinblick auf geeignete Eigenschaften selektiert. Ich werde zuerst zeigen, welche Eigenschaften verändert wurden, um Nutzpflanzen in ihrer Funktion als Nahrungsquelle zu optimieren. Diese Merkmale sind allerdings nicht unbedingt identisch mit den optimalen Eigenschaften einer Energiepflanze. Anschließend frage ich, welche züchterischen und technologischen Fortschritte nötig sind, um Nutzpflanzen zu erzeugen, die einen nennenswerten, sozial wie ökologisch verträglichen Beitrag zur globalen Energieerzeugung liefern können.

Unsere wichtigste pflanzliche Nahrungsquelle sind Pflanzensamen, vor allem die Samen der *Graminaceae* – also von Getreiden wie Weizen, Gerste und Roggen sowie verwandten Pflanzen wie Mais, Reis und Sorghumhirse. Wichtig sind zudem die eiweißreichen Samen der *Leguminoseae*, zum Beispiel von Sojabohnen, zahlreichen anderen Bohnenarten, Kichererbsen und Erbsen. Letztere sind besonders wichtig bei vegetarischer Ernährung, aber auch als Futter in der Tierhaltung. Hinzu kommen kohlenhydratreiche Knollen und Rhizome wie die Kartoffel und Maniok. Des Weiteren essen wir eine breite Palette an Gemüse und Obst, vor allem wegen der darin enthaltenen Ballaststoffe und Vitamine. Insgesamt gesehen aber bilden Samen und Knollen unsere Hauptquelle für Kalorien und Proteine und somit das Rückgrat unserer Ernährung.

Die Gründe dafür sind naheliegend. Erstens enthalten Speicherorgane einen besonders hohen Anteil an Kohlenhydraten, Fetten und (im Fall der *Leguminoseae*) Proteinen. Zweitens sind diese Speicherorgane, insbesondere die Samen, leicht zu lagern. Sie besitzen eine starke Samenschale und sind bereits ausgetrocknet. Kurz: Samen enthalten viele Reserven und müssen in der Natur oft mehrere Jahre überleben, um das Fortleben der Art zu sichern. Der Mensch nutzt diese Qualitäten, um eine reiche Nahrungsquelle zu erhalten, die überdies gelagert werden kann.

Menschen können allerdings Samen kaum verdauen. Sie haben deshalb viel Mühe und Erfindungsreichtum darauf verwendet, um Samen so zu verarbeiten, dass ein leicht verdauliches und schmackhaftes Essen entsteht. Man braucht hier nur an die feine Kunst der Mehlherstellung, des Brotbackens oder der Nudel- und Pastaherstellung zu denken. Aus der etwas skurrilen Sicht eines Pflanzenbiochemikers ist dies ein weiterer Fall, wo die widerspenstigen Eigenschaften von Pflanzen zu einer Bereicherung der menschlichen Esskultur geführt haben.

Unsere wichtigsten Nutzpflanzen wurden vor 2000 bis 3000 Jahren domestiziert: Getreide zum Beispiel im Nahen Osten, Mais, Tomaten und Kartoffeln in Südamerika, Reis und Sojabohnen in Ostasien. In allen Fällen kam es sehr früh zu Veränderungen gegenüber den Wildarten, von denen sie abstammen. Mutationen und zufällige Auskreuzungen führen bei allen Pflanzenpopulationen zu genetischer Vielfalt. Dabei wurden wahrscheinlich zuerst durch Zufall und Intuition einige Individuen ausgewählt, die wünschenswerte Eigenschaften besaßen.

Um ein Beispiel zu geben: Bei Wildarten fallen die Samen nach der Reifung von der Mutterpflanze ab. Dies ist wichtig, da sich die Samen sonst nicht ausbreiten könnten. Für eine Nutzpflanze ist das allerdings eine ausgesprochen ungünstige Eigenschaft. Daher wurden wohl als sehr früher Schritt bei der Domestizierung unserer Nutzpflanzen natürliche Mutanten ausgewählt, bei denen die reifen Samen an den Mutterpflanzen haften bleiben. Die molekulare Forschung der letzten Jahre hat sogar in Modellarten Gene gefunden, die durch Mutation dazu führen, dass die Samen nicht freigesetzt werden, z.B «SHATTERPROOF» in *Arabidopsis thaliana*. Weitere Eigenschaften, die bei der Domestizierung einer Selektion unterlagen, sind zum Beispiel eine Synchronisierung von Blühinduktion und Samenreifung, wodurch das Ernten vereinfacht wird. Es kam auch zu Veränderungen im Geschmack und bei der Bekömmlichkeit, etwa durch Veränderungen in der Struktur der Stärke oder eine Erhöhung des Zuckergehalts.

Seit über 100 Jahren werden unsere Nutzpflanzen einer wissenschaftlich basierten Züchtung auf der Grundlage der Mendel'schen Vererbungsregeln unterzogen. Die daraus resultierende Ertragssteigerung ist zum Teil auf eine verbesserte Resistenz gegen Pathogene und zum Teil auf eine Steigerung des Wachstums zurückzuführen. Dabei werden die Geschwindigkeit der Photosynthese und das Wachstum als solche kaum beeinflusst. Ertragsgewinne wurden eher durch Veränderungen in der Pflanzenarchitektur erzielt. So erlaubt zum Beispiel eine veränderte Ausrichtung der Blätter eine dichtere Bepflanzung; kürzere Pflanzen wiederum können mehr Samen tragen, ohne umzuknicken. Ein weiteres wichtiges Merkmal ist der so genannte Erntequotient, also der Anteil der Samen bzw. Knollen an der Gesamtbiomasse der Pflanze.

Die erste Generation von «Energiepflanzen»

Seit Jahrtausenden wird Energie durch die Verbrennung von Pflanzen-material gewonnen. Diese Anwendung wird auch in Zukunft einen Bei-trag leisten, wahrscheinlich aber von eingeschränkter Bedeutung bleiben. Ein ehrgeizigeres Ziel ist es, Verfahren und Technologien zu entwickeln, die die Umwandlung von Pflanzenmaterial in flüssige oder gasförmige Treibstoffe wie Alkohol oder Diesel ermöglichen. Dies gelingt durch eine Kombination von chemischen, enzymologischen und mikrobiellen Ver-fahren (vgl. dazu den Beitrag von Walter Leitner).

In diesem Zusammenhang ist wichtig, dass manche Pflanzenkompo-nenten sich leicht abbauen lassen, andere dagegen nur sehr schwer bzw. nach heutigem Stand der Technik überhaupt nicht. So können zum Bei-spiel Kohlenhydrate wie Zucker und Stärke durch Mikroben zu Alkohol fermentiert werden. Das Verfahren ist ähnlich wie bei der Herstellung von Bier oder Wein, wird aber auf eine möglichst vollständige Umwand-lung optimiert. Ähnlich leicht lassen sich pflanzliche Öle und Fette in Diesel umwandeln.

Die so genannte erste Generation von Biokraftstoffen wurde vorwie-gend aus den fett- und kohlenhydratreichen Speicherorganen bereits exis-tierender Nutzpflanzen hergestellt. Beispiele sind die Fermentation von Getreide- und Maiskörnern zu Bioalkohol oder die Umwandlung von Rapssamen in Biodiesel. In beiden Fällen ist die Produktion in den letz-ten Jahren stark angestiegen, zum Teil als Folge steigender Öl- und Gas-preise, zum Teil infolge politischer Entscheidungen und Vorgaben, die die Verwendung von Biokraftstoffen begünstigen bzw. vorschreiben.

Die Bereitstellung von Biokraftstoffen aus Samen ist allerdings aus verschiedenen Gründen bedenklich. Zum einen führt dies zu einer direk-ten Konkurrenz zwischen Nahrungsmittelproduktion und Erzeugung von Bioenergie. Zum anderen werden beim Anbau der derzeitigen Sor-ten von Nutzpflanzen wie Mais, Raps und Sojabohnen bedeutende Mengen an Kunstdünger verwendet. Wie oben erwähnt, erfordert die Herstellung von Dünger nicht unbeträchtliche Mengen an Energie, was die tatsächliche CO_2- und Energie-Bilanz deutlich schmälert. Es wird sogar intensiv diskutiert, ob diese Vorgehensweise ökologisch vertretbar ist und ob sie einen nennenswerten Beitrag zur Stabilisierung der CO_2-Konzentration in der Atmosphäre leisten und damit dem Klimawandel

entgegenwirken kann. Ungeachtet jeder detaillierten Diskussion bestehen kaum Zweifel, dass die derzeitigen Verfahren stark verbesserungswürdig sind.

Die zweite Generation von «Energiepflanzen»

Aus der Sicht des Pflanzenwissenschaftlers leidet die erste Generation
von Energiepflanzen unter zwei entscheidenden Nachteilen. Ein Problem
ist, dass Körner bzw. Samen als Ausgangsmaterial für die Gewinnung
von Biokraftstoffen dienen. Die Samenbildung aber ist ein langsamer
und verhältnismäßig ineffizienter Prozess, sodass sich der potenzielle
Zugewinn an Gesamtbiomasse erheblich verringert. Es gibt durchaus
gute Gründe, warum wir Samen als Basis unserer Ernährung verwenden.
Das bedeutet aber keineswegs, dass sie auch die besten Ausgangsmaterialien für die Gewinnung von Bioenergie sind. Es wäre viel effizienter, auf
die Samenbildung zu verzichten und stattdessen die Akkumulation *vegetativer Biomasse* zu maximieren, die dann als Ausgangsmaterial für die
Produktion von Biokraftstoffen dienen könnte. Eine der wichtigsten
Quellen für die Herstellung von Biokraftstoffen ist zurzeit denn auch die
Fermentation von Zuckerrohr zu Bioalkohol. Dieses Verfahren spielt bei
der Erzeugung von Biokraftstoffen in tropischen und subtropischen
Ländern wie Brasilien bereits eine bedeutende Rolle. Zuckerrohr ist
allerdings eine ungewöhnliche Pflanze, da in der vegetativen Biomasse
sehr hohe Zuckerkonzentrationen zu finden sind, was normalerweise
nicht der Fall ist.

In den meisten Pflanzen nämlich enthält die vegetative Biomasse (d. h.
Blätter und Stängel) nur verhältnismäßig wenig leicht abbaubare Kohlenhydrate und Fette. Hauptbestandteil ist Zellwandmaterial wie Zellulose. Diese strukturellen Komponenten aber sind schwer abbaubar. Bei
Bäumen und anderen holzigen Pflanzen bildet Lignin den Hauptbestandteil, das noch schwerer abzubauen ist. Diese Bestandteile werden bei den
derzeitigen Verfahren für die Produktion von Biokraftstoffen nicht verwendet, sondern bleiben als Abfallprodukt übrig. Insofern stellt sich die
Frage, ob auch Lignozellulose (also Zellwandmaterial und Holz) in Biokraftstoffe umgewandelt werden könnte, denn damit würde die Effizienz
der Nutzung von Biomasse erheblich gesteigert.

In diesem Zusammenhang ist der Vergleich mit der Verwertung von

Pflanzenmaterial im Verdauungstrakt von Tieren aufschlussreich. Der menschliche Verdauungstrakt ist nicht in der Lage, pflanzliches Zellwandmaterial abzubauen. So liefern Blätter wie Salat und Kohl in unserer Ernährung zwar wichtige Vitamine und Mineralien, auch Ballaststoffe, aber keine nennenswerten Kalorien. Andere Lebewesen sind hingegen in der Lage, Stoffe wie Zellulose oder Lignin abzubauen, und zwar diejenigen, die sich vorwiegend oder ausschließlich von der vegetativen Biomasse von Pflanzen ernähren, etwa Wiederkäuer wie Kühe, Schafe oder Pferde. Sie verfügen über ein besonderes Verdauungssystem, in dem spezielle Mikroorganismen diese schwer abbaubaren Polymere verarbeiten. Solche gegenseitlich nützlichen Beziehungen zwischen zwei Organismen werden von den Biologen «Symbiosen» genannt. Es kommt somit in diesem Fall zu analogen Symbiosen zwischen Mikroben und anderen Tierarten, die in der Lage sind, Zellulose oder Holz zu verdauen. Ein extremes Beispiel sind die Termiten, die sogar Holz verdauen können.

Daher stellt sich die Frage, ob es möglich ist, solche Mikroorganismen bzw. Enzyme aus solchen Mikroorganismen zu verwenden, um Zellwandmaterial und Holz abzubauen. Daraus könnten Abbauprodukte entstehen, die als Substrat für die Fermentation zu Alkohol oder anderen Biokraftstoffen dienen könnten. Dieses Verfahren würde im Prinzip eine vollständige Umwandlung der vegetativen pflanzlichen Biomasse in Biokraftstoffe ermöglichen. In diese Richtung wird zurzeit intensiv geforscht.

Es werden jedoch auch andere Verfahren entwickelt, um Pflanzenbiomasse und insbesondere Lignozellulose in brennbare Verbindungen umzuwandeln. Das zurzeit effizienteste Verfahren ist die Biovergasung, bei der Methan entsteht. Methan ist allerdings selbst ein Treibhausgas, sodass eine breit angelegte Anwendung dieses Verfahrens nur möglich ist, wenn eine Freisetzung in die Atmosphäre weitgehend vermieden werden kann.

Eine effiziente Herstellung von Biokraftstoffen setzt somit zweierlei voraus. Zum einen muss die Akkumulation vegetativer Biomasse optimiert werden, unter anderem durch die Züchtung neuartiger Nutzpflanzen. Zum zweiten müssen Verfahren entwickelt werden, um vegetative Biomasse beinahe vollständig in brennbare Biokraftstoffe umzuwandeln (vgl. dazu den Beitrag von Walter Leitner). Hier wird abschließend danach gefragt, wie die Pflanzenzüchtung zu einer Optimierung der pflanzlichen Biomasseproduktion beitragen könnte.

Grundlagenforschung, Pflanzenzüchtung und die Optimierung der pflanzlichen Biomasseproduktion

Eine mögliche Strategie ist dabei die Veränderung und Optimierung bereits existierender Nutzpflanzen, um maßgeschneiderte «Energiepflanzen» herzustellen. So lässt sich beispielsweise durch eine Unterdrückung bzw. Verzögerung des reproduktiven Wachstums die Biomasseproduktion erhöhen. Beim Maiskolben etwa kann man diese Veränderung durch Selektion für das genetische Merkmal «verspätetes Blühen» herbeiführen. Als Folge wachsen die Maispflanzen vegetativ bis Saisonende. Sie erreichen eine Höhe von 3–4 Metern, und die Biomasse steigt damit auf mehr als das Doppelte konventioneller Maissorten.

Pflanzen sind in der Lage, die Tageslänge zu messen. Sie nutzen diese Information, um Reaktionen zu steuern, die eine Anpassung an die saisonalen Veränderungen des Wetters ermöglichen. Im Fall von Mais fungiert eine Abnahme der Tageslänge (d. h. der Zeit zwischen Sonnenaufgang und Dämmerung) als Signal, dass es bereits Spätsommer ist, und leitet das Blühen und damit die Reproduktion und Kolbenbildung ein. Die Tageslänge ist ein zuverlässigerer Indikator für die Jahreszeit als die Temperatur, die bekanntlich Schwankungen und Unregelmäßigkeiten innerhalb eines Jahres sowie von Jahr zu Jahr unterliegt. Die Tageslänge im Sommer ist in niedrigen Breitengraden (etwa in Italien) allerdings geringer als in hohen Breitengraden (etwa in Deutschland). Entscheidend ist, dass bezüglich der Regulation des Blühens durch die Tageslänge eine natürliche genetische Vielfalt vorliegt. Die wilden Vorfahren von Mais wachsen in verschiedenen Breitengraden und sind auch daran angepasst. Diese genetische Vielfalt wurde bei der Domestizierung und Züchtung von Mais beibehalten. Dadurch wurden längst Maissorten selektiert, die sich für den Anbau auf verschiedenen Breitengraden eignen. Maissorten, die in Nordeuropa angebaut werden, blühen bereits bei einer Tageslänge von 14 Stunden. Andere Maissorten, die im Mittelmeerraum oder in Zentralamerika angebaut werden, wachsen bei einer 14-stündigen Lichtperiode vegetativ und blühen erst bei einer 12-stündigen Lichtperiode. Lange Tage unterdrücken bei diesen Sorten also das Blühen. Diese unterschiedlichen Reaktionen werden vererbt, d. h. sie sind genetisch bedingt. Sie gleichen die unterschiedliche Tagesdauer an den verschiedenen Standorten aus. Die für einen Standort jeweils geeigneten Maissorten gleichen die breitengradabhängigen Unterschiede bei der Tageslänge aus und gewährleisten eine Induktion des Blühens im Spätsommer.

Eine andere Situation ergibt sich bei der Verwendung von Mais als Energiepflanze. Hier soll das Blühen ja gerade verhindert werden. Die einfachste Lösung wäre es, südeuropäische und zentralamerikanische Sorten in Nordeuropa anzubauen. Da sie erst bei einer Tageslänge von zwölf Stunden blühen, wäre dies erst im Herbst der Fall. Das ist allerdings so nicht machbar, denn andere Eigenschaften, etwa ihre Empfindlichkeit gegenüber Kälte, würden unter nordeuropäischen Bedingungen zu einem gravierenden Ertragsverlust führen. Hier bedarf es der Pflanzenzüchtung, und zwar um Gene (genauer gesagt: Genvarianten) in die nordeuropäischen Sorten einzuführen, die das Blühen an langen Tagen unterdrücken. Das lässt sich vermutlich durch konventionelle Züchtung erreichen, unterstützt durch die Anwendung von «Molekular-Markern». Die Grundlagenforschung hat bereits genauere Einblicke in die Gene und Prozesse geliefert, die für die Steuerung des Blühens durch Tageslänge verantwortlich sind. Gleichzeitig müssen andere unerwünschte Eigenschaften aus den südeuropäischen Maissorten (z. B. ihre Kälteempfindlichkeit) herausgefiltert werden.

Die Optimierung der Zusammensetzung der vegetativen Pflanzenbiomasse

Es gibt allerdings auch andere Züchtungsziele, die wahrscheinlich nicht so leicht zu erreichen sind. Ein Beispiel ist die Züchtung von Pflanzensorten, deren Zellwand-Komponenten leichter abbaubar sind. Hierzu bedarf es umfassender Grundlagenforschung, um unseren Wissensstand zu verbessern. Denn unsere Kenntnisse über die Struktur und die Synthese von pflanzlichen Zellwandpolymeren und Holz sind noch sehr lückenhaft. Das hat zum Teil damit zu tun, dass diese Prozesse auf Pflanzen beschränkt sind und sich Erkenntnisse aus der Erforschung anderer Lebewesen deshalb nicht übertragen lassen. Zum Teil ist es aber auch eine Folge der komplexen Struktur der pflanzlichen Zellwand und der Tatsache, dass dieses wichtige Forschungsgebiet in den vergangenen Jahrzehnten vernachlässigt wurde.

Es geht darum, zu verstehen, welche Eigenschaften der Zellwandpolymere für das Wachstum und die Leistungsfähigkeit der Pflanze unbedingt nötig sind und welche verändert werden dürfen. Wir müssen wissen, welche Faktoren den Abbau der Zellwand erschweren. Es ist zudem wichtig festzustellen, inwieweit eine natürliche genetische Vielfalt für diese Merkmale vorhanden ist oder ob diese Züchtungsziele – wenn überhaupt – nur mit Hilfe von Gentechnik erreicht werden können.

Wie schon erwähnt, arbeiten Mikrobiologen und Verfahrenstechniker derzeit an Methoden, um pflanzliches Zellwandmaterial in kleine und fermentierbare Bestandteile abzubauen. Eine vertikale Integration all dieser Forschungsaktivitäten ist dabei sehr wichtig. Es handelt sich hier allerdings um ehrgeizige Fragestellungen, deren Beantwortung einen erheblichen finanziellen und zeitlichen Aufwand erfordert.

Neuartige Energiepflanzen

Parallel zur Verbesserung bereits existierender Nutzpflanzen besteht die Möglichkeit, völlig neue Nutzpflanzen zu entwickeln, die auf besondere Weise den Ansprüchen an eine «Energiepflanze» gerecht werden. Eine Strategie ist die Züchtung von schnell wachsenden Baumsorten. Eine zweite und ehrgeizigere Strategie wäre die Nutzung von schnell wachsenden mehrjährigen Grasarten.

Grasarten wie «Switchgrass» wachsen in prärie- und steppenartigen Gegenden. Diese Gräser entwickeln jedes Jahr eine beträchtliche oberirdische Biomasse. Im Herbst sterben die Blätter und Sprossteile ab; übrig bleibt ein getrocknetes Gerüst von Zellwandmaterial. Mineralien wie Stickstoff, Phosphate, Sulfat, Kalium und Magnesium werden zum großen Teil in ein ausgedehntes unterirdisches Wurzelsystem zurücktransportiert und dort gespeichert. Sie können im darauffolgenden Jahr für das erneute Wachstum des oberirdischen Teils genutzt werden. Anders als bei konventionellen Nutzpflanzen wie Mais werden hier also keine relativ großen Mengen an Wasser und Dünger benötigt. Denn dank dieses internen Zyklus werden bei diesen mehrjährige Gräsern Mineralien mehrmals genutzt, sodass sich der Bedarf an Dünger reduziert. Mehrjährige Grasarten wie «Switchgrass» sind zudem an ein relativ wasserarmes Klima angepasst. Es bedarf allerdings der Züchtung, um den Ertrag und die Zusammensetzung für die Gewinnung von Biokraftstoffen zu optimieren.

Schlussbemerkungen

Zurzeit herrscht in der Öffentlichkeit der Eindruck vor, dass die Gewinnung von Bioenergie und die Bereitstellung von Nahrung in Konkurrenz stehen. Dieser Eindruck ist nicht ganz richtig. Vielmehr führen die wachsende Weltbevölkerung und die steigende Nachfrage nach Fleisch und anderen Tierprodukten zu einem steigenden Bedarf an Lebensmitteln, und das wirkt sich auf die Preise aus. Nichtsdestotrotz ist festzuhalten, dass die derzeitigen Verfahren für die Produktion von Pflanzenbiomasse und deren Verarbeitung zu Biokraftstoffen stark verbesserungswürdig sind. Ich habe beispielhaft Entwicklungen skizziert, wie sich die Gewinnung von «Bioenergie» auf eine solidere Basis stellen lässt. Verbesserte «Energiepflanzen» können nachhaltige und CO_2-neutrale Energie liefern, ohne die Gewinnung von Nahrung und Futter zu beeinträchtigen, und zugleich dafür sorgen, dass die wichtigsten natürlichen Ökosysteme der Erde erhalten bleiben. Allerdings wird Bioenergie ein Beitrag unter vielen bleiben, dessen Bedeutung von den lokalen geographischen Gegebenheiten abhängig ist.

Die Debatte über Bioenergie droht überlagert zu werden durch die seit Jahren anhaltende kontroverse Debatte über die «grüne Gentechnik». Auf der einen Seite werden Stimmen laut, die die Bioenergie ablehnen, weil solche Aktivitäten Teil eines angeblichen agrarindustriellen Komplexes seien, in dem Profite maximiert werden sollen, Bauern in die Abhängigkeit von multinationalen Konzernen geraten und Ökosysteme bedroht und zerstört werden. Auf der andere Seite steht die Hoffnung, dass die Bioenergie die Gentechnik «salonfähig» machen könnte. Doch solche Extrempositionen sind weder hilfreich noch werden sie der Sache gerecht. Eine realistischere Einschätzung ist, dass die ersten Fortschritte bei der Optimierung von Energiepflanzen durch konventionelle Pflanzenzüchtung gelingen werden, unterstützt durch Gentechnik als einem essentiellen Werkzeug der Grundlagenforschung. Es handelt sich hier um Züchtung auf neue Merkmale. Daher ist zu erwarten, dass bereits durch die Nutzung der vorhandenen genetischen Vielfalt deutliche Fortschritte zu erzielen sind. Ferner sind viele der Eigenschaften, die es zu ändern gilt, so genannte «Multigen-Merkmale». Das heißt, sie hängen von der Aktivität und gegenseitigen Beeinflussung mehrerer Gene ab. Beim derzeitigen Stand der Technik können solche komplexen Merkmale eher durch die Nutzung von genetischer Vielfalt und die Anwendung von Methoden der quantitativen Genetik als durch die Einführung einzelner Gene verändert werden. Es ist allerdings damit zu rechnen, dass sich manche wichtige Eigenschaften nicht durch konventionelle Züchtung verbessern lassen, weil etwa die dafür nötige genetische Vielfalt nicht vorhanden ist. Bei manchen Nutzpflanzen gestaltet sich die konventionelle Pflanzenzüchtung wegen ihrer komplexen genetischen Struktur ohnehin sehr schwierig. Es ist zudem damit zu rechnen, dass Fortschritte bei der Forschung zu Erkenntnissen führen, die neuartige gentechnologische Ansätze ermöglichen. Deshalb dürfte die Gentechnik bei der Optimierung von Energiepflanzen eine wichtige Rolle spielen. Über die Anwendung sollte allerdings, nach Abwägen der Vorteile und Nachteile, von Fall zu Fall entschieden werden.

Um Verfahren zur Gewinnung von Bioenergie zu entwickeln, bedarf es der Forschung und Technologieentwicklung in verschiedenen Wissenschaftsbereichen. Dazu gehören die Landwirtschaft, die Pflanzenzüchtung, die Mikrobiologie, die «weiße Biotechnologie» und die Verfahrenstechnik. Priorität muss allerdings das Bemühen haben, diese Aktivitäten vertikal zu integrieren. Dabei sollten die politischen und ökologischen Rahmenbedingungen für die landwirtschaftliche Pflanzenproduktion sorgfältig berücksichtigt werden. Pflanzen sind kontinuierlichen Veränderungen der Klimabedingungen unterworfen. Deshalb wird es kaum möglich sein, für die anschließende Verarbeitung zu Energie völlig homogenes und standardisiertes Pflanzenmaterial zu liefern. Hinzu kommen saisonal bedingte Veränderungen bei der Pflanzenproduktion. Zwar lassen sich diese zum Teil durch Lagerung ausgleichen, allerdings nur in begrenztem Maße. Man könnte sich durchaus vorstellen, dass lange haltbares Pflanzenmaterial wie Holz benötigt wird, um saisonale Schwankungen bei der Bereitstellung von anderem Pflanzenmaterial auszugleichen. Hinzu kommt, dass großangelegte Monokulturen vermieden werden müssen. Sie sind weder politisch noch gesellschaftlich noch ökologisch vertretbar, zumindest in Europa. Infolgedessen wird ein bedeutender Beitrag der Bioenergie davon abhängen, ob Verfahren entwickelt werden können, die eine möglichst flexible Nutzung verschiedener Typen von Pflanzenmaterial erlauben. Bezogen auf Abbildung 1 heißt das: Es wird eine Vielzahl unterschiedlicher «Feedstocks» geben, was bei den mikrobiellen und biotechnologischen Verfahren der Dekomposition und Energiegewinnung ein hohes Maß an Flexibilität erforderlich macht. Das ist keineswegs unrealistisch, denn Mikroben und isolierte Proteine lassen sich viel leichter verändern und optimieren als Pflanzen.

Die Entwicklung und die Implementation nachhaltiger Verfahren für die Gewinnung und Nutzung von Bioenergie werden noch Jahre in Anspruch nehmen. Angesichts dessen wäre eine gewisse Stabilität der wirtschaftlichen und politischen Rahmenbedingungen mehr als wünschenswert. Denn der Entwicklung von Bioenergie ist nicht geholfen durch voreilige politische Entscheidungen, die eine verfrühte Implementierung ineffizienter Verfahren oder die Nutzung von ungeeigneten Produkten vorschreiben.

Kraftstoffe aus Biomasse:
Stand der Technik, Trends und Visionen

Von Walter Leitner

Die grundsätzliche Begrenztheit der fossilen Rohstoffe Erdöl, Erdgas und Kohle sowie die mit ihrer Nutzung verbundene Emission von Kohlendioxid machen es erforderlich, nach Alternativen zur Deckung des Energiebedarfs und zur Sicherung der stofflichen Wertschöpfungskette zu suchen. Nachwachsende Rohstoffe auf Basis von Biomasse müssen dabei in Zukunft verstärkt als Ressourcen herangezogen werden. Die Bereitstellung von Kraftstoffen für die motorische Verbrennung ist aufgrund der Größenordnung der Produktmengen einerseits und der molekularen Komplexität der Ausgangsstoffe andererseits eine besondere Herausforderung für die Natur- und Ingenieurwissenschaften. Nachwachsende Rohstoffe auf Basis von Biomasse erweisen sich vor diesem Hintergrund als die einzige nachhaltige Quelle für organischen Kohlenstoff und damit als eine attraktive Ressource zur Herstellung flüssiger Treibstoffe.

Der Begriff «Biokraftstoffe» umfasst dabei eine Reihe von sehr unterschiedlichen Konzepten, die sich grundsätzlich in der Natur der verwendeten Rohstoffe, in der chemischen Struktur und Zusammensetzung der Produkte sowie in den Verfahren zur Stoffumwandlung unterscheiden (Tabelle 1). Der vorliegende Beitrag beleuchtet die wissenschaftlichen und technologischen Konzepte zur Nutzung nachwachsender Rohstoffe vor allem vor dem Hintergrund der molekularen und reaktionstechnischen Grundlagen ihrer chemischen Umwandlung. Dabei wird deutlich, dass die Umstellung unserer Rohstoffbasis neben technologischen Herausforderungen auch die Chance zur nachhaltigen Gestaltung komplexer Wertschöpfungsketten unter Berücksichtigung optimaler Produkteigenschaften und integrierter Prozesswege beinhaltet.[1]

Biokraftstoff	Chemische Zusammen-setzung	Rohstoff	Umwandlung	Status
Erste Generation				
Biodiesel	Fettsäure-methylester	Fette und Öle	Umesterung	Kommerziell
Bioalkohole	Ethanol, Butanol	Stärke, Zucker	Fermentation	Kommerziell
ETBE	Ethyl-tert.-butylether	Stärke, Zucker	Fermentation/ Synthese	Kommerziell
«NextBTL»	Kohlenwasser-stoffe	Fette und Öle	Hydrierung	Kommerziell/ Pilot
Zweite Generation				
BTL	Kohlenwasser-stoffe	Lignozellulose	Vergasung/ Fischer-Tropsch	Pilot
Methanol	Methanol	Lignozellulose	Vergasung/ Synthese	Pilot/ Forschung
DME	Dimethylether	Lignozellulose	Vergasung/ Methanol/ Synthese	Pilot/ Forschung
MtSynfuel	Kohlenwasser-stoffe	Lignozellulose	Vergasung/ Methanol/ Synthese	Pilot/ Forschung
Bio-Öle	Kohlenwasser-stoffe, Aromaten	Lignozellulose	Pyrolyse/ Veredelung	Forschung
Bioalkohole	Ethanol, Butanol	Zellulose, Hemizellulose	Aufschluss/ Fermentation	Pilot/ Forschung
Maßgeschneiderte Kraftstoffe und Kraftstoffkomponenten				
	Lactone, Ether, Furane, u. a. m.	Zellulose, Hemizellulose	Synthese	Grundlagen-forschung
	Aromaten	Lignin	Synthese	Grundlagen-forschung

Tabelle 1: Biokraftstoffe – Unterschiedliche Konzepte zur Nutzung von Biomasse als Rohstoff für flüssige Treibstoffe.

Von der Erdölraffinerie zu Bioraffinerie-Konzepten als Grundlage der Kraftstoffgewinnung

Der Verkehrssektor trägt in der Europäischen Union mit etwa 30% zum Verbrauch an Primärenergie bei. Für den Zeitraum von 2000 bis 2030 wird dabei eine Steigerung von 14% im individuellen Personenverkehr und 74% für den Transport von Frachten erwartet.[2] Erheblich höhere Wachstumsraten sind in anderen Teilen der Welt zu verzeichnen, insbesondere in den Schwellenländern Indien und China. Für Deutschland wird hingegen bis zum Jahr 2025 insgesamt ein signifikanter Rückgang des Kraftstoffverbrauchs von derzeit etwa 50 Mio. Tonnen auf knapp 40 Mio. Tonnen prognostiziert.[3]

Für mobile Anwendungen ist es erforderlich, den Energieträger an Bord mitzuführen und kontinuierlich in Antriebsenergie umzuwandeln, wofür derzeit fast ausschließlich flüssige Treibstoffe eingesetzt werden. Obwohl zu erwarten ist, dass technologische Weiterentwicklungen in diesen Bereichen zu einer verstärkten Diversifizierung und einer zunehmenden Bedeutung alternativer Motorenkonzepte führen werden, wird die mittel- und langfristige Versorgung mit flüssigen Treibstoffen von überragender Bedeutung für den Individualverkehr und den Transport bleiben.

Kraftstoffe werden heute zu mehr als 95% auf Basis von Erdöl gewonnen.[4] Die für den Individualverkehr und den Transport wichtigsten Verbrennungskraftmaschinen, der Ottomotor und der Dieselmotor, stellen unterschiedliche Anforderungen an die entsprechenden Treibstoffe Benzin und Diesel. In beiden Fällen handelt es sich um komplexe Gemische aus Kohlenwasserstoffen, die nicht über die molekulare Struktur der einzelnen Komponenten, sondern über die Spezifikationen von Eigenschaften definiert sind. Für Benzin wird unter anderem die Oktanzahl (*research octane number*, RON) und für Diesel die Cetanzahl zur Beschreibung des Verbrennungsverhaltens herangezogen. Daneben sind weitere Eigenschaften wie Siedeverhalten, Flammpunkt und Dichte sowie bestimmte Angaben über die Zusammensetzung und Anteile von Verunreinigungen oder Spurenkomponenten vorgegeben. Benzin enthält neben gesättigten Kohlenwasserstoffen (Alkanen) bis zu etwa 10 Vol-% ungesättigte Kohlenwasserstoffe (Olefine) und bis zu 35% aromatische Verbindungen. Diesel beinhaltet überwiegend unverzweigte, längerkettige Alkane. Während in den USA Dieselkraftstoff traditionell überwiegend im Transportsektor und für Maschinen eingesetzt wird, sind in Europa Dieselmotoren auch im Individualverkehr weit verbreitet.

Obwohl in beiden Treibstoffarten die vorliegenden chemischen Verbindungen nur aus den Elementen Kohlenstoff und Wasserstoff aufgebaut sind, umfassen sie eine enorme Vielzahl an unterschiedlichen Strukturen, die sich in der Anzahl der Kohlenstoffe, dem Verhältnis Wasserstoff zu Kohlenstoff, der Art der Verknüpfung und der Anordnung in geraden und verzweigten Ketten oder Ringen unterscheiden. Erdöl besteht ebenfalls zum überwiegenden Teil aus Kohlenwasserstoffen, deren Zusammensetzung und Verteilung jedoch an die Erfordernisse der Treibstoffe angepasst werden müssen. Dies geschieht in der Kraftstoffraffinerie durch destillative Reinigung, chemische Umwandlung (v. a. Cracking und Reforming) und Vermischen geeigneter Stoffströme, sodass die gewünschten Anteile an den jeweiligen Treibstoffen erhalten werden. Moderne Raffinerien sind riesige Anlagenkomplexe, die mehrere zehntausend Tonnen Rohöl pro Tag verarbeiten können. Ein geringer Teil des Rohöls (ca. 7 %) wird in den petrochemischen Raffinerieprozessen so aufbereitet, dass die Basischemikalien für die stoffliche Wertschöpfungskette gewonnen werden.

In Analogie zur Erdölaufbereitung beinhaltet das Konzept der Bioraffinerien die gekoppelte energetische und stoffliche Nutzung von nachwachsenden Rohstoffen in Form pflanzlicher Biomasse.[5] Dabei sind die Vernetzung der Stoffströme und die Form der Aufbereitung stark von der als Rohstoff eingesetzten Biomasse abhängig. Grundsätzlich gibt es jedoch einige generelle Unterschiede zwischen der Erdölraffinerie und der Bioraffinerie, die beim Wandel der Rohstoffbasis berücksichtigt werden müssen. Im Gegensatz zu den Kohlenwasserstoffen im Erdöl sind die Bausteine der Biomasse überwiegend hoch funktionalisierte Moleküle, d. h. sie enthalten Heteroatome, vor allem Sauerstoff, aber auch Stickstoff, Phosphor oder Schwefel. Kohlenhydrate, die in Form von Zucker, Stärke und vor allem zellulosehaltigen Materialien die größte Fraktion an potenziell verwertbarer Biomasse darstellen, haben – wie der Name impliziert – die formale Zusammensetzung $C_n(H_2O)_n$ (z. B. Glukose = $C_6H_{12}O_6$). Da der Energiegewinn bei der motorischen Verbrennung hauptsächlich aus der Bildung von CO_2 und H_2O durch Oxidation des in den Molekülen enthaltenen Kohlenstoffs und Wasserstoffs resultiert, zielen alle Konzepte zur Erzeugung von Kraftstoffen aus Biomasse auf eine Verringerung des Sauerstoffgehalts in den Produkten ab. Die hierfür notwendigen molekularen Prozesse unterscheiden sich in den meisten Fällen grundlegend von den chemischen Prozessen in einer Erdölraffinerie.

Sowohl für die Umwandlung von Kohlenwasserstoffen als auch für die Nutzung von Biomasse ist der Einsatz von Katalysatoren unerlässlich, welche die komplexen chemischen Abläufe durch das Absenken der benötigten Aktivierungsenergien ermöglichen und in die gewünschte Richtung lenken.[6] In der Erdölraffinerie sind dies Feststoffe, an deren sauren oder edelmetallhaltigen aktiven Zentren die Kohlenstoff-Kohlenstoff- oder Kohlenstoff-Wasserstoff-Bindungen gespalten und neu geknüpft werden. Die flüchtigen Ausgangsstoffe liegen bei den hohen Reaktionstemperaturen der Raffinerieprozesse in der Regel gasförmig vor und werden in kontinuierlichen Verfahren mit den festen Katalysatormaterialien kontaktiert (Heterogene Katalyse). Biogene Rohstoffe für die Kraftstoffgewinnung sind hingegen nicht flüchtig und müssen daher in Lösung umgesetzt und verarbeitet werden. Dabei werden verstärkt auch gelöste, molekulare Katalysatoren zum Einsatz kommen (Homogene Katalyse). Neben chemischen Katalysatoren spielen biokatalytische Prozesse eine bedeutende Rolle, da z. B. für den Aufschluss und die Umwandlung von Kohlenhydraten enzymatische und fermentative Verfahren vorherrschen. Die notwendigen Prozessschritte zur Aufbereitung der Biomasse und zur Isolierung der Produkte aus ihren Lösungen müssen so effizient und energiesparend gestaltet werden, dass sie auch für die Herstellung von Kraftstoffen sinnvoll eingesetzt werden können. Dies stellt eine enorme Herausforderung für die moderne Verfahrenstechnik dar.

Biomasse ist per se ein dezentral anfallender Rohstoff, der überdies saisonalen Schwankungen unterworfen ist. Da gleichzeitig die Energiedichte von Biomasse im ursprünglichen, «nativen» Zustand relativ gering ist, müssen die Transportwege möglichst minimiert werden, um die Gesamtenergiebilanz nicht zu sehr zu belasten. Bioraffinerien können daher anders als Erdölraffinerien nur bedingt die Vorteile großer, zentraler Anlagenkonzepte (*economy of scale*) nutzen. Vielmehr bedarf es flexibler und dezentraler Logistik- und Anlagenkonzepte, die auch an regionale Besonderheiten angepasst werden müssen. Dabei können auch kombinierte Verfahren in Betracht gezogen werden, bei denen dezentrale Prozessschritte zur Aufkonzentration mit zentralen Umwandlungsverfahren gekoppelt werden.

Die Gesamtmenge an Kohlenstoff, die durch die Photosynthese in Pflanzenmaterial an Land gespeichert wird, wird auf eine Größenordnung von 10^{11} Tonnen pro Jahr geschätzt. Der entsprechende Energieinhalt ist etwa zehnmal höher als der Energieinhalt der weltweiten Erdölfördermenge. Das US-Landwirtschaftsministerium schätzt, dass die USA bis zu $3,8 \times 10^9$ boe (boe = *barrel of oils energy equivalent*, 1 Barrel = 159 Liter) über Biomasse aus Land- und Forstwirtschaft erzielen könnten, ohne dass die bestehenden Nutzungsformen nachhaltig beeinträchtigt würden. Der Verbrauch an Erdöl in den USA liegt derzeit nach diesen Angaben bei 7×10^9 Barrel pro Jahr.[7] Natürlich lässt sich nicht das gesamte Potenzial nutzen, aber die Zahlen verdeutlichen, dass Biomasse prinzipiell einen signifikanten Beitrag zur Energieversorgung der Zukunft leisten kann. Es wird aber auch deutlich, dass dies nur *ein* Baustein einer stärker diversifizierten Energieversorgung sein kann und eine alleinige Lösung durch die Nutzung von Biomasse selbst im Kraftstoffbereich nicht zu erreichen sein wird.

Insbesondere ist bei der Bewertung der einzelnen Technologien zu berücksichtigen, welche Art der Biomasse als Rohstoffquelle genutzt wird, um die direkte Konkurrenz zur Nahrungskette und den Wettbewerb um Anbaugebiete, Wasserversorgung und Bodennährstoffe zu minimieren. Die bereits im Markt verfügbaren «Biokraftstoffe der ersten Generation» nutzen nur Teile der Pflanzen (z. B. Öle aus Samen oder Früchten, Stärke, Zucker). Bei den Herstellungsverfahren von «Biokraftstoffen der zweiten Generation», die vielfach bereits im Pilotmaßstab getestet werden, wird hingegen das gesamte Pflanzenmaterial möglichst vollständig verwertet. Mit «maßgeschneiderten Kraftstoffen aus Biomasse» könnten langfristig schließlich die Herstellungsverfahren und die Entwicklung der motorischen Verbrennung aufeinander abgestimmt optimiert werden.

Biokraftstoffe der «ersten Generation»

Biokraftstoffe auf Basis von Fetten und Ölen («Biodiesel») Pflanzliche Öle und Fette können als biogene Rohstoffe für die Gewinnung von Kraftstoffen eingesetzt werden. Pflanzenöle sind Triglyceride, d. h. Ester aus langkettigen gesättigten oder ungesättigten Fettsäuren und dem dreiwertigen Alkohol Glycerin. Sie werden zum Teil auch direkt für die motorische Verbrennung oder als Beimischung zu Dieselkraftstoffen eingesetzt. Für die Anwendung im Individualverkehr sind sie jedoch aufgrund der Anforderungen an Reinheit, Transport, Lagerfähigkeit und Einspritzverhalten nicht geeignet. Der größte Teil wird deshalb mit Hilfe von Methanol in die Fettsäuremethylester (*fatty acid methyl esters*, FAME) umgewandelt, die im engeren Sinne als «Biodiesel» bezeichnet werden. Der Begriff leitet sich vom Verbrennungsverhalten und der Anwendung dieser Kraftstoffe ab, die mit konventionellem Dieselkraftstoff vergleichbar sind. Die chemische Zusammensetzung von Diesel (Alkane) und Biodiesel (Ester) hingegen unterscheidet sich grundsätzlich.

Das zur basenkatalysierten Umesterung benötigte Methanol stammt derzeit ausschließlich aus fossilen Quellen. Prinzipiell ließe sich Methanol aber auch aus nachwachsenden Rohstoffen erzeugen, wie im Abschnitt über Synthesegas noch näher erläutert wird. Bei der Umesterung entsteht als Koppelprodukt in großen Mengen Glycerin (ein Äquivalent pro drei Äquivalenten FAME). Die mögliche stoffliche Nutzung des Koppelprodukts trägt derzeit nicht wesentlich zur wirtschaftlichen Bewertung der Herstellung von Biodiesel bei. Neue Ansätze zur Nutzung von Glycerin als Synthesebaustein werden vielfach untersucht und diskutiert,[8] wobei die Kopplung der Rohstoffverfügbarkeit an die Biodieselnutzung jedoch eine erhebliche Unsicherheit für die Wirtschaftlichkeit solcher Prozesse mit sich bringt.

Reine Fettsäuremethylester haben eine höhere Cetanzahl als konventioneller Dieselkraftstoff, die aber teilweise durch andere Faktoren kompensiert wird, sodass sich eine geringfügige Erhöhung des volumetrischen Verbrauchs ergibt. Aufgrund der unterschiedlichen chemischen Struktur ist reines Biodiesel auch nur bedingt mit allen Teilen des gesamten Motorsystems kompatibel (z. B. Kunststoffteile, Tribosysteme). Die Beimischung zu Dieselkraftstoff ist jedoch problemlos möglich, und seit 2007 ist ein Mindestanteil von 5 Vol-% im Standard-Dieselkraftstoff in Deutschland vorgeschrieben.[9]

Als Rohstoffquellen werden vor allem Palm-, Soja-, Raps- oder Sonnenblumenöl herangezogen. In jüngster Zeit gewinnt die Jatropha-Pflanze zunehmendes Interesse, da sie genügsamer ist und auch auf weniger wertvollem Ackerland kultiviert werden kann. Tierische Fette und Abfallöle aus der Nahrungsmittelindustrie bieten zwar eine kostengünstige, aber mengenmäßig weniger bedeutende Ressource. Weltweit lag die Produktion von Biodiesel im Jahr 2007 bei 9 Mio. Tonnen. In Deutschland hat sich die Produktion von ca. 0,5 Mio. Tonnen im Jahr 2002 auf ca. 2,5 Mio. Tonnen im Jahr 2006 verfünffacht.[10] Deutschland ist damit der größte Produzent von Biodiesel weltweit. Die derzeit genutzten heimischen Anbauflächen für Raps und Sonnenblumen reichen dabei für die Bereitstellung der benötigten Mengen an Rohölen nicht mehr aus, sodass zusätzlich Pflanzenöle importiert werden müssen.

Eine weitere Möglichkeit zur Gewinnung von hochwertigen Treibstoffen aus Pflanzenölen besteht in der katalytischen Umsetzung mit Wasserstoff unter hohem Druck und bei erhöhten Temperaturen. Die Prozessführung ähnelt dabei dem Hydro-Processing in einer klassischen Raffinerie. Der notwendige Wasserstoff wird gegenwärtig aus fossilen Rohstoffen gewonnen, für eine optimale CO_2-Bilanz müssten alternative Quellen genutzt werden. Die molekulare Zusammensetzung der Produkte unterscheidet sich grundsätzlich vom klassischen Biodiesel und ähnelt eher den Kohlenwasserstoffgemischen, die im petrochemisch gewonnenen Diesel vorliegen. Das Verfahren wurde von der Firma Neste-Oil unter der Bezeichnung «NextBTL» in Finnland im Maßstab von 100 000 Jahrestonnen demonstriert, und für das Jahr 2008 ist der Bau einer Anlage mit einer Kapazität von 800 000 Jahrestonnen in Singapur angekündigt worden.[11] Die Bezeichnung ist allerdings etwas verwirrend, da das Kürzel «BTL» im engeren Sinne für Verfahren verwendet wird, bei denen synthetischer Treibstoff aus Lignozellulose gewonnen wird (*biomass to liquid*, siehe unten).

Bioalkohole auf Basis von Zucker und Stärke Ethanol wurde bereits in den Pionierzeiten des Automobilbaus als möglicher Treibstoff für den Ottomotor in Erwägung gezogen.[12] In Deutschland wurde in den 20er und 30er Jahren bis zu 2,5 % Gäralkohol zum Benzin zugemischt, eine geplante Erhöhung auf bis zu 10 % wurde aufgrund der nicht ausreichenden Versorgung schließlich eingestellt.[13] Heute wird Zucker (v. a. Zuckerrohr in Brasilien, in Europa Rübenzucker) und Stärke (v. a. Mais in USA, Getreide in Europa, Reis in Asien) fermentativ in industriellem Maßstab zu Bioethanol als Kraftstoff umgesetzt. Die entsprechenden Verfahren haben einen hohen technischen Entwicklungsstand erreicht, und Bioethanol kann unter bestimmten lokalen Voraussetzungen auch wirtschaftlich mit konventionellen Kraftstoffen konkurrieren. Prominentestes Beispiel hierfür ist Brasilien, wo Bioethanol aus Rohrzucker seit langem als Standardtreibstoff in Beimischungen bis zu 85 % (E85) genutzt wird. Über 80% der in Brasilien zugelassenen PKWs sind heute bereits als so genannte Flex Fuel Vehicles (FFV) ausgelegt, wodurch sie beliebige Zusammensetzungen von konventionellem Ottokraftstoff und Ethanol verwerten können. In Deutschland und in Europa wird neben der direkten Beimischung, die aufgrund der mangelnden Kompatibilität der Fahrzeugflotte auf maximal 5% begrenzt ist, vor allem auch das Folgeprodukt ETBE (Ethyl-Tertiär-Butyl-Ether) als Kraftstoffkomponente verwendet.

In 2007 wurden in Brasilien etwa 19 Mrd. Liter Bioethanol produziert. Die USA haben sich in jüngster Zeit zum weltweit größten Produzenten von Bioethanol entwickelt, mit über 24 Mrd. Litern im Jahr 2007. Als Rohstoff dient hier die Stärke aus Getreide und vor allem Mais. Gemeinsam erzeugen diese beiden Länder mehr als 90% der Weltjahresproduktion. Demgegenüber sind die in Europa produzierten Mengen mit etwa 2 Mrd. Litern relativ gering. Allgemein sind in vielen Ländern in den letzten Jahren erhebliche Steigerungen zu verzeichnen. Allein in Deutschland hat sich der Verbrauch von Bioethanol von weniger als 100 Mio. Liter in 2005 auf 600 Mio. Liter in 2006 vervielfacht. Als Rohstoff wird dabei überwiegend Getreidestärke oder Rübenzucker eingesetzt.[14]

Die Bildung des Ethanols erfolgt über die Vergärung von Glukose, in der Regel mit Hefestämmen vom Typ *Saccharomyces cerevisiae*. Pro Kilogramm Glukose werden 511 Gramm Ethanol und 489 Gramm CO_2 gebildet, und der exotherme Prozess muss durch Kühlung auf eine Temperatur von 30–35 °C reguliert werden.[15] Die Hefe wird bei Ethanolkonzentrationen von etwa 18 Vol-% vollständig deaktiviert und üblicherweise wird die Fermentation bei einer Konzentration von 11,5–12,5 Vol-% Ethanol beendet. Mehrstufige Destillation liefert ein azeotropes Gemisch mit 97,2 Vol-% Ethanol, dem das Restwasser mit Hilfe anderer Techniken wie z. B. dem Einsatz von Molekularsieben (synthetische Alumosilicate) entzogen werden muss. Neben den Aufarbeitungsschritten tragen bei der Verwendung von Stärke als Ausgangsmaterial weitere Prozessschritte, die zur mechanischen Vorbehandlung und schrittweisen Hydrolyse («Verzuckerung») des Biopolymers nötig sind, zum erheblichen Energieaufwand des Gesamtverfahrens bei. Das CO_2-Einsparpotenzial ist daher für Bioethanol auf Basis von Feldfrüchten begrenzt und wird unter Berücksichtigung des gesamten Lebenszyklus (inklusive Anbau, Transport, etc.) für Getreide als Rohstoff sogar teilweise negativ bewertet.[16]

Die Fermentation von Glukose mit Hilfe des Bakteriums *Clostridium acetobutylicum* ermöglicht die Herstellung des C4-Alkohols Butanol anstelle von Ethanol. Biobutanol hat mit Blick auf das Produkt Kraftstoff eine Reihe von potenziellen Vorteilen. Das Verhältnis von Kohlenstoff und Wasserstoff zu Sauerstoff ist günstiger und der Energiegehalt pro Volumen daher höher. Butanol besitzt ferner einen niedrigeren Dampfdruck, ist also weniger flüchtig als Ethanol, was sich auf das Dampfdruckverhalten bei Beimischungen positiv auswirkt. Generell kann Biobutanol laut Herstellerangaben in höheren Konzentrationen als Ethanol zum Ottokraftstoff beigemischt werden, ohne dass Modifikationen an den bestehenden Motorensystemen notwendig werden.[17]

Der fermentative Weg zum C4-Alkohol liefert neben Butanol auch Aceton und Ethanol als Beiprodukte. Ursprünglich wurde dieser Weg zur Gewinnung von Aceton als Synthesebaustein für Sprengstoff erstmals im Zweiten Weltkrieg technisch realisiert. Die Optimierung zur Herstellung von Butanol gelang u. a. einem Joint Venture von BP und DuPont, das angekündigt hat, Biobutanol in Großbritannien auf den Markt zu bringen. Das Beispiel verdeutlicht, wie durch die molekulare Struktur der Zielverbindungen bei gezielt herzustellenden Biokraftstoffen die Produkteigenschaften günstig beeinflusst werden können. Da für Biobutanol jedoch derzeit die gleiche Rohstoffbasis wie für Bioethanol herangezogen wird, gelten auch hier die für Biokraftstoffe der ersten Generation typischen Limitierungen und Probleme.

Limitierungen der ersten Generation von Biokraftstoffen Für die aus Ölpflanzen oder Zucker und Stärke hergestellten «Biokraftstoffe der ersten Generation» wird nur ein Teil der gesamten Pflanze als Rohstoff zur Umwandlung in den Energieträger genutzt. Die energetischen Hektarerträge sind daher moderat (pro Hektar wird ein Energieäquivalent von maximal ca. 1200–1600 Litern konventionellem Kraftstoff erreicht[18]), und die verfügbaren Anbauflächen für die zum Teil intensive Bewirtschaftung sind auch im globalen Rahmen begrenzt. Sowohl die Pflanzen selbst als auch die für ihre Bereitstellung nötigen Ressourcen wie Ackerland, Wasser und Nährstoffe stehen zumindest teilweise in Konkurrenz zur landwirtschaftlichen Nutzung für die Ernährung und Versorgung einer wachsenden Weltbevölkerung. Es wird intensiv darüber diskutiert, ob dies bereits Auswirkungen auf die Versorgungssituation in bestimmten Ländern zeigt. Unabhängig von der konkreten Situation im Einzelfall ist der Zielkonflikt Energie/Ernährung aus ethischer Sicht bei der Bewertung und Implementierung der Biokraftstoffe der ersten Generation ein gewichtiger Faktor. Einer nachhaltigen Nutzung dieser Konzepte sind vor diesem Hintergrund enge Grenzen gesetzt.

Vorrangiges Ziel der aktuellen Forschung und Entwicklung sind daher Technologien, die möglichst das gesamte pflanzliche Material für die energetische und stoffliche Nutzung erschließen und die Konkurrenz zur Nahrungskette ausschließen oder zumindest weitgehend vermeiden. Dies bedeutet, dass Lignozellulose als Rohstoff für Biokraftstoffe in das Zentrum des Interesses rückt.

Biokraftstoffe der «zweiten Generation»

Lignozellulose als Rohstoff   Lignozellulose ist das Gerüstmaterial aller terrestrischen Pflanzen und damit in weit größerem Maße verfügbar als die derzeit genutzten Bestandteile der Samen und Früchte. Als Pflanzenmaterial kommen Gräser, nicht genutztes landwirtschaftliches Material (Stroh, Maische) und Holz in Betracht. Dabei können sowohl gezielt angebaute Energiepflanzen als auch Abfallströme als Quelle für Lignozellulose herangezogen werden. So wird alleine in Deutschland das Aufkommen an nicht genutzter Biomasse (v. a. Restholz aus Forstwirtschaft und Industrie und Getreidestroh) auf ca. 70–75 Millionen Tonnen Trockenmasse pro Jahr geschätzt.[19] Dennoch werden die Industriestaaten auch unter diesen Voraussetzungen auf Importe zur Deckung ihres Kraftstoffbedarfs angewiesen sein. Speziell angepasste Energiepflanzen, die beispielsweise unter trockenen oder anderweitig extremen Bedingungen (z. B. Halophyten) gedeihen, können in diesem Zusammenhang neue Perspektiven für wirtschaftlich und sozial benachteiligte Gebiete eröffnen (vgl. dazu das Kapitel von Mark Stitt).

Lignozellulose ist ein Kompositmaterial aus den drei Bestandteilen Zellulose (35–50 %), Hemizellulose (25–30 %) und Lignin (15–30 %).[20] Die relativen Anteile hängen von der Art der Biomasse ab, Holz enthält z. B. typischerweise mehr Lignin als «grüne Biomasse» aus Gräsern oder als Stroh. Zellulose ist ein hochmolekulares lineares Biopolymer, das wie Stärke aus Glukoseeinheiten aufgebaut ist. Die Art der Verknüpfung und vor allem der kristalline Charakter von Zellulose machen es jedoch ungleich schwieriger, dieses Polymer aufzuschließen und abzubauen, um die Kohlenhydrate anschließend umwandeln zu können. Hemizellulose ist ein amorphes Polysaccharid, das sowohl Hexosen (6 C-Atome) als auch Pentosen (5 C-Atome) als Zuckermonomere enthält, die linear oder über Verzweigungen miteinander verknüpft sein können. Der Polymerisationsgrad ist mit ca 100–200 Kohlenhydrateinheiten deutlich niedriger als bei Zellullose, die aus mehreren Tausend Glukoseeinheiten aufgebaut ist. Hemizellulose ist daher erheblich leichter abzubauen, das Ergebnis ist aber eine Mischung von Zuckern, und es existieren derzeit weniger effiziente Umwandlungsrouten für die entstehenden Monosaccharide als für Glukose. Lignin schließlich ist grundsätzlich anders aufgebaut, mit einer ausgedehnten, irregulären Struktur aus aromatischen Baueinheiten, die über Sauerstoff- oder Kohlenstoffbrücken verknüpft sind. Die Grundbausteine dieser Polymere sind aromatische Alkohole (Coniferyl-, Sinapyl- und Coumarylalkohol), die bei der Bildung von Lignin in komplexer Weise über radikalische Prozesse miteinander vernetzt werden. Die Gewinnung definierter Ausgangssubstanzen durch den Abbau von Lignin stellt daher eine große Herausforderung dar.

Für die Nutzung von Lignozellulose als Rohstoff zur Gewinnung von Kraftstoffen werden derzeit vor allem die in Abbildung 1 dargestellten Prozessrouten intensiv erforscht. Dabei lassen sich zwei grundsätzlich verschiedene Prinzipien identifizieren. Zum einen kann die gesamte Biomasse einer thermischen Behandlung unterworfen werden, wobei entweder durch Pyrolyse ein flüssiges Produkt mit reduziertem Sauerstoffanteil (Bio-Öl) oder durch Vergasung eine Mischung aus Kohlenmonoxid und Wasserstoff (Synthesegas) erzeugt wird. Aus diesen Zwischenprodukten erhält man durch weitere chemische Prozesse flüssige Treibstoffe, die ähnlich wie konventionelle Kraftstoffe komplexe Vielstoffgemische sind und hauptsächlich aus Kohlenwasserstoffen bestehen. Zum anderen können die Bestandteile der Lignozellulose zunächst von einander getrennt und dann separat weiter verarbeitet werden. Dies eröffnet die Möglichkeit, die Rohstoffe in fermentativen oder gezielten (bio)- chemischen Prozessen zu definierten Reinsubstanzen umzuwandeln.

Biomasse-Umwandlung durch Pyrolyse Die thermische Behandlung von Biomasse unter Ausschluss von Luft (Pyrolyse) führt zu so genannten Bio-Ölen, die einen geringeren Sauerstoffanteil und eine erheblich höhere Energiedichte als das Ausgangsmaterial aufweisen.[21] Je nach Verfahrensweise kann dabei trockene oder grüne Biomasse verarbeitet

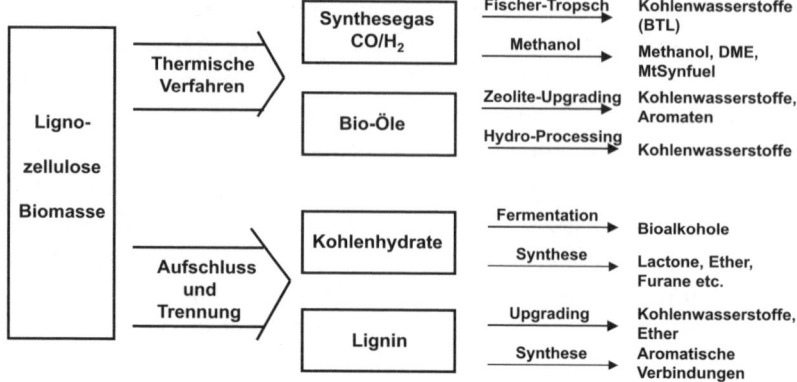

Abbildung 1: Mögliche Routen von Lignozellulose zu Kraftstoffen (modifiziert nach G. W. Huber, S. Iborra, A. Corma (2006): Chemical Reviews 106, 4044–4098).

werden. Am weitesten entwickelt sind Verfahren, bei denen trockene Biomasse durch kurzzeitiges Erhitzen auf Temperaturen zwischen 375 und 525 °C umgewandelt wird. Hierfür existieren eine Reihe technischer Prozesse mit Kapazitäten bis zu 100 Tonnen trockener Biomasse pro Tag. Neben den flüssigen Ölen werden auch gasförmige Fraktionen und Feststoffe gebildet («Verkohlung»). Die Gase können für die stationäre Energieerzeugung genutzt werden, z. B. um Prozessenergie für die Pyrolyse zu gewinnen. Die Teere können durch inniges Vermischen mit den Ölen energiereiche Suspensionen bilden. Für die nasse Biomasse kommt vor allem die Verflüssigung unter hohem Druck in Frage (*hydrothermal processing*), wobei dieses Verfahren neben der Bildung der Bio-Öle vor allem aufgrund der Möglichkeit zur Erzeugung von Wasserstoff interessant ist. Das in der Biomasse enthaltene bzw. zum Aufschluss der Biomasse zugegebene Wasser wird dabei in die Stoffumwandlung mit einbezogen und liefert etwa die Hälfte des gebildeten Wasserstoffs.

Bio-Öle sind dunkelbraune bis schwarze, hochviskose Flüssigkeiten oder Suspensionen von unangenehmem Geruch, die häufig korrosiv wirken. Sie können für die stationäre Energiegewinnung genutzt werden, sind jedoch aufgrund mangelnder Qualität und Stabilität nicht als Treibstoffe im Verkehrssektor einsetzbar. Für die weitere Veredelung sind ähnlich wie in einer petrochemischen Raffinerie Katalysatoren notwendig, wodurch ein aromatenreiches Kohlenwasserstoffgemisch entsteht. Weiter entwickelt und für die Anwendung im Treibstoffsektor attraktiver erscheint derzeit das so genannte *hydro-upgrading*, bei dem das Bio-Öl mit Wasserstoff unter hohen Drücken und bei hohen Temperaturen in Gegenwart von metallbasierten Katalysatoren behandelt wird. Auch dieser Prozessschritt ist im Prinzip aus der Petroleumraffinerie bekannt und in ähnlicher Weise in Verfahren zur wasserstoffbasierten Umwandlung von Pflanzenölen (siehe oben) implementiert. Es bleibt abzuwarten, ob und wie diese Verfahren im Detail mit Bio-Ölen als Rohstoffen kompatibel sind.

Bio-Öle haben gegenüber der nativen Biomasse eine um den Faktor zehn erhöhte Energiedichte, die bereits in der Nähe des volumetrischen Energiegehalts von Rohöl liegt. Sie lassen sich auch in Form der teerhaltigen Suspensionen häufig noch ausreichend gut pumpen und fördern. Sie stellen daher eine attraktive Option dar, um Biomasse dezentral in kleineren, einfach zu betreibenden Anlagen «aufzukonzentrieren» und sie dann zu zentralen Verarbeitungsstellen mit entsprechend großvolumigen Anlagen zu transportieren. Neben den bereits diskutierten Möglichkeiten zur Veredelung der Bio-Öle findet dabei vor allem die Vergasung zu Synthesegas besonderes Interesse, das als zentrales Intermediat für die Herstellung von Kraftstoffen und chemischen Produkten genutzt werden kann.

Biomasse-Verwertung durch Vergasung und Fischer-Tropsch-Synthese (biomass to liquid, BTL) Als Synthesegas wird die Mischung der Gase Kohlenmonoxid und Wasserstoff (CO/H_2) bezeichnet. Die Produktion von Synthesegas aus den fossilen Rohstoffen Kohle, Erdöl und Erdgas war und ist ein Grundpfeiler der Industrialisierung und der modernen petrochemischen Wertschöpfungskette. Synthesegas kann aber auch aus Biomasse erzeugt werden, wobei sowohl die direkte Vergasung als auch die Kombination von Pyrolyse und Vergasung der Bio-Öle möglich ist. Für die Bereitstellung von Kraftstoffen sind diese Technologien besonders interessant, weil sich Synthesegas in einem katalytischen Verfahren zu Kohlenwasserstoffen und damit letztendlich zu flüssigen Treibstoffen umsetzen lässt (Fischer-Tropsch-Synthese). Diese Konzepte werden je nach verwendetem Rohstoff mit dem Kürzel XTL (*coal to liquid* = CTL, *gas to liquid* = GTL, *biomass to liquid* = BTL) umschrieben. Die Attraktivität der BTL-Verfahren im Kraftstoffsektor beruht nicht zuletzt darauf, dass mit Hilfe prinzipiell etablierter Technologien ein Produkt erhalten werden kann, das mit der bestehenden Infrastruktur und Motorentechnik weitgehend kompatibel ist.

Der nach seinen Entdeckern – Prof. Franz Fischer, dem ersten Direktor des Kaiser-Wilhelm-Instituts für Kohlenforschung (heute MPI für Kohlenforschung, Mülheim an der Ruhr), und seinem Mitarbeiter Hans Tropsch – benannte Fischer-Tropsch-Prozess wandelt Synthesegas an festen Katalysatoren auf Basis von Eisen oder Cobalt in eine Mischung aus gesättigten und ungesättigten Kohlenwasserstoffen unterschiedlicher Kettenlänge um.[22] Ein Teil dieses Gemischs kann direkt als Dieselkraftstoff verwendet werden, die weiteren Fraktionen können mit Hilfe klassischer Raffinerietechnik aufbereitet werden, wobei zusätzlicher Wasserstoff benötigt wird. Der Fischer-Tropsch-Prozess wurde erstmals in den 30er Jahren bei der Ruhrchemie in Oberhausen im technischen Maßstab implementiert, um auf Basis heimischer Kohle gewonnenes Synthesegas in Treibstoff umzuwandeln. In den letzten Kriegsjahren wurden auf Basis dieser Technologie etwa 600 000 Tonnen Treibstoff pro Jahr produziert.

Nach dem Zweiten Weltkrieg wurde die Umwandlung von Kohle gegenüber der Erzeugung von Kraftstoffen aus Erdöl am freien Weltmarkt unwirtschaftlich, die Technologie wurde jedoch in Südafrika von der Firma Sasol weiter genutzt und entwickelt. In jüngerer Zeit haben vor allem Sasol und Shell große Anlagen mit Kapazitäten von 10^5–10^6 Barrel pro Tag für Fischer-Tropsch-Prozesse auf Basis von Synthesegas aus Erdgas in Betrieb genommen (z. B. in Malaysia, Qatar und Nigeria). Der dort gewonnene GTL-Treibstoff ist bereits am Markt verfügbar und wird z. B. als Beimischung im Shell V-Power-Diesel vertrieben. Die Verwendung von Dieseltreibstoff aus GTL-Verfahren führt zu einer signifikanten Reduktion von Schadstoffemissionen, da keine Heteroatome wie Schwefel oder Stickstoff (SO_x und NO_x-Emission) und keine für die Bildung von Ruß verantwortlichen aromatischen Kohlenwasserstoffe enthalten sind.[23] Ähnlich positive Verbrennungseigenschaften lassen sich für BTL-Kraftstoffe erwarten, die aus Synthesegas hergestellt werden, das aus Biomasse gewonnen wird.

Die Vergasung von Biomasse kann mit fester Biomasse als Rohstoff durchgeführt werden, und ein entsprechendes dreistufiges Verfahren ist im Carbo-V-Prozess[24] der Firma Choren bereits in den Demonstrationsmaßstab umgesetzt und mit der Fischer-Tropsch-Technologie der Firma Shell kombiniert worden. Aktuell wird in Freiberg eine kommerzielle

Anlage mit einer Kapazität von 18 Millionen Litern an so genanntem SunDiesel pro Jahr in Betrieb genommen. Allerdings muss hierzu die Biomasse relativ weit transportiert werden, um eine ausreichende Größe für die Wirtschaftlichkeit der Synthesegas-Umsetzung zu gewährleisten. Da das Synthesegas bei Normaldruck anfällt, die weitere Verarbeitung jedoch unter Druck erfolgt, sind ferner zusätzliche Kompressionsschritte notwendig. Das am Forschungszentrum Karlsruhe und bei der Firma Lurgi entwickelte bioliq-Konzept[25] versucht dies zu umgehen, indem als Ausgangsstoff für die Vergasung eine Suspension aus Pyrolyse-Öl und Pyrolyse-Teer (BioSynCrude) eingesetzt wird, die unter erhöhtem Druck in Synthesegas umgewandelt wird. Der Pyrolyse-Schritt erlaubt dabei in dezentralen, kleineren Anlagen die Konzentration des Energiegehalts der Biomasse von ca. 2 GJ/m^3 auf über 20 GJ/m^3 in einem transport- und lagerfähigen Zwischenprodukt. Die Gewinnung des Synthesegases kann dann gemeinsam mit der Fischer-Tropsch-Synthese und den weiteren Aufbereitungsschritten zentral in großvolumigen Anlagen betrieben werden.

Für die Fischer-Tropsch-Synthese ist ein Verhältnis von Wasserstoff zu Kohlenmonoxid im Synthesegas von etwa 2:1 ideal, um der Stöchiometrie der Bruttoreaktion gerecht zu werden. Die Zusammensetzung der Kohlenhydrate als Hauptbestandteile der Biomasse ist jedoch $C_n(H_2O)_n$, so dass im Synthesegas ein Verhältnis von H_2 zu CO resultiert, das nahe bei 1:1 liegt. In allen BTL-Verfahren muss daher im eigentlichen Syntheseschritt zusätzlich Wasserstoff bereitgestellt werden, der langfristig entweder aus Biomasse oder aus anderen nicht-fossilen Quellen gewonnen werden sollte, um die optimale CO_2-Einsparung ausschöpfen zu können. Eine kürzlich vorgestellte direkte katalytische Umwandlung von Kohlenhydraten zu Alkanen umgeht dabei den Zwischenschritt der Vergasung und versucht alle Teilschritte in wässriger Umgebung zu kombinieren.[26]

Weitere Treibstoffe auf Basis von Synthesegas Neben der Fischer-Tropsch-Synthese kann Synthesegas auch als Ausgangsmaterial für eine Reihe weiterer Prozessrouten dienen, die Treibstoffe für Verbrennungskraftmaschinen oder für alternative Antriebskonzepte liefern. Vor allem Methanol wird heute im industriellen Maßstab in katalytischen Prozessen aus Synthesegas auf Basis von Erdöl oder Erdgas hergestellt.[27] Auch hier ist ähnlich wie bei der Fischer-Tropsch-Synthese eine Umstellung auf Synthesegas aus Biomasse prinzipiell möglich. Methanol selbst kann als flüssiger Treibstoff für Verbrennungskraftmaschinen verwendet werden, wobei jedoch Anpassungen im Fahrzeugbereich und in der Logistik notwendig sind. Die Umwandlung zu Dimethylether (DME) bietet einen weiteren attraktiven Zugang zu einem potenziellen Kraftstoff.

Methanol lässt sich mit etablierter Technologie auch in Olefine umwandeln, die weiter zu synthetischen Kraftstoffen (MtSynfuels) mit interessanten Verbrennungseigenschaften verarbeitet werden können.[28] Darüber hinaus findet Methanol großes Interesse als flüssiger Energieträger für Brennstoffzellen in mobilen Anwendungen (siehe dazu den Beitrag von Kai Sundmacher) und im Bereich der Wasserstoffspeicherung (siehe dazu den Beitrag voon Robert Schlögl und Ferdi Schüth). Aufgrund seiner vielfältigen Nutzungsmöglichkeiten wird Methanol immer wieder als zentrales Plattformmolekül für die energetische und stoffliche Wertschöpfungskette diskutiert.[29] Auch Ethanol lässt sich prinzipiell aus Synthesegas herstellen, wobei vor allem chemokatalytische,[30] aber auch biokatalytische[31] Wege beschrieben sind. Die meisten Anstrengungen zur Herstellung von Ethanol auf Basis von Lignozellulose konzentrieren sich jedoch auf die direkte Fermentation der Kohlenhydratbestandteile Zellulose und Hemizellulose.

Bioalkohole aus Lignozellulose   Um einen möglichst großen Anteil der Biomasse fermentativ nutzen zu können, ist es notwendig, sowohl Hemizellulose als auch Zellulose als Rohstoff für die alkoholische Gärung einsetzen zu können.[32] Die in der Hemizellulose in großen Mengen enthaltenen C5-Zucker werden jedoch von *Saccharomyces cerevisiae* nicht als Substrate akzeptiert, und die Entwicklung entsprechend angepasster Biokatalysatoren ist ein hochaktuelles Forschungsgebiet. Zellulose ist hingegen ebenso wie Stärke aus Glukoseeinheiten aufgebaut und stellt damit prinzipiell eine Quelle für ein geeignetes Substrat der konventionellen alkoholischen Gärung dar. Voraussetzung dafür ist allerdings der Abbau von Zellulose zu kleineren Bausteinen, idealerweise bis zur Glukose, die dann effizient fermentativ umgesetzt werden können. Bisher fehlen allerdings Zellulasen, also Biokatalysatoren, die ähnlich effektiv für diesen Abbau sind wie die Amylasen für den Aufschluss der Stärke. Interessanterweise zeigen einige *Clostridium*-Stämme eine gewisse Zellulase-Aktivität, sodass die Fermentation zu Butanol eine alternative Option darstellt.

Das große Interesse an der Produktion von Bioethanol der zweiten Generation manifestiert sich in einer Reihe von Pilotanlagen, die trotz der bestehenden Schwierigkeiten in verschiedenen Teilen der Welt errichtet wurden. Der Aufschluss der Zellulose wird dabei mit säurekatalytischen Verfahren zur Hydrolyse oder kombinierten enzymatisch-chemischen Verfahren bewirkt. Die Firma Iogen in Ottawa, Kanada, hat mit finanzieller Unterstützung durch die kanadische Regierung für das Jahr 2008 die Umsetzung ihres Verfahrens in einer Anlage mit einer Kapazität von 150 000 Tonnen pro Jahr geplant.[33] In Europa sind unter anderem die bereits seit 2004 betriebene Pilotanlage der Firma Sekab in Schweden[34] und das geplante Pilotprojekt der Icelandic Ethanol-Oriented Biorefinery zu nennen, das geothermische Prozessenergie nutzen soll.[35]

Maßgeschneiderte Kraftstoffe durch gezielte chemische und biochemische Umwandlung

Die Verwendung von Lignozellulose als Rohstoff bietet prinzipiell auch die Möglichkeit, gezielt Verbindungen mit definierter Struktur herzustellen, deren Eigenschaften optimal auf die Verwendung als Treibstoffe in Verbrennungskraftmaschinen abgestimmt sind. Dies beinhaltet gleichzeitig die Möglichkeit zur technischen Weiterentwicklung der Motorenkonzepte, wie sich auch in der Vergangenheit die Entwicklung der Verbrennungskraftmaschinen und die Verfügbarkeit der Kraftstoffe wechselseitig beeinflusst haben. Ein solcher Ansatz erfordert zum einen ein breites methodisches Spektrum zur effizienten Synthese von sauerstoffhaltigen Molekülen mittlerer Größe aus lignozellulären Rohstoffen, zum anderen ein grundlegendes Verständnis der Zusammenhänge zwischen molekularer Struktur und motorischer Verbrennung. Im Rahmen des Exzellenzclusters «Tailor-Made Fuels from Biomass» arbeiten Forscher der RWTH Aachen und des Max-Planck-Instituts für Kohlenforschung in Mülheim an der Ruhr gemeinsam an dieser interdisziplinären Herausforderung für die Grundlagenforschung (Abb. 2).

Für eine gezielte stoffliche Umwandlung ist der Aufschluss von Lignozellulose in die Rohstoffströme Zellulose, Hemizellulose und Lignin erforderlich, der im Idealfall möglichst direkt an den weiteren Ab- und Umbau der Bausteine gekoppelt ist. Alternative Lösungsmittel und Re-

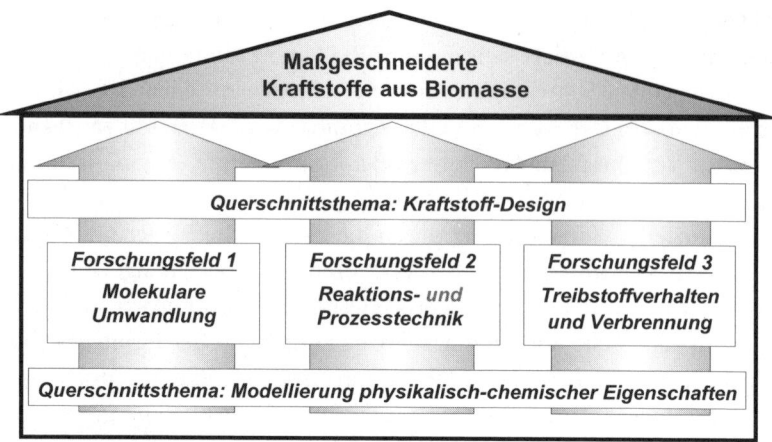

Abbildung 2: Interdisziplinärer Forschungsansatz des Exzellenzclusters «Tailor-Made Fuels from Biomass» an der RWTH Aachen in Zusammenarbeit mit dem Max-Planck-Institut für Kohlenforschung, Mülheim an der Ruhr.

aktionsmedien wie ionische Flüssigkeiten[36] und überkritische Fluide[37] bieten hier neuartige Ansätze, deren prinzipielles Potenzial es zunächst auszuloten gilt, da die wirtschaftlichen Rahmenbedingungen für die Herstellung von Treibstoffen dem Einsatz solcher Technologien naturgemäß enge Grenzen setzen.

Als ionische Flüssigkeiten (*ionic liquids*, ILs) bezeichnet man Verbindungen, die wie klassische Salze ausschließlich aus Ionen aufgebaut sind, aber Schmelzpunkte unterhalb von 100 °C aufweisen und daher bei relativ milden Bedingungen als Flüssigkeiten vorliegen. Während beispielsweise Kochsalz erst bei Temperaturen oberhalb von 800 °C schmilzt, liegen viele ILs schon bei Raumtemperatur flüssig vor und können als Lösungsmittel verwendet werden. Aufgrund ihrer ionischen Natur haben ILs im Gegensatz zu konventionellen Lösungsmitteln jedoch keinen messbaren Dampfdruck, d. h. sie sind nicht flüchtig und eröffnen damit neuartige Methoden der Stofftrennung und der Wiedergewinnung. Für die Nutzung von Biomasse sind ILs besonders interessant, weil sie Zellulose, Lignozellulose und selbst Holz auflösen können[38] und so einen neuartigen Zugang für den Aufschluss, die Trennung und die Umwandlung von biogenen Rohstoffen eröffnen.

Überkritische Fluide (*supercritical fluids*, SCFs) sind Stoffe, die über ihre kritische Temperatur erhitzt und über ihren kritischen Druck komprimiert vorliegen. Im überkritischen Zustand verschwindet der Unterschied zwischen Gas und Flüssigkeit, und SCFs vereinen teilweise die Eigenschaften der Gasphase (Flüchtigkeit, Diffusionseigenschaften, niedrige Viskosität und Oberflächenspannung) mit denen der Flüssigphase (Dichte, Lösungskraft). Unter den drastischen Bedingungen der Hydrothermalprozesse mit nasser Biomasse (siehe oben) liegt das Wasser im nahkritischen oder überkritischen Bereich vor. Überkritisches Kohlendioxid (scCO$_2$) wird bereits bei sehr viel milderen Bedingungen erreicht (T_c = 31 °C, p_c = 74 bar) und wird in industriellen Prozessen zur Stofftrennung an Naturstoffen, insbesondere bei der Entkoffeinierung von Kaffee, eingesetzt. Da bei der Stoffumwandlung von Biomasse aus nicht flüchtigen, hoch polaren Biopolymeren immer kleinere Bausteine mit zunehmender Flüchtigkeit und abnehmender Polarität entstehen, könnte scCO$_2$ auch hier neue Optionen für die Stofftrennung bieten.[39]

Die gezielte Herstellung möglicher Treibstoffkomponenten aus biogenen Rohstoffen erfordert insbesondere die Entwicklung neuartiger Syntheserouten, wobei bestimmte Reaktionstypen immer wieder auftauchen. Da die Grundstoffe der Biomasse zu viel Sauerstoff enthalten, spielen Hydrierung (Reaktion mit Wasserstoff) und Dehydratisierung (Wasserabspaltung) eine entscheidende Rolle. Auch hier ist, ähnlich wie bei den BTL-Konzepten, zusätzlich Wasserstoff erforderlich. Ringöffnende und ringschließende Reaktionen treten ebenfalls in vielen potenziellen Sequenzen auf. Der Bruch und die Bildung von Kohlenstoff-Kohlenstoff-Bindungen ist ein fundamentales Prinzip der organischen Synthese und natürlich auch hier von Bedeutung. Für all diese Umwandlungen müssen Chemo- oder Biokatalysatoren gefunden werden, die mit höchster Aktivität und Selektivität arbeiten.

Das Energieministerium der USA hat im Jahr 2004 eine Liste von zwölf Plattformchemikalien erstellt, die bei der Stoffumwandlung von Biomasse eine zentrale Rolle einnehmen.[40] Ausgehend von Zellulose lassen sich konkrete Routen definieren, die solche Plattformchemikalien beinhalten und zu Zielmolekülen führen, die als Kraftstoffkomponenten in Frage kommen. Einige dieser Zielmoleküle wie z. B. 2-Methyltetrahydrofuran oder γ-Valerolacton wurden für diesen Zweck bereits vorgeschlagen und getestet.[41] Für Hemizellulose und Lignin lassen sich im Prinzip ähnliche Routen formulieren, wobei jedoch gerade beim Lignin derzeit noch kaum gezielte Abbaumechanismen zu definierten Produkten bekannt sind.

Aus der Vielzahl der möglichen Routen und Zielmoleküle müssen frühzeitig die vielversprechenden Kandidaten ausgewählt und optimiert werden. Hierzu müssen Stoff- und Energiebilanzen erstellt und vor allem das motorische Verhalten der Stoffe im Detail evaluiert werden. Es ist offensichtlich, dass bei der Fülle der unterschiedlichen Möglichkeiten ein linearer Ansatz im «trial and error»-Verfahren, mit der Synthese und Testung in jedem Einzelfall, nicht effizient ist. Langfristiges Ziel der Forschung ist es daher, die Produkteigenschaften mit der molekularen Struktur der Stoffe zu verknüpfen und so unter Berücksichtigung der zu realisierenden Synthesemethoden einen echten Designprozess für die gesamte Wertschöpfungskette zu ermöglichen. Dieses Vorgehen erfordert eine enge Kooperation zwischen Chemikern und Biologen mit Verfahrenstechnikern und Maschinenbauern. Der Aachen-Mülheimer Cluster ist in dieser interdisziplinären Konstellation ein auf nationaler und internationaler Ebene einmaliger Forschungsverbund.

Schlussbemerkung

Die Bereitstellung flüssiger Treibstoffe für Verbrennungskraftmaschinen wird auf absehbare Zeit von großer Bedeutung für die Mobilität und den Transport in einer globalisierten Wirtschaft bleiben. Biomasse kann dabei als Quelle für organischen Kohlenstoff eine wichtige Ressource für die Herstellung von Treibstoffen darstellen. Die derzeit etablierten Verfahren der ersten Generation (Biodiesel aus Fetten oder Ölen und Bioethanol aus Stärke oder Zucker) können für Europa kurzfristig einen begrenzten Beitrag zur Versorgung leisten, eine Nutzung dieser Technologien kann jedoch nur unter wirtschaftlich und regional sehr spezifischen Rahmenbedingungen nachhaltig sein. Die Verfahren der zweiten Generation, bei denen Lignozellulose als Rohstoff eingesetzt wird, haben ein deutlich höheres Substitutionspotenzial. Gegenwärtig sind dabei die Verfahren über Vergasung und anschließende Fischer-Tropsch-Synthese (BTL) am weitesten ausgereift, aber auch bei den fermentativen Prozessen zu Bioalkoholen der zweiten Generation sind erhebliche Fortschritte zu verzeichnen. Langfristig bietet die gezielte Synthese definierter molekularer Strukturen gekoppelt mit einer Weiterentwicklung der Motorentechnik die Chance, Rohstoffwandel und Produktoptimierung miteinander zu verbinden.

Neben den in diesem Beitrag diskutierten Methoden der Stoffumwandlung ist die Bereitstellung der Biomasse natürlich die essentielle Voraussetzung für alle Konzepte der Erzeugung von Biokraftstoffen. Prinzipiell ist dabei neben der terrestrischen Biomasse auch die Nutzung mariner Biomasse (z. B. Algen) eine mögliche Option. Gegenwärtige Forschungsaktivitäten konzentrieren sich aber insbesondere darauf, Hektarerträge zu steigern und gezielt Energiepflanzen zu züchten, deren Kultivierung nicht mit der für die Ernährung notwendigen landwirtschaftlichen Nutzung konkurriert. Hierzu werden sowohl die klassische Züchtungsforschung als auch die genetische Optimierung von Pflanzen Beiträge leisten können. Wenn es gelänge, bislang landwirtschaftlich nicht nutzbare Gebiete für den Anbau von Energiepflanzen zu erschließen, könnte dies positive Auswirkungen auf viele sozial und wirtschaftlich benachteiligte Regionen haben.

Einen «Königsweg» für die Treibstoffversorgung der Zukunft gibt es leider nicht. Dazu sind zu viele Unwägbarkeiten im System, die nicht zuletzt auch mit der Entwicklung alternativer Antriebstechnologien oder der Verfügbarkeit und Gewinnung von Wasserstoff zusammenhängen. Deshalb ist es sinnvoll, eine möglichst breite Palette von Technologien zu evaluieren und im Wettstreit um Innovation konkurrieren zu lassen. Ein wichtiges Ziel sollte es dabei sein, den Rohstoffwandel aktiv zu gestalten und die Optionen voranzutreiben, die neben dem Aspekt der Treibstoffgewinnung auch die stoffliche Nutzung von Biomasse beleuchten. Denn auch wenn nur etwa 7 % unseres Erdölverbrauchs in Medikamente, Kunststoffe, Kosmetika und Konsumgüter gehen: Fast 100 % des Kohlenstoffs, aus dem all diese Produkte aufgebaut sind, kommen aus dem Erdöl, und die Biomasse ist langfristig unsere einzige nachhaltige Alternative zu diesem begrenzten Rohstoff.

Biomasse-Nutzung für globale Zyklen: Energieerzeugung oder Kohlenstoffspeicherung?

Von Markus Antonietti und Gerd Gleixner[1]

Möglichkeiten der Biomasse-Nutzung

Die derzeitige Erdölförderung, die die Energieversorgung der Menschheit sicherstellt, beträgt weltweit ungefähr 4 Milliarden Tonnen pro Jahr.[2] Geht man von einem Preis von 100 US-$ je Barrel aus, entspricht dies einem Wert von ungefähr 2500 Milliarden US-$. Rohöl ist allerdings nur beschränkt verfügbar und wird schon mittelfristig nicht mehr in ausreichender Menge zur Verfügung stehen. Verteilungskämpfe, wirtschaftliche Verwerfungen, aber auch bittere Armut der Dritten Welt sind die Konsequenz. Von einer verlässlichen Ölversorgung hängt, wie schon in anderen Kapiteln dieses Buches dargestellt, unser jetziges Energienutzungsverhalten ab. Verbunden damit ist aber weiterhin auch der Fragenkomplex nach der Verfügbarkeit von Rohstoffen für die Großchemie: Kunststoffe, Medikamente, die meisten Dinge des täglichen Bedarfs wären im Moment ohne Öl praktisch nicht mehr verfügbar. Der dritte mit dem Ölzyklus verknüpfte Aspekt von fundamentaler Bedeutung ist der Klimawandel oder der Schutz der Atmosphäre. Alles Erdöl wird – früher oder später – als CO_2 in das Erdsystem freigesetzt. Diese Schattenseite der Ölwirtschaft erzeugt allein aus Erdöl jährlich 12,5 Milliarden Tonnen CO_2 und führt zu den mittlerweile bekannten und auch nicht mehr bestreitbaren Implikationen für das Weltklima.[3] Diese Wechselbedingtheiten zeigen, dass es falsch ist, sich allein auf die Energieversorgung zu konzentrieren; es gilt vielmehr, den gesamten Komplex Energie/Rohstoffversorgung/Atmosphärenmanagement in den Blick zu nehmen und alle drei «Weltfragen» gleichzeitig zu optimieren.

Einer der derzeit diskutierten, konventionellen Lösungsansätze läuft darauf hinaus, kleinere Teile der Treibstoff- und Energieproduktion auf Biomasse-Nutzungsschemen umzustellen. Dies schließt – neben der direkten Verbrennung von Biomasse, z. B. als Holzscheite und Holzpellets – die Vergärung von Kohlenhydraten zu Bioethanol, das Anpflanzen von Ölfrüchten («Biodiesel») oder die Ausfaulung zu Biogas mit ein.[4] Zumindest im Falle der Biotreibstoffe der ersten Generation ist dieses Vorgehen nicht unumstritten, und es gibt sogar Anhaltspunkte, dass bei der Berücksichtigung auch von Effekten des weiteren Prozessumfelds eine derartige Bewirtschaftung die Atmosphäre eher weiter schädigt, als dass sie ihr nützt. Detaillierte Bilanzierungen der Energieeffizienzen, der Kosten und auch der biologischen Konsequenzen der Bioenergieverfahren der ersten Generation sind allerdings keineswegs neu und wurden z. B. von Gustavsson et al. schon 1995 veröffentlicht.[5] Verfahren der zweiten Generation, wie z. b. die Vergärung eines größeren Teils der Pflanzenmasse durch die Zugabe entsprechender Enzyme oder die Umwandlung der Pflanzenmasse in Diesel durch Fischer-Tropsch-Verfahren (so genannte BTL-Verfahren, d. h. *biomass to liquid*), sind daher Gegenstand intensiver verfahrenstechnischer Forschung.

Die Produktion von Bioethanol für Kraftfahrzeuge ist besonders in Brasilien schon fest etabliert, wobei auch dabei ca. 90 Gewichtsprozent (Gew.%) des Zuckerrohrs bei der Ethanol-Produktion als Bagasse verloren gehen. Legt man die offiziellen Zahlen der Zuckerproduktion zugrunde, werden damit alleine in Brasilien schätzungsweise 1 km³ Zuckerrohr-Rückstände nur niederwertig genutzt. Diese Zahl entspricht in Kohlenstoffäquivalenten ca. 10% der fossilen Ölproduktion und unterstreicht die Ineffektivität der Biomassenutzung der ersten Generation. Es geht in diesem Kapitel aber nicht um die Kritik an den klassischen Verfahren der Biomassenutzung. Vielmehr soll gezeigt werden, dass derartige Vorgehensweisen nur wenige Prozent der Erdölproduktion ersetzen können. Zu der Trias Energie/Rohstoff/Atmosphärenmanagement lässt sich auf diese Weise also nur marginal beitragen. Vor allem aber kann man den bisherigen Schaden der Industrialisierung nicht wieder gutmachen. Die menschliche Gemeinschaft würde damit also im Wesentlichen nur weitermachen wie bisher.

Was aber wäre ein wirklich nützliches Instrument? In Anbetracht des Klimawandels und der Rolle von CO_2 wäre es für einen Wissenschaftler höchst erstrebenswert, nicht nur den weiteren CO_2-Ausstoß zu vermindern, wie es derzeit für das Abfangen und Speichern von entstehendem CO_2 in Erd- oder Unterwasserlagern direkt an den Kraftwerken diskutiert wird (so genannte CCS-Schemen, siehe unten). Es geht vielmehr auch darum, ein Mittel zu schaffen, welches in der Lage ist, die bisherige Entwicklung umzukehren und das atmosphärische

CO_2 der früheren Jahre der Industrialisierung ebenfalls zu binden. Das bedeutet Klimamanagement statt Klimaschädigung! Dieser Gedanke, so einfach er auch ist, ist derzeit noch nicht Gegenstand der öffentlichen Diskussion. Es geht aber in Wirklichkeit um die Suche nach «neuen» Kohlenstoffsenken.

Die größte, effektivste und auch natürlichste Kohlenstoffsenke, die sogar noch die energetisch aufwändige Bindung und Umwandlung des CO_2 aus der Atmosphäre übernimmt, stellt ohne Zweifel das Wachstum von Biomasse dar. Eine grobe Schätzung der terrestrischen Biomasseproduktion ergibt 60 Milliarden Tonnen pro Jahr, bezogen auf die getrocknete Substanz.[6] Der natürliche CO_2-Kreislauf ist also immer noch um den Faktor 8 größer als der anthropogene, nur befindet sich die Natur eben in einem Gleichgewicht zwischen der Erzeugung und der erneuten Speicherung von CO_2, während für die anthropogene CO_2-Produktion keine neuen Senken geschaffen wurden und sie unbalanciert in der Atmosphäre verbleibt. Biomasse ist zudem nur eine temporäre Senke, da der mikrobakterielle Abbau von Biomasse nach dem Ableben der Pflanzen fast die gesamte Menge an CO_2 wieder freisetzt, die vormals im Pflanzenmaterial gebunden wurde. So erzeugen die tropischen Regenwälder auf längere Sicht nur das Äquivalent an Sauerstoff, das der geringen Speicherung an Kohlenstoff in der bestehenden Biomasse entspricht; ihre Abholzung und Zerstörung setzt jedoch nicht nur direkt, sondern auch durch Bodenerosion und Bodenatmung den zuvor mühsam gespeicherten Kohlenstoff schlagartig wieder frei. Biomasse enthält wegen ihrer chemischen Struktur ungefähr 40 Gew.% Kohlenstoff. Ein «Wegschließen» von 8,5 Gew.% der frisch produzierten Biomasse aus dem aktiven Ökosystem und die Unterdrückung seines biologischen Abbaus könnten demnach tatsächlich die gesamte CO_2-Freisetzung aus fossilem Öl kompensieren. Dies ist die Größenordnung einer wirklich effektiven Klimaschutzmaßnahme.

Leider ist das Ganze nicht so einfach, wie es auf den ersten Blick vielleicht aussieht: Pflanzenmasse enthält auch gebundenen Stickstoff und essentielle Mineralien (z. B. Kalium und Phosphor), die nicht einfach aus dem Kreislauf entfernt werden können. Es fehlt damit noch ein weiterer Zwischenschritt. Die dafür erforderlichen *low-tech*-Maßnahmen zur Trennung von Kohlenstoff und den anderen Kreislaufstoffen aus Biomasse sind selten, und aus der geologischen Vergangenheit kennt man nur drei Prozesse, die dies bewerkstelligen, nämlich:

- die Bildung von Erdgas und Methanhydrat aus Biomasse, die effektiv große Mengen auch an Kohlenstoff bindet und Sauerstoff sowie die Mineralien aus der Biomasse wieder freisetzt;
- die Bildung von Erdöl, die chemisch/biologisch/geologisch noch kontrovers diskutiert wird und nicht einfach im Labor zu reproduzieren ist;
- die Bildung von Kohle, die chemisch am einfachsten nachzustellen ist und auch vergleichsweise eindeutig verläuft.

Von den drei Prozessen ist die «Verkohlung» in der Erdgeschichte wohl am häufigsten aufgetreten, und ihr verdanken wir den Großteil unserer heutigen Sauerstoffatmosphäre.

Unter Verkohlung versteht man dabei nicht nur die «heiße» Flammverkohlung, wie sie z. B. von einem Köhler zur Herstellung von Holzkohle praktiziert wird. Es gibt auch eine effektivere, «kalte» Verkohlung, die sich in einem Zeitraum von ein paar hundert Jahren (bei der Bildung von Torf) bis zu einigen Millionen Jahren (Schwarzkohle) vollzieht. Hier wird Biomasse unter leicht sauren Bedingungen und unter Luftausschluss weitgehend von einer oxidativen Biologie ferngehalten und chemisch langsam zu Kohle umgesetzt. Wegen dieser scheinbaren Langsamkeit wird diese Verkohlung in Schemata für erneuerbare Energien üblicherweise nicht berücksichtigt oder gar als eine aktive Quelle für den CO_2-Kreislauf betrachtet. Wir wollen deshalb im Folgenden die Machbarkeit eines Ansatzes diskutieren, der Biokohle als ein aktives Element von Kohlenstoff-Bindungsschemen berücksichtigt und zu diesem Zweck z. B. die Umsetzung von Pflanzenmasse zu Biokohle stark beschleunigt und die Abtrennung der Mineralstoffe vereinfacht. Dazu muss natürlich diskutiert werden, in welchen Wechselwirkungen ein derartiger Kohlenstoff mit der Biogeosphäre steht und welche indirekten Kaskadeneffekte seine Freisetzung bewirkt.

Die Hydrothermale Carbonisierung: Ihre Energetik und ein Vergleich mit anderen Biomasse-Nutzungsschemen

Am natürlichen Prozess der Torf- und Kohlebildung sind neben den biologischen Prozessen der Fermentation auch rein chemische Umsetzungen beteiligt.[7] «Verkohlen» ist eine sehr elementare Erfahrung, und Holzkohle und Teer werden von der Menschheit wohl seit der Steinzeit «produziert» und genutzt. Auch in der «modernen» wissenschaftlichen Literatur findet man einige Versuche, wie man die Kohlebildung mit schnelleren physikalischen Prozessen nachahmen kann. Ergänzend zur klassischen Köhlerei[8] ist im Rahmen des oben genannten Kontexts die «Hydrothermale Carbonisierung» (HTC) von besonderem Interesse. Erste Experimente wurden schon 1913 von Bergius and Specht durchgeführt, die die hydrothermale Umwandlung von Zellulose in kohleartige Materialien beschrieben.[9] Hydrothermal bedeutet dabei, dass die Biomasse in Anwesenheit von Wasser und möglichen Katalysatoren einfach aufgeheizt wird; um die dafür notwendigen Temperaturen von 180–230 °C zu erreichen, erfolgt die Reaktion in einem Autoklaven, der technischen Version eines «Dampfkochtopfs».

Moderne Experimente nehmen diese Ansätze auf, erzeugen aber durch die Zugabe von Katalysatoren oder einfachen anderen Zuschlagstoffen eine schnellere Prozessführung bzw. erlauben die Herstellung spezieller Nanostrukturen. Die dabei beschriebenen Beschleunigungen der Verkohlung in der HTC um einen Faktor 10^6–10^9 bis hinab auf die Stundenskala bei recht milden Bedingungen machen die HTC zu einer technisch attraktiven Alternative. Dies gilt besonders auch für das Binden von Kohlenstoff aus Biomasse im großen und auch globalen Maßstab.

Die HTC ist im Vergleich zu den anderen Verfahren der Biomassenutzung nicht nur schnell und einfach. Zum einen braucht sie inhärent nasse Startprodukte, da die Reaktion effektiv nur in einer wässrigen Phase eintritt, d. h. ein Trocknen ist nicht nötig. Zum anderen kann die Biokohle durch Filtern von der Lösung getrennt werden, sodass es keiner komplizierten Isolierung bedarf. Dabei ist von Vorteil, dass die Mehrzahl der Salze der Pflanzenmasse in dem Kochwasser verbleibt und so dem Ökosystem wieder zurückgegeben werden kann. Weiterhin geht bei schwach sauren Bedingungen und unterhalb von 220 °C praktisch der gesamte Kohlenstoff der Biomasse in Biokohle über: die so genannte Kohlenstoffeffizienz (*carbon efficiency*, CE) ist praktisch 1. Der wohl wichtigste Vorteil ist jedoch, dass – einmal entsprechend thermisch aktiviert – die HTC ein spontaner, exothermer Prozess ist. Je nach Kondensations- oder «Reifegrad» der Kohle werden bis zu 30 % der ursprünglich in der Pflanzenmasse gebundenen chemischen Energie als Wärme frei. Dies wurde schon 1913 von Bergius beschrieben: ohne entsprechende Kühlungen können sich solche Reaktionen auf mehrere hundert Grad aufheizen.

$$C_6H_{12}O_6 \xrightarrow[\text{Gärung}]{40°C, 5\ d} 2\ C_2H_5OH + 2\ CO_2 \quad \text{CE} = 0.66$$

3230 kJ/mol $\qquad\qquad\qquad\qquad$ 2720 kJ

$$C_6H_{12}O_6 \xrightarrow[\text{Faulung}]{40°C, 21\ d} 3\ CH_4 + 3\ CO_2 \quad \text{CE} = 0.5$$

$\qquad\qquad\qquad\qquad\qquad\qquad\qquad$ 2680 kJ

$$C_6H_{12}O_6 \xrightarrow[\text{HTC}]{200°C, 12\ h} C_6H_4O_2 + 4\ H_2O \quad \text{CE} = 1$$

$\qquad\qquad\qquad\qquad\qquad\qquad\qquad$ 2300 – 2700 kJ

Abbildung 1: Ein Vergleich der chemischen und biologischen Umsetzungen, die der Nutzung von Energie aus Kohlenhydraten zu Grunde liegen, sowie ihre typischen Bedingungen. Die Summenformel von Biokohle ist nur schematisch zu verstehen. Alle angegebenen Brennwerte beziehen sich jeweils auf die gesamte Seite der Reaktionsgleichung.

Ein zusammenfassender Vergleich zwischen der HTC und den eher klassischen Nutzungen von Biomasse – «alkoholische Vergärung» und «anaerobes Faulen» – in Bezug auf die typischen Bedingungen, Energieausbeuten, und Massenströme findet sich in Abbildung 1.

Alle drei Umsetzungen sind natürlich und verlaufen spontan, die hydrothermale Verkohlung ist aber der exothermste der drei Prozesse. Dies erklärt auch die Einfachheit seiner chemischen Durchführung. Weiterhin wird als Nebenprodukt im Idealfall nur Wasser frei. Verkohlung ist also auf dieser Beschreibungsebene nur die Abspaltung von Wasser aus Kohlenhydraten unter Erhalt der Kohlenstoffstruktur.

Biokohle: Energieträger oder CO_2-Lager?

Aus diesen Gründen ist die Carbonisierung von Abfall-Biomasse oder von schnell wachsenden Pflanzen und Algen (die zu diesem Zweck angebaut wurden) unserer Ansicht nach die im Moment wohl effektivste und auch realistischste Prozess zur *Entfernung* von atmosphärischem CO_2, wobei ein gut lagerbarer, wenn nicht sogar sehr nützlicher Feststoff entsteht. Dies ist im Hinblick auf die Risiken so genannter CCS-Schemen (*carbon capture and storage*), bei denen gasförmiges CO_2 in ehemaligen Gaslagerstätten gespeichert wird, doch sehr bemerkenswert. Dabei kann natürlich die Biokohle wie mineralische Kohle verbrannt werden, dann allerdings nur mit CO_2-neutraler Wirkung. Um die erwünschte negative Wirkung auf das atmosphärische CO_2-Gleichgewicht zu erzielen, sollte die Biokohle jedoch in großskaligen Anwendungen dem kurzfristigen Kreislauf entzogen werden. Dies wird im nächsten Abschnitt diskutiert.

Die Wirtschaftlichkeit solcher Bemühungen lässt sich zumindest grob abschätzen und damit lassen sich dann auch die Kosten der Nutzung der Atmosphäre fair bewerten. Würden wir als Menschheit nur 10% unserer Ausgaben für Rohöl für die globale Speicherung von CO_2 aufwenden (250 Milliarden US-$), käme man so immerhin auf 20 US-$ pro Tonne CO_2, das sind 73 US-$ pro Tonne gebundenen Kohlenstoff. Eine solche Kostendeckung lässt einfache Verfahren wie die HTC wohl gut zu und berücksichtigt dann nicht einmal den Mehrwert für das Geosystem, die Landwirtschaft oder auch den erzielbaren Preis für Kohlenstoff in materialwissenschaftlichen Anwendungen. Kompliziertere Rechnungen und Bilanzierungen sind zwar wissenschaftlich unbedingt notwendig, aber politisch eher gefährlich, da sie die generelle Machbarkeit eines effektiven Klimaschutzes verschleiern helfen.

Zur Energieversorgung trägt ein nicht verbrannter Kohlenstoff natürlich nur insofern bei, als er die Kohlenstofferzeugung aus anderen fossilen Quellen, wie z. B. Erdgas oder Erdöl, zu kompensieren hilft. Dies lohnt sich wegen der hohen Energiedichte von Öl oder Gas, die in diesen Energieträgern zu großen Teilen von dem im Gas/Öl gebundenen Wasserstoff herrührt. Es macht dann andererseits natürlich keinen Sinn, mineralische Kohle aufwändig und zum Teil sogar subventioniert zu fördern und zu verbrennen, da man genau diesen Kohlenstoff ja wieder als chemisch äquivalente Biokohle binden müsste. Dann verbrennt man lieber, CO_2-neutral, gleich die erzeugte Biokohle.

Dabei ist die breite Verfügbarkeit niederwertiger Biomasse nicht zu unterschätzen. Selbst dicht besiedelte Industrieländer wie Deutschland haben in dieser Hinsicht viel zu bieten. So sind die anfallenden Reste der Zuckerproduktion aus Rüben (ca. 4,5 Millionen Tonnen Zucker, damit ungefähr das Doppelte an ausgepressten Rübenschnitzel) oder der Biodieselproduktion (ca. 10 Millionen Tonnen Rückstände von Rapspflanzen) auf Grund der öffentlichen Produktionsstatistik klar zu quantifizieren. Bei «grüner Tonne», Stadtgrün und Klärschlamm kann man mit 250 kg pro Bürger rechnen, und beim Landschaftsschutz aus Natur-

schutzgebieten fallen ebenfalls etliche Millionen Tonnen an, die nieder-
oder ungenutzt verbleiben. Das Gesamtpotenzial an Biokohle bei Nutzung vorhandener, bereits gesammelter Nebenprodukte liegt damit
durchaus in der Größenordnung des Kohleverbrauchs an sich. Die hydrothermale Behandlung von Biomasse ist damit ein realistisches tech-
nisches Instrument zur Reduktion des atmosphärischen CO_2.

«Terra Preta» und der biologische Mehrwert

Eine attraktive nicht-energetische Anwendung im globalen Maßstab, die
auch ökologische Vorteile mit sich bringt, ist die Nutzung der wasser-
und ionenbindenden Fähigkeiten von Biokohlen, die zur Verbesserung
von Ackerboden eingesetzt werden können. Eine solche Technik stellt
den natürlichen Prozess der Entstehung von Schwarzerden nach, die zu
den fruchtbarsten Böden der Erde zählen. «Schwarzerden», d. h. stark
huminstoffhaltige Böden, sind schon jetzt einer der größten Kohlenstoffspeicher des Erdsystems. Das hohe Alter des Kohlenstoffs dieser Böden,
das durch den Einsatz der Radiokohlenstoffmethode bestimmt werden
kann, macht aber deutlich, dass der natürliche Prozess der Schwarzerde-
Entstehung sehr langsam vor sich geht und als Speicherprozess nicht geeignet ist. Die Entwicklung von Biokohlen mit gesteuerten Eigenschaften
könnte diesen Prozess beschleunigen und so die Ertragsfähigkeit und Er-
tragssicherheit landwirtschaftlicher Flächen selbst unter veränderten
Klimasituationen sicherstellen.

Dabei geht die Einbringung von künstlich erzeugtem Kohlenstoff in
Böden weit über die passive Lagerung von Kohlenstoff hinaus; es ist
vielmehr mit einer Potenzierung des Speichereffekts durch die Aktivie-
rung von Pflanzenwuchs und Biologie zu rechnen. Ein Modell hierfür
liefern interessanterweise historische Ausgrabungen im Amazonasbe-
cken.[10] Dort gab es über 2000 Jahre lang eine Indianerkultur, die bis zu
10% von Amazonien bedeckte und im 16. Jahrhundert ein Mehrfaches
der heutigen Siedlungsdichte ernähren konnte, indem sie künstliche
Schwarzerde aus Holzkohle, Algenresten, Abfällen und Sanitärabfällen
erzeugte. Diese «terra preta» (schwarze Erde) ist heute noch stabil, erhöht die Fruchtbarkeit auch ohne zusätzlichen Dünger durch Speicher-
effekte und erlaubt mehrere Ernten im Jahr. Die «terra preta» wurde von
Bodenforschern bereits als potenzielle globale Kohlenstoffsenke vorge-

schlagen, wobei eben gleichzeitig Bodenqualität und Pflanzenwachstum befördert würden.[11]

Mit dem einfachen Nachstellen einer «terra preta» geben sich die heutigen Materialforscher des Max-Planck-Instituts für Kolloid- und Grenzflächenforschung natürlich nicht zufrieden. Auch wenn Biokohle üblicherweise aus Biomasse gemacht wird, kann man doch durch die Wahl der Biomasse, die Schaffung geeigneter Bedingungen und die Zugabe spezieller Katalysatoren das Produkt in seiner Chemie und seiner Struktur einstellen. Für die Anwendung als Bodenverbesserer braucht ein solches Kohlenstoffmaterial eine wasserliebende Oberfläche mit speziellen chemischen Gruppen und eine hohe Kapillarität. Neben den chemischen Parametern ist auch eine spezielle Textur sehr vorteilhaft, d. h. die Nano- und Mikroarchitektur der Kohle muss kontrolliert werden. So kann – trotz biologischer Rohstoffe – das gesamte Wissen der modernen Nanostrukturforschung in ein solches Forschungsprojekt einfließen, und es entsteht eine Art «Superhumus», wie er in der Natur zufällig wohl eher selten zu finden ist. Abbildung 2 zeigt die innere Struktur eines solchen HTC-Produkts, das aus Rohbiomasse hergestellt wurde.[12] Das Material kombiniert optimale Zugänglichkeit mit einer hoch funktionellen Oberflächenchemie und ist ideal für die kapillare Bindung von Wasser und spezifische Ionenbindung, eine Art Kohleschwamm sozusagen. Am Max-Planck-Institut für Biogeochemie in Jena wird im Moment untersucht, wie langlebig solche Kohlen im Boden verbleiben. Die Stabilität der Biokohle kann aber durch das Verständnis und die Kontrolle der unterliegenden hydrothermalen Chemie auch den Bedürfnissen des Ökosystems angepasst werden und so durch die Erzeugung von Designer-Kohle gezielt wichtige Ökosystemfunktionen wie etwa Wasserspeicherung, Trinkwasserreinigung oder Nährstoffspeicherung fördern.

Statt den Regenwald für eine fragwürdige Palmöl-Produktion abzuholzen,[13] könnte man einfach den Regenwald durch Bodenverbesserung stärken; ein solcher «Turbo-Dschungel» würde deutlich mehr Biomasse produzieren als eine Plantage, er wäre dabei CO_2-negativ und könnte gleichzeitig die Artenvielfalt unterstützen.

Alternativ bieten sich für die Kohlenstoff-Ausbringung auch abgewirtschaftete Karstflächen an. Die Schätzungen solcher Flächen bei ansonsten günstigen Rahmenbedingungen sind widersprüchlich, liegen aber in der Größenordnung von global bis zu 1 Milliarde Hektar. Bei

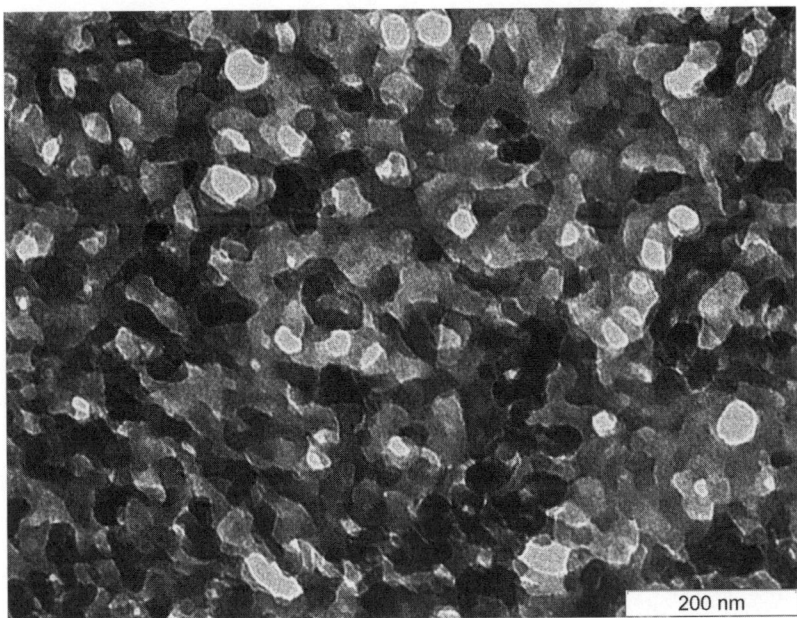

Abbildung 2: Elektronenmikroskopische Aufnahme einer Biokohle, die durch hydrothermale Behandlung von Eichenlaub hergestellt wurde. Man erkennt die Ausbildung einer schwammartigen Porenstruktur im 20–50 nm Porenbereich. Bei gleichzeitig hydrophilen Oberflächengruppen bindet eine derartige Struktur große Mengen Ionen und mittels Kapillarität auch Wasser mit ausreichender Festigkeit.

1 kg «terra preta» pro m^2 ergibt sich alleine hierfür ein CO_2-Bedarf von 10 Milliarden Tonnen, was interessanterweise der Jahresweltproduktion von fossilem CO_2 entspricht. Auch der biologische Multiplikator und die Folgewirkung lassen sich so nochmals einfach verdeutlichen: Die gleiche Menge wird dann jährlich wiederholt als Biomasse auf den vormaligen Brachflächen gebunden, bei Baumbestand über viele Jahrzehnte hinweg. So gesehen ist CO_2 möglicherweise bald zu schade, um nur in den Boden gepumpt zu werden.

Natürlich sind das alles kaum vorstellbare Dimensionen, die nur im globalen Rahmen bewältigt werden können. Um von einem «Atmosphären-Gebrauch» zu einem aktiven «Atmosphärenmanagement» künftiger Generationen zu kommen, kann zudem nicht einfach weiter herumexperimentiert werden. Es bedarf eines viel besseren Verständnisses der Wechselbedingtheiten von Klima, Stoffkreisläufen und menschlichem

Eingreifen, wie es im Moment als institutsübergreifendes Großprojekt der Max-Planck-Gesellschaft zur Erdsystemforschung erarbeitet wird. Es geht darum, schon heute entsprechende Umsetzungstechnologien zur CO_2-Bindung zu erarbeiten und zu optimieren. Vielleicht lässt sich dann ja für die Zukunft am Horizont – ganz optimistisch – ein hoffnungsvoller Streifen «Schwarz» erkennen.

Entwicklungslinien der Brennstoffzellentechnologie

Von Kai Sundmacher

Schon lange war es ein Traum der Wissenschaftler, die in chemischen Substanzen gespeicherten molekularen Bindungsenergien ohne weiteren Umweg direkt in elektrische Energie zu verwandeln. Im frühen 19. Jahrhundert wurden durch die experimentellen Untersuchungen von Alessandro Volta (Entdeckung des Batterieprinzips, 1799) und Michael Faraday (Formulierung der elektrochemischen Grundgesetze, später Faradaysche Gesetze genannt, 1832) die wissenschaftlichen Grundlagen geschaffen, die es schließlich William Grove ermöglichten, diesen Traum zu verwirklichen. Er stellte 1839 einen Apparat vor, mit dem sich Wasserstoff und Sauerstoff direkt in elektrischen Strom verwandeln lassen. Schaut man sich diese Wasserstoff-Sauerstoff-Brennstoffzelle genauer an, so erkennt man, dass dort zwei chemische Reaktionen in getrennten Kammern ablaufen (Abb. 1, links).

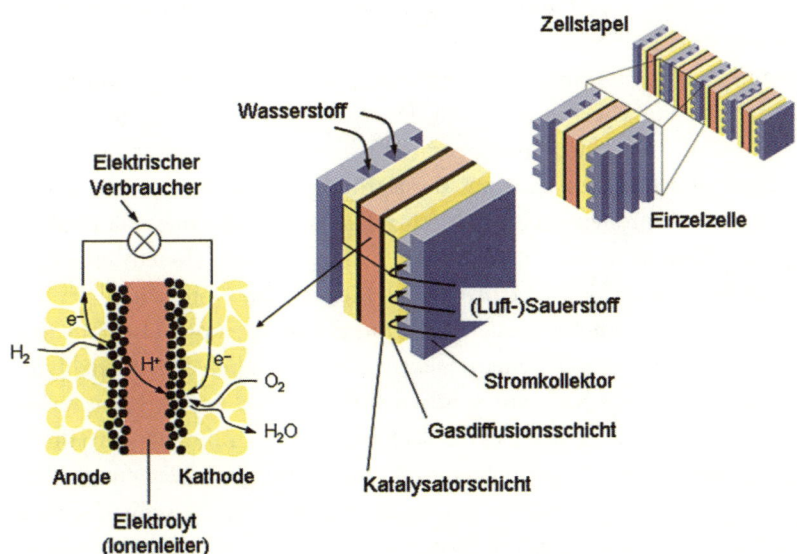

Abbildung 1: Wasserstoff-Sauerstoff-Brennstoffzelle: Wirkprinzip (links), Einzelzelle (Mitte) und Zellstapel (rechts).

In der linken Kammer, die man auch als Anode bezeichnet, wird Wasserstoff (H_2) über eine elektronisch leitfähige, poröse Gasdiffusionsschicht (gelb) zugeführt und gelangt an eine Schicht aus Katalysatorpartikeln (schwarz). Dort wird der Wasserstoff in Protonen (H^+) und Elektronen (e^-) gespalten. In der rechten Kammer, die man als Kathode bezeichnet, gelangt Sauerstoff (O_2) ebenfalls über eine Diffusionsschicht an eine zweite Katalysatorschicht. (In der Praxis verwendet man nicht reinen Sauerstoff, sondern Luft.) Dort reagiert der Sauerstoff mit Protonen und Elektronen zu Wasser (H_2O). Zusammengenommen werden also die beiden Ausgangsstoffe Wasserstoff und Sauerstoff zu dem Produkt Wasser umgewandelt – eine chemische Reaktion, die unter dem Namen «Knallgasreaktion» gern als Schulexperiment im Chemieunterricht vorgeführt wird. Jedoch gibt es einen wesentlichen Unterschied zwischen der klassischen Knallgasreaktion und dem Prozess, der das Wirkprinzip der Brennstoffzelle begründet: Bei der Knallgasreaktion werden die beiden Ausgangsstoffe Wasserstoff und Sauerstoff direkt miteinander in Kontakt gebracht. Es entsteht eine explosionsfähige Mischung, die leicht gezündet werden kann. Infolgedessen startet die Reaktion unter Freisetzung von reichlich Wärme und mit lautem Knall.

Ganz anders läuft der Reaktionsprozess in der Brennstoffzelle ab: Wasserstoff und Sauerstoff werden hier durch eine gasdichte Schicht räumlich getrennt voneinander gehalten, sodass keine explosionsfähige Mischung entstehen kann. Damit die beiden Stoffe abreagieren können, obwohl sie nicht miteinander gemischt sind, verwendet man als Trennschicht zwischen der Anode und der Kathode ein Material, das die positiv geladenen Protonen (H^+) hindurchtreten lässt. Derartige Materialien, die die Bewegung von molekularen Ladungsträgern (Ionen) erlauben, bezeichnet man als Elektrolyte (Ionenleiter). Im Unterschied zu den Protonen gelangen die bei der Reaktion des Wasserstoffs ebenfalls freigesetzten (negativ geladenen) Elektronen nicht über den Elektrolyten von der Anode zur Kathode, sondern auf einem äußeren Weg: Sie verlassen die Anode über einen elektronisch leitfähigen Draht, wandern durch einen elektrischen Verbraucher, z. B. eine Glühbirne oder einen Elektromotor, und erreichen durch einen weiteren Draht schließlich die Kathode. Dort treffen sie mit Protonen und Sauerstoffmolekülen zusammen, um als Reaktionsprodukt Wassermoleküle zu bilden. Letztere werden zusammen mit dem nicht umgesetzten Sauerstoff kontinuierlich aus der Brennstoffzelle ausgetragen. Kurz zusammengefasst beruht das Wirkprinzip der Brennstoffzelle also auf folgenden Merkmalen:

- kontinuierliche Zufuhr von Wasserstoff und Sauerstoff über entsprechende Gasverteilerstrukturen (Abb. 1, Mitte),
- kontinuierliche Abfuhr des entstandenen Produktwassers über die kathodische Gasverteilerstruktur,
- Trennung von Wasserstoff und Sauerstoff durch eine Elektrolytschicht,
- Wanderung der Protonen durch diese Elektrolytschicht,
- Wanderung der Elektronen durch einen externen Leiter.

Um die Betriebseigenschaften einer Brennstoffzelle zu charakterisieren, verwendet man häufig eine Kennlinie, die angibt, welche elektrische Spannung U die Zelle bei einer von außen aufgeprägten elektrischen Stromlast I erreicht. Eine solche Strom-Spannungskennlinie ist in Abbildung 2 qualitativ dargestellt. Wenn man aus der Brennstoffzelle keinen elektrischen Strom zieht, d. h. wenn der äußere Stromkreis offen bleibt, erreicht die Zellspannung ihren maximalen Wert U_0. Dieser Wert beträgt bei einer Wasserstoff-Sauerstoff-Brennstoffzelle typischerweise 0,9 bis 1,1 Volt, kann aber je nach Betriebsbedingungen variieren. Zum Vergleich: Die klassische Alkali-Mangan-Batterie, wie wir sie im täglichen Leben häufig in Kleingeräten einsetzen, hat eine Spannung von 1,5 Volt. Jedoch sinkt diese Spannung schnell ab, sobald der Brennstoffvorrat der Batterie zur Neige geht. Anders verhält es sich bei der Brennstoffzelle: Ihre Spannung wird dauerhaft aufrechterhalten, weil Wasserstoff und Sauerstoff kontinuierlich zugeführt werden. Jedoch kann auch die Spannung einer Brennstoffzelle deutlich einbrechen, nämlich dann, wenn ein zu hoher elektrischer Strom aus der Brennstoffzelle gezogen wird. Wie aus Abbildung 2 zu ersehen ist, sinkt die Zellspannung entlang einer S-förmigen Betriebskennlinie bei steigender Stromlast kontinuierlich ab. Sie erreicht den Wert $U = 0$, wenn der maximale Strom $I = I_{max}$ erreicht wird. Mehr Strom kann man aus der Brennstoffzelle nicht ziehen. Ideal wäre es natürlich, wenn die Zellspannung unabhängig von der aufgeprägten Stromlast auf einem unverändert hohen Niveau bleiben würde, am besten bei $U = U_0$. Einer solchen idealen Kennlinie kann man möglichst nahe zu kommen versuchen, indem man den Innenwiderstand der Brennstoffzelle so weit wie möglich minimiert. Dieser Innenwiderstand setzt sich aus folgenden wesentlichen Einzelwiderständen zusammen:

- Widerstände, welche die beiden Reaktionsgase Wasserstoff und Sauerstoff auf dem Weg ihres Transports durch die Gaskanäle und durch die Gasdiffusionsschichten hin zum Reaktionsort erfahren,
- Widerstände gegen den Ladungsdurchtritt an der Grenzfläche zwischen Elektrolyt und Anode bzw. an der Grenzfläche zwischen Elektrolyt und Kathode,
- Widerstand der Elektrolytschicht gegen den Protonentransport,
- Widerstände in der Anode und der Kathode gegen den Transport von Elektronen,
- Widerstände infolge eines behinderten Abtransports des Produktwassers, insbesondere bei Bildung von Wassertropfen, die die porösen Gasschichten und Gaskanäle verstopfen können.

Mit einer einzelnen Brennstoffzelle erreicht man, wie bereits erwähnt, bestenfalls eine Zellspannung von ca. 1 Volt. Bei Strombelastung stellen sich je nach Betriebspunkt typischerweise Werte von 0,5 bis 0,8 Volt ein. Jedoch müssen für zahlreiche Anwendungen, z. B. für einen elektromotorischen Fahrzeugantrieb auf der Basis von Brennstoffzellen, Zellspannungen von bis zu mehreren hundert Volt realisiert werden. Eine einzelne Zelle kann dies nicht leisten, wohl aber eine Kombination vieler Brennstoffzellen. Wie in Abbildung 1 (rechts) angedeutet, kann man Einzelzellen so stapeln, dass die Anode und die Kathode zweier benach-

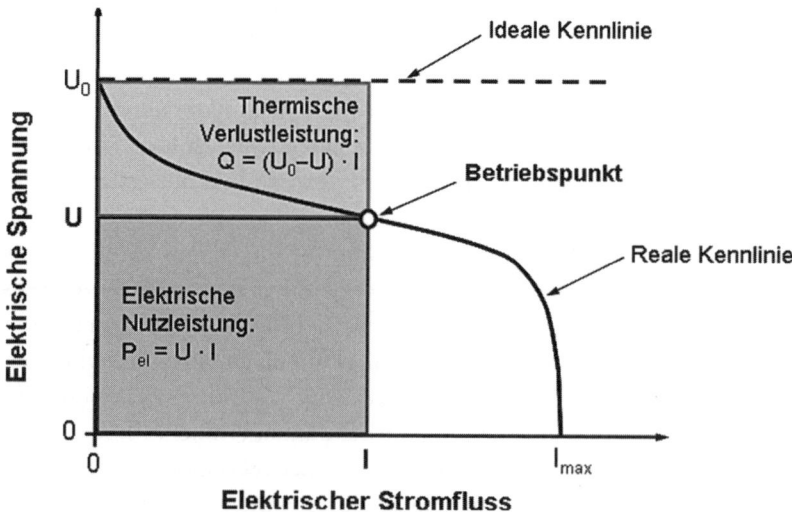

Abbildung 2: Typische Betriebskennlinie einer Brennstoffzelle.

barter Zellen direkt aufeinander liegen. Man spricht hierbei von einer *bipolaren Verschaltung* der Einzelzellen. Sie funktioniert ohne zusätzliche externe Verdrahtung, was den Stapelaufbau stark vereinfacht. Jedoch impliziert die Bipolarbauweise, dass bei Ausfall einer einzigen Zelle der gesamte Zellstapel seinen Dienst versagen kann.

Aufgrund ihres Wirkprinzips ist es mittels einer Brennstoffzelle möglich, die im Wasserstoff gespeicherte Energie zu einem großen Teil direkt in elektrische Energie umzuwandeln. Bei verlustfreiem Transport beider Sorten von Ladungsträgern, Protonen und Elektronen, beträgt der Anteil der elektrischen Nutzenergie bei einer Betriebstemperatur von 25 °C theoretisch bis zu 90 % – ein phantastischer thermodynamischer Wirkungsgrad, der Generationen von Wissenschaftlern motivierte, die Brennstoffzelle weiter zu erforschen, um die technische Umsetzung dieses exzellenten Energiewandlers vorzubereiten.

Es ist jedoch leider nicht ohne Weiteres möglich, diesen theoretischen Wirkungsgrad praktisch zu erreichen. Denn Protonen und Elektronen erfahren auf den Wegen ihrer Wanderung von der Anode zur Kathode eine Reihe von Widerständen in den elektrisch leitenden Bauteilen der Zelle, was dazu führt, dass neben elektrischer Energie stets auch Wärmeenergie erzeugt wird. Jeder kennt das Phänomen, dass elektrische Geräte warm – ja sogar heiß – werden, wenn man sie über längere Zeit betreibt. Um diese Wärme abzuführen, braucht man eine effiziente Kühlung. Insbesondere bei der kompakten Bauweise von bipolaren Zellstapeln ist die Kühlung oftmals nicht einfach: Kann man die Wärme über die Gasströme von Wasserstoff und Luft nicht in ausreichendem Maße abführen, muss dies über Kühlwasser erfolgen, das durch spezielle Kanalstrukturen in den Stromkollektoren des Zellstapels geführt wird. Damit wird das Design der Zelle jedoch deutlich komplizierter und die Fertigung teurer.

Je nachdem, welchen elektrischen Stromfluss man von der Anode zur Kathode der Brennstoffzelle zulässt, wird mehr oder weniger Wärme erzeugt (vgl. Abb. 2). Bei günstigen Betriebsbedingungen wird typischerweise ein Faradayscher Wirkungsgrad von ca. 50 % erreicht. Das heißt, in der Praxis wird rund die Hälfte der zugeführten chemisch gebundenen Energie in elektrische Nutzarbeit umgewandelt. Dieser Wirkungsgrad ist immer noch ein sehr guter Wert, verglichen etwa mit Verbrennungskraftmaschinen, in denen aus der chemisch gespeicherten Energie mechanische Nutzenergie (Kolbenbewegung) gewonnen wird.

Automobilmotoren erreichen Wirkungsgrade von ca. 25 bis 30%, große Dieselmotoren von bis zu 42%. Zusätzlich bringt der Einsatz einer Brennstoffzelle weitere Vorteile mit sich: Sie arbeitet geräuschlos und sie erzeugt keine schädlichen Abgase, sondern lediglich wasserdampfhaltige Abluft.

Angesichts der genannten Vorteile, die auf den ersten Blick sehr überzeugend sind, drängt sich natürlich die Frage auf, warum die Brennstoffzelle den technologischen Durchbruch, verbunden mit einem breiten Einsatz in Massenprodukten (Automobilantrieb, Hausenergieanlagen, Elektrogeräte), bisher nicht geschafft hat bzw. unter welchen Bedingungen sie sich in Zukunft durchsetzen kann. Die Beantwortung dieser Frage führt uns zu zentralen technologischen Problemfeldern, die in Zukunft, unterstützt durch gezielte staatliche Fördermaßnahmen, von Wissenschaft und Industrie gemeinsam zu bearbeiten sind:

- Entwicklung von aktiven und langzeitstabilen *Elektroden-Elektrolytstrukturen* zur effizienten Umsetzung von Wasserstoff und alternativen Brennstoffen,
- Entwicklung kompakter verfahrenstechnischer *Prozesse zur Herstellung und Reinigung von Wasserstoff* für den Betrieb von Brennstoffzellen,
- Entwicklung sinnvoller Strategien zur *Einbindung von Brennstoffzellen in energietechnische Versorgungsnetze.*

Entwicklung leistungsfähiger Elektroden-Elektrolytstrukturen

Ein zentrales Ziel der aktuellen Brennstoffzellenforschung ist es, durch weitere materialtechnische Verbesserungen den elektrischen Widerstand des Elektrolyten so weit wie möglich zu reduzieren und zudem eine möglichst lange Lebensdauer des eingesetzten Materials in der Brennstoffzelle zu erreichen. In Tabelle 1 sind fünf verschiedene Typen von Elektrolyten aufgeführt, aus denen sich jeweils ein spezieller Brennstoffzellentyp ergibt. In jedem dieser Elektrolyte können nur ganz bestimmte Sorten von Ionen, d. h. Ladungsträgern, wandern, die den Stromschluss zwischen Anode und Kathode sicherstellen. Grundsätzlich ist zu unterscheiden zwischen Zellen, bei denen ein flüssiger Elektrolyt die Anode und die Kathode voneinander trennt, und solchen Zellen, bei denen ein Festkörper-Elektrolyt diese Aufgabe übernimmt.

Zelltyp	Elektrolyt	Wandernder Ladungsträger	Bereich der Betriebstemperatur
AFC	Konzentrierte Kalilauge	OH^-	60–80 °C
PEMFC	Sulfonierte Polymermembran	H^+	80–100 °C
PAFC	Konzentrierte Phosphorsäure	H^+	180–200 °C
MCFC	Salzschmelze von Carbonaten	CO_3^{2-}	620–650 °C
SOFC	Festoxid-Keramik	O^{2-}	500–1000 °C

Tabelle 1: Brennstoffzellentypen: Elektrolyte und Betriebstemperaturen.

Die phosphorsaure Brennstoffzelle (PAFC, Phosphoric Acid Fuel Cell) wird mit konzentrierter Phosphorsäure, die man sich als gelartige Flüssigkeit vorstellen muss, betrieben. In der Phosphorsäure wandern Protonen, also H^+-Ionen, von der Anode zur Kathode. Anders verhält es sich in der alkalischen Brennstoffzelle (AFC, Alkaline Fuel Cell): Hier wird konzentrierte Kalilauge eingesetzt, in der OH^--Ionen den Ladungstransport übernehmen. Sie bewegen sich aufgrund ihrer negativen Ladung von der Kathode in Richtung Anode. Ein weiterer Zelltyp, bei dem eine schmelzflüssige Mischung aus Carbonatsalzen als Elektrolyt zum Einsatz kommt, ist die Schmelzcarbonat-Brennstoffzelle (MCFC, Molten Carbonate Fuel Cell). Bei allen drei bisher genannten Zelltypen besteht die Kunst darin, den flüssigen Elektrolyten zwischen den beiden Elektroden (Anode und Kathode) in geeigneter Weise «einzusperren». Dies gelingt, indem man den Elektrolyten in eine poröse Struktur einbringt, in der er – wie Wasser in einem vollgesaugten Schwamm – mittels Kapillarkräften in den Poren gehalten wird. Bei der MCFC verwendet man hierfür z. B. eine poröse Schicht aus Lithium-Aluminat (γ-$LiAlO_2$) und Aluminiumoxid.

Das Problem der Rückhaltung des Elektrolyten in der Brennstoffzelle entfällt, wenn man anstelle einer Flüssigkeit einen Festkörper als elektrolytische Trennschicht verwendet. Dies ist bei der Polymerelektrolyt-Membranbrennstoffzelle (PEMFC, Polymer Electrolyte Membrane Fuel Cell) und der Festoxid-Brennstoffzelle (SOFC, Solid Oxide Fuel Cell) der Fall. Bei der PEMFC setzt man spezielle Polymerfolien ein, die nach Befeuchtung mit Wasser eine gute Leitfähigkeit für Protonen aufweisen. Die Protonen können aus dem Polymer nicht «auslaufen», weil sie durch Gegenionen (Sulfonsäuregruppen, R-SO_3^-), die durch chemische Bindung fest am polymeren Grundgerüst verankert sind, zurückgehalten werden. Im trockenen Zustand sind diese Polymere nicht leitfähig, weil die Protonen dann durch ionische Bindung fest mit den Sulfonsäuregruppen verbunden sind und somit in diesem Zustand keine Mobilität besitzen.

Im Falle der SOFC sind es doppelt negativ geladene Sauerstoffionen, die sich als Ladungsträger im Festkörpergitter oxidischer Keramiken bewegen. Diese Ionen springen von einer Gitter-Fehlstelle zur nächsten. Dieser Transportmechanismus funktioniert in der Regel erst bei Temperaturen oberhalb von 500 °C und ist an eine ausreichend hohe Konzentration von Fehlstellen im Festkörper gebunden. Ist die Fehlstellenkonzentration jedoch sehr hoch, so leidet darunter die mechanische Stabilität der Keramik: Es kommt dann leicht zu einem Bruch der Elektrolytschicht. Dies führt zum Versagen der Brennstoffzelle, weil die Reaktionsgase aus dem Anoden- und dem Kathodenraum sich miteinander vermischen können.

Jede der hier genannten Elektrolyttrennschichten soll, eingebaut in die Brennstoffzelle, eine möglichst hohe Leitfähigkeit für die jeweils wandernden Ionen haben, damit der elektrische Widerstand der Elektrolyt-Trennschicht möglichst niedrig ist. Um dies zu erreichen, beschäftigen sich Materialwissenschaftler heute weltweit intensiv mit der Entwicklung neuer Elektrolyte. Dabei werden im wesentlichen zwei Forschungsrichtungen verfolgt, nämlich die Entwicklung neuer Materialien mit hoher spezifischer Ionen-Leitfähigkeit sowie die Reduzierung der Dicke des Elektrolyten auf eine dünne Schicht unter 150 Mikrometer (μm). Wir wollen im folgenden einige Trends der Elektrolytentwicklung erläutern und uns dabei auf die PEM-Brennstoffzelle (PEMFC) und die Festoxid-Brennstoffzelle (SOFC) beschränken.

Neue Materialien für die PEMFC   Wie bereits erwähnt, bilden in der PEMFC polymere Ionenleiter das Herzstück der Brennstoffzelle. Diese Polymere muss man sich als flexible, ca. 100 μm dünne Membranfolien vorstellen, auf denen beidseitig, z. B. mittels Sprühprozessen, Siebdrucktechniken oder Pressverfahren, die Anoden- und Kathodenstrukturen fixiert werden. Den gesamten Verbund, bestehend aus den beiden Elektroden und der Membran, bezeichnet man als Membran-Elektroden-Einheit. Die Membran sollte eine hohe Leitfähigkeit für Protonen besitzen und zudem für Wasserstoff und Sauerstoff undurchlässig sein. Zudem muss das polymere Membranmaterial bei möglichst hohen

Temperaturen einsetzbar sein, es muss stabil sein gegen reaktive oxidierende Radikale, die sich in der Grenzfläche zu den Elektroden bilden, und es muss der reduzierenden Atmosphäre an der Anode standhalten.

Das erste Polymer, das die genannten Eigenschaften erfüllte und als Protonenleiter einsetzbar war, wurde von dem amerikanischen Chemieunternehmen DuPont entwickelt. Es handelt sich dabei um ein fluoriertes sulfonsaures Polymer, das unter dem Handelsnamen Nafion weltweit Verbreitung gefunden hat. Jedoch hat Nafion zwei nachteilige Eigenschaften, die seinen Einsatz als Elektrolyt in der PEMFC besonders erschweren: Das Polymer nimmt erhebliche Mengen an Wasser auf und quillt infolgedessen stark auf. Ein großer Teil des im Polymer gespeicherten Wassers wird von den Protonen auf ihrem Weg von der Anode zur Kathode mitgeschleppt. Dies führt zu einem fortwährenden Wassertransport hin zur Kathode. Die poröse Struktur der Kathode wird daraufhin mit Wasser geflutet und verstopft im Extremfall vollständig. Der Sauerstoff kann dann nur noch unter großem Transportwiderstand zum Reaktionsort an der Kathode gelangen, was zu einem starken Einbruch der elektrischen Zellleistung führt. Ein weiterer Nachteil des Polymers Nafion besteht in seiner begrenzten Einsatztemperatur, die das Niveau von 100 °C nicht überschreiten darf, da das in der Membran gespeicherte Wasser sonst verdampft («Dehydratisierung») und sich die Protonen dann nicht mehr ausreichend schnell bewegen können. Jedoch wären höhere Betriebstemperaturen mit Blick auf die Leistungskennlinie der PEM-Brennstoffzelle erstrebenswert. Dies gilt insbesondere dann, wenn die Zelle nicht mit reinem Wasserstoff, sondern mit Reformatgas – einem mit Kohlenmonoxid (CO) verunreinigten Wasserstoffgas – gefüttert wird. Das Auftreten von CO führt zur Vergiftung der Anodenkatalysatoren (in der Regel Platin), gefolgt von erheblichen Leistungseinbußen der Brennstoffzelle. Wird die PEM-Brennstoffzelle jedoch bei Temperaturen von ca. 180 bis 200 °C betrieben, können CO-Vergiftungen bis zu 100 ppm toleriert werden. Wenn es also gelänge, ein protonenleitendes Material zu entwickeln, das bei den genannten höheren Temperaturen beständig ist, dann könnte die Brennstoffzelle mit stärker CO-verunreinigtem Wasserstoffgas betrieben werden. Das Gas müsste demzufolge weniger intensiv gereinigt werden, sodass der apparative Gesamtaufwand für den Betrieb der PEMFC mit Reformatgas deutlich reduziert wäre.

Vor diesem Hintergrund arbeiten seit mehr als einem Jahrzehnt weltweit Polymerchemiker und Festkörperphysiker fieberhaft an der Synthese neuer polymerer Protonenleiter, die die gewünschten Eigenschaften besitzen. Die Gruppe um Robert Savinell an der Case Western Reserve University in Cleveland schlug 1994 vor, ein mit Phosphorsäure dotiertes hochtemperaturbeständiges Polymer (PBI = Polybenzimidazol) als Membran in der PEM-Brennstoffzelle zu verwenden. Phosphorsäure bildet mit dem Polymer ein Addukt, das bis zu 200 °C stabil ist. Andere Forschergruppen entwickelten diesen Lösungsansatz weiter, sodass man heute in der Industrieforschung kurz davor steht, PEM-Brennstoffzellen mit PBI-Membranen in Serienanwendungen zu überführen.

Wasserstoff ist nicht der einzige Brennstoff, den man elektrochemisch in einer PEM-Brennstoffzelle oxidieren kann. Es ist auch möglich, kurzkettige Alkohole (z. B. Methanol oder Ethanol) direkt einzuspeisen. Diese Direktverstromung ist besonders attraktiv für mobile Brennstoffzellensysteme (Auto, Handy, Laptop, Notstromaggregat), weil man z. B. Methanol (CH_3OH) sehr gut bei normalen Umgebungsbedingungen als flüssigen Brennstoff handhaben und weitgehend problemlos tanken kann. Die Verstromung erfolgt bei Temperaturen von 80 bis 100 °C in einer so genannten Direkt-Methanol-Brennstoffzelle (DMFC), in der Methanol elektrochemisch in Protonen (H^+), Elektronen (e^-) und Kohlendioxid (CO_2) gespalten wird. Wirklich effizient, d. h. mit ausreichend hohen Umsetzungsraten, läuft diese Reaktion aber nur, wenn sie durch einen bimetallischen Katalysator, eine Mischung der Metalle Platin und Ruthenium, beschleunigt wird. Für die optimale Wirksamkeit eines solchen Katalysators ist es unter anderem entscheidend, dass er in Form von feinsten Partikeln (Durchmesser ca. 2 bis 5 Nanometer) gleichmäßig auf einem elektrisch leitfähigen Trägermaterial, z. B. Ruß, verteilt wird. Helmut Boennemann (Max-Planck-Institut für Kohlenforschung) hat Ende der 1990er Jahre für diesen Zweck eine kolloidale Präparationsroute (Ko-Reduktion von organischen Platin- und Ruthenium-Salzen) entwickelt. Hierbei entstehen die beiden Katalysatormetalle Platin und Ruthenium als Nanopartikel, ohne dass sie zusammenklumpen – eine wichtige Voraussetzung, damit der Katalysator in der Brennstoffzelle eine hohe Aktivität für die Methanoloxidation zeigt.

Weltweit arbeiten Katalyseexperten heute daran, verbesserte bi- und trimetallische Mischkatalysatoren für die direkte Methanolverstromung in der DMFC zu entwickeln. Sie erproben alternative Metalle als Katalysatorkomponenten und untersuchen den Einfluss der Partikelgröße und der Partikelverteilung auf die Leistungsfähigkeit der Anode der Brennstoffzelle. Detaillierte mechanistische Untersuchungen mit speziellen elektrochemischen und spektroskopischen Messtechniken, z. B. durch die Gruppe von Jürgen Behm an der Universität Ulm, haben gezeigt, dass die elektrochemische Spaltung des Methanols in einem komplizierten Netzwerk von Einzelschritten vonstatten geht. Ein grundlegendes Verständnis dieser Einzelschritte ist eine zentrale Voraussetzung für die gezielte Optimierung der Katalysatoren. Aus diesen Studien weiß man heute, dass Methanol an der Oberfläche der Platin-Partikel über mehrere Zwischenstufen in Kohlenmonoxid (CO) umgewandelt wird, das an der Oberfläche stark anhaftet. Die CO-Moleküle werden dann mittels OH-Radikalen, die sich aus Wassermolekülen an der Ruthenium-Oberfläche bilden, in das finale Reaktionsprodukt CO_2 überführt. Platin- und Ruthenium-Bestandteile arbeiten also quasi wie ein Tandem, das Methanol in Kohlendioxid umwandelt.

Die elektrische Leistungsdichte der DMFC ist heute noch nicht auf dem Niveau einer mit Wasserstoff betriebenen PEMFC. Dies liegt in erster Linie in dem Phänomen begründet, dass erhebliche Mengen des Brennstoffs Methanol durch Polymermembranen des Nafiontyps hindurchtreten («Methanol-Crossover»). Dieser Effekt reduziert die Effizienz einer Brennstoffzelle drastisch und hat bislang den technologischen Durchbruch der DMFC verhindert. Jedoch hat man mit der Entwicklung neuer Membranmaterialien jüngst große Fortschritte erzielt. So entwickelte z. B. die Gruppe von Joachim Maier am Max-Planck-Institut für Festkörperforschung in Stuttgart 2007 eine Membran aus sulfoniertem Polyphenylen, die über bisher unerreichte hydrolytische und thermooxidative Stabilität sowie über eine sehr hohe Leitfähigkeit auch bei geringem Wasser-Befeuchtungsgrad verfügt. Diese neue Membran quillt im Unterschied zu Nafion nur gering und ist stark methanolabweisend. Daher verhindert sie den Durchtritt von Methanol und behält dabei dank ihrer großen Ionenaustausch-Kapazität eine hohe Leitfähigkeit für Protonen.

Neue Materialien für die SOFC   Die Entwicklung leistungsfähiger Materialien für Hochtemperaturzellen des SOFC-Typs ist bestimmt von dem Bestreben, einen möglichst geringen Gesamtwiderstand der Verbundstruktur, bestehend aus Anode, Festkörperelektrolyt und Kathode, zu realisieren. Als Zielwert wird ein flächenspezifischer Widerstand von 0,15 Ohm je cm² anvisiert. Dieser Wert wird für das am häufigsten verwendete Elektrolytmaterial, Yttrium-stabilisiertes Zirconiumdioxid (YSZ), bei Temperaturen oberhalb von 950 °C erreicht, wenn man eine Schichtdicke von 150 µm wählt. Der SOFC-Betrieb bei derart hohen Temperaturen ist mit einem plattenförmigen Design (wie in Abb. 1) kaum möglich, vor allem weil es an den Rändern der Zelle zu Dichtungsproblemen kommt, die mit den heute verfügbaren Materialien schwer zu bewältigen sind. Dies kann man umgehen, indem man eine röhrenförmige Konfiguration wählt, wie von der Firma Siemens-Westinghaus vorgeschlagen. Dabei wird auf ca. 1,5 Meter lange poröse Kathodenrohre aus Strontium-dotiertem Lanthan-Manganat (LSM = La(Sr)MnO₃) mittels elektrochemischer Dampfabscheidung eine 30 bis 40 µm dicke, gasdichte Elektrolytschicht aus YSZ aufgebracht. Darauf wird dann durch einen Spritzprozess die poröse Anodenschicht aus Nickel-YSZ abgeschieden. Basierend auf dieser Technologie hat Siemens-Westinghaus Demonstrationssysteme des SOFC-Typs zur stationären Energieversorgung mit Leistungen von bis zu 200 Kilowatt gebaut. Die Betriebserfahrungen sind ermutigend und geben Anlass zu der Hoffnung, dass in ferner Zukunft SOFC-Kraftwerke in der Megawattklasse technisch machbar sein werden.

In den letzten zehn Jahren geht der Trend der SOFC-Entwicklung jedoch in eine andere Richtung. Man diskutiert den Einsatz kleinerer Einheiten in der Klasse 3 bis 5 Kilowatt zur Strom- und Wärmeversorgung von Häusern sowie zur Onboard-Stromversorgung von Hilfsaggregaten im Automobil (Klimaanlage, Standheizung). Im letztgenannten Fall spricht man von einer «Auxiliary Power Unit» (APU). Man versucht dabei, die Temperatur der Zelle auf 500 bis 750 °C zu begrenzen und dadurch unter anderem deren Lebensdauer zu erhöhen. Jedoch vermindert sich infolge der Temperaturabsenkung die Ionenleitfähigkeit des Festkörper-Elektrolyts. Den dadurch verursachten Anstieg des Innenwiderstands versucht man durch eine geringere Dicke der Elektrolytschicht zu kompensieren. So verwendet man statt eines selbsttragenden Elektrolyten einen dünnen gasdichten Oxidfilm (Dicke ca. 15 µm), der auf ein poröses Anodensubstrat aus Nickel-YSZ aufgetragen wird. Diese Materialkombination hat jedoch den Nachteil, dass sich der Elektrolyt (YSZ) und die Anode (Nickel-YSZ) bei Temperaturwechseln unterschiedlich stark ausdehnen bzw. zusammenziehen. Infolgedessen können zwischen den Schichten erhebliche mechanische Spannungen entstehen. Im Extremfall platzt die Elektrolytschicht von der Anode ab, sodass der elektrische Kontakt verloren geht und die Brennstoffzelle ausfällt. Vor diesem Hintergrund versucht man, neue Elektrolyte zu finden, die eine höhere Leitfähigkeit haben und sich gleichzeitig in ihrem thermischen Ausdehnungsverhalten besser auf die Anoden- und Kathodenschichten abstimmen lassen. Vielversprechende Elektrolytmaterialien sind u. a. Scandium-stabilisiertes Zirconiumdioxid sowie mit Strontium und Magnesium dotiertes Lanthan-Gallium-Oxid ($LaGaO_3$). In jüngerer Zeit wird auch versucht, die Oxidionen-Elektrolyte durch eine ganz neue Klasse von keramischen Protonenleitern (Barium-haltige Oxide) zu ersetzen. Jedoch sind deren Leitfähigkeiten noch nicht hoch genug für einen technischen Einsatz in der SOFC. In diesem Bereich wird also weiterhin intensive Grundlagenforschung erforderlich sein. Gleiches gilt für die Anoden- und die Kathodenmaterialien. Bei den angestrebten niedrigeren Temperaturen steigt der Innenwiderstand infolge von Polarisationsverlusten an beiden Elektroden. Daher arbeitet man an Kompositanoden, bestehend aus Nickel in Kombination mit speziellen Mischoxiden (CGO = Cer-Gadolinium-Oxid), die bei der für die SOFC recht niedrigen Temperatur von 500 °C bereits gute Leistungsdichten ergeben haben.

Die materialwissenschaftliche Forschung hat somit in den nächsten Jahrzehnten weitere anspruchsvolle Aufgaben zu lösen, damit SOFC-Kraftwerke im Klein- und im Großmaßstab realisiert werden können. Dabei geht es nicht allein um die Synthese und Charakterisierung neuer Materialklassen, sondern auch um die Aufklärung der Mikroprozesse, die an den Grenzflächen zwischen den Schichten ablaufen. Dies ist die Voraussetzung für den zielgerichteten Aufbau von leistungsfähigen und langzeitstabilen Sandwich-Strukturen.

Wasserstoff für Brennstoffzellen: Herstellung und Reinigung

Oft wird die Frage aufgeworfen, ob der Einsatz der Brennstoffzelle das globale Energieproblem lösen wird. Eine differenzierte Antwort darauf lautet: Die Brennstoffzelle ist ein sehr effizienter elektrochemischer Energiewandler, dessen massenhafter Einsatz helfen könnte, den Bedarf an primären, nicht erneuerbaren Energieträgern zu senken und damit gleichzeitig die CO_2-Emissionen zu reduzieren. Da die Brennstoffzelle ein Wandler, aber keine primäre Energiequelle ist, wird sie das globale Energieproblem allein nicht lösen können. Es ist eine Trivialität, die nicht oft genug wiederholt werden kann: Brennstoffzellen brauchen für ihren Betrieb geeignete Brennstoffe, in erster Linie Wasserstoff. Jedoch ist Wasserstoff keine natürlich vorkommende Ressource, sondern ein Brennstoff, der erst aus anderen Energieträgern gewonnen werden muss. Daher ist der Durchbruch der Brennstoffzellentechnologie an die Bedingung geknüpft, dass Wasserstoff zukünftig in großen Mengen umweltfreundlich erzeugt und großflächig verteilt werden kann.

Gasförmiger Wasserstoff (H_2) ist aus elektrochemischer Sicht der am besten geeignete Brennstoff, weil er sich auch bei moderaten Temperaturen unter Einsatz eines Katalysators relativ gut in Protonen und Elektronen aufspalten lässt. In der PEM-Brennstoffzelle wird als Katalysator das Edelmetall Platin verwendet, das man in Form von nanoskaligen Partikeln (Durchmesser ca. 5–10 nm) auf die Anodenseite der Polymerelektrolytmembran aufbringen und dort fixieren kann. Der Mechanismus der Wasserstoffoxidation an Platinoberflächen ist, nicht zuletzt dank der grundlegenden Forschungsarbeiten von Gerhard Ertl, dem langjährigen Direktor des Fritz-Haber-Instituts der Max-Planck-Gesellschaft und Nobelpreisträger für Chemie des Jahres 2007, sehr gut verstanden. Auf der Basis seiner Arbeiten kann man heute viel gezielter als früher maßgeschneiderte Katalysatoren herstellen und optimieren. Jedoch existiert nach wie vor ein ungelöstes Kernproblem: Wie gewinnt man kontinuierlich Wasserstoff in einer für die Brennstoffzelle ausreichenden Qualität? Um diese Frage zu beantworten, bemühen sich gegenwärtig Ingenieurwissenschaftler intensiv um die Entwicklung mehrerer alternativer Produktionsrouten, von denen nachfolgend die wichtigsten kurz erläutert werden:

(a) Wasserstoff kann in einer *Elektrolysezelle* hergestellt werden, in der Wasser – in Umkehrung des Brennstoffzellenprinzips – in die Elemente Wasserstoff und Sauerstoff gespalten wird. Dafür wird jedoch elektrische Energie benötigt. Will man die Elektrolyse umweltfreundlich gestalten, so sollte die dabei einzusetzende Elektroenergie aus regenerativen Energieformen (Solarenergie, Windenergie, Wasserkraft) stammen. Da diese Energieformen jedoch nicht permanent zur Verfügung stehen, sondern deren Aufkommen starken zeitlichen

Schwankungen unterworfen ist, ist es zwingend erforderlich, den per Elektrolyse erzeugten Wasserstoff in einem Speicher zwischenzulagern. Aus diesem Speicher kann man dann Brennstoffzellen versorgen. Die Entwicklung zyklenbeständiger und verlustarmer Wasserstoffspeicher ist Gegenstand aktueller Forschungsanstrengungen der Gruppe von Ferdi Schüth am Max-Planck-Institut für Kohlenforschung in Mühlheim an der Ruhr. Neben der H_2-Speicherung muss auch die Elektrolysetechnologie noch stark verbessert werden. Insbesondere gilt es, den Zellinnenwiderstand weiter zu reduzieren, um den Energiebedarf der Elektrolyse zu senken und so den Wirkungsgrad der gesamten Energiewandlungskette zu steigern.

(b) Wasserstoff kann auch aus Methan (CH_4), dem Hauptbestandteil von Erdgas, gewonnen werden. Dies geschieht unter Zusatz von Wasserdampf bei Temperaturen oberhalb von 500 °C in einem *Reformingprozess*. Durch diesen Prozess wird Methan in ein Gasgemisch konvertiert, das neben Wasserstoff auch Kohlenmonoxid (CO) und Kohlendioxid (CO_2) enthält. CO ist ein starkes Gift für den in der PEM-Brennstoffzelle eingesetzten Platin-Katalysator. Es adsorbiert auf dessen Oberfläche, sodass diese nicht mehr für die Aufspaltung des Wasserstoffs in Protonen und Elektronen zur Verfügung steht. Man kann dieses Gift aber weitgehend beseitigen: Durch Zudosierung von weiterem Wasserdampf wird CO vor der Brennstoffzelle in einem *mehrstufigen Shift-Prozess* in (für den Platin-Katalysator unschädliches) Kohlendioxid verwandelt, wobei gleichzeitig weiterer Wasserstoff gebildet wird. Dies kann man so weit treiben, bis weit weniger als ein Prozent Kohlenmonoxid im Gas enthalten ist. Will man den CO-Gehalt dann noch weiter reduzieren, so kann man dies durch den dritten Prozess, die *CO-Selektivoxidation*, erreichen. Dabei reagiert Kohlenmonoxid mit Luftsauerstoff zu Kohlendioxid. Zum Schluss liegt ein sehr sauberes Wasserstoffgas vor, das neben H_2 nur noch CO_2 und gegebenenfalls Luftstickstoff (N_2) enthält. In der Brennstoffzelle wird H_2 in elektrischen Strom und Wasserdampf umgewandelt, während CO_2 und N_2 die Zelle ohne Reaktion durchlaufen und zusammen mit dem Wasserdampf ins Abgas gelangen. Der gesamte Prozess wird in der chemischen Industrie bereits großtechnisch eingesetzt. Für kleinere dezentrale Energieanlagen ist diese Art der Wasserstoffproduktion jedoch nur mit ausgeklügelten Reaktortechnologien effizient zu bewerkstelligen. Denn der Reformingprozess hat einen Haken: Er funktioniert nur, wenn man erhebliche Mengen an Wärmeenergie in den Prozess einkoppelt. Zwei Strategien haben sich hierfür als erfolgreich erwiesen:

Man nutzt die Abwärme, die die Brennstoffzelle neben der elektrischen Energie liefert, direkt für den Reformingprozess. Das funktioniert sehr gut z. B. bei der Schmelzcarbonat-Brennstoffzelle (MCFC), die bei ca. 620 °C betrieben wird – ein ideales Temperaturniveau für den Reformingprozess, den man daher sogar direkt in die MCFC integrieren kann. Auf diese Weise realisiert man ein stofflich-energetisches «Geben und Nehmen»: Der Reformingprozess liefert den Wasserstoff, dessen Verstromung in der Brennstoffzelle gerade diejenige Wärme liefert, die der Reformingprozess benötigt, um weiteren Wasserstoff zu generieren. Dieses Integrationsprinzip bezeichnet man auch als DIR-MCFC (Direct Internal Reforming Molten Carbonate Fuel Cell). Es wurde von der Firma CFC Solutions mit Sitz in Ottobrunn in Form des so genannten Hotmodule-Konzepts technisch umgesetzt und mit ersten Prototypen in der Leistungsklasse 250 Kilowatt erfolgreich validiert. Die DIR-MCFC erreicht aufgrund der skizzierten intensiven Wärmeintegration einen elektrischen Wirkungsgrad von ca. 50 %.

Die zweite Möglichkeit der Wärmeeinkopplung in den Reformingprozess besteht darin, einen gewissen Teil des eingesetzten Erdgases zu opfern: Man verbrennt es, um den Reformingreaktor mit der so erzeugten Wärme zu beheizen. Hierfür wurden von Gerhart Eigenberger und seinen Mitarbeitern (Universität Stuttgart) spezielle Reaktorgeometrien mit wandfixierten Katalysatoren bis zur Anwendungsreife entwickelt.

(c) Der unter (b) beschriebene Reformingprozess mit nachfolgender Brennstoffzelle auf Basis von Erdgas ist nicht CO_2-neutral. Zwar fällt wegen des sehr guten Wirkungsgrads der Brennstoffzelle deutlich weniger CO_2 pro erzeugter Kilowattstunde Strom an. Jedoch wird auch mit diesem Prozess klimaschädliches CO_2 erzeugt, da letztlich Erdgas elektrochemisch verbrannt wird. Nun ist Methan aber nicht nur im Erdgas enthalten. Man findet es auch mit einem Anteil von 40–75 % in *Biogas*, das durch anaerobe Gär- oder Fäulnisprozesse aus verschiedenen Rohstoffen, z. B. Bioabfall, Gülle, Klärschlamm, Fetten oder Pflanzen, in Fermentern umweltfreundlich gewonnen werden kann. Daher bemüht sich gegenwärtig ein

Forscherverbund der Fraunhofer-Gesellschaft intensiv um die Verstromung von Biogas aus Kläranlagen in Hochtemperaturbrennstoffzellen des SOFC-Typs. Das System muss so kompakt wie möglich gebaut werden, um die Abwärme der Brennstoffzelle auf kürzestem Weg in den wärmeverzehrenden Reformingprozess einzuspeisen, der das Biogas in Wasserstoff umwandelt. Die SOFC bietet dabei den großen Vorteil, dass sie im Unterschied zur PEM-Brennstoffzelle erhebliche Mengen an Kohlenmonoxid (CO) toleriert, weil die Elektroden der SOFC durch CO nicht in Mitleidenschaft gezogen werden. Im Gegenteil: CO wird von der SOFC zusammen mit dem Wasserstoff direkt verstromt. Jedoch reagiert diese Zelle wie jede Brennstoffzelle empfindlich auf Schwefelwasserstoff (H_2S), dessen Gehalt im Biogas bis zu 30 000 mg/m³ betragen kann. Deshalb entwickelt man gegenwärtig hochwirksame Trennprozesse, mit denen H_2S nahezu vollständig aus dem Rohgas entfernt werden kann.

(d) Der unter (b) beschriebene Reformingprozess funktioniert grundsätzlich auch mit *flüssigen Brennstoffen*, die allerdings zunächst mittels Wärmezufuhr verdampft werden müssen. Flüssige Brennstoffe, die leicht tankbar sind, sind gerade für den Betrieb von größeren Fahrzeugflotten erstrebenswert. Vor diesem Hintergrund arbeitete man in der Automobilindustrie in den 90er Jahren primär darauf hin, Wasserstoff aus herkömmlichen Otto- oder Dieselkraftstoffen oder Alkoholen, wie z. B. Methanol oder Bioethanol, direkt an Bord des Fahrzeugs herzustellen und diesen Wasserstoff mittels der PEM-Brennstoffzelle zu verstromen, um so einen elektromotorischen Autoantrieb zu realisieren. Die technische Umsetzung dieses Konzepts hat sich jedoch als sehr schwierig erwiesen. Denn die PEMFC toleriert – wie bereits oben erwähnt – nur geringe Spuren an Kohlenmonoxid (CO), eine Substanz, die beim Reforming in größeren Mengen entsteht. Um den CO-Gehalt auf 10 ppm zu reduzieren, muss man eine ganze Reihe chemischer Reaktionsstufen hintereinander schalten. Alle diese Reaktionsstufen arbeiten bei unterschiedlichen Temperaturen und müssen sehr gut aufeinander abgestimmt werden, damit das Gesamtsystem auch im dynamischen Fahrbetrieb zuverlässig funktioniert – eine ingenieurwissenschaftliche Mammutaufgabe, deren Lösung vermutlich noch ein weiteres Jahrzehnt in Anspruch nehmen wird.

Bis dahin verfolgt man in der Industrieforschung mittelfristig die

Strategie, zunächst einen Brennstoffzellen-Automobilantrieb zu entwickeln, der direkt mit gasförmigem Wasserstoff aus einem Drucktank oder mit verflüssigtem Wasserstoff aus einem Kryotank (einem Niedertemperatur-Tank) gespeist wird. Es existieren bereits Demonstrationsfahrzeuge bei allen namhaften Fahrzeugherstellern, die belegen, dass dieses Konzept grundsätzlich umsetzbar ist. Die Fahrleistungen und Reichweiten sind recht überzeugend, nicht aber das Gesamtgewicht, die Zuverlässigkeit und vor allem nicht die Kosten. Um Otto- oder Dieselmotoren, die im vergangenen Jahrzehnt erheblich verbessert wurden, durch einen wirtschaftlich attraktiven Brennstoffzellenantrieb zu ersetzen, bedarf es noch weiterer intensiver Forschungs- und Entwicklungsanstrengungen.

Zudem muss noch ein weiteres Problem angegangen werden: In der Bevölkerung gibt es erhebliche sicherheitstechnische Vorbehalte gegen die Betankung eines Fahrzeugs mit Wasserstoff. Dieses Problem ist psychologischer Natur, denn wir verfügen bereits über sichere Technologien zur Handhabung und Betankung von Wasserstoff. So existiert am Flughafen in München eine Wasserstoff-Demonstrationstankstelle, die erfolgreich betrieben wird. Die Anlage ist sowohl auf die Betankung mit Flüssigwasserstoff für PKWs als auch auf die Betankung mit gasförmigem Wasserstoff für Niederflur-Gelenkbusse ausgelegt. Selbstverständlich ist im Umgang mit Wasserstoff grundsätzlich Vorsicht geboten. Bereits 4 Volumenprozent in Luft reichen aus, um ein Gemisch zu bilden, das beim geringsten Zündfunken explodieren kann. Dennoch sollte man sich bewusst machen, dass wir im täglichen Leben den sicheren Umgang mit anderen gefährlichen Stoffen (Benzin, Erdgas) problemlos bewerkstelligen. Warum sollten wir uns also nicht auch an den Umgang mit Wasserstoff gewöhnen?

(e) Was für Erdgas gilt, gilt auch für erdölstämmige flüssige Brennstoffe sowie für Kohle: Ganz unabhängig davon, ob elektrische Energie nun mit oder ohne Brennstoffzelle erzeugt wird, gelangt bei Einsatz dieser Brennstoffe zusätzliches klimaschädliches CO_2 in die Atmosphäre, sofern man dieses nicht abtrennt und unterirdisch einlagert («Sequestrierung»). Der langfristig vernünftige Weg, dieser «CO_2-Falle» zu entgehen, besteht darin, Brennstoffe einzusetzen, die regenerativ, d.h. mittels Sonnen-, Wind- oder Wasserenergie, erzeugt werden können. Neben dem unter (a) erwähnten Elektrolyse-Wasscrstoff kommen insbesondere *Brennstoffe aus natürlicher biologischer Produktion* in Betracht. So kann Wasserstoff z. B. aus fester Biomasse (Holz, Stroh, Gräser) durch thermochemische Hochtemperatur-Konvertierung gewonnen werden. Dies geschieht in Wirbelschichtreaktoren, in denen die zerkleinerte Biomasse mit Luft und Dampf aufgewirbelt und bei Temperaturen von 700 bis 900 °C in kleine gasförmige Produktmoleküle (Wasserstoff, Kohlenmonoxid, Kohlendioxid) gespalten wird. Daneben enthält das Gas aber auch eine Reihe von unerwünschten Substanzen, die für die Stabilität von Brennstoffzellen schädlich sein können: Teer, Staub, Halogene, Alkalien und Schwefelwasserstoff. Diese Stoffe mittels chemischer und physikalischer Methoden effizient abzutrennen, um mit dem gereinigten Abgas Hoch- oder Niedertemperaturbrennstoffzellen betreiben zu können, ist eine komplexe Aufgabenstellung, die nur in enger Verbindung von grundlagenorientierten und anwendungsorientierten Forschungsansätzen gelöst werden kann. Genau mit diesem Ziel haben sich das Max-Planck-Institut für Dynamik komplexer technischer Systeme, das Fraunhofer-Institut für Fabrikbetrieb und -automatisierung, beide mit Sitz in Magdeburg, sowie das Fraunhofer-Institut für Keramische Technologien und Systeme aus Dresden zu Beginn des Jahres 2007 in dem Verbundprojekt ProBio zusammengeschlossen.

(f) Neben gasförmigen und festen Brennstoffen kann man auch *flüssige Brennstoffe aus biologischen Ressourcen* gewinnen. Eine energetisch interessante Substanz ist z. B. der Alkohol Glycerin. Er entsteht als Koppelprodukt bei der Umesterung von Rapsöl zu Rapsölmethylester, besser bekannt unter dem Namen «Biodiesel». Da die Biodieselproduktion in Deutschland in den letzten Jahren deutlich angestiegen ist, steht nun auch eine größere Menge an Glycerin (400 000 Tonnen in 2007) zur Verfügung, für die ein geeigneter Absatzmarkt gesucht wird. Eine Verwendungsmöglichkeit ist die Umwandlung des Glycerins in Wasserstoff, wiederum mittels Reformingverfahren, zum Zweck des Betriebs von Brennstoffzellen. Was zunächst einfach und plausibel klingt, ist jedoch technisch alles andere als trivial: Biogenes Glycerin enthält verschiedene Verunreinigungen, insbesondere Salze, die vor dem Reformingprozess abgetrennt werden müssen. Die Standardlösung hierfür ist die Glycerinreinigung mittels Vakuumdestillation. Dieses Verfahren ist jedoch sehr energieintensiv. Es bedarf daher neuer Lösungsansätze, um zu besseren Verfahrensvarianten zu kommen. Was hier kurz am Beispiel des Glycerins und unter Punkt (e) auch am Beispiel des Holzes diskutiert wird, betrifft ein typisches Problemfeld, mit dem man sich bei der Verwendung biogener Rohstoffe stets konfrontiert sieht: Brennstoffe biologischer Provenienz enthalten in der Regel unerwünschte Begleitkomponenten. Da Brennstoffzellen derart verunreinigte Stoffströme nicht unmittelbar verstromen können, müssen mehr oder weniger aufwändige Reinigungsprozesse vorgeschaltet werden. Diese können den Gesamtwirkungsgrad eines Brennstoffzellensystems unter Umständen erheblich mindern.

Einen «Königsweg» gibt es also nicht. Jeder der hier skizzierten Wege hat seine energetischen, umwelttechnischen und wirtschaftlichen Vor- und Nachteile. Es wird zukünftig darum gehen, individuell für das jeweils betrachtete Einsatzszenario in der stationären oder mobilen Energieversorgung den optimalen Weg zur Wasserstoffversorgung der Brennstoffzelle zu identifizieren.

Einbindung von Brennstoffzellen in energietechnische Versorgungsnetze

Vor dem Hintergrund der zunehmenden Verknappung primärer Energieressourcen bedarf es in Zukunft großer ingenieurwissenschaftlicher Anstrengungen, um leistungsfähige Methoden und Werkzeuge für den zielgerichteten Entwurf effizienter, nachhaltiger Energiewandlungssysteme zu entwickeln. In diesen Systemen werden Brennstoffzellen als elektrochemische Wandlerkomponenten eine zentrale Rolle spielen. Sie erlauben eine ressourcenschonende Wandlung von chemisch gespeicherter Energie in elektrische Energie und erreichen dabei höchste thermodynamische Wirkungsgrade. Jedoch tragen Brennstoffzellensysteme gegenwärtig nur zu einem geringen Teil zur öffentlichen Energieerzeugung bei. Sie werden ausschließlich wärmegeführt betrieben und speisen die «überschüssige» Elektroenergie in das öffentliche Netz ein. Sie wirken damit zurzeit, ähnlich wie andere regenerative Energieerzeuger (z. B. Windkraftanlagen), als Störgrößen im elektrischen Netz. Die erforderliche Netzstabilität wird gegenwärtig durch Kraftwerke unterschiedlichen Typs (Dampfkraftwerke, Gasturbinen, Pumpspeicherwerke etc.)

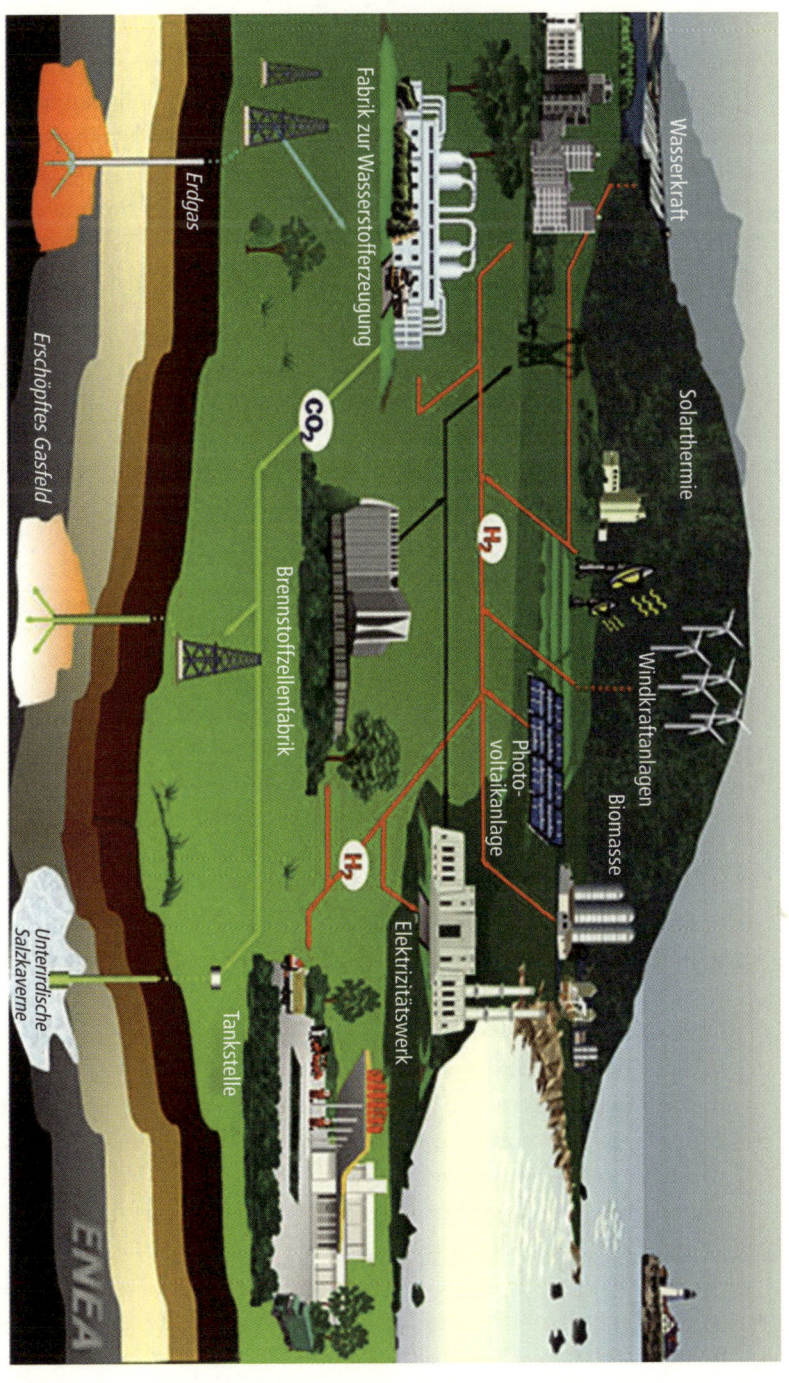

Abbildung 3: Mögliches energietechnisches Wandlernetzwerk der Zukunft
(Quelle: ENEA – Ente per le Nuove Tecnologie, l'Energia et l'Ambiente, Italien).

gewährleistet. Allen diesen Typen ist gemein, dass die Elektroenergie mittels Generatoren und damit mittels großer rotierender Massen erzeugt wird. Diese Eigenschaft wird bei der Netzregelung ausgenutzt. Bei einer unvorhergesehenen Laständerung dämpft die Trägheit der rotierenden Massen einen unerwünschten Frequenzeinbruch ab. Brennstoffzellen werden hingegen über leistungselektronische Stellglieder in das Netz eingebunden. Sie verfügen nicht über die oben angesprochene Eigenschaft. In diesem Bereich besteht gegenwärtig großer Forschungsbedarf.

Abbildung 3 veranschaulicht ein mögliches zukünftiges Energieversorgungsnetz, in dem Wasserstoff für den Betrieb von Brennstoffzellen sowohl aus regenerativen Energiequellen (Solarenergie, Windenergie, Wasserkraft, Biomasse) als auch aus Erdgas gewonnen wird. Mittels der Brennstoffzelle wird die im Wasserstoff gespeicherte Energie in elektrische Gleichspannungsenergie umgewandelt. Zur Einspeisung in das öffentliche Stromnetz muss die Gleichspannung in eine netzsynchrone Wechselspannung transformiert werden. Hierzu dienen netzgeführte Wechselrichter, die Frequenz und Phase an das Netz anpassen.

Das bei der Wasserstofferzeugung aus Erdgas zwangsläufig anfallende Kohlendioxid (CO_2) könnte in unterirdischen Salzkavernen dauerhaft eingelagert werden. Denkbar wäre auch – in der Übergangsphase bis zur völligen Ablösung der Primärenergieträger Erdgas und Erdöl –, das im Abgasstrom konventioneller Kraftwerke anfallende, hoch konzentrierte CO_2 energetisch zu nutzen. Die CO_2-Konzentrationsdifferenz zwischen dem Abgas und der Umgebung entspricht nämlich einem technisch nutzbaren Energiebetrag, der chemisch aufgefangen werden kann, indem man CO_2 in eine andere Verbindungsform überführt. Hierfür bietet sich insbesondere die Umsetzung von CO_2 mit Wasserstoff zu Methanol an. Dies setzt allerdings voraus, dass der für die Methanolherstellung erforderliche Wasserstoff seinerseits CO_2-neutral erzeugt würde: Er müsste durch Wasser-Elektrolyse mit Strom aus Photovoltaik- oder Windkraft-Anlagen generiert werden. Das so hergestellte Methanol könnte man dann für den Brennstoffzellenbetrieb rückwärts wieder in Wasserstoff umwandeln, nämlich mittels Methanol-Reforming.

Schlussbemerkungen

Wasserstoff stellt, sofern auf geeignetem Weg erzeugt, einen umweltfreundlichen Energieträger dar. Dieser bietet im Zusammenhang mit der Elektroenergiegewinnung einen viel versprechenden Ansatz zur Zwischenspeicherung von Energie und zur Integration nicht planbarer Energiequellen, wie z. B. Windkraft und Solarenergie. Langfristig (bis ca. 2050) könnte Wasserstoff weiträumig und zu einem wettbewerbsfähigen Preis verfügbar sein. Wenn dieses Szenario eintritt, werden Brennstoffzellen neben konventionellen Wärmekraftmaschinen (z. B. Verbrennungsmotoren, Turbinen) eine Schlüsselrolle einnehmen. Als hocheffiziente Energiewandler erlauben Brennstoffzellen die direkte Verstromung von Wasserstoff und stellen damit potenzielle Endgeräte einer wasserstoffbasierten Energiewirtschaft dar. Angestrebt wird der künftige Einsatz sowohl im automobilen Sektor als auch in der stationären Energieversorgung. Mittelfristig ist aber eher davon auszugehen, dass Brennstoffzellen vor allem über Nischenmärkte an Bedeutung gewinnen werden. Beispiele hierfür sind der Einsatz zur Notstromversorgung, in Lagertechnikfahrzeugen sowie für die Bordstromversorgung in Fahrzeugen und Booten. Darüber hinaus wird ein früher Durchbruch von Mikrobrennstoffzellen (elektrische Leistung unter 100 Watt) im Bereich der tragbaren Kleingeräte erwartet, wo sie Lithium-Ionen-Akkus ablösen. Insgesamt betrachtet sind auf dem Weg zur massiven Nutzung von Brennstoffzellen in der Energiewandlung noch zahlreiche technologischen Hürden zu nehmen. Dies kann nur durch die enge interdisziplinäre Kooperation zwischen Materialwissenschaftlern, Katalyse-Chemikern, Verfahrenstechnikern und Elektrotechnikern gelingen.

Transport- und Speicherformen für Energie

Von Robert Schlögl und Ferdi Schüth

Warum Energiespeicherung?

Schwindende Ölreserven und die unbestrittene Endlichkeit der Ölvorräte auf der Erde erfordern mittel- bis langfristig das Erschließen neuer Energiequellen. In der Diskussion über das Ende des Ölzeitalters wird allerdings häufig übersehen, dass Erdöl und die daraus hergestellten Kraftstoffe eine entscheidende Transport- und Speicherform für Energie darstellen. So hat beispielsweise der Erdölbevorratungsverband in Deutschland die gesetzliche Pflicht, eine Reserve vorzuhalten, die dem Verbrauch Deutschlands für 90 Tage entspricht. Derzeit teilt sich diese Reserve von insgesamt rund 25 Millionen Tonnen etwa zur Hälfte auf Rohöl und auf daraus hergestellte Produkte wie etwa Benzin oder Dieselkraftstoff auf. Tatsächlich werden in Deutschland aber erheblich größere Mengen gelagert, etwa von Verbrauchern im Heizölbereich oder von Raffinerien zur Sicherung ihres Betriebs.

Elektrische Energie dagegen ist nur schwer in großen Mengen speicherbar. Sie muss exakt in der Menge produziert werden, in der sie verbraucht wird. Eine Speicherung erfolgt heute meist dadurch, dass man die Speicher so genannter Pumpspeicherkraftwerke füllt. Das sind hochgelegene Becken, in die bei einer Überschussproduktion elektrischer Energie Wasser aus einem tiefer gelegenen Reservoir hinaufgepumpt wird. Wird mehr elektrische Energie benötigt, als gerade unter Nutzung der ans Netz angeschlossenen Kraftwerke produziert werden kann, lässt man das Wasser aus dem oberen Becken wieder in das untere Reservoir fließen, wobei Turbinen eingesetzt werden, um elektrischen Strom zu erzeugen. Die Effizienz moderner Pumpspeicherkraftwerke liegt bei etwa 80 %, d. h. aus einer zum Pumpen verbrauchten Kilowattstunde werden bei Bedarf 0,8 kWh zurückgewonnen. In Deutschland ist eine Leistung von etwa 6,5 Gigawatt in Form solcher Pumpspeicherkraftwerke installiert, die allerdings nur begrenzte Zeit aufrechterhalten werden kann, da dann der Speicher leer läuft (typisch 4–8 Stunden[1]). Vergleicht man die in Pumpspeicherkraftwerken maximal gespeicherte elektrische Energie mit der in der strategischen Ölreserve steckenden Energie, so zeigt sich, dass Letztere etwa 10 000 Mal größer ist. Eine Speicherung von Energie im großen Maßstab für längere Zeiträume ist daher immer auf eine stoffliche (chemische) Speicherung in Form von energiereichen Verbindungen angewiesen. Außerdem besteht ein erhöhter Bedarf nach zusätzlichen Möglichkeiten zur Energiespeicherung, weil in einem zukünftigen Energiemix vermutlich ein höherer Anteil unserer elektrischen Energie aus unstetig liefernden Anlagen stammen wird, etwa aus Windkraftanlagen oder photovoltaischen Systemen. Um die Stromspitzen und -senken abzupuffern, müssen entweder Reservekraftwerke vorgehalten werden, die häufig wenig effizient sind, oder es müssen zusätzliche Möglichkeiten zur Energiespeicherung geschaffen werden. Hierzu könnte man Batterien nutzen, in technologisch fortgeschrittenen Konzepten auch ortsverteilte, wie sie in einer großen Zahl von Elektroautos installiert sein könnten. Als langfristige Möglichkeit mit hoher Speicherkapazität kommen aber wohl nur stoffliche Energieträger in Frage.

Welch zentrale Bedeutung die Speicherung von Energie für die Lösung unseres Energieproblems hat, soll an einigen Zahlen verdeutlicht werden. Die Sonne liefert in Deutschland im Durchschnitt eine Energiemenge von etwa 1000 kWh pro m² und Jahr, in sonnenreichen Gegenden unserer Erde liegt dieser Wert bis zu etwa 2,5 Mal höher. Die Energiebilanz für die Herstellung von Solarmodulen hängt von vielen Details ab, ist aber in günstigen Fällen in weniger als zwei Jahren ausgeglichen, was bei einer Lebensdauer von etwa 30 Jahren einen erheblichen Nettoenergiebetrag zur Verfügung stellt. Dieser kann allerdings derzeit kaum gespeichert werden und muss entweder im Stromnetz abgepuffert oder in gleichem Maße, wie er anfällt, verbraucht werden. Gleiches gilt für die Windenergie. Die Windkraft erreicht in Deutschland mit über 20 GW installierter Leistung einen erheblichen Anteil an der gesamten Kraftwerksleistung von etwas über 110 GW.[2] Im Gegensatz zur etwa neunzigprozentigen Verfügbarkeit der fossilen und nuklearen Kraftwerke schwankt die verfügbare Leistung der Windkraftanlagen innerhalb weniger Minuten zwischen 0 % und 100 %, was bei verfügbaren Leistungen von einigen GW pro Versorgungsnetz somit eine erhebliche Herausforderung für die zeitliche Regelung der Netze darstellt. In dieser groben Schätzung sind weder der Wirkungsgrad noch der Strompreis die zentralen Hindernisse für eine substanzielle regenerative Energieversorgung, sondern unsere Unfähigkeit, die erzeugten Energiemengen zu speichern. Man darf aufgrund dieser Zahlen und der wachsenden Produktionskapazität für Solarmodule unterschiedlicher Technologien erwarten, dass sowohl die verfügbare Stromproduktionskapazität als auch die Leistungsfähigkeit der Technologie in den kommenden Jahren erheblich zunehmen werden und damit die oben angestellte Projektion in den Bereich des Wirklichen rücken würde. Trotzdem kann kein einziges konventionelles Kraftwerk eingespart und kaum weniger Kohlendioxid ausgestoßen werden, da weder die Tag-Nacht- noch die Sommer-Winter-Fluktuationen bei der Solarstromproduktion und der Windenergie auszugleichen sind.

Um besser zu verstehen, welche Herausforderung die Frage der Energiespeicherung darstellt, seien zunächst einige Sachverhalte, die im Kapitel «Grundlagen der Energiediskussion» schon erläutert wurden, noch einmal kurz rekapituliert. Anschließend werden einige Energiespeichersysteme beschrieben und aus heutiger Sicht bewertet.

Energieformen und Wandlung

Energie ist eine ungerichtete, aber mengenabhängige Eigenschaft aller uns umgebenden Systeme (einschließlich von uns Menschen), welche die Fähigkeit des Systems zur Umwandlung in andere Zustände ausdrückt. Dabei streben alle Systeme danach, ihren Energiegehalt freiwillig so klein wie möglich zu machen und so einen stabilen Zustand zu erreichen. Die dabei freigesetzte Energie geht nicht verloren, sondern wandelt sich in Entropie um, eine physikalische Größe, die intuitiv schwer zu fassen, häufig aber mit frei werdender Wärme verknüpft ist. Diese wird maximiert und gehört dann zu einem Zustand, in dem sich ein System nicht mehr verändern kann. Alle Vorgänge in unserer stofflichen Welt folgen diesem Gesetz zur Verringerung des Energiegehalts, und alle Änderungen des Zustands eines Systems sind mit der Abgabe eines Teils seiner Energie in Form von Entropie verbunden, sind also nicht ohne zusätzlichen Energieaufwand umkehrbar.

In der Technik geht es in der Regel darum, die Energie eines Systems so in eine andere Form umzuwandeln, dass damit ein Nutzen erreicht wird («Nutzenergie»), etwa Arbeit geleistet oder elektrische Energie bereitgestellt wird. Energie kann nicht erzeugt, sondern nur von einer Form in eine andere umgewandelt werden. Dies erfolgt mit einem bestimmten «Wirkungsgrad», dem Anteil der Gesamtenergie eines Systems, der als Nutzenergie bei einer Systemumwandlung zur Verfügung steht. Der Wirkungsgrad ist immer kleiner als eins, weshalb die Anzahl von Umwandlungen, die ein System durchmacht, bis Nutzenergie verwendet werden kann, so klein wie möglich zu halten ist.

Man kann allerdings trotz der Gültigkeit des Energieerhaltungssatzes den Energiegehalt eines Systems erhöhen, indem man von außen Energie zuführt. Damit «speichert» man Energie in dem Teilsystem, in dem der Energiegehalt erhöht wird. Ein solcher Energiespeichervorgang ist immer entgegen dem natürlichen Verlauf einer Systemumwandlung gerichtet (Aufladen einer Batterie, Reduktion einer Metallverbindung, Bildung einer chemischen Bindung mit Wasserstoff) und erfordert immer mehr Energie, als später durch Umkehrung des Prozesses zurückgewonnen werden kann, da auch hier der Wirkungsgrad immer kleiner als eins sein muss.

Formen von Nutzenergie

In der Technik unterscheidet man verschiedene Erscheinungsformen von Nutzenergie mit erheblich unterschiedlichen Profilen für Speicherung und Anwendbarkeit. Tabelle 1 gibt typische Qualifizierungen.

Man erkennt, dass es keine ideale Energieform gibt, die nach Bedarf regelbar, sehr gut speicherbar, leicht transportierbar und breit einsetzbar wäre. Die lebende Natur mit ihrem massiven Zwang zur Gesamteffektivität hat sich für die chemische Energie als «Energiewährung» entschieden. Der Preis für die gute Speicherung und effektive Bereitstellung aus Sonnenenergie in der Photosynthese ist die extreme stoffliche Kom-

Eigenschaft	Chemisch	Elektrisch	Photonisch	Mechanisch	Thermisch
Transport	Einfach	Einfach	Einfach	Einfach	Schwierig
Regelbarkeit	Gering	Sehr hoch	Sehr hoch	Sehr hoch	Gering
Energiedichte	Sehr hoch	Hoch	Gering	Gering	Gering
Speicherbarkeit	Sehr gut	Gering*	Sehr gering	Sehr gering	Gering

* Wird sich verbessern durch Fortschritte der Batterietechnik

Tabelle 1: Energieformen und Speichermöglichkeiten in der Technik.

plexität der Energiewandelsysteme in lebenden Zellen. Diese Komplexität hindert uns daran, technische Systeme den biologischen nachzuempfinden. Die Technik operiert in ihren Prozessen viel einfacher als die Biologie, aber sie benötigt deutlich konzentriertere Formen von Energie. Der Vergleich eines Düsenjets mit einem Vogel, die beide fliegen können, zeigt eindrücklich die unterschiedliche Herangehensweise.

Technisch gehen heute die meisten Energiewandlungen von chemischer Energie aus, die zunächst durch Verbrennungsprozesse in thermische Energie umgewandelt wird. Diese wird entweder in dieser Form genutzt (zum Heizen) oder in mechanische Energie umgewandelt (Motoren, Turbinen). Deren Nutzung wiederum erfolgt direkt zum Antrieb von Fahrzeugen, oder sie erzeugt über Generatoren elektrische Energie. Bei der Nutzung gehen die Energieformen somit letztendlich immer in thermische Energie (Reibung, Kühlung) über.

Wie bereits im Grundlagen-Kapitel gezeigt, kann der Wert thermischer Energie sehr unterschiedlich sein. Er ist daran zu messen, wie gut sich diese wieder in andere Energieformen wandeln lässt. Die Effizienz dieser Umwandlung hängt von der Temperaturdifferenz zwischen dem Wärmemedium und seiner Umgebung ab. Daher benutzt man sehr heiße Wärmeträger für die effiziente Wandlung in andere Energieformen und erhält als Ergebnis Abwärme in großer Menge auf einem niedrigeren Temperaturniveau. Die Nachnutzung der weniger heißen Abwärme für Heizzwecke (Kraft-Wärmekopplung) oder die Umwandlung mittels thermoelektrischer Wandler in elektrische Energie können die Gesamtwirkungsgrade deutlich verbessern. Die Speicherung von Energie in thermischer Form ist dagegen problematisch und über längere Zeiträume nur bei geringer Temperaturdifferenz sinnvoll, da ansonsten der unvermeidbare Temperaturausgleich dafür sorgt, dass die Wärmeenergie nicht mehr sinnvoll nutzbar ist.

Unsere «hochwertigste» Energieform, die elektrische Energie, zeichnet sich durch vielfältige Anwendbarkeit aus. Ihre Verfügbarkeit ist Grundvoraussetzung für komplexe Technologien. Das hat damit zu tun, dass sie gut transportierbar und leicht regelbar ist, zudem lässt sie sich relativ einfach in andere Energieformen umwandeln. Allerdings ist sie nur sehr begrenzt speicherfähig, und aufgrund der vielfachen Umwandlungsverluste sollte sie nicht für Zwecke verwendet werden, die auch durch thermische Energie auf relativ niedrigem Temperaturniveau erreicht werden können (Heizen, Kochen).

Energiedichte

Die technischen Energieformen unterscheiden sich erheblich in der spezifischen Menge an Energie, die im jeweiligen System gespeichert werden kann. Dabei kann man sich je nach Blickwinkel der Analyse auf die Teilchenzahl des Systems, das Gewicht oder auf das Volumen beziehen. Abhängig vom spezifischen Energieträger gibt es wiederum breite Schwankungen. Chemische Energie ist sehr dicht in Wasserstoff und Kraftstoffen gespeichert, aber sehr verdünnt in den Speichermolekülen lebender Zellen (ATP, NADPH). Elektrische Energie ist sehr dicht in Hochspannungssystemen enthalten, aber wesentlich verdünnter in Batterien, wo angestrebt wird, ähnliche Speicherdichten wie in chemischen Systemen zu erreichen. Licht hat eine sehr geringe Energiedichte, ist aber absolut gesehen der wichtigste Energieträger überhaupt, da das Licht der Sonne fast all unsere Primärenergie (Ausnahmen: Geothermale Energie, Kernenergie und Gezeitenenergie) auf die Erde bringt. Mechanische Energie (Bewegung, hydrostatischer Druck) ist wenig dicht, aber sehr bedeutsam, da alle Bewegungen und die Mobilität dadurch gegeben sind. Die Energiedichte thermischer Energieträger ist ebenfalls nicht groß im Vergleich zu chemischen Trägern, aber sie ist die zentrale technische Primärform von Nutzenergie, die entweder direkt als Prozessenergie (Hochofen) oder über mechanische Energie (Motor, Generator) in elektrische Energie umgewandelt wird.

Die Energiedichte eines Energieträgers allein reicht jedoch für eine vollständige Beurteilung nicht aus, auch die Art seiner Wandlung muss berücksichtigt werden. Brennstoffzellen sind Systeme, die mit sehr hohem Wirkungsgrad konzentrierte chemische Energie (Wasserstoff) in dichte elektrische Energie umwandeln können. Gelänge der großtechnische Einsatz von Brennstoffzellen, so würde Wasserstoff als energiedichter Träger von Primärenergie eine überragende Bedeutung gewinnen. Diese Bedeutung dürfte wesentlich geringer sein, wenn man auf seine thermische Wandlung (Motoren, Turbinen) in elektrische Energie angewiesen bliebe, bei der der Wirkungsgrad prinzipiell viel schlechter ist.

Einige Zahlen sollen dies belegen. Eine Tonne Steinkohle speichert etwa 8100 kWh. Dieselöl ist ein besserer und energiedichterer Speicher mit 11 600 kWh pro Tonne, was sich aus dem weit höheren Anteil an Wasserstoff im chemischen Speichermedium erklärt. Um in Deutschland eine Tonne Steinkohle einzusparen, müssen gegenwärtig etwa 60 m²

Solarzellen ein Jahr lang arbeiten. Könnte man Energie in dieser Größenordnung noch in Batterien speichern, so wäre eine Aufskalierung auf die Dimension des deutschen Energiebedarfs nicht möglich. Gelänge dagegen eine Speicherung der Solarenergie in transportierbaren Formen von (chemischer) Energie, so könnte in sonnenreichen europäischen Gegenden dieselbe Menge Energie in weniger als einem halben Jahr gesammelt und nach Deutschland transportiert werden.

Biologische Systeme nutzen chemische Energie für alle Lebensvorgänge. Die Vielfalt der Prozesse in der Zelle und die Begrenzungen durch das Medium Wasser bei 37 °C bedingen eine starke Verdünnung der chemischen Energieträger in Lebewesen. Durch die besonders komplexe Vielfalt von Wandlungsprozessen, die Energieträger in lebenden Systemen durchmachen, sind ihre Gesamteffizienz und ihre Energiedichte sehr gering. Daher sind alle Versuche problematisch, mit biologischen Systemen große Mengen an dichter Energie für technische Zwecke zu gewinnen (siehe dazu auch den Beitrag von Hartmut Michel).

Der Vergleich zwischen dem Vogel und dem Düsenjet gilt hier ebenfalls. Die Nahrung der Vögel als Energieträger besteht aus Biomasse, die durch Photosynthese aus Sonnenenergie entstanden ist. Ihr Energiegehalt ist mit ca. 8 kJ/g wesentlich geringer als der von Kerosin (44 kJ/g), der «Nahrung» des Düsenjets. Technische Transportsysteme benötigen hochkonzentrierte Energie, um einen Nutzen (Transport von Menschen und Gütern) zu erzielen, während biologische Systeme mit geringerer Energiedichte auskommen, da sie im Wesentlichen dem Eigenerhalt dienen.

Man schätzt, dass zur Deckung des heutigen Bedarfs an Primärenergie der gesamte jährliche Zuwachs von Biomasse auf der Erde (Land und Wasser) heranzuziehen wäre, wenn man die Umwandlungs- und Transportverluste berücksichtigt. Dies ist unmöglich, da damit alle tierischen und menschlichen Nahrungsquellen wegfielen. Selbst der heute bereits begonnene lokal exzessive Gebrauch von Biomasse als Energieträger ist durch die einhergehende Verknappung von Anbaufläche, Waldzerstörung und die Verteuerung der Lebensmittel als umweltschädlich und ethisch sehr bedenklich einzustufen. Der wichtigste Vorteil biologischer Energiewandler ist, dass sie die primär genutzte Sonnenenergie sehr gut speichern können. Daher ist ihre Nutzung als Wandler von Licht zu chemischer Energie, die als solche in Chemierohstoffen erhalten bleibt, wesentlich sinnvoller als die nachfolgende energetische Nutzung. Zu derartigen Zwecken könnte sehr vorteilhaft Abfallbiomasse herangezogen werden. In der EU fallen mit geschätzten 4420 PJ/a weniger als 10 % des Primärenergiebedarfs als Abfallbiomasse an. Darin ist allerdings eine erhebliche Menge CO_2 gebunden, die bei der biologischen Verrottung wieder frei würde. Gelänge eine Denaturierung dieser Masse ohne zusätzlichen Energieeintrag, so würde zumindest ein energieneutraler Beitrag zur Senkung des CO_2-Gehalts der Atmosphäre geleistet (Sequestrierung). Derartige Prozesse werden in der MPG von Markus Antonietti am MPI für Kolloid- und Grenzflächenforschung in halbtechnischen Dimensionen studiert (siehe dazu den entsprechenden Beitrag). Könnte man das gewonnene Material als Produktionsrohstoff nutzen, würde sein Energiespeicherbeitrag wesentlich steigen.

Energiespeicherung in der Natur

Alle Wandlungsprozesse von Primärenergie zu nicht-thermischer Nutzenergie beruhen auf der Trennung elektrischer Ladungen in Elektronensystemen. In einer Windkraftanlage erfolgt die Ladungstrennung genau so wie in einem Kraftwerksgenerator durch elektromagnetische Induktion, und es entsteht sofort zu verwendende oder zu speichernde elektrische Energie. In einer Photovoltaikzelle werden durch Lichtanregung Ladungsträger über eine p-n-Sperrschicht getrennt und erzeugen den Photostrom. Damit liefern die beiden wichtigsten regenerativen Energiewandler zunächst elektrische Energie. Die getrennten Ladungen werden entweder sofort direkt genutzt oder müssen in Form von chemischer Energie gespeichert werden, wenn man fossile Energieträger ersetzen möchte. Dies geschieht direkt in Batterien durch Fixierung der getrennten Ladungen in Anoden- und Kathodenmaterialien. Leider verfügen wir noch nicht über Batteriesysteme, die Energiemengen in der Größenordnung von Kraftwerksleistungen speichern können. Die Entwicklung solcher Systeme hat höchste Priorität für die Forschung, um regenerative Primärenergie (Wind, Photovoltaik) in großem Stil nutzen zu können. Daneben kann beispielsweise über Elektrolyse von Wasser zu Wasserstoff und nachfolgende chemische Umwandlung Energie in beliebiger Menge für beliebig lange Zeiten gespeichert werden – allerdings, wie oben ausgeführt, immer unter Verlust eines Teils der Energie.

Diese Aufgabe leistet in der belebten Natur das faszinierend komplexe, aber effektive System von Wandlungsprozessen, das wir als «Photosynthese» bezeichnen. Dabei werden Ladungen durch Lichteinwirkung getrennt, durch Spaltung von Wasser in primäre chemische Energie umgewandelt (gebundener Wasserstoff) und schließlich über eine Folge chemischer Umwandlungen durch Reduktion von CO_2 in Kohlenhydrate dauerhaft gespeichert.

Jede Energiewandlung zur Speicherung benötigt einen korrespondierenden Prozess, um die flüchtige Nutzenergie (elektrisch) wieder freizusetzen. In der Biologie wird elektrische Energie kaum genutzt, sondern langfristig in chemischen Stoffen gespeicherte Energie wird in andere chemische Stoffe mit schnell verfügbarem Energiegehalt zurückgewandelt. Dies geschieht mit dem überwiegenden Teil der Kohlenhydrate in einer komplizierten Reaktionsfolge, die als «Atmung» bekannt ist. In dieser Folge wird chemische Energie durch Oxidation von Kohlenhydraten in CO_2 und Wasser gewandelt. Der größte Anteil der gespeicherten Primärenergie aus der Sonne wird so im Tag-Nacht-Zyklus für die Lebensvorgänge der Pflanze verbraucht.

Ein kleiner Teil wird in den strukturellen Aufbau der Pflanze «investiert» und somit über die Lebensdauer der Pflanze gespeichert. Von diesem Teil leben alle Organismen, die nicht selbst Photosynthese betreiben, also auch wir Menschen. Am Ende des Lebenszyklus sorgen Pilze und Bakterien dafür, dass der einmal gespeicherte Energiebetrag genutzt und die aufgebaute Biomasse vollständig wieder abgebaut wird.

In seltenen Fällen ist dieser biologische Abbauzyklus in der Erdgeschichte durch geologische Ereignisse unterbunden worden. Dabei trat eine langsame chemische Umwandlung der polymeren Biomasse von Lignin, Zellulose und Proteinen zu Kohlenwasserstoffen und schließlich zu Kohle ein. So entstanden die konventionellen fossilen Energieträger als «Fehlentwicklung» im biologischen Kreislauf der Energie.

In biologischen Systemen wird also die in der primären Ladungstrennung eingefangene Energie des Sonnenlichts über viele Umwandlungen letztlich in molekularen oder polymeren Spezies reduzierter Formen von Kohlenstoff und Wasserstoff gespeichert. Der Zweck dieses Kreislaufs ist die Unterhaltung der Lebensvorgänge wie Selbsterhaltung, Reproduktion, Bewegung, Abwehr von Feinden etc. Charakteristisch für Organismen sind die sehr vielen Einzelumwandlungen der chemischen Systeme, die pro Umwandlung nur einen geringen Energieumsatz erzeugen und damit ohne «Sicherheitsmaßnahmen» und «Isoliersysteme» nebeneinander ablaufen können. Abbildung 1 fasst schematisch das Ineinandergreifen der wesentlichen Energiespeicher- und Umwandlungsvorgänge in der Natur zusammen. Die geschlossenen Kreisläufe in Abbildung 1 deuten an, dass sich das biologische System der Energiewandlung und Speicherung in einem stationären Zustand befindet, der durch seine Komplexität stabil gehalten wird. Die Prozesse in Abbildung 1 wandeln Energie in Entropie und Wärme auf niedrigem Niveau, die zusammen mit der reflektierten Sonnenenergie in den Weltraum abgestrahlt wird.

In diesem Schema kommen unterschiedliche Arten von chemischen Energieträgern vor, die sich in der zeitlichen Verfügbarkeit der Energie unterscheiden. Der Bedarf nach Regelung des Energieflusses auf sehr unterschiedlichen Zeitskalen (Millisekunden bis Jahre) führte zur Herausbildung strukturell verschiedener Trägersysteme. In Tabelle 2 werden Energieträger in der Natur und in der Technik bezüglich ihrer zeitlichen Verfügbarkeit gegenübergestellt.

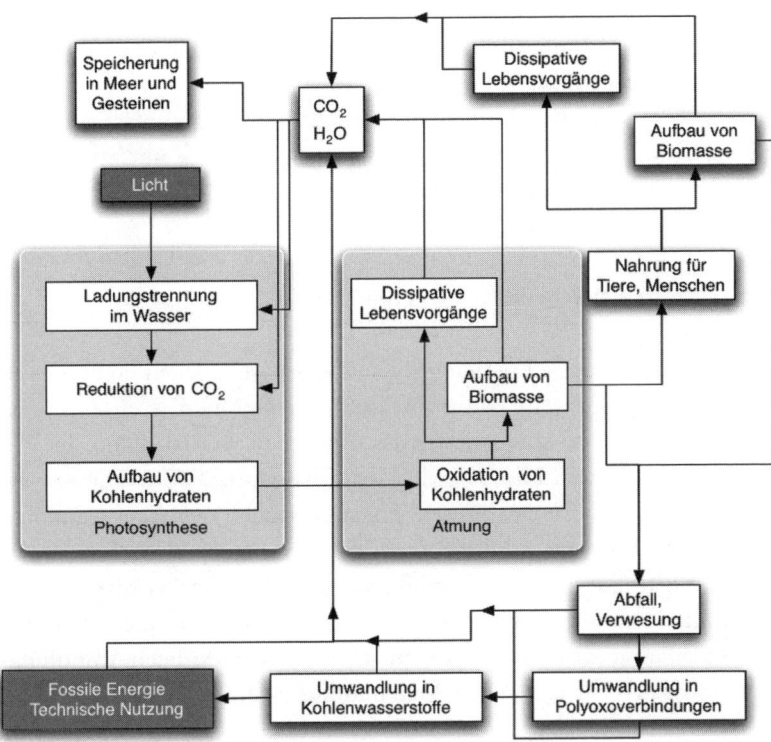

Abbildung 1: Energiewandlung und Speicherung in der Natur. Die heutigen fossilen Energieträger stammen alle aus «Sackgassen» der natürlichen Kreisläufe.

In der Biologie			In der Technik		
schnell	*mittel*	*langsam*	*schnell*	*mittel*	*langsam*
ATP	Glukose	Fett	Strom	Dampf	Kohle
NADPH +H		Kohlen-hydrate	Super-kondensator	Gas	Öl
		Proteine	Schwungrad	Wasserstoff	Methanol
			Solarzelle	Pumpspei-cherwerk	Synthetische Treibstoffe
				Batterie	

Tabelle 2: Energieträger in Natur und Technik, geordnet nach der Geschwindigkeit ihrer Energiewandlung.

Man erkennt, dass wir heute bereits die Möglichkeiten hätten, die Energiewandlung zeitlich zu steuern, wenn alle Technologien gleich weit entwickelt wären, was jedoch bei weitem noch nicht der Fall ist. Insbesondere die Wandlung von elektrischer in chemische Energie ist weit von einem optimalen Zustand entfernt (Laden von Batterien, Elektrolyse), während die sehr intensiv eingesetzte Wandlung chemischer Energie nur mit mäßigem Wirkungsgrad von typischerweise 40 % über thermische Verfahren funktioniert (siehe auch Tab. 1).

Energiespeichersysteme in der Technik

Um das gegenwärtige Energieproblem dauerhaft zu lösen, bedarf es der Konstruktion eines der Natur analogen Systems von Kreisläufen, das geschlossen ist und somit nachhaltig betrieben werden kann. Es wird sich um ein System handeln, das langfristig verfügbare Formen von Primärenergie über verschiedene Formen von Nutzenergie letztlich in Wärme und Entropie umwandelt. In der Einführung zu diesem Kapitel wurde gezeigt, dass es alleine mit einer physikalischen «Ernte» der eingestrahlten Sonnenenergie möglich wäre, das Energieproblem dauerhaft und nachhaltig zu lösen, wenn wir über die notwendigen Wandlungstechnologien und eine entsprechende Energieinfrastruktur verfügen würden.

Man kann einige Schritte der Energiewandlung und -speicherung abkürzen, wenn man als Primärenergie nicht Licht von der Sonne, sondern das «Sonnenfeuer» direkt, also die Kernfusion, wählt (siehe dazu den Beitrag von Alexander Bradshaw). Es ist heute schwer abzuschätzen, ob die Entwicklung der chemischen Energiewandlung oder die technologische Beherrschung der Kernfusion die schnellere Alternative ist. In jedem Fall sollten beide Ansätze, so unterschiedlich sie auch sind, energisch weiter verfolgt werden, um uns in fernerer Zukunft eventuell eine Wahlmöglichkeit zu lassen.

In der Technik sind die physikalischen Wandlungsmethoden sehr weit entwickelt worden, während die chemischen Wandlungsverfahren sich zumeist auf Totaloxidation, das heißt Verbrennung von Kohlenstoffsystemen beschränkt haben. Hier besteht ein enormer Nachholbedarf an Grundlagenforschung und an Technologieentwicklung, um eine der Natur nachgebildete Freiheit im Umgang mit verschiedenen Energieformen zu erlangen. Ein Szenario eines solchen technischen Energiewandelsystems, das man auch als «Energiemix» bezeichnen kann, ist in Abbildung 2 dargestellt.

Man geht von einer physikalischen Primärwandlung von Sonnenlicht in getrennte elektrische Ladungen aus. Diese können über einen sehr kurzen Weg in Batterien (in Fahrzeugen, in unterbrechungsfreien Stromversorgungen (USV) von Rechenzentren oder Krankenhäusern und in neuartigen Großbatterien) direkt gespeichert werden oder an sonnigen Tagen die Klimaanlagen, die man nur dann benötigt, betreiben. Durch Elektrolyse von Wasser würde mit Wasserstoff ein Zwischenspeicherprodukt erzeugt, das auf dreierlei Weise chemisch weiter gespeichert werden kann, um unterschiedlichen Anforderungen an Speicherdauer und Transportierbarkeit zu genügen. Er kann direkt physikalisch gespeichert werden, es kann synthetischer Kraftstoff, der dem heute genutzten ähnelt, erzeugt werden, oder es können Ammoniak und Methanol erzeugt werden. In jedem Fall existieren geschlossene, aber nicht immer CO_2-neutrale Prozessketten, die am Ende Wasserstoff zur Energiewandlung in Brennstoffzellen oder in Direktverbrennung von Energieträgern nutzen. In einem solchen System, dessen Komponenten heute bereits alle konzeptionell existieren, jedoch weder einzeln noch im Zusammenspiel miteinander optimiert sind, könnte eine nachhaltige und dauerhafte Versorgung mit Energie realisiert werden, welche die Grundprinzipien der Natur übernimmt, deren Verfahren aber nicht kopiert, um mit hoher Energiedichte arbeiten zu können. Erweiterungen mit zusätzlichen Technologien, die auf biologischem oder anorganischem Weg Sonnenlicht

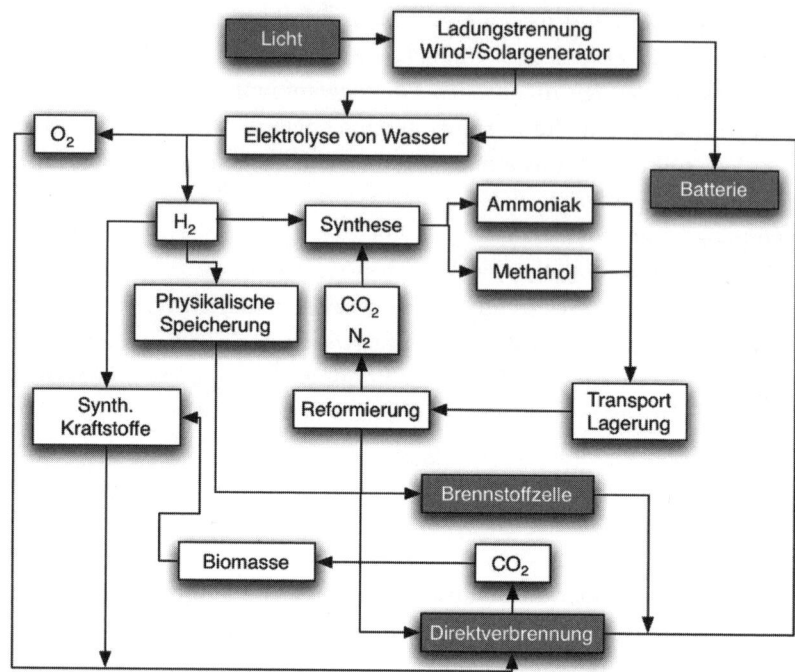

Abbildung 2: Ein Netzwerk technischer Verfahren zur Energiespeicherung und Wandlung, das auf Wasserstoff als Zwischenträger und Stickstoff oder Kohlendioxid als Kreislaufprodukten basiert. Batterie, Direktverbrennung und Brennstoffzelle sind die Systeme, die die von der Sonne gelieferte Primärenergie in Nutzenergie wandeln.

direkt in Speichermoleküle wandeln, sind denkbar. Diese Technologien werden jedoch wegen der ungeheuren Mengen an Energie, die wir benötigen, die Verfahren aus Abbildung 2 noch lange nicht ersetzen können.

Es geht also nicht darum, eine einzelne Speicher- oder Wandlungstechnologie auszusuchen und zu optimieren, sondern eine ganze Reihe von nebeneinander existierenden Technologien so zu verschalten («Energiemix»), dass ein nachhaltiger Zustand der Energiewandlung in der Technik entsteht. Nur so können wir mit den unterschiedlichen Energieformen aus regenerativen Primärquellen (Sonnenenergie direkt geerntet und im Jahreszyklus des Pflanzenwachstums indirekt gesammelt und gespeichert im Mix) sinnvoll umgehen und gleichzeitig einen möglichst großen Teil der heute bestehenden Technologien nachnutzen (Flugzeuge werden noch sehr lange Zeit Kerosin benötigen, auch dann, wenn es keine natürlichen Vorkommen mehr gibt). Daher sind viele unterschiedliche Forschungsansätze erforderlich, die so weit geführt werden müssen, dass ihre systemischen Eigenschaften auf den großen Skalen technischer Energiesysteme bekannt sind. Dann kann eine Auswahl erfolgen, die neben technischen und umwelterhaltenden Faktoren auch sozio-ökonomische Randbedingungen zu berücksichtigen hat.

Technische Systeme der Energiespeicherung sind viel einfacher in ihren Prozessen als die biologischen Gegenstücke. In den wenigen technischen Schritten werden große Energieumsätze erzielt, die über die dissipativen Vorgänge hinaus (das Flugzeug muss zunächst sich selbst bewegen, bevor es eine Transportleistung vollbringen kann) einen technischen «Nutzen» in erheblichem Maße ermöglichen. Daher muss bei ihrer Bewertung bedacht werden, dass eine möglichst hohe Energiedichte ein zentrales Auswahlkriterium ist. Da derartige Systeme immer über erhebliche chemische Reaktivität verfügen, sind sie notwendigerweise nicht gefahrlos. Speicherdichte und Gefahrenpotenzial gehen Hand in Hand. Allerdings sind manche Gefahren technisch leichter zu beherrschen als andere, und deshalb ist das tatsächliche Gefährdungspotenzial ein weiteres wichtiges Auswahlkriterium.

Kohlenwasserstoffe als Speicher

Bevor verschiedene stoffliche Speichersysteme diskutiert werden, lohnt eine kurze Analyse der Frage, warum Kohlenwasserstoffe, wie wir sie heute zum Energietransport und für die Speicherung nutzen, so gut für diese Aufgaben geeignet sind.

Kohlenwasserstoffe sind äußerst bequem. Da sie flüssig – oder im Falle des Erdgases gasförmig – sind, können sie leicht gepumpt, umgefüllt und transportiert werden. Stückige Güter, wie Kohle, sind erheblich schwieriger in der Handhabung: Auf Dampflokomotiven war ein Heizer erforderlich, der die Kohle in den Kessel schaufelte, in Dieselloks erledigt diese Aufgabe eine Einspritzpumpe. Zwar kann mit geeigneten Verfahren auch die Förderung von Feststoffen automatisiert werden, wie wir es etwa von modernen Pelletheizungen kennen, dennoch ist die Nutzung von fluiden Energieträgern erheblich bequemer und weniger störungsanfällig.

Außerdem kann man Kohlenwasserstoffe sehr leicht in die für die Nutzung benötigte Energieform umwandeln. Die Verbrennung liefert direkt Wärme. Mechanische Energie kann man durch Verbrennung in einem Motor erzeugen, der dann beispielsweise ein Auto antreibt. Verbrennt man Kohlenwasserstoffe in einer Turbine, kann die Energie der heißen Verbrennungsgase direkt zum Antrieb genutzt werden, wie im Düsenflugzeug, oder mittels eines Generators in elektrische Energie umgewandelt werden.

Schließlich entstehen bei der Nutzung von Kohlenwasserstoffen durch Verbrennung auf den ersten Blick unschädliche, einfach zu entsorgende Produkte, nämlich primär nur die beiden Gase Kohlendioxid (CO_2) und Wasserdampf, die in die Atmosphäre abgegeben werden. Diese scheinbare Unschädlichkeit hat sich aber mittlerweile als großes Problem herausgestellt: Während der entstehende Wasserdampf in der Tat unkritisch ist, ist das CO_2 das Gas, das am stärksten zum Treibhauseffekt beiträgt. Darüber hinaus entstehen bei der Verbrennung von Kohlenwasserstoffen auch geringe Konzentrationen von Schadgasen wie Stickoxiden, Schwefeloxiden, unverbrannten Kohlenwasserstoffen und Kohlenmonoxid, teils aus Verunreinigungen der Kohlenwasserstoffe, teils aber auch durch unvollständige Verbrennung oder aufgrund von Temperaturspitzen direkt aus dem Stickstoff und dem Sauerstoff, die mit der Verbrennungsluft zugeführt werden. Dennoch ist die Tatsache, dass nur gasförmige Verbrennungsprodukte entstehen, die relativ geringe Entsorgungsprobleme aufwerfen, sicherlich in der Handhabung ein großer Vorteil.

Außerdem haben Kohlenwasserstoffe einen relativ hohen volumen- und gewichtsbezogenen Energieinhalt. Der Energieinhalt ist die Energiemenge, die bei der Verbrennung von Kohlenwasserstoffen frei wird, wenn als Verbrennungsprodukte CO_2 und Wasser entstehen. Dieser Energieinhalt beträgt für flüssige Kohlenwasserstoffe etwa 40 MJ/kg oder 32 MJ/l. Methan (chemische Formel CH_4, der Hauptbestandteil von Erdgas) hat einen hohen gewichtsbezogenen Energieinhalt von 50 MJ/kg. Da es bei Raumtemperatur und Atmosphärendruck ein Gas mit relativ geringer Dichte ist, beträgt die volumenbezogene Speicherdichte nur 36 kJ/l bei Atmosphärendruck. Gase können allerdings komprimiert oder verflüssigt werden, wodurch sich die volumenbezogene Speicherdichte stark erhöht.

Alternative stoffliche Energiespeicher sollten ähnlich gute Eigenschaften besitzen und im Idealfall bei der Umwandlung keine schädlichen Gase freisetzen. Tabelle 3 stellt einige der relevanten Eigenschaften für die unterschiedlichen diskutierten Systeme zusammen. Im Folgenden

Verbindung	Vol. Energiedichte [kJ/kg]	Gravimetrische Energiedichte [kJ/l]
Benzin	43 000	32 000
Dieselkraftstoff	42 000	35 000
Methan	50 000	36 (Gas, 1 bar, 0 °C)
Methanol	22 650	17 900
Dimethylether	28 760	60,7 (Gas, 1 bar, 0 °C)
Ethanol	27 000	24 300
Wasserstoff (flüssig)	119 800	8500[1]
Wasserstoff (700 bar)	119 800	4400[1]
Wasserstoff ($NaAlH_4$)	6590	5300[2]
Wasserstoff (als NH_3 flüssig)	21 100	14 390 (0 °C, etwa 10 bar)

[1] Speicherdichten nur auf Wasserstoff selbst bezogen. Bei Wasserstoff reduzieren Tankmasse und Tankvolumen die Speicherdichten sehr stark.

[2] Volumetrische Speicherdichte nur ungefähre Angabe, da zwischen hydriertem und dehydriertem Zustand erhebliche Dichteunterschiede bestehen.

Tabelle 3: Gravimetrische und volumetrische Energiespeicherdichten unterschiedlicher stofflicher Speichersysteme. Zugrunde gelegt ist die Reaktion der entsprechenden Verbindung mit Sauerstoff unter der Annahme, dass gasförmiges Wasser entsteht (der so genannte «untere Brennwert» oder Heizwert).

werden solche stofflichen Speicher im Detail diskutiert. Die Entscheidung für ein neues Energiesystem mit neuen Energieträger- und -speicherformen ist eine gesellschaftlich-politische. Die Wissenschaft hat die Aufgabe, die wissenschaftlich-technische Umsetzbarkeit verschiedener Optionen sicherzustellen und die Daten zu liefern, auf deren Basis eine fundierte Entscheidung getroffen werden kann.

Kohlenwasserstoffe in Form von Kraftstoffen, wie sie heute aus Raffinerien bezogen werden, sind komplexe Speichergemische für Wasserstoff mit einem Gerüst aus Kohlenstoff, das ebenfalls zur Energiegewinnung herangezogen wird. Moderne Raffinerien sind unter anderem Großproduktionsanlagen für Wasserstoff, den sie mit Hilfe katalytischer Verfahren gewinnen und mittels anderer Katalysatoren wieder in ihre Produkte einbauen. Katalyse ist hier wie in vielen anderen Speichertechnologien für Energie eine unverzichtbare Schlüsseltechnologie, die trotz ihres hohen Entwicklungsstandes noch immer enorme Potenziale (bis zu 50 % Energieeffizienz pro Prozessschritt) für Verbesserungen und damit für einen verbesserten Wirkungsgrad von Energiespeicherverfahren hat.

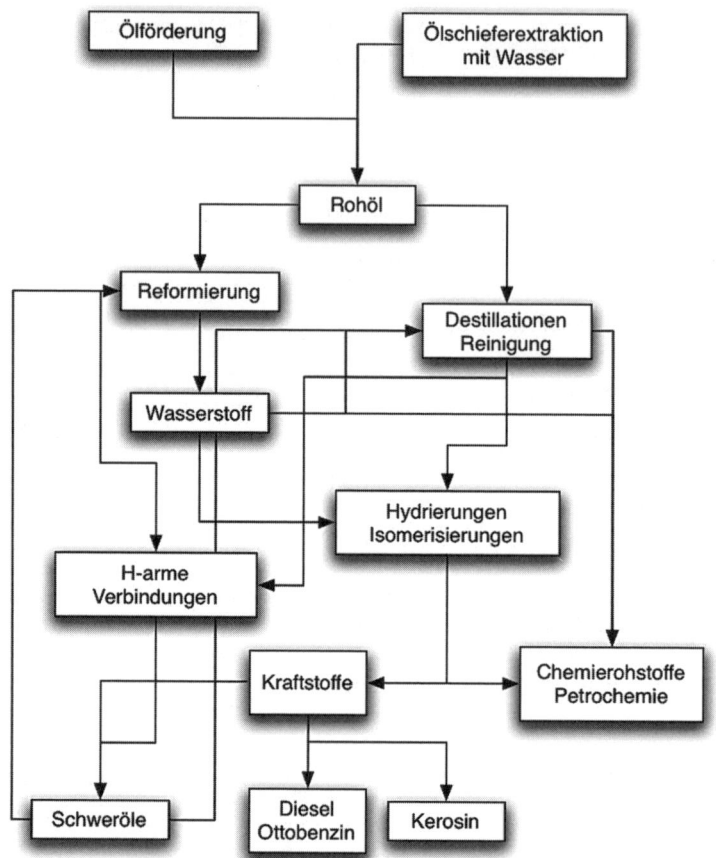

Abbildung 3: Ölveredelung heute. Eine Raffinerie ist ein Wasserstoffspeicherbetrieb.

Abbildung 3 zeigt, wie in einer heutigen Raffinerie das Rohöl unter Verlust von Kohlenstoff, der die Prozessenergie liefert, in wasserstoffreichere Stoffgemische umgewandelt wird. Nur dadurch kann der Bedarf an Kraftstoffen in den für moderne Motoren erforderlichen Qualitäten befriedigt werden, das ursprüngliche Destillat aus Rohöl könnte den heutigen Qualitätsanforderungen in keiner Weise genügen.

Der in der Raffinerie benötigte Wasserstoff wird aus Öl oder seltener aus zusätzlichem Erdgas gewonnen. Mit zunehmender Ölverknappung wird das nicht mehr möglich sein. Eine sehr effektive Quelle für die Speicherung von anderweitig gewonnenem Wasserstoff sind somit veredelte

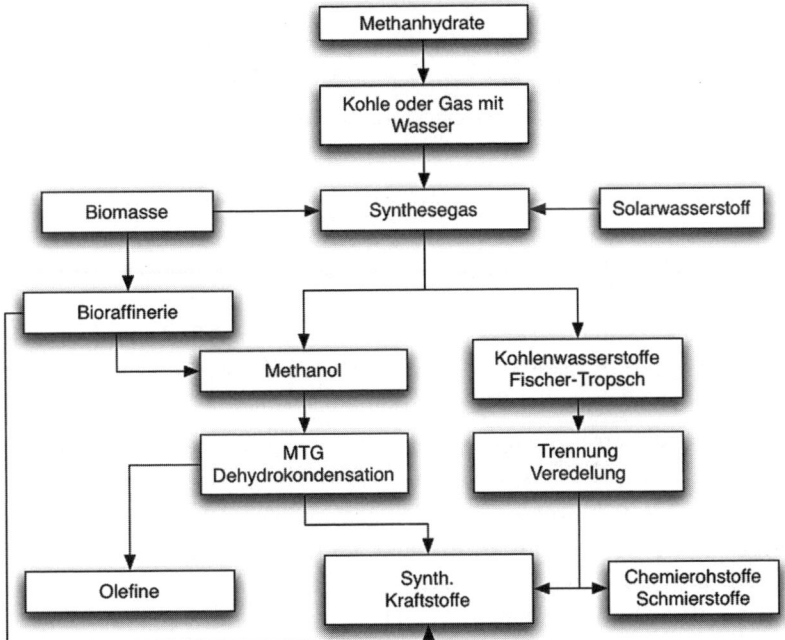

Abbildung 4: Alternative und nachhaltige Wege zu synthetischen Kraftstoffen: Die Prozesse stellen chemische Verfahren zur Energiespeicherung mit Wasserstoff als Zwischenenergieträger aus unterschiedlichen Quellen dar.

oder synthetische Kraftstoffe, wie sie mit den Speichermaterialien Synthesegas und Methanol (siehe unten) erzeugt werden können. Die dazu nötigen Technologien sind weitgehend verfügbar und werden mit Erdgas als Einsatzstoff heute in großem Stil aufgebaut (Mittlerer Osten). Hier ist Wasserstoff in versteckter Form der wesentliche Energieträger. Eine Weiterentwicklung der Technologie, die in Abbildung 4 dargestellt ist, zu einer Speicherung von Solarwasserstoff aus elektrischer (Wind, Solarzelle) oder photochemischer Wasserspaltung wäre möglich und böte sich bei den Standorten der heutigen Komplexe im Mittleren Osten auch an. Allerdings ist dafür neben einer erheblichen Optimierung der Primärwandlungstechnologien auch die Lösung des Problems der effizienten Wasserspaltung nötig.

In jedem Fall bleiben die guten Speichereigenschaften von Kohlenwasserstoffen erhalten, und viele darauf basierende Technologien könnten weiter in Benutzung bleiben, selbst wenn der primäre Rohstoff Rohöl nicht mehr verfügbar ist. Es ist zu erwarten, dass der dafür noch erforderliche erhebliche Forschungsbedarf für alle beteiligten Prozessschritte die nötigen Verbesserungen bringen wird. Allerdings müssten dazu die Anstrengungen stark fokussiert werden, um in kurzer Zeit genügend weit voranzukommen.

Wasserstoff[3]

Wasserstoff erscheint in der öffentlichen Diskussion häufig als der ideale Energieträger und -speicher. Wasserstoff ist das leichteste Element (Symbol H) und kommt in der Natur vornehmlich gebunden in Wasser (H_2O) vor. Als Energieträger muss er allerdings als Wasserstoffmolekül (H_2) vorliegen, er muss also zunächst aus Wasser, beispielsweise durch Elektrolyse, hergestellt werden. Das Wasser entsteht dann wieder bei der Nutzung des Wasserstoffs als Produkt der Reaktion mit Sauerstoff, wobei ein großer Teil der gespeicherten Energie wieder frei wird. An dieser Stelle sei nochmals angemerkt, dass kein Verfahren zur Energiespeicherung vollständig reversibel ist, also die gesamte für die Speicherung aufgewandte Energiemenge wieder freisetzt. Unterschiedliche Verfahren der Speicherung müssen also auch hinsichtlich ihres Wirkungsgrades verglichen werden.

Wasserstoff besitzt als Energieträger vor allem einen unschätzbaren Vorteil: Bei der Freisetzung der gespeicherten Energie wird außer Wasser im Idealfall kein weiteres Produkt gebildet, das heißt, es entstehen keinerlei schädliche Reaktionsprodukte. Einzige Ausnahme ist die Hochtemperaturverbrennung von Wasserstoff mit Luft, weil in der Luft neben dem Sauerstoff auch Stickstoff enthalten ist. Bei sehr hohen Verbrennungstemperaturen kann der Stickstoff mit dem Sauerstoff der Luft reagieren und geringe Mengen von Stickoxiden bilden, die zum photochemischen Smog und zum sauren Regen beitragen. Dieses Problem lässt sich durch eine angepasste Durchführung der Verbrennung aber fast vollständig lösen oder durch die direkte Umsetzung von Wasserstoff in Brennstoffzellen zu elektrischer Energie sogar ganz umgehen.

Wasserstoff wird heute durch das so genannte Dampfreformieren aus Erdgas oder Erdöl hergestellt. Dabei lässt man den Kohlenwasserstoff mit Wasserdampf vermischt bei hohen Temperaturen von etwa 700 °C über einen Katalysator strömen, wobei Wasserstoff und Kohlenmonoxid entstehen. Das Kohlenmonoxid kann mit weiterem Wasserdampf in der Wassergas-Shift-Reaktion zu Kohlendioxid umgesetzt werden. Dabei entsteht zusätzlicher Wasserstoff. Der auf solche Weise erzeugte Wasserstoff wird somit nicht CO_2-neutral produziert, sondern bei seiner Herstellung entstehen ähnlich große Mengen CO_2 wie bei der direkten Verbrennung der Kohlenwasserstoffe. In einer zukünftigen «Wasserstoffgesellschaft» müsste der Wasserstoff also regenerativ erzeugt werden. Dazu gibt es eine Reihe unterschiedlicher Verfahren. Technisch bereits gut beherrscht ist die Elektrolyse von Wasser, das heißt die Zersetzung von Wasser unter Aufwendung von elektrischer Energie, wobei Wasserstoff und Sauerstoff frei werden. Wenn die elektrische Energie regenerativ hergestellt wird, ist dies ein CO_2-neutraler Prozess. Wasserstoff kann auch durch die Vergasung von Biomasse gewonnen werden. Allerdings scheint unter Effizienzgesichtspunkten die energetische Nutzung von Biomasse derzeit am besten durch Vergärung zur Methanerzeugung und Verbrennung des Methans in einem Blockheizkraftwerk zu erfolgen, sodass Biomasse als Wasserstoffquelle eher in Ausnahmefällen genutzt werden sollte.

Aus Sonnenenergie kann Wasserstoff nicht nur durch Elektrolyse mit photovoltaisch erzeugter elektrischer Energie hergestellt werden, sondern auch solarthermisch. Dazu werden beispielsweise thermisch zyklisierbare Metall/Metalloxid-Paare verwendet. Bei hohen Temperaturen in einem Solarofen zersetzt man ein Metalloxid zum Metall und Sauerstoff. Nach Abschluss dieser Reaktion wird Wasserdampf über das Metall geleitet, wobei sich das Metalloxid zurückbildet und Wasserstoff frei wird. Man produziert also zyklisch abwechselnd Wasserstoff und Sauerstoff. Es ist klar, dass in solchen Systemen sowohl die Zyklisierbarkeit des Metall/Metalloxid-Paares als auch ein bis ins Letzte ausgereiztes Wärmemanagement entscheidend sind, um hohe Wirkungsgrade und Langzeitstabilität zu erreichen. Beides ist Gegenstand intensiver Forschung. Ähnliche Systeme kann man auch zur Reinigung von Wasserstoff aus Biomasse nutzen, wie es im ProBio-Projekt erprobt wird, das vom MPI für Dynamik komplexer technischer Systeme in Zusammenarbeit mit zwei Fraunhofer-Instituten vorangetrieben wird. Hier nutzt man das Eisen/Eisenoxid-Paar. Das Rohgas aus der Biomasse-Vergasung wird über Eisenoxid geleitet, das dadurch zum Eisen reduziert wird. Leitet man dann reinen Wasserdampf über das entstandene Eisenoxid, entsteht sauberer Wasserstoff. Hier wirkt das Metall also als Zwischenspeicher für den Wasserstoff.

Die «Traumreaktion» wäre allerdings die direkte photokatalytische Wasserspaltung. Hiermit könnte man alle Zwischenschritte umgehen: Auf den Photokatalysator würde Sonnenlicht fallen, in räumlich getrennten Bereichen würde aus Wasser Wasserstoff und Sauerstoff entstehen. Die Natur beherrscht diesen Prozess in der Photosynthese, wobei zwar nicht direkt molekularer Wasserstoff entsteht, aber ein chemisches Äquivalent (in einigen Organismen, z. B. in Blaualgen, findet man aber auch tatsächlich molekularen Wasserstoff als Produkt). Der Nachbau dieses Prozesses mit chemischen Modellsystemen ist allerdings extrem schwierig, und weltweit sind zahlreiche Gruppen auf diesem Gebiet aktiv, unter anderem am MPI für bioanorganische Chemie, wo man an der chemischen Nachbildung des biologischen Prozesses arbeitet, und am MPI für Biophysik, wo das grundlegende Verständnis des biologischen Photosystems im Zentrum des Interesses steht. Teilschritte des biologischen Prozesses können mittlerweile nachgebildet werden, von einer vollständigen Kopie sind wir jedoch noch weit entfernt. Alternativ zum Nachbau des biologischen Systems kann auf der Basis von Halbleitern, in denen durch Lichteinfall Ladungstrennung erfolgt (der in der Photozelle genutzte Effekt), Wasserstoff hergestellt werden. Das bekannteste System, mit dem dies möglich ist, ist Titandioxid, das mit Platin modifiziert wird. Der Wasserstoff wird bei Lichteinfall am Platin erzeugt, der Sauerstoff am Titandioxid. An solchen Systemen ist die photokatalytische Wasserstoffproduktion bereits nachgewiesen worden, die Produktivitäten liegen allerdings noch weit unter den Werten, die für einen technischen Einsatz relevant sind. Auch solche Prozesse werden am MPI für bioanorganische Chemie erforscht, und kürzlich wurde über ein neues Katalysatorsystem auf der Basis von Titansilicid berichtet, das interessante Perspektiven bieten könnte.

Selbst wenn die effiziente Herstellung von Wasserstoff CO_2-neutral gelingt, so stellt die Speicherung dieses sehr leichten und flüchtigen Gases eines der größten Probleme eines Wasserstoffenergiesystems dar. Dies ist besonders dann von Bedeutung, wenn der Wasserstoff in relativ kleinen Mengen von etwa 5 kg in Autos als Brennstoff für einen Brennstoffzellenantrieb gespeichert werden soll. Dabei ist es wichtig, eine möglichst hohe Energiedichte (die Energiedichte entspricht der Wasserstoffmenge) sowohl pro Volumen als auch pro Gewicht des gesamten Speichersystems zu erreichen.

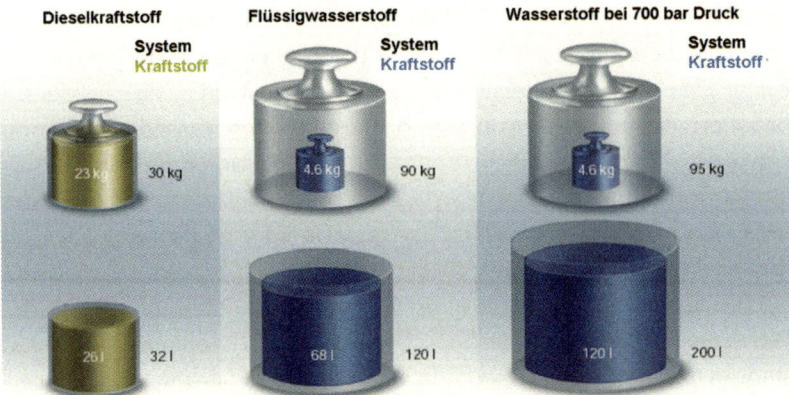

Abbildung 5: Vergleich der Volumina zur Speicherung von genügend Kraftstoff (Dieselkraftstoff oder Wasserstoff in flüssiger Form oder unter Druck) für eine Fahrstrecke von 400 km mit einem Mittelklassefahrzeug (Quelle: Dr. U. Eberle, GM Fuel Cell Activities).

Derzeit gibt es zwei Speichertechnologien, die in Prototypen von Brennstoffzellen-betriebenen Fahrzeugen eingesetzt werden, nämlich die Druckspeicherung bei einigen hundert bar Druck und die Flüssigspeicherung bei −254 °C. Beide Technologien werfen aber erhebliche Probleme auf: Sowohl die gravimetrischen, also gewichtsbezogenen, als auch die volumetrischen Speicherdichten sind unbefriedigend, wenn man das gesamte Tanksystem betrachtet, wie in Abbildung 5 im Vergleich zu einem Dieseltank zu sehen ist. Zudem ist die Speicherung in diesen Formen mit einem relativ hohen Energieaufwand verbunden. Bei der Verflüssigung werden etwa 30 % des Energieinhalts des Wasserstoffs benötigt[4], und die Druckspeicherung bei einigen hundert bar Druck erfordert einen Energieaufwand, der etwa 15 % des Energieinhalts entspricht.[5] Diese Energie kann nicht einfach zurückgewonnen werden. Außerdem sind beide Verfahren mit großen technologischen Problemen behaftet. Bei der Flüssigspeicherung ist eine Superisolation der Tanks erforderlich, die zum einen hohe Kosten verursacht, zum anderen nie ganz perfekt ist, sodass nach einigen Tagen das Abdampfen des Wasserstoffs aus dem Tank beginnt und der Wasserstoff verloren geht. Für die Druckspeicherung sind Tanks aus Hochleistungsmaterialien erforderlich, die – zumindest derzeit – den Kostenrahmen, den Verbraucher akzeptieren würden, deutlich sprengen.

Je größer allerdings die zu speichernde Menge an Wasserstoff ist, desto weniger problematisch ist die Flüssigspeichertechnologie. Da ein Tank nur über die Oberfläche Wärme mit der Umgebung austauscht, ist es besonders schwierig, kleine Mengen flüssig zu halten, da bei kleinen Behältern das Verhältnis von Oberfläche zu Volumen groß ist und damit ein hoher Wärmeeintrag pro gespeichertes Volumen auftritt. Große Tanks sind in dieser Hinsicht erheblich besser, und der größte Teil des heute benutzten industriellen Wasserstoffs wird in flüssiger Form in großen Tanklastwagen transportiert.

Eine chemische Speicherung von Wasserstoff könnte helfen, einige der Probleme, die mit den physikalischen Speichertechnologien verbunden sind, zu lösen. Beispielsweise kann man an Materialien mit großen Oberflächen Wasserstoff anlagern und damit schon bei viel höheren Temperaturen als bei der des flüssigen Wasserstoffs, nämlich schon bei – 196 °C (der Temperatur des flüssigen Stickstoffs), gute Speicherdichten erzielen. Solche Temperaturen lassen sich viel einfacher über längere Zeiträume halten, und die notwendige Isolation von Tanks ist viel weniger aufwändig. Die Gruppe um Michael Hirscher vom MPI für Metallforschung hat gezeigt, dass bei einer solchen Speicherung die entscheidende Kenngröße der Adsorptionsmittel deren spezifische Oberfläche ist, also die innere Oberfläche, die in einem Gramm des Materials vorhanden ist.[6] Die Speicherkapazität für Wasserstoff steigt linear mit der spezifischen Oberfläche, und man kann auf dieser Basis vorhersagen, dass technisch relevante Speicherkapazitäten bei spezifischen Oberflächen von etwa 5000 m²/g (etwa die Größe eines Fußballfelds) erreicht werden. Solche Materialien sind mittlerweile zugänglich, und man wird sehen, ob damit praktisch nutzbare Speicher gebaut werden können.

Das größte Potenzial der derzeit untersuchten Speichermaterialien scheinen Hydridspeicher aufzuweisen, die am MPI für Kohlenforschung intensiv untersucht werden.[7] Hydride sind Verbindungen zwischen Wasserstoff und anderen Elementen, die meist aus der Klasse der Metalle stammen. In vielen Hydriden kann der Wasserstoff dichter gepackt werden, als er im flüssigen Zustand vorliegt. Um eine hohe Speicherkapazität zu erreichen, ist es wichtig, als Basis für die Hydride leichte Metalle einzusetzen, die pro Metallatom möglichst viele Wasserstoffatome binden können. Zu diesen Metallen gehört das Aluminium, das mit drei Wasserstoffatomen Aluminiumhydrid (AlH_3) bildet. 10 Gew.% des AlH_3 sind Wasserstoff, was einer sehr guten Speicherkapazität entspricht. Allerdings ist AlH_3 instabil und gasförmig, es gibt seinen Wasserstoff bereits weit unterhalb von Raumtemperatur bereitwillig ab, sodass es allein als Speichermaterial nicht geeignet ist.

Es kann aber mit anderen, stabileren Hydriden zu so genannten komplexen Hydriden reagieren, etwa mit Natriumhydrid (NaH) zu $NaAlH_4$, das viel stabiler als AlH_3 ist. Allerdings verringert sich die gewichtsbezogene Speicherkapazität dadurch, da der im NaH enthaltene Wasserstoff so fest gebunden ist, dass er erst bei Temperaturen von über 500 °C wieder abgegeben wird. $NaAlH_4$ hat daher nur eine gravimetrische Speicherkapazität von etwa 5,5 Gew.%. Dennoch stellt es bisher unter den bekannten Hydriden dasjenige dar, bei dem Speicherkapazität und die Temperaturen der Wasserstoffaufnahme und -abgabe einen akzeptablen Kompromiss bieten. Andere Hydride haben eine höhere Speicherkapazität, wie etwa das Magnesiumhydrid (MgH_2) mit knapp 8 %, doch die Temperaturen für die Wasserstoffabgabe liegen bei diesen Systemen in einem inakzeptablen Bereich, nämlich bei etwa 300 °C. Für mobile Anwendungen würden die dann erforderlichen Heizsysteme und Wärmetauscher das Gesamtsystemgewicht und -volumen deutlich zu hoch werden lassen.

Neben den erwähnten Problemen haben Metallhydride aber noch eine weitere Hürde zu nehmen: Oft dauert die Wasserstoffaufnahme unter den Bedingungen, die realistischerweise eingestellt werden können, viel zu lang. Die praktische Relevanz des Problems wird offensichtlich, wenn man an die Betankung eines mit Wasserstoff betriebenen Fahrzeugs denkt: Sicherlich will niemand länger als etwa 5 Minuten auf den Abschluss des Betankungsvorgangs warten, besser wären deutlich kürzere Betankungszeiten. Diese Bedingung erfüllen allerdings nur die wenigsten Hydride ohne weiteres. $NaAlH_4$ braucht selbst bei Temperaturen um 100 °C und Wasserstoffdrücken von 100 bar Wochen, um nur einen geringen Teil seiner vollen Wasserstoffkapazität aufzunehmen. Daher war es von besonderer Bedeutung, als Boris Bogdanovič und Manfred Schwickardi 1995 am MPI für Kohlenforschung entdeckten, dass Katalysatoren, beispielsweise Titanverbindungen, die Geschwindigkeit drastisch erhöhen. Mittlerweile sind die Katalysatoren durch eine Anpassung der Zusammensetzung und neue Einbringungsverfahren so weit entwickelt, dass die Austauschreaktion binnen Minuten beendet ist und damit die Betankung eines Wasserstofffahrzeugs mit Hydridspeicher in weniger als fünf Minuten vorstellbar wird. Für eine praktische Nutzung sind jedoch noch viele materialwissenschaftliche Probleme im Zusammenhang mit der Langzeitstabilität zu lösen. Zudem ist für die im Betrieb gegenüber Luft extrem reaktiven Speicher ein Sicherheitskonzept zu entwickeln.

Bei der Entwicklung von Hydridspeichern erkennt man beispielhaft das Zusammenwirken von erkenntnisgetriebener und anwendungsorientierter Forschung. Es ist klar, dass für technisch einsetzbare Systeme Hydride mit höheren Speicherkapazitäten notwendig sind. Viele der in Frage kommenden Systeme sind aber entweder gar nicht bekannt oder nur sehr unzureichend untersucht. Das beste Know-how für die Suche nach solchen neuen Verbindungen findet sich in Forschungseinrichtungen, die sich im Zuge der Grundlagenforschung schon lange mit diesen Themen beschäftigen. Sobald ein vielversprechendes System entdeckt wird, ist jedoch unmittelbar intensive Entwicklungsarbeit nötig, um die praktische Nutzbarkeit auszuloten und die Systeme so weit zu entwickeln, dass sie als technische Speicher brauchbar werden. An dieser Stelle müssen deshalb schnell industrielle Partner mit ins Boot kommen.

Häufig werden im Zusammenhang mit Wasserstoff als Energieträger und -speicher die Fragen nach der Sicherheit dieser Technologie gestellt. Die Frage ist berechtigt, ist Wasserstoff doch leicht brennbar und in Verbindung mit Luft hochexplosiv. Allerdings gilt dies auch für Benzin, wie es heute in Autos als Kraftstoff genutzt wird. Ein Vergleich hilft hier, die Gefahren, die vom Wasserstoff ausgehen können, realistischer einzuschätzen. Bei der Gefahrenbewertung ist die Flüchtigkeit des Wasserstoffs, die bei der Speicherung Schwierigkeiten verursacht, ein Pluspunkt. Er verbreitet sich sehr schnell, sodass lokal nur schwer so hohe Konzentrationen entstehen, die Voraussetzung für die Entzündung sind. Auch brennt er aufgrund seiner Leichtigkeit bei einem Brand nach oben ab. Benzindämpfe dagegen können sich ansammeln, wodurch die Explosionsgrenzen leichter überschritten werden, und brennende Flüssigkeiten breiten sich über den Boden aus und entzünden so leicht in der Nähe befindliche Materialien. Simulierte Unfälle haben daher an Wasserstoff-betriebenen Fahrzeugen geringere Schäden durch Brände zur Folge gehabt als bei mit Benzin angetriebenen. Wasserstoff scheint daher zumindest nicht gefährlicher zu sein als konventionelle Kraftstoffe.

Ammoniak als Energieträger

Ammoniak ist ein wenig beachtetes Molekül, das grundsätzlich selbst zur Energiespeicherung genutzt werden könnte, möglicherweise aber als Wasserstoffspeicher noch interessanter ist. Es besteht aus einem Stickstoffatom und drei Wasserstoffatomen und hat die chemische Formel NH_3. Damit enthält es 17,6 Gew.% Wasserstoff. Die Herstellung von Ammoniak im industriellen Maßstab wird seit fast 100 Jahren gut beherrscht, da es eine Schlüsselverbindung zur Herstellung von Düngemitteln ist. Ammoniak zerfällt bei erhöhter Temperatur an geeigneten Katalysatoren wieder in seine Bestandteile, nämlich Wasserstoff, der in der Brennstoffzelle genutzt würde, und Stickstoff, der mit etwa 78% Hauptbestandteil unserer Atmosphäre ist.

Ammoniak hat als Wasserstoffspeicher einige Vorteile: Er kann sowohl in flüssiger Form als auch unter Druck relativ dicht gepackt werden; zudem gibt es Metallkomplexe des Ammoniaks, in denen er ebenfalls sehr dicht gepackt vorliegt. Die Herstellung von Ammoniak ist energetisch weitestgehend optimiert, die Effizienz des technischen Prozesses liegt bei über 90%, d. h. bei einer Gesamtenergiebetrachtung sind über 90% des ursprünglichen Energieinhalts der Ausgangsverbindungen später im Ammoniak enthalten, wobei alle Prozessverluste bereits berücksichtigt sind. Die Ammoniaksynthese ist vermutlich der unter diesem Gesichtspunkt effizienteste chemische Produktionsprozess.

Allerdings stehen diesen Vorteilen auch Nachteile gegenüber. Ammoniak ist ein sehr giftiges Gas. Außerdem müsste man vor einer Einführung im großen Stil auch seine Wirkung als Treibhausgas genau analysieren, selbst wenn es derzeit nicht auf der Liste der Treibhausgase steht und durch Regen schnell wieder aus der Atmosphäre ausgewaschen wird. Diesem Problem kann durch die Verwendung von Salzaddukten, die sich, wie mit Magnesiumchlorid nachgewiesen wurde, leicht und reversibel be- und entladen lassen, wirksam begegnet werden. Der Nachteil dieses «Energiesalzes» ist allerdings ein Verlust an Speicherdichte. Bisher fehlen weiterhin gute Katalysatoren zur Zersetzung des Ammoniaks, obwohl hier in den letzten Jahren mit Katalysatoren auf der Basis von Kohlenstoff-Nanoröhrchen unter anderem am Fritz-Haber-Institut der Max-Planck-Gesellschaft und am MPI für Kohlenforschung deutliche Fortschritte erzielt worden sind. Dennoch sind für befriedigende

Zersetzungsgeschwindigkeiten immer noch Temperaturen über 500 °C erforderlich, was für technische Zwecke zu hoch ist.

Die Hürden für die Nutzung von Ammoniak als Energie- oder Wasserstoffspeicher sind also erheblich. Dennoch sollten auch solch unkonventionelle Wege zumindest exploriert werden. Bei einer so schwierigen Frage wie der zukünftigen Energieinfrastruktur dürfen nicht frühzeitig möglicherweise gangbare Wege ausgeschlossen werden.

Methanol als Energieträger

Methanol ist ein ähnlich universell einsetzbarer Energiespeicher wie der Wasserstoff. Es hat einen hohen Energiegehalt, und seine Speicherung als Flüssigkeit erlaubt eine hohe Speicherdichte in konventionellen Tanks. Bei der Nutzung kann es entweder, wie konventionelle Kraftstoffe, in Motoren verbrannt werden, es kann in so genannten Direkt-Methanol-Brennstoffzellen (DMFC) in elektrische Energie umgewandelt werden, oder es kann über die Dampfreformierung mit Wasser an Katalysatoren bei relativ milden Bedingungen zu Wasserstoff umgesetzt werden, den man dann wie oben beschrieben weiter verwenden könnte. Methanol kann daher direkt als Energiespeicher genutzt werden, man könnte es jedoch auch als sekundären Energiespeicher bezeichnen, wenn man es nur als «Wasserstoffspeicher» einsetzt. Methanol wird aus Wasserstoff hergestellt, und nach Dampfreformierung wird der entstehende Wasserstoff auch wieder direkt genutzt. Man muss sich allerdings im Klaren darüber sein, dass jeder Umwandlungsprozess Energie kostet, durch die Speicherung des Wasserstoffs über Methanol also Energie verloren geht, genau wie bei jeder anderen Technologie zur Wasserstoffspeicherung.

Methanol wird derzeit aus so genanntem Synthesegas hergestellt, einer Mischung aus Kohlendioxid (CO_2), Kohlenmonoxid (CO) und Wasserstoff (H_2). Dieses Synthesegas entsteht durch die oben bereits erwähnte Dampfreformierung von Methan oder flüssigen Kohlenwasserstoffen, es kann aber auch über ähnliche Prozesse aus Biomasse oder Kohle hergestellt werden. Für die Bildung von Methanol aus Synthesegas werden Katalysatoren aus Kupfer benutzt, die außerdem Zinkoxid und Aluminiumoxid enthalten. Obwohl solche Katalysatoren seit Jahrzehnten genutzt werden, konnten erst in den letzten Jahren wesentliche Aspekte ihrer Aktivität aufgeklärt werden. So ist es wichtig, dass die nur nanometergroßen Kupferpartikel im Katalysator nicht in genau der gleichen kristallinen Struktur vorliegen wie in gewöhnlichem Kupfer, sondern ihre Struktur muss ein wenig verzerrt sein, wie am Fritz-Haber-Institut der Max-Planck-Gesellschaft herausgefunden wurde. Solche Untersuchungen zum Verständnis fester Katalysatoren sind eine wesentliche Voraussetzung, um Katalysatoren gezielt verbessern zu können. Besonders der bei allen hier besprochenen Speicherkonzepten zumindest an jeweils einer Stelle erforderliche Einsatz von Katalysatoren im Energiesektor stellt extreme Anforderungen an die Effizienz solcher Prozesse, da entweder sehr anspruchsvolle Einsatzbedingungen wie im mobilen Betrieb oder enorme Prozessgrößen mit entsprechenden Energieverlusten kennzeichnend sind. Katalyse ist eine strategische Plattformtechnologie für die Energiespeicherung, die trotz enormer Fortschritte immer noch einen großen konzeptionellen Forschungsbedarf aufweist, bis rational optimierbare Systeme denkbar werden. Diese Bedeutung ist unter anderem dadurch herausgestellt worden, dass für fundamentale Beiträge zu einem derartigen rationalen Verständnis katalytischer Prozesse 2007 der Nobelpreis für Chemie an Gerhard Ertl vom Fritz-Haber-Institut verliehen worden ist.

Leider müssen Methanolanlagen sehr groß sein, damit man sie wirtschaftlich betreiben kann. Anlagen der neuesten Generation, so genannte MegaMethanol-Anlagen, wie sie derzeit in Qatar in Betrieb genommen werden, haben eine Kapazität von mehreren Millionen Jahrestonnen. Oft sind Gasfelder in Verbindung mit Ölfeldern aber relativ klein, sodass sich die Umwandlung in Methanol oder andere Flüssigkraftstoffe nicht lohnt. Das Gas wird dann entweder wieder in das Ölfeld eingepresst, um die Ölausbeute zu erhöhen, oder man fackelt es ab. Hätte man einen kostengünstigen Prozess, um dieses Gas in einen leicht zu transportierenden Flüssigkraftstoff wie Methanol umzuwandeln, könnte man es energetisch nutzen.

Falls Methanol der Energieträger in einem Energiesystem sein soll, das weitgehend auf regenerativen Quellen aufbaut, müsste Methanol entweder aus biomassebasiertem Synthesegas erzeugt werden, oder photovoltaisch hergestellter Wasserstoff müsste mit CO_2 zu Methanol umgesetzt werden. Letzteres wäre allerdings nur dann sinnvoll, wenn keine befriedigende Lösung zur Wasserstoffspeicherung gefunden wird; ansonsten würde man den Wasserstoff besser direkt speichern. Für die direkte Produktion von Methanol aus Wasserstoff und CO_2 ohne Zusatz von Kohlenmonoxid (das dreikomponentige Gas kann man gut nach dem Mitteldruckverfahren mit Kupfer-Zink-Aluminiumoxidkatalysatoren umsetzen) gibt es allerdings bisher keine befriedigenden Prozesse. Erste Versuchsanlagen zur Umsetzung dieses Prozesses sind zwar Ende der 90er Jahre in Japan in Betrieb gewesen, die Technologie hat sich aber bisher nicht im großen Maßstab durchsetzen können. Daher ist derzeit die bevorzugte Alternative zunächst offenbar die Synthese von Kohlenmonoxid mit zusätzlichem Wasserstoff über die Wassergas-Shift-Reaktion, das dann konventionell zu Methanol umgesetzt wird. Derzeit erreicht die Weltproduktion von Methanol für Anwendungen in der Chemie und als Kraftstoff jeweils etwa 65 Millionen Tonnen pro Jahr (2007) mit stark steigender Tendenz.

Die Lagerung von Methanol und der Transport bereiten keine größeren Probleme. Man könnte weitgehend die bestehende Infrastruktur für Kohlenwasserstoffe anpassen, das heißt Flüssigtanks, Tankfahrzeuge, Tankstellen nach entsprechender Adaption nutzen. Allerdings würde die Umstellung der Energieinfrastruktur auf Methanol nicht schlagartig erfolgen, sondern über viele Jahre wäre ein doppeltes Versorgungssystem für Kohlenwasserstoffe und Methanol erforderlich. Dies wird vielfach als Argument gegen Methanol als Energieträger ins Feld geführt. Eine solche Argumentation ist zumindest dann schlüssig, wenn man Methanol als eine Zwischenstufe auf dem Weg zu einer reinen Wasserstoffenergiewirtschaft sieht. In diesem Falle wäre es sicherlich sinnvoll, direkt zu einer Wasserstoffinfrastruktur überzugehen.

Bei der Verbrennung von Methanol in Motoren gibt es ebenfalls keine größeren Probleme. Die Motoren müssten zwar angepasst werden, aber ansonsten ist Methanol eine geeignete Alternative zu konventionellen Kraftstoffen. Effizienter ist allerdings die Nutzung in einer Brennstoffzelle, da deren Wirkungsgrade deutlich über denen von Verbrennungsmotoren liegen. Die DMFC hat derzeit noch eine relativ schlechte Leistungsdichte, sodass entsprechende Aggregate viel Platz benötigen würden. Wenn Methanol in einer wasserstoffbetriebenen Brennstoffzelle eingesetzt werden soll, müsste zunächst der Wasserstoff wieder freigesetzt werden. Dazu ist grundsätzlich die Dampfreformierung eine gut geeignete Reaktion, allerdings entsteht dabei auch wieder CO, das bei Konzentrationen von nur wenigen 10 ppm (parts per million, ein ppm ist ein Milliliter CO in einem Kubikmeter Gas) die Brennstoffzelle schädigt. Man braucht daher ein relativ komplexes Gasreinigungssystem. Am MPI für Kohlenforschung wurden über Katalysatorsynthesen in so genannten Mikroemulsionen neue nanostrukturierte Katalysatoren hergestellt, deren CO-Produktion nur ein Fünftel von kommerziell eingesetzten Katalysatoren beträgt. Im Rahmen eines von der «Zeit-Stiftung» geförderten Projekts wurden am Fritz-Haber-Institut gemeinsam mit dem MPI für Kolloid- und Grenzflächenforschung zwei Familien von Katalysatoren gefunden, die bei geeigneter Reaktortechnologie das CO-Problem eliminieren können. Noch attraktiver wäre die partielle Oxidation von Methanol mit Sauerstoff, bei der der Sauerstoff selektiv mit den Kohlenstoffatomen des Methanols zu CO_2 reagiert und der Wasserstoff freigesetzt wird. Allerdings fehlen auch hierfür noch geeignete Katalysatoren, wenngleich auf der Basis von Gold vielversprechende Ansätze verfolgt werden.

Methanol ist allerdings giftig und mischt sich unbegrenzt mit Wasser. Während bei einem Unfall, bei dem Benzin ausläuft, dieses im Wesentlichen separiert bleibt, da die Löslichkeit in Wasser sehr gering ist, würde Methanol Gewässer vergiften. Auf der anderen Seite ist die biologische Abbaubarkeit deutlich größer als bei Kohlenwasserstoffen, es wäre also auch schneller wieder aus der Umwelt verschwunden. Schließlich ist die Flüchtigkeit von Methanol zu bedenken. Aufgrund des niedrigen Siedepunkts verdampft Methanol leicht. Wie beim Ammoniak müsste zudem die mögliche Klimaschädlichkeit einer vollständig auf Methanol aufgebauten Infrastruktur sorgfältig untersucht werden.

Ethanol

Ethanol, also der auch in alkoholischen Getränken vorkommende Alkohol, kann ebenfalls als Energiespeicher dienen. Die Speicherdichte ist mit 27 MJ/kg akzeptabel, wenn auch niedriger als die von Kohlenwasserstoffen. Ethanol kann konventionellem Kraftstoff zugesetzt werden, aber auch ausschließlich mit Ethanol betriebene Motoren unterscheiden sich nicht wesentlich von herkömmlich genutzten. Einer der großen Vorteile von Ethanol ist die Tatsache, dass es sich relativ leicht auf biologischem Wege durch Vergärung aus Zucker herstellen lässt. In Ländern wie Brasilien, in denen die klimatischen Bedingungen für den Anbau von zuckerhaltigen Pflanzen wie etwa Zuckerrohr sehr gut sind, ist Ethanol wirtschaftlich mittlerweile konkurrenzfähig mit Benzin und Diesel.

Dennoch ist die Nutzung von Ethanol mit einer Reihe von Problemen verbunden. Der Anbau von Zuckerpflanzen erfordert intensive Landwirtschaft, außerdem werden häufig für den Anbau von Zuckerrohr Regenwälder abgeholzt, die für die globale Klimaentwicklung von großer Bedeutung sind. Attraktiver wäre es daher, wenn als Ausgangsmaterial für die Vergärung nicht Zucker eingesetzt würde, sondern Zellulose. Zellulose ist eine polymere Verbindung, in der viele hundert Zuckereinheiten verknüpft sind. Sie macht einen wesentlichen Anteil der Biomasse aus, ist aber sehr unreaktiv und daher schwierig in ihre einzelnen Bausteine zu zerlegen.

Schließlich ist auch zu berücksichtigen, dass die Vergärung von Biomasse nur zu wässrigen Lösungen führt, in denen Ethanol relativ verdünnt vorliegt. Die Abtrennung des Wassers ist ein energieaufwändiger Prozess, der die gesamte Energiebilanz für Ethanol als Energieträger deutlich verschlechtert.

Abgesehen von der Tatsache, dass Ethanol durch alkoholische Gärung relativ einfach zugänglich ist, scheint Ethanol gegenüber anderen Speichermolekülen keine grundsätzlichen Vorteile zu haben. Andere Wege als der biologische zur Herstellung von Ethanol sind langfristig offenbar nicht wettbewerbsfähig. Da eine vollständig auf Biomasse aufgebaute Deckung unseres Energiebedarfs angesichts der Konkurrenz zu Nahrungs- und Futtermitteln ausgeschlossen erscheint, wird Ethanol vermutlich nur als Additiv zu anderen Energieträgern eine Rolle spielen. Der Anteil an Biomasse, der für eine alkoholische Gärung einfach verfügbar ist, wird aber möglicherweise dabei vorteilhaft genutzt werden können, sodass Bioethanol als Ergänzung zu anderen Energieträgern eingesetzt werden kann.

Synthetische Kohlenwasserstoffe

Wie oben skizziert, sind Kohlenwasserstoffe aus vielen Gründen als Energiespeicher- und -transportform hervorragend geeignet, und zwar unabhängig von der Art ihrer Entstehung, das heißt, synthetisch hergestellte Kohlenwasserstoffe sind ebenso geeignet wie die herkömmlichen fossilen Kohlenwasserstoffe. Zwar differieren Kohlenwasserstoffe, je nach Syntheseroute, in einigen Eigenschaften, doch lassen sie sich durch Techniken, wie sie heute in Raffinerien eingesetzt werden, weitgehend ineinander umwandeln, je nach den Anforderungen, die bei der Nutzung gestellt werden. Allerdings sollte man bedenken, dass jede chemische Transformation zumindest zusätzlichen Energieaufwand für Prozessenergie erfordert, teilweise liegt aber auch der Energieinhalt der Produkte unter dem der Ausgangsmaterialien, ohne dass die meist als Wärme verloren gegangene Energie sinnvoll genutzt werden kann.

Zur Herstellung von synthetischen Kohlenwasserstoffen (siehe auch Abb. 2 und 4) gibt es zahlreiche unterschiedliche Technologien. Es hängt von der primären Energiequelle ab, welche Technologie am sinnvollsten ist. Wird primär Elektrizität erzeugt, erscheint es am besten, zunächst durch Elektrolyse Wasserstoff zu erzeugen. Dieser könnte dann Kohlendioxid direkt hydrieren. Alternativ würde nach Durchführung der Wassergas-Shift-Reaktion Kohlenmonoxid erzeugt werden, das dann im so genannten Fischer-Tropsch-Prozess, der in den 1920er Jahren im MPI für Kohlenforschung erfunden wurde, zu Kraftstoffen hydriert würde. Bei diesem Prozess entsteht ein Dieselkraftstoff von hoher Qualität. Alternativ kann Kohlenmonoxid mit Wasserstoff zu Methanol hydriert und dieses dann durch den so genannten MTG-Prozess (*methanol-to-gasoline*) katalytisch zu Benzin umgesetzt werden. Allerdings geht bei beiden Varianten ein erheblicher Teil des Energieinhalts des primär erzeugten Wasserstoffs verloren. Zudem muss bedacht werden, dass Kohlenwasserstoffe – anders als Wasserstoff – ihre Energie in Verbrennungsprozessen mit ihrem inhärent niedrigen thermodynamischen Wirkungsgrad wieder freisetzen.

Auch wenn die Primärenergie in Form von Biomasse erhalten wird, sind sowohl die Fischer-Tropsch-Synthese als auch die Methanolsynthese mit anschließendem MTG-Prozess Optionen zur Herstellung von Kohlenwasserstoffen. Das dazu erforderliche Synthesegas kann auf unterschiedlichem Wege, meist durch Hochtemperaturprozesse, aus der Biomasse gebildet werden. Die größten Anforderungen stellt dabei die Gasreinigung, da für den störungsfreien Betrieb sowohl des Fischer-Tropsch-Prozesses als auch der Methanolsynthese sehr reines Synthesegas erforderlich ist. Alternativ können Ölpflanzen Kraftstoffe liefern, denn sie sind fast reine Kohlenwasserstoffe und enthalten neben einer langen Kohlenwasserstoffkette lediglich eine Estergruppe, also eine chemische Einheit, die zwei Sauerstoffatome enthält. Langfristig scheint aber die Produktion von Kohlenwasserstoffen aus Ölpflanzen aufgrund der Konkurrenz zur Nahrungsmittelproduktion keine tragfähige Lösung zu sein.

Eine attraktive Möglichkeit ist hingegen die direkte Umsetzung von Zellulose oder Lignozellulose zu Kohlenwasserstoffen, da hierfür auch Abfallbiomasse genutzt werden könnte. Hier gibt es grundsätzlich eine Reihe von chemischen und biochemischen Ansatzpunkten. Beispielsweise ist seit einigen Jahren bekannt, dass sich Holz in so genannten «ionischen Flüssigkeiten» auflösen lässt und damit für weitere Umsetzungen besser zugänglich wird.

Der wesentliche Vorteil einer weiterhin auf Kohlenwasserstoffen, nun aber auf synthetischen, beruhenden Energieinfrastruktur ist die Möglichkeit, das bestehende System weiter zu nutzen. Dem stehen allerdings ganz erhebliche Nachteile entgegen. Selbst im Idealfall könnte nur ein Bruchteil des Energieinhalts des Wasserstoffs in den Kohlenwasserstoffen gespeichert werden, solange man nicht die Abwärme des Syntheseprozesses sinnvoll und weitgehend nutzen kann. Wenn man die Verbrennung der Kohlenwasserstoffe anstelle der Verstromung des Wasserstoffs in einer Brennstoffzelle berücksichtigt, sieht die Bilanz noch deutlich schlechter aus. Derzeit dürfte eine weiterhin auf Kohlenwasserstoffen aufgebaute Energieinfrastruktur nur dann sinnvoll sein, wenn sich bei der Etablierung einer Energieinfrastruktur auf der Basis von Wasserstoff und Methanol unüberwindliche Hürden auftun.

Sonstige Energiespeichermaterialien

Aufgrund der Komplexität des Problems sind weitere stoffliche Speicher für Energie vorgeschlagen worden. Beispielsweise wird ein Energiesystem auf der Basis von Silicium und von Siliciumverbindungen diskutiert. Silicium ist nach Sauerstoff das häufigste Element der Erdkruste, aber auch fast immer chemisch mit Sauerstoff verbunden; am bekanntesten ist Sand, der im Wesentlichen aus reinem Siliciumdioxid (SiO_2) besteht. Wenn man unter Energieaufwand aus dem Siliciumdioxid die beiden Sauerstoffatome entfernt, entsteht Silicium, das dann in einer energieliefernden Reaktion wieder mit dem Sauerstoff verbrannt werden kann. Der Zyklus ähnelt dem des Wasserstoffs, der ja auch zunächst durch Entfernen des Sauerstoffatoms aus Wasser hergestellt werden muss und dann bei der Verbrennung oder in der Brennstoffzelle bei der Reaktion mit Sauerstoff Energie freisetzt. Allerdings ist Silicium ein Feststoff, und man hat mit den entsprechenden Problemen bei der Handhabung zu rechnen. Zwar kann man auch flüssige oder gasförmige Siliciumverbindungen in Erwägung ziehen, aber ein weiteres Problem löst man damit nicht: Bei der Reaktion mit Sauerstoff entsteht ein Feststoff, nämlich SiO_2, der bei jeder Art der energetischen Nutzung ungeheure prozesstechnische Probleme aufwirft. Ein Energiesystem auf der Basis von Silicium scheint daher kein gangbarer Weg zu sein.

Auch andere Materialien mit hohem Energieinhalt haben mit ähnlichen Schwierigkeiten zu kämpfen, sei es, dass sie Feststoffe sind, sei es, dass bei ihrer energetischen Nutzung Feststoffe entstehen. Man muss somit davon ausgehen, dass andere Systeme als die oben diskutierten als zukünftige Energieträger allenfalls Außenseiterchancen haben.

Zusammenfassung und Fazit

Um die Chancen neuer stofflicher Energiespeicher- und -transportformen abschließend zu bewerten, ist es hilfreich, sich noch einmal die Schlüsselanforderungen in Erinnerung zu rufen: Das Material muss einen hohen gewichts- und volumenbezogenen Energieinhalt haben, es sollte sich unter möglichst geringen Verlusten herstellen lassen und bei Bedarf die gespeicherte Energie wieder abgeben, es sollte selbst möglichst ungiftig und klimaneutral sein, und auch die Produkte, die bei der Nutzung freiwerden, sollten ungiftig und klimaneutral sein. Wägt man alle Punkte gegeneinander ab, wird deutlich, dass der Wasserstoff derzeit mit Abstand am vielversprechendsten erscheint. Allerdings sind entscheidende Fortschritte bei der Speicherung erforderlich, insbesondere wenn es um mobile Anwendungen, etwa in Autos, geht.

Das Schlüsselproblem bei der Umstellung unserer Energiesysteme ist allerdings die absolute Dimension der in hoher Dichte benötigten Leistung. Dies wird besonders deutlich, wenn man sich die Materialflüsse des deutschen Energieverbrauchs, wie sie in Tabelle 4 für das Jahr 2007 aufgeführt sind, vor Augen hält. Die gesamte chemische Industrie in Deutschland verbraucht als Rohstoff nur etwa 7 % der verfügbaren Primärenergie, wobei der Energieverbrauch für ihre Prozesse nicht mit berücksichtigt ist.

Der größte Verbrauch von Primärenergie geht hingegen in die Wandelverluste. Hier liegt, trotz der oben dargestellten prinzipiellen Unmöglichkeit der vollständigen Vermeidung von Verlusten, ein wesentliches

Energieträger		Energieverbrauch	
Art	Menge in PW	Verbrauchsgruppe	Menge in PW
Öl	4678	Verluste	4307
Kohle	3570	Chemierohstoff	1020
Gas	3136	Industrie	2608
Kernenergie	1533	Verkehr	2643
Wind, Wasser	218	Haushalt	2677
Sonstige regenerative, Import	657	Handel, Dienstleistung	1333
Summe	13 792	Summe	14 588

Tabelle 4: Energieflüsse in Deutschland im Jahr 2007. Einheit in Petawatt (PW). Bilanz unvollständig bei den Energieträgern.[9]

Sparpotenzial, das durch Forschung und Technologieentwicklung, aber auch durch ständige Verbesserung der Infrastruktur erschlossen werden könnte. Und schließlich kommt es bei der Prioritätensetzung von Forschung und Entwicklung neuer Speicherprozesse neben der Effizienz auch darauf an, bezüglich des Verwendungszwecks breit zu forschen. Angesichts der prinzipiellen Dringlichkeit der Forschung zu Speicherverfahren sollte man die so oft beobachtete Verengung auf den (Auto-) Verkehr als Nutzungsart vermeiden. Große stationäre Bedarfsträger (z. B. Internet, Metallproduktion, Chemieproduktion) sind für die Fortentwicklung von Technik und Gesellschaft mindestens so dringend auf sichere und verfügbare Energieversorgung angewiesen wie die Mobilitätsindustrie. Als Fazit bleibt festzuhalten, dass es – mit Ausnahme der Forschung an Batteriesystemen – bis jetzt noch immer an Forschungs- und Entwicklungsanstrengungen für das Energiespeicherproblem mangelt, die der Dimension der Aufgabe entsprechen.

Die Forschung hat eine Vielzahl von Lösungsansätzen im Labormaßstab in Bearbeitung, von denen einige hier vorgestellt wurden. Insbesondere die biologischen Ansätze befinden sich noch in einem relativ frühen Entwicklungsstadium und wurden hier nur am Rande diskutiert, da ihr Potenzial kaum realistisch einschätzbar ist. Die Übertragung eines jeden der gezeigten Ansätze in technische Dimensionen erfolgt sehr langsam, wohl auch deshalb, weil Energiesysteme, die mehrere Aspekte der Speicherproblematik angehen, nicht konzertiert entwickelt werden. Die Entwicklung der Windkraftindustrie und die gerade beginnende Entwicklung der Photovoltaikindustrie sind sehr gute Beispiele: Beide Industriezweige müssten ein vitales Interesse an der Lösung der Speicherproblematik haben, die jedoch technisch sichtbar bisher vor allem von der Automobilindustrie bearbeitet wird. Energiespeicherung ist durch die überragende Bedeutung chemisch-katalytischer Prozesse eine zentrale Herausforderung an die chemische Industrie, die gerade beginnt, Lösungsansätze zu entwickeln. Die petrochemische Industrie wiederum ist sehr aktiv und entwickelt ihre eigenen Verfahren ständig weiter, findet aber nur wenig Kontakt zu den Industrien der Energieversorgung. Es wäre deshalb sehr wünschenswert, wenn sich die Forschung daran machen würde, das Gebiet der Energiespeicherung grenzüberschreitend zu betrachten und entsprechende Lösungen zu entwickeln.

Neue Wege der Batterieforschung

Von Joachim Maier

Man muss sich nicht erst die Elektrizität aus unserer Gesellschaft weg-denken, es genügt, sich an die vergleichsweise kurzen Stromausfälle in den USA oder in Kanada zu erinnern, um sich bewusst zu machen, in welchem Maße die Technologie der Elektrizität unser modernes Leben bestimmt – gar nicht so sehr im Sinne großer energetischer Umsätze, sondern vor allem subtil im Sinne einer ausgefeilten Schlüsseltechnologie. Nicht nur das moderne Kommunikations- und Transportsystem ist von ihr abhängig, sie bildet die Basis des Nervensystems unserer modernen Gesellschaft, vergleichbar mit der Bedeutung der Bioelektrizität für unsere individuelle menschliche Aktivität.

So elegant und augenscheinlich simpel das, was wir gemeinhin mit dem Terminus «elektrischer Strom» belegen, in punkto Transport erscheint, so wenig trivial ist doch die Speicherung. Dabei sind gerade die lokale Verfügbarkeit und Nutzbarkeit elektrischer Energie wesentlich. Elektrostatische Speicherung durch elektrische Kondensatoren ist, was die Menge der gespeicherten Energie betrifft, nicht sehr wirksam, auch wenn die gespeicherte Energie schnell abrufbar ist. Umgekehrt eignet sich chemische Energie sehr gut zur Speicherung, vor allem in Bezug auf die gespeicherte Energie pro Masse oder Volumen. Hier erfolgen dann aber die Speicherung und die Entnahme dieser Energie mit vergleichsweise geringer Geschwindigkeit.

Die Bedeutung elektrochemischer Speicher und Wandler

Elektrochemische Zellen erlauben die gegenseitige reversible Umwandlung beider Energieformen. Eine angelegte elektrische Spannung pumpt eine chemische Komponente von tieferem zu höherem Potenzial (näherungsweise: aus einem stark gebundenen in einen schwach gebundenen Zustand), die resultierende Speicherung erfolgt nicht nur an Kontaktflächen, sondern umfasst die gesamte aktive Masse. Beim Entladen wird

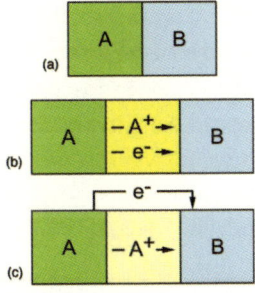

Abbildung 1a–c: Vom direkten Kontakt zur elektrochemischen Zelle.

der umgekehrte Prozess in Gang und die entsprechende gespeicherte elektrische Energie frei gesetzt. Ob hierbei nur geringfügige Zusammensetzungsänderungen stattfinden oder sogar neue chemische Produkte entstehen, ist zunächst einerlei. Entscheidend ist, dass beim Entladen die Triebkraft eines solchen chemischen Vorgangs elektrisch genutzt wird.

Abbildung 1a bezieht sich auf die chemische Reaktion zweier Stoffe – nennen wir sie kurz und knapp A und B – bei direktem Kontakt. Hierbei wird die in den Bindungen gespeicherte chemische Energie als Wärme frei. Der Verwandlung dieser ungeordneten Energieform in die gewünschte geordnete elektrische Energieform etwa durch die Kombination einer Dampfmaschine mit einem Dynamo ist durch die Thermodynamik eine einschneidende Grenze gesetzt. Abbildung 1b zeigt im Prinzip den gleichen Prozess, A und B sind nun lediglich durch eine Membran getrennt, die Ionen- (A^+) und Elektronentransport (e^-) ermöglicht. Hierdurch ist nicht viel gewonnen. Durch den simultanen Transport von Ionen und Elektronen wird letztendlich, da $A = A^+ + e^-$, A ebenfalls in Kontakt mit B gebracht; auch in diesem Fall tritt irreversibel die chemische Reaktion ein, und erneut kann primär nur Wärme genutzt werden. Trennt man allerdings Ionen- und Elektronentransport auf, wie dies Abbildung 1c zeigt, wird also der Ionentransport durch eine (die Elektronen nicht durchlassende) Elektrolytmembran und der Elektronentransport durch den äußeren Draht ermöglicht, lässt sich Letzterer direkt dazu verwenden, um mittels eines solchen galvanischen Elements elektrische Arbeit zu leisten. Da kein Umweg über einen thermischen Prozess auftritt, entfällt obige Restriktion.

Genau genommen spielt nun auch der Ordnungszustand der atomaren Bestandteile der Edukte (Ausgangsstoffe) und Produkte (Endstoffe) eine Rolle, sodass es letztlich die so genannte Freie Energie ist, die sich im Idealfall völlig in elektrische Energie umsetzen lässt. Wenn, vereinfacht gesprochen, der Ordnungsgrad der Edukte den der Produkte übersteigt, kann der Wirkungsgrad – wenn wir uns auf die in die Ausgangsstoffe eingebaute chemische Energie beziehen – theoretisch sogar größer als 100 Prozent sein. (Die Tatsache, dass sich in solchen Fällen die Umgebung abkühlt, verhindert, dass damit ein Perpetuum mobile erfunden wäre.) Neben ihrer Einfachheit, Eleganz, Mobilität und Skalierbarkeit sowie ihrer ausgeprägten Speicherfähigkeit ist es vor allem auch der beschriebene hohe Wirkungsgrad, der galvanische Elemente so bedeutsam und für eine zukünftige Energiewirtschaft so attraktiv macht.

Galvanische Elemente, bei denen die Elektroden – die aktiven Massen – fest oder flüssig sind, erlauben dauerhafte Speicherung elektrischer Energie (Ladevorgang) und deren Abrufbarkeit durch Entladen. Neben diesen so genannten Sekundärelementen sind auch Primärelemente von Bedeutung; dabei handelt es sich um eine einseitige Umwandlung chemischer in elektrische Energie, üblicherweise in Form preiswerter Systeme, bei denen die Ladung nicht reversibel gestaltet werden kann.

Brennstoffzellen sind ebenfalls Primärelemente, bei denen aber die Edukte und Produkte gasförmig sind. Im Unterschied zu Batterien werden der Brennstoffvorrat kontinuierlich erneuert und die Produkte kontinuierlich abgeführt. Mit solchen Zellen können Brennstoffe wie Wasserstoff, Methanol oder Erdgas mit Sauerstoff elektrochemisch umgesetzt werden. (Die Rolle der Elektroden ist darauf reduziert, dass sie die Verbindung mit dem äußeren Draht herstellen und als Katalysator die chemische Reaktion beschleunigen.) Bei Hybridsystemen wie Metall/Luft-Elementen ist lediglich eine der beiden aktiven Massen gasförmig. Auf der Luftseite wird dann z. B. Kohlenstoff als Elektrokatalysator benutzt. Wegen ihrer Bedeutung wird den Brennstoffzellen in diesem Buch ein eigenes Kapitel gewidmet.

Die spezielle Rolle Lithium-basierter Akkumulatoren

Wir wollen uns im Folgenden auf obige Sekundärelemente (Akkumulatoren) konzentrieren, denen im Sinne einer nachhaltigen Energiewirtschaft eine besondere Rolle zukommt.

Mit der Blei-Batterie und den Nickel-Cadmium-Zellen sind schon seit langer Zeit sehr leistungsfähige Akkumulatoren verfügbar. Der Hauptnachteil dieser ansonsten zum Teil vorzüglichen Elemente liegt im spezifischen Gewicht und damit in der nicht sehr vorteilhaften Energie- bzw. Leistungsentnahme pro Masse. Wollte man etwa ein Automobil mit vernünftiger Reichweite nur mittels Bleiakkumulatoren antreiben, wäre eine Tonne Batteriegewicht vonnöten! Etwas günstiger sieht dies bei Metall-Hydrid-Akkumulatoren aus. Letztere benutzen, grob gesprochen, den positiven Pol des Nickel-Cadmium-Akkumulators und als negative aktive Masse im Festkörper gespeicherten Wasserstoff (Hydrid).

Das seit kurzem in die Schlagzeilen geratene Hybridautomobil (Hybrid zwischen Benzin- und Elektroantrieb) von Toyota benutzt solche Systeme. (Dabei ist die orthographische Ähnlichkeit der Begriffe «Hydrid» und «Hybrid» rein zufällig.) Die Zukunft – und ein Großteil der Gegenwart – gehört aber Lithium-basierten Systemen.

Die besondere Rolle des Lithiums korrespondiert mit seiner exponierten Stellung im Periodensystem («oben links»): Als leichtestes Metall verspricht Lithium hohe massenbezogene Energie- und Leistungsdichten, als Alkalimetall sehr hohe Zellspannungen und als kleines Element die Möglichkeit, sehr schnell und in großen Mengen im Festkörper Platz zu finden.

Der letztgenannte Aspekt gestattet eine einfache elektrochemische Reaktionsführung: Das in der negativen Elektrode (d. h. in der den Minuspol bildenden Elektrode) gespeicherte Lithium wird in die positive Elektrode (Pluspol) überführt und dort aufgelöst. Beim Laden und Entladen wird das Lithium sozusagen zwischen beiden Elektroden (die äußeren Phasen in Abb. 2) hin- und hergeschaukelt (ein Umkehren der Stromrichtung korrespondiert mit einer Umkehrung der Pfeilrichtung). Diese Einlagerungsreaktion ist die chemische Reaktion, deren Triebkraft man elektrochemisch ausnützt; sie ist wegen ihrer Einfachheit normalerweise in hohem Maße reversibel. Abbildung 2 veranschaulicht diese «Schaukelstuhlbatterie»,[1] die zurzeit immer noch marktbeherrschend ist. Die negative Elektrode besteht typischerweise aus Kohlenstoff (neuere Systeme benützen Zinn), in dem Lithium leicht auflösbar ist, während die positive Elektrode aus Übergangsmetalloxiden wie etwa $LiCoO_2$ besteht, in denen der Lithiumgehalt stark variieren kann. Beim Laden wird also Lithium vom Oxid in den Kohlenstoff gepumpt,

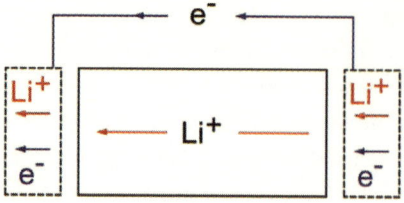

Abbildung 2: Prinzip einer Lithium-basierten Batterie. Entspricht die gezeigte Pfeilrichtung dem Entladevorgang, so entspricht die Umkehrung der Pfeilrichtung dem Ladevorgang.

beim Entladen tritt der umgekehrte Vorgang auf. Obwohl letztendlich in allen Fällen Lithium gelöst wird (d. h. $Li^+ + e^-$), hat sich leider der unglückliche Ausdruck «Lithiumionenbatterie» für solche Systeme eingebürgert. Diese Systeme erreichen Spannungen zwischen 3 und 5 Volt. Elektrolyte (die mittlere Phase in Abb. 1) sind in der Regel flüssig, es handelt sich um organische Lösemittel, die Lithiumsalze gelöst enthalten. Vereinzelt werden auch feste Polymer- oder Glaselektrolyte benützt. Kristalline Elektrolyte weisen zurzeit nicht die erforderlichen Leitfähigkeiten auf. Naturgemäß sind die verwendeten organischen Elektrolyte am Kontakt mit den extrem aktiven Elektroden nicht so ohne weiteres stabil. Es bilden sich jedoch «glücklicherweise» dünne Passivierungsschichten aus, die genügend ionenleitend sind, um den Ionenfluss nicht zu behindern; gleichzeitig ist deren Elektronenleitfähigkeit gering genug, um das Wachstum auf einige Nanometer zu beschränken.

Strategien der Materialforschung

Entscheidende Innovationen auf dem Gebiet der elektrochemischen Energieumwandlung bzw. -speicherung sind in Zukunft vor allem auf dem Gebiet der Materialforschung zu erwarten. Gezielte Materialforschung allerdings setzt ein Grundlagenverständnis in Bezug auf die Schlüsselmechanismen voraus. Abbildung 3 illustriert die entscheidenden Strategien: zum Ersten die Bereitstellung neuer Strukturen und Verbindungen, zum Zweiten die chemische Variation derselben, zum Dritten die Variation der Morphologie, d. h. der Größe und Anordnung der Partikel.

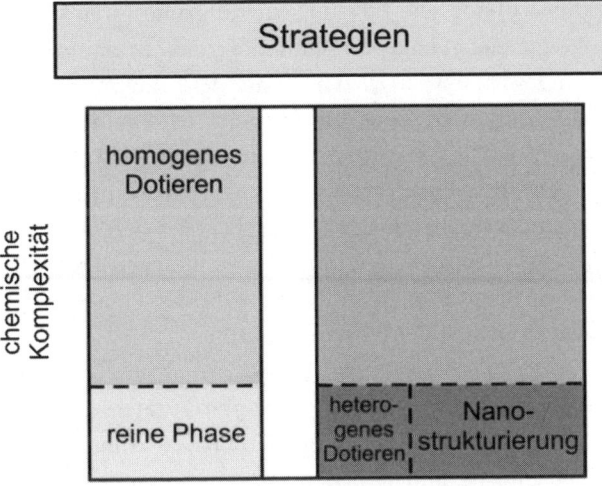

Abbildung 3: Materialforschungsstrategien.

Neue Phasen – neue Eigenschaften Wenn in unserem Kontext von einer Phase die Rede ist, handelt es sich nicht wie im allgemeinen Sprachgebrauch um einen zeitlichen Abschnitt, sondern um räumliche Bezirke, und zwar solche einheitlicher chemischer Zusammensetzung. So reden wir von Elektrolytphase und Elektrodenphase, sofern diese jeweils homogen sind.

Schon die Auswahl der chemischen Elemente (Kosten, Verfügbarkeit, Ungiftigkeit, Molekularmasse etc.) schränkt die Zahl der in Frage kommenden Phasen (und damit die der als Elektroden oder Elektrolyte in Frage kommenden Festkörper oder Flüssigkeiten) ein; hinzu kommt noch die Forderung nach Stabilität, vor allem in Hinblick auf chemische Kompatibilität, und erst recht restriktiv ist natürlich die Forderung nach verbesserten Speicher- und Transporteigenschaften. Die rationale Planung ist hier nicht sehr weit fortgeschritten; allerdings wurden schon viele der für eine Synthese in Frage kommenden Elementkombinationen ausprobiert. Je größer die Zahl der zur Anwendung kommenden Elemente, desto geringer sind schon rein statistisch die Chancen einer chemischen Verträglichkeit mit den Nachbarphasen. Wo immer es allerdings gelingt, geeignete neue Strukturen und Verbindungen einzubringen, ist die Tür zu einer neuen Eigenschaftswelt geöffnet. Ein Beispiel sind umweltverträgliche Oxide wie $LiFePO_4$, die aufgrund ihrer Verfügbarkeit und des ausgezeichneten Lade- und Entladeverhaltens eine große Zukunft besitzen. Beim Laden wird hierbei nicht nur der Lithiumgehalt innerhalb der Oxidphase minimiert, sondern auch eine neue nahezu lithiumfreie Phase (nämlich $FePO_4$) gebildet. Aufgrund der kristallographischen Ähnlichkeit geht dies jedoch nicht mit ernsthaften kinetischen Schwierigkeiten einher. Vielmehr führt die Tatsache, dass sich beim Laden/Entladen im Wesentlichen nicht der Lithiumgehalt innerhalb der Phase verändert, sondern nur die relativen Mengen beider Phasen variieren, zu einer enormen Konstanz der Batteriespannung.

Eigenschaftsveränderung durch die richtigen Zutaten   Gerade wegen der Begrenztheit der in Frage kommenden Phasen kommt der Optimierung derselben ganz besondere Bedeutung zu. Es ist nun freilich nicht so, dass eine nachträgliche Optimierung durch geringfügige Variation der Zusammensetzung (Dotierung) eine auch nur geringfügige Eigenschaftsvariation erlauben würde. Vielmehr ist die Variationsbreite häufig viel größer als der Eigenschaftssprung beim Übergang von einer Phase zur anderen (bezogen auf den Mittelwert dieses Eigenschaftsfensters). Das Potenzial ist bei weitem nicht ausgeschöpft und bei weitem nicht so intensiv genutzt wie beispielsweise auf dem Gebiet keramischer Brennstoffzellen. Ein Grund hierfür liegt im mangelnden Verständnis der Chemie der Ladungsträger[2] («Defektchemie») solcher Raumtemperaturverbindungen. Wir haben uns in Stuttgart über die Jahre insbesondere mit konzeptionellen Fragestellungen dieser Art auseinandergesetzt. Systematische Untersuchungen an $LiFePO_4$ führten kürzlich zur Aufklärung der Natur der ionischen und elektronischen Ladungsträger sowie deren Wechselwirkungen und Beeinflussbarkeit durch Zusammensetzungsänderungen (homogenes Dotieren).[3] Analysen dieser Art zeigen, welche Parameter für die Schnelligkeit des Lithium-Ein- und -Ausbaus verantwortlich sind und welche Dotierung zur Verbesserung der elektrischen Eigenschaften herangezogen werden kann.

Eigenschaftsveränderung durch Zerkleinern   Ein enormes Potenzial birgt die Möglichkeit der morphologischen Variation. Letztendlich bedeutet dies das Einbringen von Grenzflächen, die Kontrolle der Art und Konzentration dieser Grenzflächen und somit auch des Abstands der erzeugten Grenzflächen. Diese aufregenden Entwicklungen erfolgen an der Schnittstelle der Disziplinen Elektrochemie und Nanotechnologie. Die allermeisten der im Folgenden dargelegten Konzepte gehen auf Untersuchungen im Max-Planck-Institut für Festkörperforschung zurück und werden mit dem etwas modischen, dennoch treffenden Begriff «Nanoionik» belegt.[4]

Das sukzessive Zerkleinern fester Materie führt nicht nur zur Reduktion der normalerweise langsamen Transportpfade im Innern, sondern auch zu veränderten Transporteigenschaften in den Grenzflächenbezirken. Letztere Größeneffekte sind besonders dann von Interesse, wenn die Abstände der Grenzflächen so gering werden, dass durchweg völlig neue Eigenschaften entstehen. Wir wollen zunächst einige relevante Auswirkungen solcher Größeneffekte auf die Wirkungsweise von Lithium-basierten Batterien untersuchen und anschließend dann die Auswirkung verkürzter Transportpfade diskutieren.

Am auffälligsten treten die genannten Größeneffekte in physikalischen Mischungen (Gemengen) zweier Phasen auf, die in punkto Leitfähigkeit synergistische Effekte aufweisen können. Abbildung 4 zeigt, dass ein Gemenge zweier Phasen – nennen wir sie wiederum mangels Fantasie A und B – viel höhere Leitfähigkeiten aufweisen kann als jede der beiden Konstituenten. Mischt man beispielsweise einem moderaten festen Ionenleiter einen geeigneten Isolator zu, steigt – ohne dass die beiden Stoffe miteinander reagierten oder sich auch nur teilweise ineinander lösten – bei gewissen Mengenverhältnissen die Ionenleitfähigkeit bei Raumtemperatur um bis zu mehrere Größenordnungen.

Eine Variante dieses «Heterogenen Dotierens», das wir theoretisch aufklären konnten,[5] haben wir kürzlich zur Verbesserung von Flüssigelektrolyten benutzt, wie sie in Lithium-basierten Zellen verwendet werden. Hierzu werden diese Flüssigkeiten mit «Sand-Partikeln» versetzt.[6] Auf diese Weise werden zum Einen die mechanischen Eigenschaften verbessert – es entstehen partiell formbare, nahezu feste Materialien mit flüssigkeitsähnlichen Leitfähigkeiten, ohne große Einbußen an Ionenleitfähigkeit. In gewissen Konzentrationsbereichen steigt sogar die Leitfähigkeit, ein überraschender Effekt, dessen Zustandekommen wir gut verstehen. Weitere Vorteile dieser «Soggy Sand Electrolytes» sind dahingehend zu erwarten, dass die SiO_2-Partikel als innere Abstandshalter wirken, d. h. den Kontakt von Plus- und Minuspol verhindern, und sich überdies günstig auf die Entflammbarkeit auswirken.

Neben der in Abbildung 4 gezeigten Anomalie bezüglich der *Leit-*

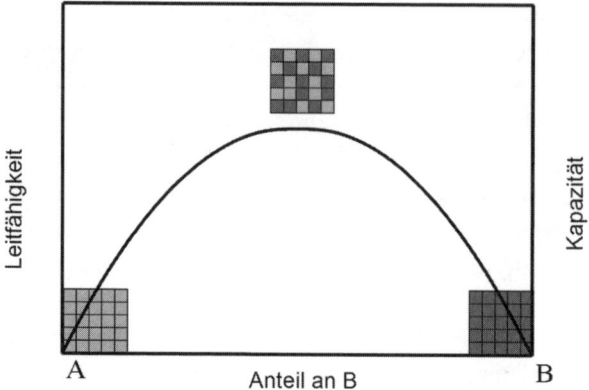

Abbildung 4: Ein Gemenge zweier Phasen kann auf synergistische Weise höhere Leitfähigkeiten, aber auch höhere Speicherfähigkeiten aufweisen als die reinen Phasen.

fähigkeit ist auch eine Anomalie in Bezug auf die *Speicherung* möglich (rechte Achse).[7] Man stelle sich zwei Phasen vor – wiederum fällt uns als Bezeichnung nur A und B ein –, von denen keine in der Lage ist, Lithium (d. h. Li^+ und e^-) zu speichern; allerdings soll A Li^+ aufnehmen und nur die Elektronen nicht unterbringen können, während B umgekehrt veranlagt ist. Dann kann offenbar das Gemenge an der Grenzfläche, sozusagen durch Arbeitsteilung, Lithium aufnehmen. Wenn die Größe der Partikel bis hinein in die Größenordnung von Nanometern reduziert wird, können hierdurch beachtliche Mengen an Lithium gespeichert werden. Diese Speicherung kann auch sehr schnell erfolgen, da die Transportwege über verschiedene Phasen laufen.

Die Attraktivität dieses neuartigen Speichermodus liegt darin, dass er die Brücke zwischen elektrostatischer und Batterieelektrodenspeicherung darstellt und Schnelligkeit und Speichervermögen in einer zu Batterieelektroden und Superkondensatoren komplementären Art kombiniert.

Kürzlich konnten wir diesen von uns vorhergesagten Speichermodus anhand von Rutheniumoxid (RuO_2) auch verifizieren (Abb. 5).[8] (Naturgemäß dient diese Preziose hier zur Demonstration des Effekts, als Elektrodenmaterial einer handelsüblichen Batterie kommt es aus Kostengründen leider nicht in Frage.) Überdies vereint die elektrochemische Reaktion von RuO_2 – aufgetrennt nach der Batteriespannung – alle relevanten Speichermechanismen: (i) das naturgemäß begrenzte Einlagern von Lithium ($Li^+ + e^-$) in die Elektrodenphase (Abb. 5, links); hernach (ii) die Speiche-

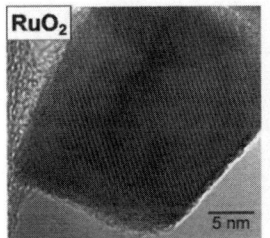
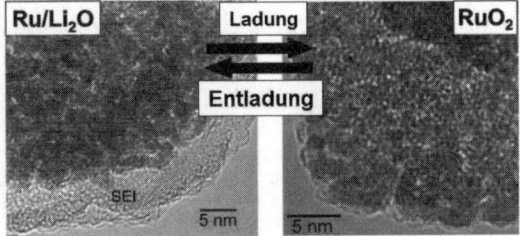

Abbildung 5: RuO_2 zeigt die im Text angesprochenen Speichermechanismen.

rung von Li durch Zersetzung des Rutheniumoxids (am Ende zu Ru und Li_2O; Abb. 5, Mitte); sowie schließlich (iii) die neuartige Li-Speicherung an den entstandenen Ru/Li_2O-Grenzflächen (vgl. Abb. 4); die Lithiumionen werden hierbei im Li_2O und die Elektronen im Ru untergebracht.

Relevant in unserem Zusammenhang ist auch Punkt (ii).[9] Durch Zersetzung von RuO_2 in Ru und $2Li_2O$ lässt sich viel mehr Li speichern (offenbar 4 Li pro RuO_2) als die üblichen ca. 0,1 Li pro RuO_2 (Punkt (i)). Allerdings würde man die komplizierte, heterogene Reaktion schwerlich als relevant für einen Akkumulator einstufen, den man ja problemlos wieder aufladen möchte. Wenn jedoch das bei der Reaktion auftretende Phasengemenge nanoskalig ist (Abb. 5), verhält es sich nahezu wie eine homogene Phase: Die Transportpfade sind dann äußerst kurz und die Entladereaktion möglicherweise doch umkehrbar. In der Tat lässt sich dies hier beobachten: Durch Lithium-Entzug wird das Li_2O/Ru-Gemenge in – nun aber ebenfalls nanoskaliges – RuO_2 umgewandelt (Abb. 5, rechts). Wenn es gelingt, solche Umwandlungsprozesse auch bei preiswerten Materialien reversibel zu gestalten, ist eine erhebliche Steigerung der Energiedichte möglich.

Die Ausnützung stark verkürzter Transportwege ermöglicht aber auch die Verbesserung der üblichen Einlagerungsprozesse. Als ersten Schritt verringern wir hierzu die Partikelgröße der zu füllenden Elektrodenphase. Da die Eindringzeit mit dem Quadrat der Partikelgröße einhergeht, ist die Auswirkung des Zerkleinerns enorm. Bei einem Diffusionskoeffizienten etwa, der für die Füllung einer 1 mm dicken Probe die Dauer einer Doktorarbeit erforderlich macht, d. h. bei realistischen Lade-/Entladezeiten nur die äußere Haut der Partikel elektrochemisch nutzt, ist diese Füllzeit bei einer Probendicke von 10 Nanometern auf wenige Millisekunden reduziert.

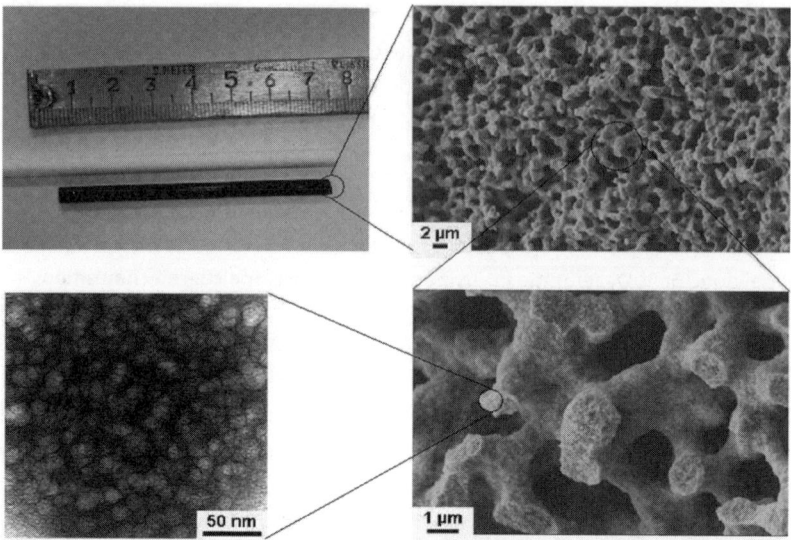

Abbildung 6: Poröser Kohlenstoff mit hierarchischer Morphologie (hergestellt im Arbeitskreis von Markus Antonietti, MPI für Kolloid- und Grenzflächenforschung).

Sehr wirkungsvoll ist dies bei elektronisch leitfähigen Elektroden bei gleichzeitiger Verwendung flüssiger Elektrolyte. Das Eindringen der Flüssigkeit in die Poren stellt die Verfügbarkeit von Li-Ionen sicher, während der Elektronentransport wegen der guten Leitfähigkeit des Kohlenstoffs weitgehend unproblematisch ist.

Im Rahmen des ENERCHEM-Verbundes mehrerer Max-Planck-Institute (Berlin, Golm, Mainz, Mülheim, Stuttgart) entstand diesbezüglich eine Fülle hochinteressanter Arbeiten. Konzentrieren wir uns auf den in Abbildung 6 dargestellten mesoporösen Kohlenstoff (Zusammenarbeit zwischen Golm und Stuttgart),[10] so fällt dabei vor allem die hohe Kapazität auch noch bei hohen Strombelastungen, wie man sie etwa beim Elektromobil benötigt, ins Auge. Ähnlich wie bei Verteilungsproblemen in der Natur (z. B. beim Blutkreislauf)[11] ist durch eine hierarchische Struktur eine optimale Ionen-Zufuhr – hier zu den Kleinstpartikeln – sichergestellt. Von Nachteil sind zurzeit noch die hohen Kapazitätsverluste bei Inbetriebnahme der Zelle.

Sollen allerdings Festkörper als Speicher benutzt werden, die nicht nur geringe Ionen-, sondern auch unzureichende Elektronenleitung aufweisen, ist unsere Vorgehensweise zu verfeinern. Hier ist bei geeigneter

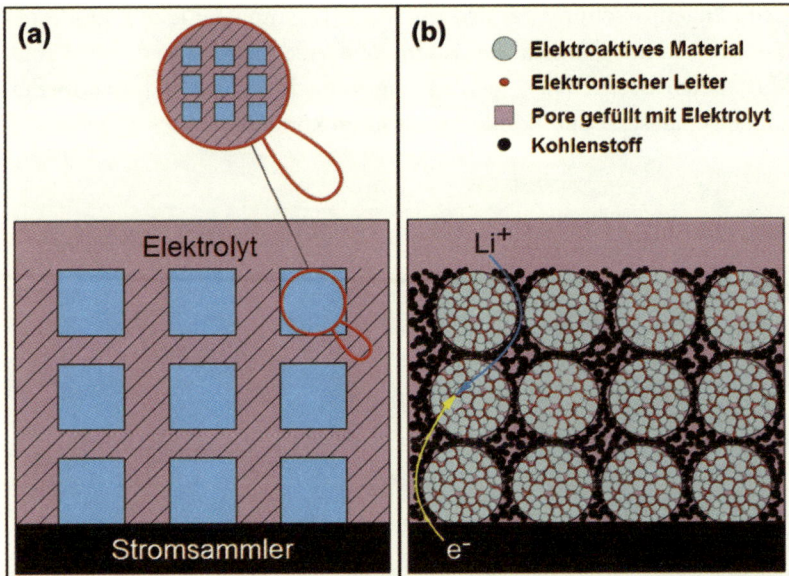

Abbildung 7: Ist der Transport innerhalb der Partikel unzureichend, hilft Zerkleinern und Überlagerung eines «schnellen Transport-Netzwerks».

Nanostrukturierung durch Einbringen des Elektrolyten in die Poren
zwar eine gute Verfügbarkeit der Ionen sichergestellt, allerdings ist nun,
vor allem bei hohen Strömen, die Verfügbarkeit der elektronischen La-
dungsträger das Problem. Diese Nuss wurde kürzlich von uns durch das
Einbringen eines gleichzeitig elektronen- und ionenleitenden Netzwerks
(Einbringen des Elektrolyten in metallisierte Poren) geknackt und die
Lösung erfolgreich auf Elektrodenmaterialien wie $LiFePO_4$ angewendet
(Abb. 7).[12]

Am Ende ist also eine ganze Palette von Materialforschungsstrategien[13] anwendbar:

Zuvorderst ist es die Synthese neuer Phasen (1); eine nachträgliche,
aber unter Umständen äußerst wirksame Beeinflussung derselben ist
dann durch Homogenes Dotieren (2) oder durch Heterogenes Dotieren
(3) möglich. Wenn auf diesen Wegen der Transport innerhalb des Fest-
körpers nicht hinreichend schnell zu gestalten ist, ist die Superposition
eines effizienten Transportsystems auf der Nanoskala eine leistungsfähige Option (4).

Es ist absehbar, dass die aufgezeigten Strategien – die notabene aus

Grundlagenforschung resultieren – die Leistungsfähigkeit moderner Batteriesysteme deutlich verbessern und eine ganze Palette relevanter Materialien bereitstellen werden, die je nach Bedarf und Randbedingungen eingesetzt und kombiniert werden können.

Der Weg zu einer nachhaltigen Energiequelle:
Die Erforschung der Kernfusion

Von Alexander M. Bradshaw[1]

Die massiven Probleme der weltweiten Energieversorgung, die im Beitrag von Carl Christian von Weizsäcker dargestellt werden, zeigen, worin die drängendste Aufgabe unserer Zeit besteht: Wachsender Wohlstand – der in der Vergangenheit stets mit steigendem Energieverbrauch einherging – ist mit einer nachhaltigen Entwicklung in Einklang zu bringen. Es gilt, Lösungen für das Energieproblem zu finden, die sowohl die weltweit steigende Energienachfrage berücksichtigen als auch die Tatsache, dass die erneuerbaren Energien alleine das Problem höchstwahrscheinlich nicht beseitigen können. Die großen Fortschritte der Hochtemperatur-Plasmaphysik in den letzten Jahren lassen hoffen, dass die Kernfusion ein leistungsfähiger Baustein eines nachhaltigen Energiesystems werden könnte: Fusionskraftwerke versprechen einen hohen Sicherheitsstandard sowie gute Umweltverträglichkeit und Versorgungssicherheit. Das ITER-Experiment, das in bisher einzigartiger, weltumspannender Zusammenarbeit im südfranzösischen Cadarache entsteht, soll die physikalische und teilweise auch die technologische Machbarkeit der Fusion unter kraftwerksähnlichen Bedingungen demonstrieren.

Was ist Kernfusion?

Kernfusion ist die Energiequelle der Sonne und anderer Sterne. Man versteht darunter die Verschmelzung von leichten Atomkernen – also Kernen niedriger Massenzahl, wie sie am Anfang des Periodensystems zu finden sind – zu Atomkernen höherer Masse. Da die Bindungsenergie pro Kernbaustein, d. h. pro Proton und Neutron, mit der Massenzahl der Kerne zunimmt, wird bei der Verschmelzung leichter Kerne Energie freigesetzt: Die Gesamtmasse der Reaktionsprodukte ist niedriger als die Massensumme der Ausgangsteilchen. Die fehlende Masse wird – nach Einsteins berühmter Formel $E = mc^2$ – komplett in Energie umgewandelt.

Am anderen Ende des Periodensystems, bei den schweren Kernen, nimmt die Bindungsenergie pro Nukleon mit steigender Massenzahl wieder ab. Daher wird bei der Spaltung schwerer Kerne in zwei leichtere ebenfalls Energie freigesetzt – die physikalische Basis für «konventionelle» Kernkraftwerke.

Beim Fusionsprozess in der Sonne verschmelzen Wasserstoffkerne, d. h. Protonen, in mehreren Schritten zu Helium. Für die Energieerzeugung unter irdischen Bedingungen muss man eine schnellere Reaktion wählen: Hier sollen in einem einzigen Schritt die beiden Wasserstoffisotope Deuterium und Tritium (schwerer bzw. überschwerer Wasserstoff) zu Helium verschmelzen (Abb. 1). Die Energie wird als Bewegungsenergie der Reaktionsprodukte – Heliumkern und Neutron – gewonnen. Dabei liegt der Gewinn im Vergleich zu einer chemischen Kohlenstoffverbrennung um mehr als sechs Größenordnungen höher: Ein Gramm Fusionsbrennstoff enthält soviel Energie wie 11 Tonnen Kohle.

Fusionsreaktionen sind nur in heißen ionisierten Gasen möglich, so genannten Plasmen. Durch Aufheizen des Plasmas erreichen die Teilchen ausreichende kinetische Energie, um die zwischen ihnen wirkenden elektromagnetischen Abstoßungskräfte, die «Coulomb-Barriere», zu überwinden. Dabei hängt die Anzahl der ausgelösten Fusionsreaktionen von der Temperatur und der Dichte des Plasmas ab. In einem Kraftwerk

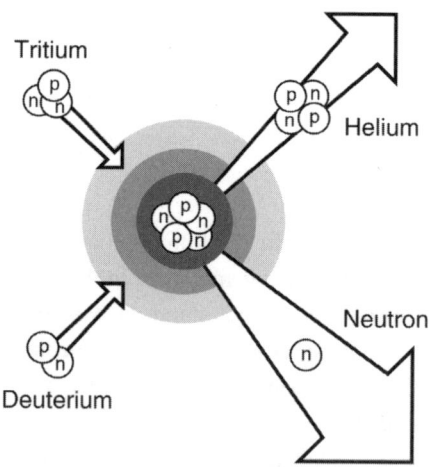

Abbildung 1: Die Fusionsreaktion von Deuterium und Tritium; p: Proton; n: Neutron (Grafik: IPP).

muss die erzeugte Fusionsenergie deutlich höher sein als die Energie, die verbraucht wird, um das Plasma aufzuheizen. Dieses Verhältnis aus erzeugter zu aufgewandter Energie – die «Energieverstärkung» – wird auch Q-Wert genannt. Zu Anfang wird das Plasma durch verschiedene externe Quellen, zum Beispiel Mikrowellen, geheizt. Mit steigender Temperatur nimmt die Zahl der ausgelösten Fusionsreaktionen zu; die Bewegungsenergie der erzeugten Heliumkerne heizt das Plasma nun in wachsendem Maße von innen («Selbstheizung»). Man spricht auch von «brennendem» Plasma. Wird schließlich die äußere Heizung nicht mehr benötigt, d. h. wird der Q-Wert unendlich, ist die «Zündung» erreicht. In der Praxis sind für zukünftige Kraftwerke jedoch Q-Werte zwischen 20 und 40 ausreichend.

In Fusionsplasmen herrschen Temperaturen von 100 bis 200 Millionen Grad. Damit sich das dünne heiße Gas nicht abkühlt, darf es mit dem einschließenden Gefäß nicht in Berührung kommen – eine auf den ersten Blick unlösbare Aufgabe. Da aber die Plasmateilchen eine elektrische Ladung tragen, können sie durch magnetische Felder beeinflusst und in einem Magnetfeldkäfig so eingeschlossen werden, dass sie materielle Wände nicht berühren. Die geladenen Teilchen laufen in einer Spirale um die magnetischen Feldlinien herum, die wiederum einen Torus – einen reifenartigen Körper – formen. Tatsächlich sind die Verhältnisse noch etwas komplizierter: Die magnetischen Feldlinien müssen auch noch eine schraubenförmige, d. h. helikale Verdrehung besitzen (vgl. Abb. 2 und Abb. 5).

Unter den zahlreichen Vorschlägen, ringförmige Magnetfeldkäfige mit helikaler Verdrillung der Feldlinien zu erzeugen, hat sich das Tokamak-Prinzip als besonders erfolgreich erwiesen. Es wurde zuerst in Russland verwirklicht. Der magnetische Käfig entsteht hier aus der Überlagerung eines ringförmigen Feldes, das durch äußere elektromagnetische Spulen erzeugt wird, mit einem zweiten magnetischen Feld, das von einem Strom im Plasma selbst erzeugt wird. Er wird durch eine im Zentrum des Torus stehende Spule im Plasma induziert, d. h. das Plasma wirkt quasi als Sekundärwindung eines Transformators (siehe Abb. 2). Da bekanntlich der Strom in der Primärspule eines Transformators variieren muss, ist die Erzeugung der zweiten Magnetfeldkomponente, und damit des Magnetfeldkäfigs insgesamt, zeitabhängig. Die Entladung in einem Tokamak ist daher zeitlich begrenzt; die Anlagen arbeiten pulsweise. Entladungen von vielen Minuten sind heute möglich. Da Grundlastkraftwerke jedoch kontinuierlich Strom erzeugen sollten, werden für den

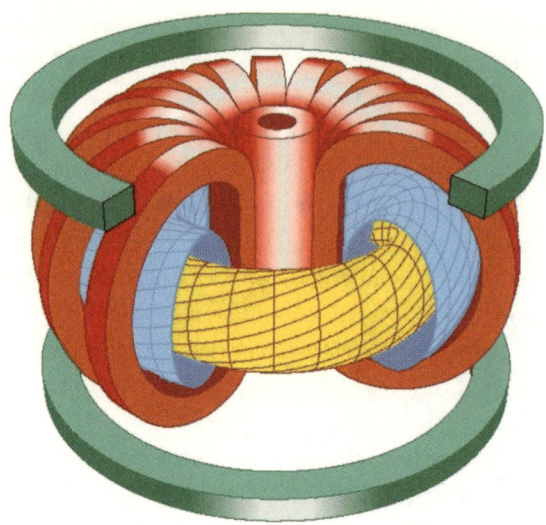

Abbildung 2: Schematischer Aufbau eines Tokamak. Der Tokamak ist das bisher erfolgreichste Einschlusskonzept. Der Magnetfeldkäfig zum Einschluss der Teilchen wird aus einander überlagernden toroidalen und poloidalen Magnetfeldern aufgebaut: Erstere werden durch die ringförmigen Toroidalfeldspulen (Hauptfeldspulen) erzeugt, Letztere durch den Plasmastrom, der mit Hilfe der Transformatorspulen im Zentrum des Torus im Plasma induziert wird. Die Überlagerung beider Magnetfelder führt zu dem gewünschten helikal verwundenen Magnetfeld. Das von den Vertikalspulen erzeugte Feld formt das Plasma und fixiert die Lage des Plasmastroms (Grafik: IPP).

Stromtrieb im Plasma Alternativen untersucht, zum Beispiel die Nutzung eines inneren Plasmastroms («Bootstrap-Strom») oder der Stromtrieb mit Hilfe von Mikrowellen oder Teilcheninjektoren. Gleichzeitig werden aber auch andere Einschlusskonzepte weiterentwickelt, vor allem der Stellarator, der keinen Plasmastrom benötigt und daher stationär arbeiten kann (siehe unten).

Die heutige Fusionsforschung befasst sich also mit der Etablierung der physikalischen und technologischen Basis für den Bau eines künftigen Kraftwerks. Im Einzelnen gehören dazu: das Verständnis der Physik sehr heißer, magnetisch eingeschlossener Plasmen, vor allem «brennender» Plasmen, die Entwicklung von Heiz- und Diagnostikverfahren, die Materialforschung und die Plasma-Wand-Wechselwirkung sowie die Entwicklung der für ein Fusionskraftwerk nötigen Schlüsseltechnologien.

Fusionsprodukt

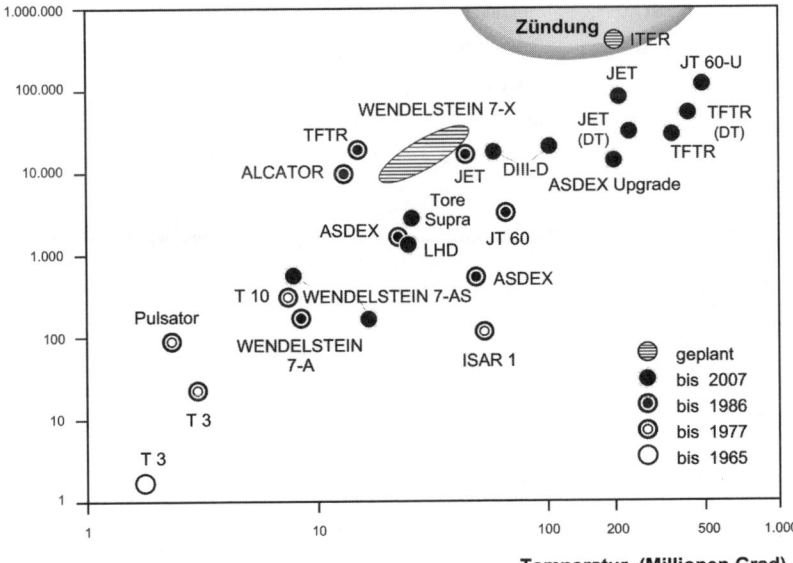

Temperatur (Millionen Grad)

Fusionsprodukt = Dichte × Energieeinschlusszeit × Temperatur
(10^{23} Teilchen pro Kubikmeter × Sekunde × Grad Celsius)

Abbildung 3: Die Entwicklung der Fusion in den letzten drei Jahrzehnten: Kenngröße ist das Fusionsprodukt «Deuterium-/Tritium-Teilchen pro Kubikmeter × Plasmatemperatur × Energieeinschlusszeit». In den vergangenen Jahren wurde eine Steigerung um das beinahe 100 000-Fache erzielt. Bis zur Zündung, das heißt dem Punkt, an dem keine äußere Heizung mehr nötig ist, fehlt nur noch ein Faktor von 5 bis 6 (Grafik: IPP).

Wo steht die Fusionsforschung?

Der Zustand eines Fusionsplasmas und seine Nähe zur Zündung lassen sich durch das Produkt der Werte für Plasmatemperatur, Plasmadichte und der so genannten Energieeinschlusszeit charakterisieren. Die Energieeinschlusszeit ist ein Maß für die Wärmeisolation des Plasmas. Zündung wird erreicht, wenn das Produkt der drei Größen einen bestimmten Schwellenwert überschreitet. Wie Abbildung 3 zeigt, wurde dieses Fusionsprodukt im Laufe der letzten Jahre um fünf Größenordnungen gesteigert; bis zu den Bedingungen für den Betrieb eines Kraftwerks (Q-Werte zwischen 20 und 40) bzw. bis zur Zündung fehlt nur noch ein Faktor 5 bis 6. Das europäische Gemeinschaftsexperiment JET (Joint

European Torus) in Culham, Großbritannien, konnte bereits erhebliche Leistungen erzeugen – 12 Megawatt Fusionsleistung für eine Sekunde mit einem Spitzenwert von 16 Megawatt. Während dieser Zeit wurden 65 Prozent der aufgewandten externen Heizenergie durch Fusion zurückgewonnen, d. h. der Leistungsverstärkungsfaktor Q lag bei 0,64. Der «Break-even»-Punkt mit Q = 1 wurde somit nahezu erreicht. Zugleich wurde auch das Prinzip der Selbstheizung des Plasmas durch die Heliumkerne bewiesen. Der Faktor 5 bis 6, der beim Fusionsprodukt noch fehlt, wird durch die noch zu geringe Energieeinschlusszeit erklärt. Dagegen werden die Zielwerte für die Plasmatemperatur von einigen hundert Millionen Grad und die Plasmadichte von ca. 10^{20} Teilchen pro Kubikmeter bereits routinemäßig erreicht.

Der nächste Schritt: ITER

Da die Wärmeisolation mit dem Volumen des Plasmas stark zunimmt, erreichen größere Maschinen längere Energieeinschlusszeiten: Ein größeres Volumen kann den Plasmakern besser isolieren als ein kleines. Der nächste Schritt der internationalen Fusionsforschung ist das Experiment ITER (*iter*, lat. «der Weg»), dessen Aufbau in Cadarache, Süd-Frankreich, demnächst beginnen wird. Der Testreaktor soll die prinzipielle Machbarkeit der Fusion als Energiequelle unter Beweis stellen (Abb. 4). Der Torus von ITER wird mit einem Hauptradius von 6,2 und einem kleinen Radius von 2,0 Metern linear etwa doppelt so groß sein wie der von JET (2,96 bzw. 1,25 Meter). Die Anlage soll einen Q-Wert von mindestens 10 und eine Entladungsdauer von mindestens 500 Sekunden erreichen. Die Fortschritte der letzten Jahre, zum Beispiel bei den Bemühungen, die Abhängigkeit von induziertem Plasmastrom zu reduzieren, lassen erwarten, dass ITER diese Ziele sogar übertreffen kann.

ITER-relevante physikalische Fragen werden in den nächsten Jahren in Europa an JET sowie an ASDEX Upgrade im Max-Planck-Institut für Plasmaphysik (IPP) in Garching untersucht werden. Beide Tokamaks eignen sich für vorbereitende Experimente zu Grundlagenphysik, Betriebsszenarien und Plasma-Material-Wechselwirkung, da sie die gleiche Plasmageometrie wie ITER besitzen. Dies ist kein Zufall: Das Divertor-Prinzip, das diese Geometrie prägt, sowie der Standard-Betriebsmodus von ITER wurden im IPP in Garching entwickelt.

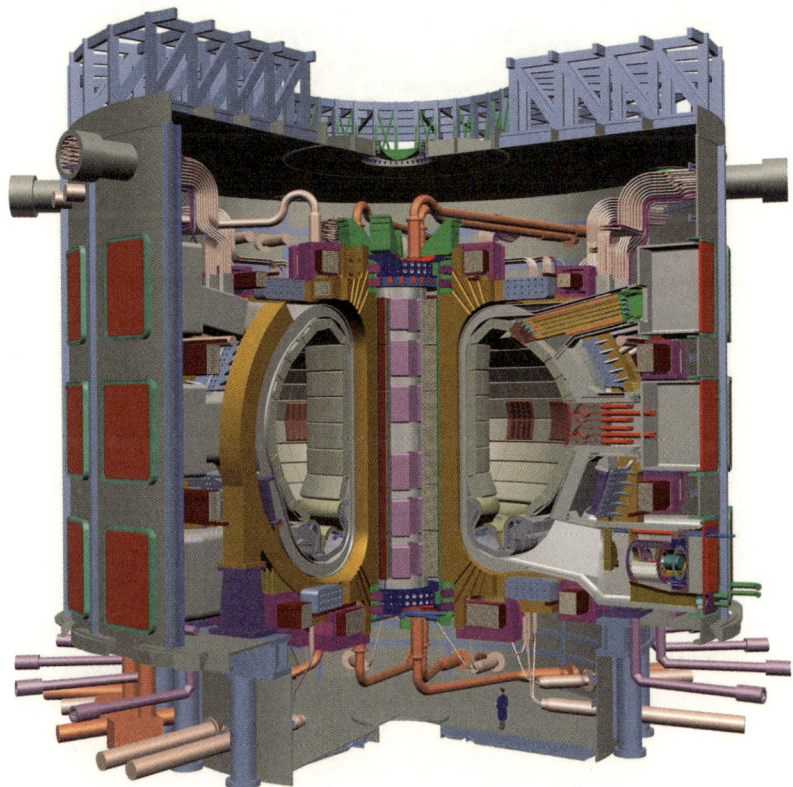

Abbildung 4: Der internationale Testreaktor ITER im Entwurf. Von innen nach außen: Transformatorspule (rosa), Blanket (grau), Plasmagefäß mit den am Boden angebrachten Divertorplatten (grau), Magnete (gelb) und Kryostat (Grafik: ITER).

Parallel zum Betrieb von ITER ist die Fusionstechnologie weiter zu entwickeln, insbesondere im Bereich der Materialforschung: Materialien für Fusionskraftwerke müssen ihre mechanischen Eigenschaften auch unter der intensiven Bestrahlung mit Neutronen beibehalten; zudem darf das Material durch die Neutronenstrahlung möglichst nicht zu langlebigem radioaktiven Abfall umgewandelt werden. Eine Reihe von Materialien wurden bereits als Kandidaten für künftige Kraftwerke identifiziert. Um sie auch experimentell vollständig zu qualifizieren, ist eine Neutronenquelle nötig, deren Neutronenfluss in Intensität und Spektrum dem eines Fusionskraftwerks gleichkommt. Eine solche Quelle – die International Fusion Material Irradiation Facility (IFMIF) – wurde

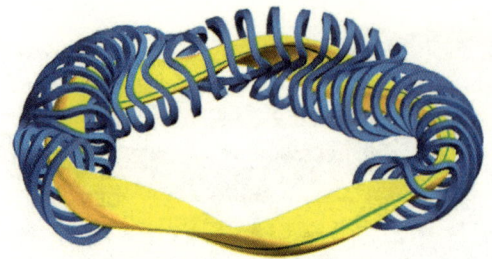

Abbildung 5: Das Stellaratorprinzip: Wie beim Tokamak schließt ein helikales Magnetfeld das Plasma ein. Es wird beim Stellarator jedoch alleine durch komplex geformte äußere Magnetspulen erzeugt. Abgebildet ist die mit Hilfe numerischer Methoden optimierte magnetische Konfiguration von WENDELSTEIN 7-X, der zurzeit in Greifswald aufgebaut wird (Grafik: IPP).

inzwischen in internationaler Zusammenarbeit unter der Schirmherrschaft der Internationalen Energie-Agentur (IEA) entworfen.

Die ITER-Partner China, Europa, Japan, Russland, Südkorea und USA beschlossen im Sommer 2005, ITER gemeinsam in Cadarache in Süd-Frankreich zu bauen. Als siebter Partner kam kurz darauf Indien hinzu. Im Oktober 2007 wurde dann die ITER-Organisation offiziell gegründet; damit sind alle finanziellen und rechtlichen Fragen geregelt.

Der Stellarator Wendelstein 7-X

Wie oben erwähnt, ist der Stellarator eine Alternative zum Tokamak, die bestimmte Vorteile besitzt. Da Stellaratoren das Magnetfeld nur durch äußere Spulen erzeugen, wird kein Plasmastrom benötigt. Ihrem Prinzip nach eignen sich Stellaratoren daher für den Dauerbetrieb, wie er für künftige Kraftwerke notwendig ist. Zwei große Stellaratorprojekte werden zurzeit verfolgt: Der japanische Stellarator LHD (Large Helical Device) hat 1998 in Nagoya seinen Betrieb aufgenommen; Wendelstein 7-X in Deutschland wird zurzeit im Teilinstitut Greifswald des Max-Planck-Instituts für Plasmaphysik aufgebaut (Abb. 5). Der mathematisch-physikalisch optimierte Wendelstein 7-X ist das Ergebnis jahrzehntelanger Forschung. Nicht zuletzt der enorme Zuwachs an Rechnerleistung in den letzten Jahren machte dies erst möglich. Der Experimentierbetrieb soll im Jahr 2014 beginnen.

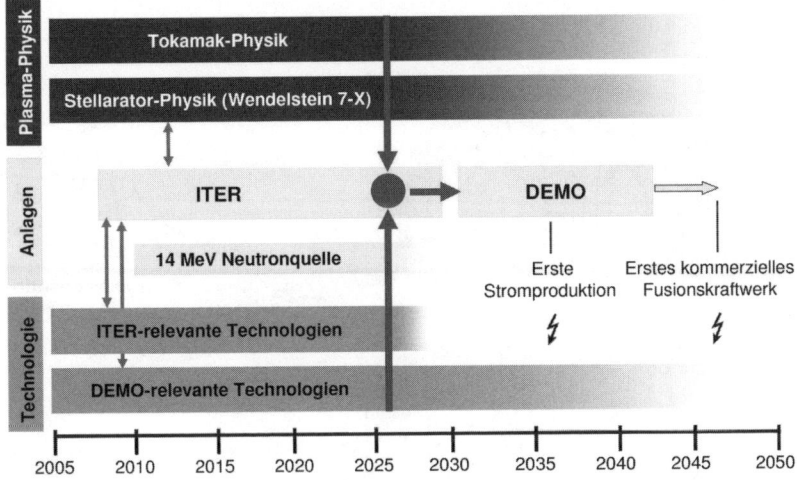

Abbildung 6: Eine Zeitleiste für die Fusionsenergie: ITER ist wohl das letzte große Tokamak-Experiment auf dem Weg zu einem Fusionskraftwerk. Während des Betriebs von ITER ist das Design des Folgeprojekts DEMO festzulegen: DEMO wird schon ein funktionsfähiges Fusions-Demonstrationskraftwerk sein. Parallel hierzu sind weitere Anstrengungen in der Fusions-Plasmaphysik, in der Fusionstechnologie und Materialforschung erforderlich, um Fusionsenergie hinsichtlich Kosten und Nachhaltigkeit zu optimieren (Grafik: IPP).

Nach ITER: Ein Demonstrations-Fusionskraftwerk

Die Arbeiten mit ITER werden zusammen mit der Weiterentwicklung der Tokamak-Physik und der Fusionstechnologie die Basis für ein erstes Strom lieferndes Demonstrationskraftwerk (DEMO) bereitstellen. Einige Jahre nach Betriebsbeginn von ITER könnte mit dem detaillierten Entwurf von DEMO begonnen werden (Abb. 6). Mit dem Bau kommerzieller Kraftwerke ist um das Jahr 2040 zu rechnen. Sollte Wendelstein 7-X die in ihn gesetzten Erwartungen erfüllen, dann könnte DEMO auch ein Stellarator sein.

Ein Fusionskraftwerk gleicht in vielen Bauteilen herkömmlichen Dampfkraftwerken. Neuartig ist jedoch die Wärmequelle, also das Herz der Anlage. Fusionskraftwerke sind schalenförmig aufgebaut (Abb. 7). Ein Schnitt durch den Torus – mit der Transformatorspule in der Mitte – zeigt im Zentrum des Ringes das Plasma: Es wird umschlossen von einem mit speziellen Wandelementen, den Blanket-Modulen, ausgekleideten

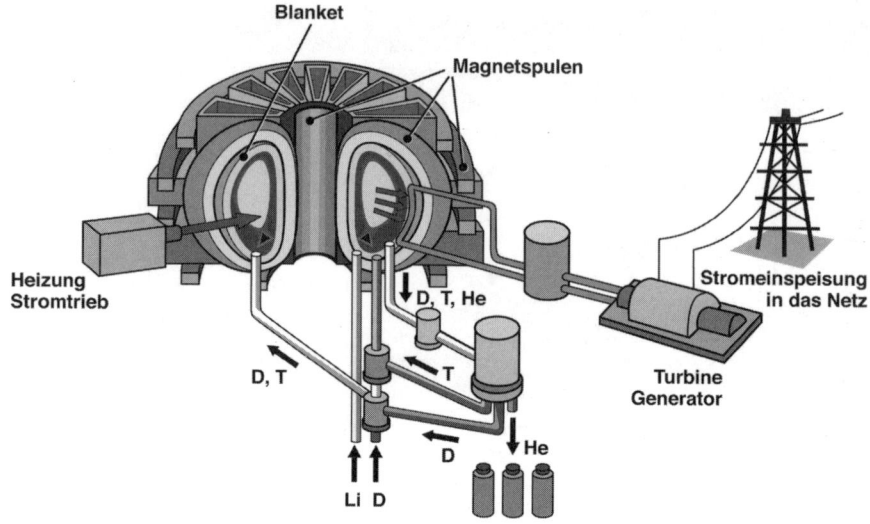

Abbildung 7: Schema eines künftigen Fusionskraftwerks (Grafik: IPP).

Vakuumbehälter. Auf das Vakuumgefäß sind die Magnetfeldspulen auf-
gefädelt. Wegen der bei tiefen Temperaturen arbeitenden supraleitenden
Magnete wird der gesamte Kern in einen Kryostaten eingeschlossen.

Der Brennstoff – Deuterium und Tritium – wird in Form gefrorener
Kügelchen (engl. *pellets*) tief in das Plasma hineingeschossen und so
während des Betriebs ständig nachgefüllt. Die Fusionsreaktionen setzen
Energie in Form von Bewegungsenergie der Reaktionsprodukte – Helium und Neutron – frei. Die geladenen Heliumkerne bleiben zunächst
im Magnetfeldkäfig eingeschlossen und heizen das Plasma durch Stöße
mit den Plasmateilchen auf. Die elektrisch nicht geladenen Neutronen
dagegen verlassen den Magnetfeldkäfig ungehindert und werden im
Blanket abgebremst. Dort geben sie ihre gesamte kinetische Energie in
Form von Wärme ab. Im Blanket erzeugen die Neutronen zudem aus
Lithium den Brennstoffbestandteil Tritium, der mit Hilfe eines Spül-
gases – voraussichtlich Helium – aus dem Blanket abtransportiert und
dem Brennstoffkreislauf zugeführt wird. Die «Asche» der Fusionsreaktion – die Heliumkerne, die nach etlichen Stößen ihre Energie abgegeben
haben – wird durch den Divertor abgeführt, der sich am Boden des Va-
kuumgefäßes befindet. Da nur ein kleiner Teil des Brennstoffs verbrannt
wird, findet sich auch ein großer Anteil an Deuterium und Tritium im

Abgas wieder, das entsprechend rezykliert wird. Die Wärme, die in Blanket und Divertor erzeugt wird, transportiert ein Kühlmittel – Helium oder Wasser – zum Dampferzeuger, um Strom zu erzeugen, der dann an das Netz abgegeben wird. Ausgenommen hiervon ist der kleine Anteil, den das Kraftwerk selbst verbraucht, hauptsächlich im Kryosystem zur Abkühlung von Helium für die supraleitenden Magnete, für den Stromtrieb, die Plasmaheizung, die Plasmasteuerung und andere Hilfssysteme. Die konventionellen Teile eines Fusionskraftwerks wie Dampferzeuger, Turbine und Generator unterscheiden sich nicht wesentlich von ähnlichen Komponenten in Kohle- oder Gaskraftwerken.

Ist Kernfusion nachhaltig?

Seit der Veröffentlichung des Brundtland-Berichts der UN-Kommission für Umwelt und Entwicklung mit dem ermutigenden Titel *Our Common Future* (Unsere gemeinsame Zukunft) vor 20 Jahren ist «sustainable development» (nachhaltige Entwicklung) ein zentrales Thema in der Diskussion über den Zustand unseres Planeten. Nach der allgemein akzeptierten Definition ist nachhaltige Entwicklung – zumindest im anthropozentrischen Sinne – ein (noch hypothetischer) Zustand, in dem die materiellen Bedürfnisse der jetzigen Generation befriedigt werden können, ohne die Möglichkeiten und Bedürfnisse kommender Generationen zu beeinträchtigen. Inzwischen ist zweifelhaft, ob ein solcher Zustand noch zu erreichen ist. Seit der Mensch Agrarwirtschaft betreibt, in kommunalen Strukturen lebt und seine Produktion industrialisiert hat, lebt er nicht mehr im Gleichgewicht mit seiner Umwelt. Besonders krass ist die Situation im Energiesektor. Hier ist man von der Erfüllung der Nachhaltigkeitsbedingung sehr weit entfernt: 80 bis 90 Prozent des weltweiten Energieverbrauchs beruhen auf dem Verbrennen fossiler Brennstoffe. Die Menschheit verbraucht diese in Jahrmillionen entstandenen wertvollen Naturressourcen in wenigen Jahrhunderten und erhöht beim Verbrennen von Kohle, Erdöl und Erdgas gleichzeitig die Kohlendioxid-Konzentration in der Atmosphäre auf alarmierende Weise. Die Beziehung zwischen steigender Kohlendioxid-Konzentration in der Atmosphäre und Klimawandel gilt inzwischen als nahezu sicher.

Bei der Entschärfung dieser Situation können die erneuerbaren Energien eine wichtige Rolle spielen. Allerdings legen verschiedene Faktoren (zum Beispiel die zeitliche Fluktuation von Wind und Sonneneinstrahlung, ihre geringe nutzbare Gesamtkapazität vor allem in nördlichen Lagen) begründete Zweifel daran nahe, dass erneuerbare Energien alleine den Grundstock der Energieversorgung bilden und insbesondere die Grundlast bei der Stromversorgung decken können. Trotzdem werden sie sicherlich zum zukünftigen Energiemix wesentlich beitragen. Daher scheint es angebracht, zu fragen, inwieweit nukleare Techniken – im Kontext dieses Kapitels vor allem die Kernfusion – Nachhaltigkeitskriterien erfüllen. Wie steht es hier um Brennstoffvorräte, Abfälle, Sicherheit und Wirtschaftlichkeit?

Der Fusionsbrennstoff: Der Brennstoffbestandteil Tritium kommt in der Natur kaum vor und muss daher im Kraftwerk aus Lithium hergestellt werden. Die Lithium-Vorräte im Meerwasser und in der Erdkruste reichen für Millionen von Jahren aus; noch weit größer sind die Vorräte für den zweiten Brennstoffbestandteil Deuterium im Wasser. (Im Gegensatz zu Erdöl und Erdgas sind die Fusionsbrennstoffe übrigens auf der ganzen Welt verteilt und nicht in politisch instabilen Regionen konzentriert.) Gelänge es, die Energieeinschlusszeit weiter zu verbessern, um anstelle der Deuterium-Tritium-Reaktion die Verschmelzung von Deuterium mit Deuterium zu nutzen, dann würden die vorhandenen Brennstoffvorräte sogar für Jahrmilliarden ausreichen – länger als die Lebensdauer der Sonne.

Der radioaktive Abfall: Er entsteht in einem Fusionskraftwerk durch den Neutronenbeschuss der Wände des Plasmagefäßes. Detaillierte Untersuchungen zu Menge und Zusammensetzung des Abfalls lassen ein schnelles Abnehmen der Radiotoxizität erwarten, nachdem das Kraftwerk abgeschaltet wurde. Nach etwa fünfhundert Jahren erreicht die Radiotoxizität des Abfalls Werte, die auch die gesamte Kohleasche eines Kohlekraftwerks besitzt, mit dem die gleiche Menge an Strom erzeugt wurde. Die Abfälle aus Fusionskraftwerken werden daher künftige Generationen nicht erheblich belasten. Neueste Berechnungen zeigen, dass mit der Rezyklierung des Abfalls eine Endlagerung überflüssig wird. Hingegen liegt die Radiotoxizität der Abfälle aus Kernspaltungskraftwerken um viele Größenordnungen höher und ändert sich innerhalb einiger hundert Jahre kaum (Abb. 8).

Die Sicherheit: Insbesondere für ITER wurden mögliche Unfallszenarien detailliert analysiert. Obwohl der Testreaktor nicht in jeder Hinsicht mit einem späteren Kraftwerk verglichen werden kann, sind dennoch viele Eigenschaften ähnlich: Starke Schwankungen der Reaktivität sind in einem Fusionskraftwerk nicht denkbar. Die schwerwiegendsten Unfälle – Stromausfälle oder Brüche von Leitungen – sind verknüpft mit einem Versagen des Kühlsystems. Dann würden jedoch von den Wänden des Plasmagefäßes abgedampfte Verunreinigungen sofort das Energiegleichgewicht des Plasmas stören: Die Verunreinigungen würden vermehrt Energie aus dem Plasma abstrahlen – die Fusionsreaktionen würden erlöschen. Auch die Temperaturen der Strukturmaterialien blieben deutlich unter dem Schmelzpunkt, sodass alle Barrieren intakt blieben. Selbst bei komplettem Ausfall der Kühlung würden nur kleine Mengen an Tritium aus dem Kraftwerk entweichen können. Die Dosis für die Bevölkerung würde den Wert von 1 Millisievert (mSv) nicht überschreiten. (Zum Vergleich: Die Strahlenschutzverordnung sieht einen Störfallplanungswert von 20 Millisievert vor.) Als schlimmstes Szenario wurde die Freisetzung des gesamten Tritiuminventars von etwa einem Kilogramm unterstellt – etwa die Größenordnung an Tritium, die insgesamt in einem späteren Fusionskraftwerk vorliegen wird –, ein Unfall, der ausschließlich durch eine externe Ursache hervorgerufen werden könnte. Aber selbst bei ungünstigsten Wetterbedingungen müsste dann nur ein kleines Gebiet, etwa in der Ausdehnung des Kraftwerksgeländes, evakuiert werden.

Die Wirtschaftlichkeit: Es gibt erste Schätzungen dazu, ob ein Fusionskraftwerk in Zukunft mit anderen Energiequellen in Wettbewerb treten kann. Die Kosten für ein Kraftwerk setzen sich zusammen aus den Kapitalkosten für den Anlagenkern (39 Prozent), die konventionellen Teile des Kraftwerks (23 Prozent), für Ersatzteile – Divertor- und Blanketmodule – während des Betriebs (30 Prozent), für Brennstoff, Betrieb und Wartung sowie für den Abbau der Anlage nach Betriebsende (zusammen 8 Prozent). Ist die Fusion im Jahr 2100 eine etablierte Technologie, dann werden Stromkosten von 7 bis 10 Eurocent pro Kilowattstunde erwartet. Diese liegen zwar etwas höher als die heutigen Stromkosten konventioneller Kohle- und Kernkraftwerke, sind aber dennoch gut mit ihnen vergleichbar.

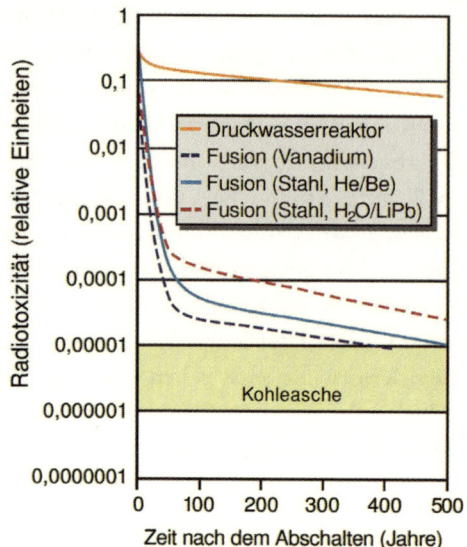

Abbildung 8: Zeitliche Entwicklung der Radiotoxizität von Fusionsabfall für verschiedene Kraftwerkstypen. Als Strukturmaterialien wurden Vanadium und Stahl betrachtet. Im Fall von Stahl wurden zwei verschiedene Kühlmittel untersucht: Das Blanket wird mit Helium bzw. mit einem Lithium-Blei-Gemisch gekühlt. Verglichen mit den sich daraus ergebenden Werten liegt die Radiotoxizität des Abfalls aus einem Druckwasserreaktor erheblich höher. Zum Vergleich ist auch die Radiotoxizität von Kohleasche eingezeichnet (Grafik: IPP).

Wann gibt es Fusionsstrom?

Hat die Forschung Erfolg, dann würden Fusionskraftwerke fast unbegrenzte, weltweit zugängliche Brennstoffvorräte erschließen. Ihre umweltfreundlichen Eigenschaften – praktisch CO_2-freie Energieerzeugung bei konkurrenzfähigen Kosten, geringe Lebensdauer der radioaktiven Abfälle und die physikalische Unmöglichkeit eines nuklearen «Durchgehens» – machen die Kernfusion zu einer attraktiven Option. Die Fusion befindet sich heute allerdings noch in der Entwicklung, deren Erfolg letztendlich nicht garantiert werden kann. Noch ungelöste Fragen der Physik (zum Beispiel bezüglich des stationären Betriebs), die Entwicklung der notwendigen Schlüsseltechnologien sowie wirtschaftliche Aspekte sind potenzielle Stolpersteine, wobei vieles von Untersuchungen bei ITER abhängen wird. Die in den letzten Jahren erzielten Erfolge der experimentellen

Hochtemperatur-Plasmaphysik sowie die zunehmende Fähigkeit der Plasmatheorie – unterstützt durch immer größere Rechenkapazität –, solche Plasmen zu modellieren, geben jedoch Grund zur Zuversicht.

Dennoch bleibt die Zeitskala lang. Obwohl man mit dem Bau eines Demonstrationskraftwerkes in etwa 20 Jahren beginnen könnte, werden kommerzielle Kraftwerke kaum vor Mitte dieses Jahrhunderts verfügbar sein. Die Fusion wird damit erst in der zweiten Jahrhunderthälfte zur Lösung des Energie- und Klimaproblems beitragen können. Nur gewaltige Anstrengungen mit weit mehr Finanzmitteln für Forschung und Entwicklung könnten diesen Zeitplan – und wohl auch nur begrenzt – beschleunigen. In den Anfangsjahren der Fusionsforschung waren die Beteiligten mit wenigen Ausnahmen etwas zu optimistisch, was die Zeit für die Verwirklichung der Kernfusion betrifft. Vielleicht war man dabei vom schnellen Erfolg der Kernspaltung beeinflusst: Nur 18 Jahre lagen zwischen der Entdeckung der Kernspaltung und der Inbetriebnahme des ersten Kernkraftwerks! Zu den eher realistischen Einschätzungen gehörte die von Edward Teller, der 1959 schrieb: «Ich glaube, es ist außerordentlich wichtig, dass die kontrollierte Kernfusion weiter erforscht wird, weil das Endergebnis wertvoll sein wird und der Erfolg wahrscheinlich ist. Vielleicht wird man im Jahr 2000 das Ziel erreichen, vielleicht wird es sogar später sein.» Der experimentelle Beweis, dass Kernfusion machbar ist, gelang tatsächlich 1991 bzw. 1997 mit den Deuterium-Tritium-Experimenten an der europäischen Fusionsanlage JET in Culham, Großbritannien. Dass der nächste Schritt erst zehn Jahre später verabredet und die ITER-Vereinbarung unterschrieben und ratifiziert werden konnte, war damals nicht vorauszusehen. Nicht zum ersten Mal in der Geschichte der Fusionsforschung hat eine zögerliche Haltung der Politik die Zeitskala für die Realisierung der Fusion als Energiequelle stark beeinflusst.

Anhang

Anmerkungen

Grundlagen der Energiediskussion

1 Bundesministerium für Wirtschaft und Technologie, Energiestatistiken.
2 BP Statistical Review of World Energy, June 2007.
3 Ebd.
4 http://lexikon.bmwi.de/BMWi/Navigation/Energie/energiestatistiken,did=
180954.html, ursprüngliche Quelle: Bundesanstalt für Geowissenschaften
und Rohstoffe.
5 Kurzstudie «Reserven, Ressourcen und Verfügbarkeit von Energierohstoffen 2006», Bundesanstalt für Geowissenschaften und Rohstoffe, Hannover
2007.
6 Bundesverband Tankstellen (http://www.btg-minden.de/main/tankstellen.
html).

Energie und Klima: Klimaprojektionen für das 21. Jahrhundert

1 Dieser Aufsatz basiert auf der Broschüre «Klimaprojektionen für das 21. Jahrhundert», die über die Webseite des Max-Planck-Instituts für Meteorologie
zugänglich ist. Wir danken Iris Ehlert für Kommentare zu früheren Ent-
würfen.
2 Kohlendioxid ist nach dem Wasserdampf das wichtigste Treibhausgas in der
Atmosphäre.
3 Zusätzliche Modellexperimente sagen selbst dann keinen Zusammenbruch
der thermohalinen Zirkulation voraus, wenn erhebliche Schmelzwassermas-
sen von Grönland abfließen sollten.

Internationale Energiepolitik

1 Wieder abgedruckt in der Serie *Reprints of Economic Classics*, New York
1965.
2 Vgl. Daniel Yergin (1991): *Der Preis. Die Jagd nach Öl, Geld und Macht.*
Frankfurt/M., Kap. 16–19.
3 International Energy Agency (2007): *World Energy Outlook 2007.* Paris.
4 International Energy Agency (2005): *Resources to Reserves.* Paris.
5 Klaus Heinloth (2008): *Nahrung und Energie – Schranken und Chancen im
Licht des Klimawandels.* Vortrag bei der Nordrhein-Westfälischen Akademie der Wissenschaften, 23. Januar 2008. http://www.mic-net.de/energie/
downloads/akademievortrag-klaus-heinloth.pdf
6 IPCC (2007): *Climate Change 2007: The Physical Science Basis.* Cambridge.
7 Nicholas Stern et al. (2007): *Stern Review: The Economics of Climate
Change.* London.

8 Vgl. ebd., Kapitel 7

9 Insbesondere in Hans-Werner Sinn (2008): *Das grüne Paradoxon: Warum man das Angebot bei der Klimapolitik nicht vergessen darf.* Thünen Vorlesung bei der Tagung des Vereins für Socialpolitik 2007, in: *Perspektiven der Wirtschaftspolitik* 9 (s1), 109–142.

10 P. J. Crutzen et al. (2007): N_2O release from agro-biofuels negates global warming reduction by replacing fossil fuels. *Atmos. Chem. Phys. Discuss.*, 7, 11191–11205. Vgl. auch die sehr detaillierte Stellungnahme: Wissenschaftlicher Beirat Agrarpolitik beim Bundesministerium für Ernährung, Landwirtschaft und Verbraucherschutz: Nutzung von Biomasse zur Energiegewinnung – Empfehlungen an die Politik. http://www.bmelv.de/cln_045/nn_1021300/DE/14-WirUeberUns/Beiraete/Veroeffentlichungen/NutzungBiomasseEnergiegewinnung.html_nnn=true.

Solarzellen auf Basis anorganischer Materialien

1 Viele haben mich bei meiner Arbeit am *Phänomen Solarzelle* begleitet. Besonderen Dank schulde ich meinem strengen, aber fairen Lehrmeister William Shockley. Gern denke ich zurück an die Zusammenarbeit mit C. Fuller und G. Pearson, den Miterfindern der allerersten Zelle. Schön und von Erfolgen gekrönt waren die Forschungen am Stuttgarter Max-Planck-Institut, dafür sei der Max-Planck-Gesellschaft Dank gesagt – und natürlich meinen beeindruckenden Mitarbeitern J. Werner, S. Kolodinski, R. Brendel, R. Bergmann, R. Plieninger, U. Rau, J. Marek und etlichen anderen. Sehr erfreulich war meine Zusammenarbeit mit der Firma Wacker, weltweit wichtigem Hersteller von Silicium, als Mitglied ihres Aufsichtsrats und als wissenschaftlicher Partner.

2 Einen sehr guten und sachlichen Überblick gibt K. Heinloth (²2003): *Die Energiekrise*. Braunschweig: Vieweg; Kapitel 7.3. behandelt die Sonnenenergie. Eine positive, optimistische Einschätzung auch der Finanzierbarkeit der regenerativen Energien geben P. Hennicke und M. Fischedick (2007): *Erneuerbare Energien*. München: Beck.

3 Ein Übersichtsvortrag zum 50. Geburtstag der Solarzelle ist : H. J. Queisser (2004): Slow Solar Ascent. *Festkörperprobleme* 44, 3.

4 D. M. Chapin, C. S. Fuller und G. L. Pearson (1954): A New Silicon p-n Junction Photocell for Converting Solar Radiation into Electrical Power. *J. Appl. Phys.* 25, 676.

5 W. Shockley und H. J. Queisser (1961): Detailed Balance Limit of Efficiency for Solar Cells. *J. Appl. Phys.* 32, 510; später mehrfach nachgedruckt

6 M. Graetzel (2001): Photoelectrochemical Cells. *Nature* 414, 338.

7 J. H. Werner, S. Kolodinski und H. J. Queisser (1994): Novel Optimization Principles and Efficiency Limits for Semiconductor Solar Cells. *Phys. Rev. Lett.* 72, 3851.

8 R. Brendel (2003): *Thin Film Crystalline Silicon Solar Cells*, Weinheim: Wiley-VCH.

Polymerelektronik

1 N. Fontaine (2003): *Livre blanc sur les énergies. Ministère de l'économie, des finances et de l'industrie.* Paris; Commission européenne (2001): *Livre vert. Vers une stratégie européenne de sécurité d'approvisionnement énergétique.* Brüssel.

2 Bundesumweltministerium (2008): *Erneuerbare Energien kräftig im Aufwind* (006/08). Berlin.

3 US Department of Energy (1999): *Emission and Reduction of Greenhouse Gases from Agriculture and Food Manufacturing.* Washington, 15.

4 Für ihre Verdienste auf diesem Forschungsgebiet wurde Alan J. Heeger, Alan G. McDiarmid und Hideki Shirakawa im Jahr 2000 der Nobelpreis für Chemie verliehen. H. Shirakawa, A. J. Heeger und A. G. McDiarmid (1977): Synthesis of Electrically Conducting Organic Polymers – Halogen Derivatives of Polyacetylene, (Ch)X. *Journal of the Chemical Society – Chemical Communications* 16, 578.

5 www.solarbuzz.com, German PV market (März 2007); BP Solar (2007): *Expand Its Solar Cell Plants in Spain and India*; www.technologyreview.com, *Large-Scale, Cheap Solar Electricity* (2006).

6 Earth Policy Institute (2007): *Solar Cell Production Jumps 50 Percent.* Washington, D.C.: Lester Brown.

7 GE Invest (2007): *One of World's Largest Solar Power Plants.*

8 www.buildingsolar.com, *Building integrated photovoltaics* (2006).

9 www.solarbuzz.com, German PV market (Juni 2007).

10 OECD und IEA (2007), *Renewables In Global Energy Supply – An IEA Fact Sheet.* Paris.

11 G. Nairn (2008): *Engaging China.* San Sebastian, Spanien.

12 A. Barnett et al. In: *Milestones toward 50% efficient solar cell modules*, 22nd European Photovoltaic Solar Energy Conference, Mailand 2007.

13 J. Zhao et al. (1998): 19.8% Efficient «Honeycomb» Textured Multicrystalline and 24.4% Monocrystalline Silicon Solar Cells. *Applied Physics Letters* 73 (14), 1991.

14 H. Hoppe et al. (2005): Kelvin probe force microscopy study on conjugated polymer/fullerene bulk heterojunction organic solar cells. *Nano Letters 5* (2), 269; T. Martens et al. (2002): The influence of the microstructure upon the photovoltaic performance of MDMO-PPV : PCBM bulk hetero-junction organic solar cells. *Organic and Polymeric Materials and Devices-Optical, Electrical and Optoelectronic Properties 725*, 169; S. E. Shaheen et al. (2001): 2.5% efficient organic plastic solar cells. *Applied Physics Letters* 78 (6), 841.

15 G. Li et al. (2005): High-efficiency solution processable polymer photovoltaic cells by self-organization of polymer blends. *Nature Materials* 4 (11), 864.

16 J. L. Li et al. (2006): Poly(2,7-carbazole) and perylene tetracarboxydiimide: a promising donor/acceptor pair for polymer solar cells. *Journal of Materials Chemistry* 16 (1), 96.

17 N. Drolet et al. (2005): 2,7-carbazolenevinylene-based oligomer thin-film transistors: High mobility through structural ordering. *Advanced Functional Materials* 15 (10), 1671.

18 M. Zhang et al. (2007): Field-effect transistors based on a benzothiadiazole-cyclopentadithiophene copolymer. *Journal of the American Chemical Society* 129 (12), 3472.

19 B. Oregan und M. Grätzel (1991): A Low-Cost, High-Efficiency Solar-Cell Based on Dye-Sensitized Colloidal TiO_2 Films. *Nature* 353 (6346), 737.

20 C. Li et al. (2008): A novel perylene sensitizer for solar cell applications. *Angewandte Chemie* (im Erscheinen).

21 C. W. Tang, J. K. Madathil und D. L. Comfort (1999): *US Patent 5.904.961.*

22 *Electronic Engineering Times* 1998, 19.

23 S. R. Forrest et al. (1995): Organic emitters promise a new generation of displays. *Laser Focus World* 31, 99.

24 G. Gu et al. (1997): Vacuum-deposited, nonpolymeric flexible organic light-emitting devices. *Optics Letters* 22 (3), 172.

25 R. O. Garay et al. (1993): Low-Temperature Synthesis of Poly(P-Phenylene-vinylene) by the Sulfonium Salt Route. *Advanced Materials* 5 (7–8), 561; A. Marletta et al. (2000): Rapid conversion of poly(p-phenylenevinylene) films at low temperatures. *Advanced Materials* 12 (1), 69.

26 R. H. Friend et al. (1999): Electroluminescence in conjugated polymers. *Nature* 397 (6715), 121.

27 D. A. Pardo et al. (2000): Application of screen printing in the fabrication of organic light-emitting devices. *Advanced Materials* 12 (17), 1249.

28 Samsung, S. D. I.; OLED, *Passive Matrix (PM)* 2007.

29 O. Prache (2001): Active matrix molecular OLED microdisplays. *Displays* 22 (2), 49–56.

30 Cambridge Display Technology, *Cambridge Display Technology and Sumation Announce Strong Lifetime Improvements to P-OLED Material; Blue P-OLED Materials Hit 10,000 Hour Lifetime Milestone at 1,000 cd/sq.m* (Januar 2008).

31 OLED-Info.com, Kodak (Juli 2007).

32 J. Jacob et al. (2003): Poly(tetraarylindenofluorene)s: New stable blue-emitting polymers. *Macromolecules* 36 (22), 8240; J. Jacob et al. (2004): Progress towards stable blue light-emitting polymers. *Current Applied Physics* 4 (2–4), 339; J. Jacob et al. (2004): Ladder-type pentaphenylenes and their polymers: Efficient blue-light emitters and electron-accepting materials via a common intermediate. *Journal of the American Chemical Society* 126 (22), 6987; A. K. Mishra et al. (2006): Blue-emitting carbon- and nitrogen-bridged poly(ladder-type tetraphenylene)s. *Chemistry of Materials* 18 (12), 2879.

33 V. C. Sundar et al. (2004): Elastomeric transistor stamps: Reversible probing of charge transport in organic crystals. *Science* 303 (5664), 1644.

34 I. McCulloch et al. (2006): Liquid-crystalline semiconducting polymers with high charge-carrier mobility. *Nature Materials* 5 (4), 328.

35 P. Gao et al. (2008): Benzo[1,2-b:4,5b']bis[b]benzothiophene as solution processible organic semiconductor for field-effect transistors. *Chemical Communications* 13, 1548; A. K. Mishra et al. (i.E.): Synthesis of nitrogen-bridged poly(ladder-type pentaphenylene) and its performance in solar cell. *Chemistry of materials* (in Vorbereitung).

36 M. G. Debije et al. (2004): The optical and charge transport properties of discotic materials with large aromatic hydrocarbon cores. *Journal of the American Chemical Society* 126 (14), 4641; C. D. Simpson et al. (2004): From graphite molecules to columnar superstructures – an exercise in nanoscience. *Journal of Materials Chemistry* 14, 494; A. M.van de Craats et al. (1998): Rapid charge transport along self-assembling graphitic nanowires. *Advanced Materials* 10 (1), 36.

37 *Report from BASF* (2006).

38 *Report from NanoMarkets* (Februar 2007).

39 *Report from WTC (Wicht Technologie Consulting)* (2007).

40 *Report from IDTechEx* (2007).

41 I. McCulloch et al. (2006): wie Anm. 34.

Biologische Methanbildung: Eine erneuerbare Energiequelle von Bedeutung?

1 E. D. Sloan (2003): Fundamental principles and applications of natural gas. *Nature* 426, 353–359.

2 S. Y. Lee und G. D. Holder (2001): Methane hydrates potential as future energy source. *Fuel Processing Technology* 71, 181–186.

3 D. S. Kelley et al. (2005): A serpentinite-hosted ecosystem: The lost city hydrothermal field. *Science* 307, 1428–1434.

4 A. V. Milkov (2005): Molecular and stable isotope composition of natural gas hydrates: A revised global dataset and basic interpretations in the context of geological settings. *Organic Geochemistry* 36, 681–702.

5 R. K. Thauer (1991): *Warum Methan in der Atmosphäre ansteigt – Die Rolle von Archaebakterien.* Rheinisch Westfälische Akademie der Wissenschaften, Vorträge N 394. Opladen: Westdeutscher Verlag, 63–80; R. K. Thauer (2003): *Methanogene Archaea: Vom Treibhauseffekt zum Feuerdrachen.* 122. Versammlung der GDNÄ, Stuttgart: Hirzel, pp. 131–135.

6 http://earthobservatory.nasa.gov/Library/CarbonCycle/carbon_cycle4.html.

7 R. K. Thauer, K. Jungermann und K. Decker (1977): Energy-conservation in chemotrophic anaerobic bacteria. *Bacteriological Reviews* 41, 100–180.

8 D. Pimentel and M. H. Pimentel (2008): *Food, Energy, and Society.* 3. Aufl., Boca Raton/London/New York: CRC Press; http://www.wiwi.uni-muenster. de/vwt/Veranstaltungen/ws05_06-ausgew_kap/energiemaerkte.pdf   (IA, Energy Outlook 2005); BP Statistical Review of World Energy 2007 (http:// www.bp.com/liveassets/bp_internet/globalbp/globalbp_uk_english/reports_ and_publications/statistical_energy_review_2007/STAGING/local_assets/ downloads/pdf/bp_sustainability_report_2007_christof_ruhl_speech_and_ slides.pdf).

9 D. Pimentel and M. H. Pimentel (2008): wie Anm. 8.

10 http://www.env-it.de/umweltdaten/public/theme.do?nodeIdent=2326 (Energieverbrauch und Energieflüsse in Deutschland 2005 lt. Umweltbundesamt).

11 http://wko.at/statistik/eu/europa-energieverbrauch.pdf; BP Statistical Review of World Energy 2007: wie Anm. 8.

12 D. Pimentel und M. H. Pimentel (2008): wie Anm. 8.

13 Ebd.

14 R. K. Thauer (1991): wie Anm. 5; R. K. Thauer (2003): wie Anm. 5.

15 T. Henckel et al. (2000): Molecular analyses of novel methanotrophic communities in forest soil that oxidize atmospheric methane. *Applied and Environmental Microbiology* 66, 1801–1808; S. Kolb et al. (2005): Abundance and activity of uncultured methanotrophic bacteria involved in the consumption of atmospheric methane in two forest soils. *Environmental Microbiology* 7, 1150–1161.

16 R. K. Thauer (1991): wie Anm. 5; R. K. Thauer (2003): wie Anm. 5.

17 R. K. Thauer und S. Shima (2008): Methane as fuel for anaerobic microorganisms. *Annals of the New York Academy of Sciences* 1125, 158–170.

18 M. Krüger, P. Frenzel und R. Conrad (2001): Microbial processes influencing methane emission from rice fields. *Global Change Biology* 7, 49–63.; Y. H. Lu und R. Conrad (2005): In situ stable isotope probing of methanogenic archaea in the rice rhizosphere. *Science* 309, 1088–1090.

19 R. K. Thauer (2003): wie Anm. 5; D. Pimentel und M. H. Pimentel (2008): wie Anm. 8.

20 J. Lelieveld, P. J. Crutzen und F. J. Dentener (1998): Changing concentration, lifetime and climate forcing of atmospheric methane. *Tellus* 50B, 128–150.

21 R. K. Thauer und S. Shima (2008): wie Anm. 16.

22 F. W. Taylor (2002): The greenhouse effect and climate change revisited. *Rep. Prog. Phys.* 65, 1–25; Der vierte UN-Klimareport (http://www.oekosystem-erde.de/html/ipcc-4.html); R. K. Thauer (2003): wie Anm. 5.

23 F. W. Taylor (2002):wie Anm. 21; Der vierte UN-Klimareport: wie Anm. 21.

24 Ebd.

25 R. K. Thauer, K. Jungermann und K. Decker (1977): wie Anm. 7.

26 J. G. Ferry (1993): *Methanogenesis: Ecology, Physiology, Biochemistry and Genetics*. New York/London: Chapman & Hall.

27 R. K. Thauer und S. Shima (2008): wie Anm. 16.

28 A. Pol et al. (2007): Methanotrophy below pH 1 by new *Verrucomicrobia* species. *Nature* 450, 874–878.

29 R. K. Thauer and S. Shima (2008): wie Anm. 16.

30 Ebd.

31 R. K. Thauer (1998): Biochemistry of methanogenesis: a tribute to Marjory Stephenson. *Microbiology* 144, 2377–2406.

32 F. Fricke et al. (2006): The genome sequence of *Methanosphaera stadtmanae* reveals why this human intestinal archaeaon is restricted to methanol and H2 for methane and ATP synthesis. *J. Bacteriol.* 188, 642–658.

33 R. K. Thauer (1998): wie Anm. 30.

34 B. Jaun, B. und R. K. Thauer (2007): Methyl-coenzyme M reductase and its nickel corphin coenzyme F_{430} in methanogenic archaea. In: *Nickel and its Surprising Impact in Nature*, Bd. 2 von *Metal Ions in Life Sciences*, hg. v. A. Sigel, H. Sigel und R.K.O. Sigel. Chichester: Wiley, 323–356.

35 R. K. Thauer (1998): wie Anm. 30.

36 B. Jaun, B. and R. K. Thauer (2007): wie Anm. 33.

37 R. K. Thauer (1998): wie Anm. 30.

38 F. Li, J. Hinderberger et al. (2008): Coupled ferredoxin- and crotonyl-CoA

reduction with NADH catalyzed by the butyryl-CoA dehydrogenase/Etf complex from Clostridium kluyveri. *J. Bacteriol.* 190, 843–50.

39 U. Deppenmeier (2004): The membrane-bound electron transport system of Methanosarcina species. *Journal of Bioenergetics and Biomembranes* 36, 55–64.

40 D. Pimentel and M. H. Pimentel (2008): wie Anm. 8.

41 B. Eder und H. Schulz (2007): *Biogas Praxis.* Staufen: Ökobuch Verlag.

42 D. Pimentel and M. H. Pimentel (2008): wie Anm. 8.

43 A. E. Farrell et al. (2006): Ethanol can contribute to energy and environmental goals. *Science* 311 506–508.

44 B. Eder und H. Schulz (2007): wie Anm. 40.

45 Deutscher Agraraußenhandel 2006 (http://www.bmelv.de/nn_1086976/SharedDocs/downloads/10-Internationales/DeutscherAussenhandel2006, templateId=raw,property=publicationFile.pdf/DeutscherAussenhandel 2006.pdf)

46 *Sustainable biofuels: Prospects and Challenge* (2008). Royal Society, Policy Document 01/08 (www.royalsociety.org).

47 T. Searchinger et al. (2008): Use of U.S. Croplands for biofuels increases greenhouse gases through emission from land-use change. *Science* 319, 1238–1240

48 H. J. Perski, P. Schönheit und R. K. Thauer (1982): Sodium dependence of methane formation in methanogenic bacteria. *FEBS Letters* 143,323–326

49 D. M. Jones et al. (2008): Crude-oil biodegradation via methanogenesis in subsurface petroleum reservoirs. *Nature* 451, 176–180.

50 R. K. Thauer, K. Jungermann und K. Decker (1977): wie Anm. 7.

Erneuerbare Energieträger aus Mikroorganismen: Möglichkeiten und Grenzen

1 D. Antoni, V. V. Zverlov und W. H. Schwarz (2007): Biofuels from microbes. *Applied Microbiology and Biotechnology*, 77, 23–35; B. E. Rittmann (2007): Opportunities for renewable bioenery using microorganisms. *Biotechnology and Bioengineering*, 100, 203–212.

2 Bei biologischen Produkten wird Bezeichnung «Öl» allgemein für nicht mit Wasser mischbare, oft etwas visköse (zäh fließende) Flüssigkeiten ohne genauere chemische Definition verwendet. Chemisch sind es meist Fettsäureester (organische Verbindungen aus Kohlenstoff, Wasserstoff und Sauerstoff), doch können biologische Öle auch Kohlenwasserstoffe (organische Verbindungen nur aus Kohlenstoff und Wasserstoff) enthalten. Auf technischem Gebiet ist die Bezeichnung «Öl» anders und genauer definiert; sie wird dort für mehr oder weniger visköse Kohlenwasserstoffe (also meist Erdölprodukte oder Erdöl selbst) verwendet.

3 Gemäß $2\,e^- + 2\,H^+ \rightarrow H_2$.

4 Entscheidend ist die Formulierung der stöchiometrischen Umsatzgleichungen, wofür meist Wasser als «neutrale» Substanz zum Massenausgleich einbezogen werden muss. Für einen vollständigen Umsatz von Glukose oder Stärke zu Wasserstoff lauten sie:

$$C_6H_{12}O_6 + 6\,H_2O \rightarrow 6\,CO_2 + 12\,H_2$$
$$C_6H_{10}O_5 + 7\,H_2O \rightarrow 6\,CO_2 + 12\,H_2$$

5 Idealer Grenzfall eines Umsatzes von Glucose oder Stärke unter Bildung von Wasserstoff und Essigsäure:

$$C_6H_{12}O_6 + 2\,H_2O \rightarrow 2\,CO_2 + 4\,H_2 + 2\,CH_3COOH$$
$$C_6H_{10}O_5 + 3\,H_2O \rightarrow 2\,CO_2 + 4\,H_2 + 2\,CH_3COOH$$

6 B. Hankamer et al. (2007): Photosynthetic biomass and H_2 production by green algae: from bioengineering to bioreactor scale-up. *Physiologia Plantarum*, 131, 10–21; A. Melis (2007): Photosynthetic H_2 metabolism in *Chlamydomonas reinhardii* (unicellular green algae). *Planta*, 226, 1075–1086.

7 R. Surzycki et al. (2007): Potential for hydrogen production with inducible chloroplast gene expression in *Chlamydomonas*. *Proceedings of the National Academy of Sciences USA*, 104, 17548–17553.

8 H. Takabatake, K. Suzuki, I. B. Ko und T. Noike (2004): Characteristics of anaerobic ammonia removal by a mixed culture of hydrogen producing photosynthetic bacteria. *Bioresource Technology* 95, 151–158.

9 S. Hoekema et al. (2006): Controlling light-use by *Rhodobacter capsulatus* continuous cultures in a flat-panel photobioreactor. *Biotechnology and Bioengineering*, 95, 613–626.

10 M. D. Archer und J. Barber (2004): Photosynthesis and photoconversion. In: M. D. Archer und J. Barber (Hrsg.): *Molecular to global photosynthesis*. London: Imperial College Press, 1–41.

11 Ó. J. Sánchez und C. A. Cardona (2007): Trends in biotechnological production of fuel ethanol from different feedstocks. *Bioresource Technology*, doi: 10.1016/j.biortech.2007.11.013; H. S. Olsen und T. Schäfer (2006): Ethanol-Produktion aus pflanzlicher Biomasse. In: G. Antranikian (Hrsg.): *Angewandte Mikrobiologie*. Berlin: Springer, 323–339.

12 Ó. J. Sánchez und C. A. Cardona (2007): wie Anm. 11.

13 Ethanolgewinnung aus Glucose bei vollständiger (100%iger) Umsetzung:

$$C_6H_{12}O_6 \rightarrow 2\,C_2H_5OH + 2\,CO_2.$$

Ethanolgewinnung aus Stärke mit vorausgehender enzymatischer Spaltung bei vollständiger Umsetzung:

$$C_6H_{10}O_5 + H_2O \rightarrow 2\,C_2H_5OH + 2\,CO_2.$$

14 Ó. J. Sánchez und C. A. Cardona (2007): wie Anm. 11.

15 Ó. J. Sánchez und C. A. Cardona (2007): wie Anm. 11; B. Hahn-Hägerdal et al. (2006) Bio-ethanol – the fuel of tomorrow from the residues of today. *Trends in Biotechnology*, 24, 549–556.

16 H. Bahl (2006): Produktion von Lösungsmitteln. In: G. Antranikian (Hrsg.): *Angewandte Mikrobiologie*. Berlin: Springer, 316–321; P. Dürre (2007): Biobutanol: an attractive biofuel. *Biotechnology Journal*, 2, 1525–1534.

17 Bei der biochemischen Umwandlung von Methan zu Methanol kann aus dem Sauerstoffmolekül (O_2) nur eines der Atome (O) in Methan eingebaut werden. Das andere O-Atom wird zu Wasser reduziert, wofür ein Teil Methanol geopfert werden muss; die biochemische Methanolgewinnung hätte die Bilanz

$$3\,CH_4 + 3\,O_2 \rightarrow 2\,CH_3OH + CO_2 + 2\,H_2O$$

Während die 3 mol CH_4 bei einer Nutzung durch Reaktion mit Sauerstoff 2454 kJ liefern würden, sind es bei den 2 mol CH_3OH nur 1387 kJ.

18 Methan aus einem Kohlenhydrat, z. B. Stärke oder Zellulose:
$C_6H_{10}O_5 + H_2O \rightarrow 3\ CH_4 + 3\ CO_2$ (Mol- oder Volumenverhältnis 1:1)
Methan aus einer Fettsäure, z. B. Stearinsäure:
$C_{17}H_{35}COOH + 8\ H_2O \rightarrow 13\ CH_4 + 5\ CO_2$ (Mol- oder Volumenverhältnis 2,6:1)

19 H. Märkel und H. Friedmann (2006): Biogasproduktion. In: G. Antranikian (Hrsg.): *Angewandte Mikrobiologie*. Berlin: Springer, 459–487.

20 K. Karim et al. (2007): Mesophilic digestion kinetics of manure slurry. *Applied Biochemistry and Biotechnology*, 142, 231–242; H. Lindorfer et al. (2008): Doubling the organic loading rate in the co-digestion of energy crops and manure – a full scale study. *Bioresource Technology*, 99, 1148–1156.

21 Ein genaues Maß für die Methanausbeute ist der Prozentsatz der Reduktionseinheiten, die von den tatsächlich in der Biomasse vorhandenen in Form von Methan gewonnen werden. Die Reduktionseinheiten in der Biomasse werden als sog. Chemischer Sauerstoffbedarf (CSB) angegeben, der allerdings meist indirekt, z. B. durch Reaktion mit Chromsäure, ermittelt wird. Ein CSB von 2,63 kg O_2 liefert bei 100%iger mikrobieller Umsetzung 1 m³ CH_4.

22 K. U. Hinrichs et al. (2006): Biological formation of ethane and propane in the deep marine subsurface. *Proceedings of the National Academy of Sciences USA*, 103, 14684–14689.

23 C. Fischer-Romero, B. J. Tindall und F. Jüttner (1996): *Tolumonas auensis* gen. nov., sp. nov., a toluene-producing bacterium from anoxic sediments of a freshwater lake. *International Journal of Systematic Bacteriology*, 46, 183–188.

24 Siehe Anm. 2.

25 A. Banerjee et al. (2002): *Botryococcus braunii*: a renewable source of hydrocarbons and other chemicals. *Critical Reviews in Biotechnology*, 22, 245–279; P. Metzger und C. Largeau (2005): *Botryococcus braunii*: a rich source for hydrocarbons and related ether lipids. *Applied Microbiology and Biotechnology*, 66, 486–496.

26 T. H. Pham et al. (2006): Microbial fuel cells in relation to conventional anaerobic digestion technology. *Engineering in Life Sciences* 6, 285–292.

27 Ebd.

28 H.-S. Lee et al. (2008): Evaluation of energy conversion efficiencies in microbial fuel cells (MFCs) utilizing fermentable and non-fermentable substrates. *Water Research*, 42, 1501–1510.

29 Solar irradiation data, Photovoltaic Geographical Information System (PV-GIS), Joint Research Centre, European Commission. http://re.jrc.cec.eu.int/pvgis/apps/radmonth.php.

30 Umweltbundesamt, Umweltdaten Deutschland online. http://www.umwelt-bundesamt-umwelt-deutschland.de/umweltdaten/.

31 Centro de Referência para Energia Solar e Eólica Sérgio de Salvo Brito (CRESESB), potencial energético solar – sun data. http://www.cresesb.cepel.br/index.php?link=http%3A//www.cresesb.cepel.br/potencial_solar.htm.

32 M. D. Archer und J. Barber (2004): wie Anm. 10.

33 A. Papazi et al. (2008): Bioenergetic changes in the microalgal photosynthetic apparatus by extremely high CO_2 concentrations induce an intense biomass production. *Physiologia Plantarum*, 132, 338–349.

34 R. Morita, Y. Watanabe und H. Saiki (2002): Photosynthetic productivity of conical helical tubular photobioreactor incorporating *Chlorella sorokiniana* under field conditions. *Biotechnology and Bioengineering*, 77, 155–162; R. Hase et al. (2000): Photosynthetic production of microalgal biomass in a raceway system under greenhouse conditions in Sendai City. *Journal of Bioscience and Bioengineering*, 89, 157–163.

35 O. Christen (2001): Ertrag, Ertragsstruktur und Ertragsstabilität von Weizen, Gerste und Raps in unterschiedlichen Fruchtfolgen. *Pflanzenbauwissenschaften*, 5, 33–39.

36 K. Henning (2005): Cross-Compliance und Direktzahlungen: Verpflichtung zum Erhalt der organischen Substanz (Humus) im Boden. *Bauernblatt Schleswig-Holstein und Hamburg*, Heft 26 (2. Juli 2005).

37 H. S. Olsen und T. Schäfer (2006): wie Anm. 11.

38 Umweltbundesamt, Umweltdaten Deutschland online: wie Anm. 30.

39 Fachagentur Nachwachsende Rohstoffe und Bundesministerium für Ernährung, Landwirtschaft und Verbraucherschutz (2007): Biokraftstoffe, Basisdaten Deutschland. http://www.fnr-server.de/ftp/pdf/literatur/pdf_174basisdaten_biokraftstoff_08.pdf.

40 Versuchsbericht, Landesanstalt für Landwirtschaft und Gartenbau Sachsen-Anhalt (2003): Striegel Hackversuch zu Zuckerrüben (http://lsa-st23.sachsen-anhalt.de/llg/versuchsergebnisse_03/striegel_hackversuch_zu_zuckerrueben.pdf); H. Hoffmann, W. Mauch und W. Untze (2002): *Zucker und Zuckerwaren*. Hamburg: Behr's Verlag.

41 Ó. J. Sánchez und C. A. Cardona (2007): wie Anm. 11.

42 J. C. Clifton-Brown, P. F. Stampel und M. B. Jones (2004): *Miscanthus* biomass production for energy in Europe and its potential contribution to decreasing fossil fuel carbon emission. *Global Change Biology*, 10, 509–518.

43 P. Börjesson and B. Mattiasson (2007): Biogas as a resource-efficient vehicle fuel. *Trends in Biotechnology*, 26, 7–13.

44 P. J. Crutzen et al. (2007): N_2O release from agro-biofuel production negates global warming reduction by replacing fossil fuels. *Atmospheric Chemistry and Physics Discussions* 7, 11191–11205.

45 J. Hill et al. (2006): Environmental, economic, and energetic costs and benefits of biodiesel and ethanol biofuels. *Proceedings of the National Academy of Sciences USA*, 103, 11206–11210; D. Pimentel, T. Patzek and G. Cecil (2007): Ethanol production: energy, economic, and environmental losses. *Reviews of Environmental Contamination & Toxicology*, 189, 25–41; J. P. W. Scharlemann und W. F. Laurence (2008): How green are biofuels? *Science*, 319, 43–44.

46 Auf dem Festland beträgt die weltweit von Pflanzen netto fixierte Menge an Kohlenstoff (C) ca. 56×10^{12} kg/Jahr, entsprechend einer Pflanzentrockenmasse (vereinfacht $C_6H_{10}O_5$) von ca. 130×10^{12} kg/Jahr und einem Energiegehalt von 2300×10^{18} J/Jahr. Der Primärenergiebedarf der Welt wird auf

460×10^{18} J/Jahr geschätzt; das sind ein Fünftel der in der jährlichen Landpflanzenproduktion gespeicherten Energie. Der Primärenergiebedarf pro Kopf in Deutschland beträgt 172×10^9 J/Jahr (5,5 kW!). Hätte jeder Mensch auf der Welt (bei 6,7 Mrd. Bewohnern) diesen Verbrauch, so wären das 1150×10^{18} J/Jahr, d. h. im Falle einer Deckung allein über Bioenergie würden 50% der auf dem Festland netto gebildeten Pflanzenmasse benötigt. Berechnet aus: C. B. Field et al. (1998): Primary production of the biosphere: integrating terrestrial and oceanic components. *Science*, 281, 237–240; sowie aus: *BP statistical review of world energy*, Juni 2007 (http://www.bp.com/statisticalreview).

Kraftstoffe aus Biomasse: Stand der Technik, Trends und Visionen

1 Teile dieses Kapitels bilden die Basis für einen Beitrag mit dem Titel «Maßgeschneiderte Kraftstoffe – Herausforderungen und Chancen durch die Rohstoffbasis Biomasse» zur 125. Versammlung der Gesellschaft Deutscher Naturforscher und Ärzte (GDNÄ) vom 19.-22. September 2008 in Tübingen.

2 European Commission (2006): *Biofuels in the European Union – A Vision for 2030 and beyond*. Luxembourg: Office for Official Publications of the European Communities.

3 Mineralölwirtschaftsverband (2006): *MWV-Prognose 2025 für die Bundesrepublik Deutschland*. Hamburg: MWV.

4 B. Elvers (Hrsg.) (2008): *Handbook of Fuels*. Weinheim: Wiley-VCH.

5 B. Kamm, P. R. Gruber und M. Kamm (Hrsg.) (2006): *Biorefineries – Industrial Processes and Products*. Weinheim: Wiley-VCH.

6 Die Bedeutung der Katalyse in allen Bereichen der Chemie wird unter anderem durch die Verleihung des Nobelpreises für Chemie 2007 an Prof. Gerhard Ertl am Fritz-Haber-Institut der Max-Planck-Gesellschaft in Berlin unterstrichen.

7 G. W. Huber, S. Iborra und A. Corma (2006): Synthesis of Transportation Fuels from Biomass: Chemistry, Catalysts and Engineering. *Chemical Reviews* 106, 4044–4098.

8 A. Behr et al. (2008): Improved utilization of renewable resources: New important derivatives of glycerol. *Green Chemistry* 10, 13–30.

9 K. Reders und M. Schmidt (2008): Fatty Acid Methyl Esters (FAME). In: B. Elvers (Hrsg.): wie Anm. 4, 187 ff.

10 Fachagentur Nachwachsende Rohstoffe (2007): *Daten und Fakten zu nachwachsenden Rohstoffen*, Gültzow: FNR; http://www.fnr.de.

11 http://www.nesteoil.com

12 Beispielsweise notierte die *Chicago Tribune* in einem Beitrag am 12. Mai 1907: «Increasing attention lately has been given to the possibilities of obtaining power from alcohol by means of the internal combustion engine. From many points of view the advantages of alcohol over petroleum spirit, which hitherto has been in chief demand, are clear and pronounced» (Die Möglichkeit der Energiegewinnung aus Alkohol mit Hilfe der Verbrennungskraftmaschine erfährt in jüngster Zeit wachsendes Interesse. Die Vorteile

von Alkohol gegenüber Sprit aus Erdöl, der bisher hauptsächlich genutzt wird, sind in vielerlei Hinsicht klar und deutlich.) – Ich danke Herrn Prof. em. Wilhelm Keim für den Hinweis auf dieses Zitat.

13 K. Reders (2008): History of the Spark Ignited «Otto» Engine and of Gasoline. In: B. Elvers (Hrsg.): wie Anm. 4, 2 ff.

14 Fachagentur Nachwachsende Rohstoffe (2007): wie Anm. 10.

15 T. Senn (2001): Ethanolerzeugung und Nutzung. In: M. Kaltschmitt und H. Hartmann (Hrsg.): *Energie aus Biomasse: Grundlagen, Techniken und Verfahren.* Berlin; Heidelberg, New York: Springer-Verlag.

16 EUCAR/JRC/CONCAVE (2004): *Well to Wheel Analysis of future automotive fuels and powertrains in the European context.*

17 The Royal Society (2008): *Sustainable Biofuels: Prospects and Challenges.* London: RSC Policy document 01/08; R. van Noorden (2008): Biobutanol enters battle of the alcohols. *Chemistry World* 2008(2), 21.

18 Fachagentur Nachwachsende Rohstoffe (2005): *Basisdaten Biokraftstoffe.* Gültzow: FNR; http://www.fnr.de.

19 Dechema/GVC (2006): *Integrierte Nutzung nachwachsender Rohstoffe – F&E Studie.* Frankfurt; http://www.dechema.de.

20 A. J. Ragauskas et al. (2006): The Path Forward for Biofuels and Biomaterials. *Science* 311, 484–489.

21 G. W. Huber, S. Iborra und A. Corma (2006): wie Anm. 7

22 E. van Stehen und M. Claeys (2005): *Die Fischer-Tropsch-Synthese.* In: R. Dittmeyer et al. (Hrsg.): *Winacker-Küchler – Chemische Technik*, 5. Auflage, Band 4, 823 ff. Weinheim: Wiley-VCH.

23 H. P. Calis, W. Lüke und I. Drescher (2008): Synthetic Fuels. In: B. Elvers (Hrsg.): wie Anm. 4, 166 ff.

24 http://choren.de

25 L. Plass und S. Reimelt (2007): Status und Zukunft der Biotreibstoffe. *Chemie Ingenieur Technik* 79, 561–567; N. Dahmen, E. Dinjus und E. Henrich (2007): Synthesekraftstoffe aus Biomasse – Das Karlsruher Verfahren bioliq. In: T. Bührke und R. Wengenmair (Hrsg.): *Erneuerbare Energie.* Weinheim: Wiley-VCH, 59 ff.

26 G. W. Huber et al. (2005): Production of Liquid Alkanes by Aqueous-Phase Processing of Biomass-Derived Carbohydrates. *Science* 308, 1446–1450.

27 W. Boll (2005): Methanolsynthese. In: R. Dittmeyer et al. (Hrsg.): wie Anm. 22, 789 ff.

28 L. Plass und S. Reimelt (2007): wie Anm. 25.

29 F. Asinger (1986): *Methanol – Chemie- und Energierohstoff.* Berlin, Heidelberg, New York: Springer; G. Olah, A. Goeppert und G. K. Surya Prakash (2006): *Beyond Oil and Gas: The Methanol Economy.* Weinheim: Wiley-VCH.

30 F. Rößner (2005): Neuere Verfahrensentwicklungen. In: R. Dittmeyer et al. (Hrsg.): wie Anm. 22, 879 ff.

31 R. C. Brown (2006): Fermentation of Syngas. In: B. Kamm, P. R. Gruber und M. Kamm (Hrsg.): wie Anm. 5, 233 ff;

32 G. Stephanopoulos (2007): Challenges in Engineering Microbes for Biofuels Production. *Science* 315, 801–804; M. E. Himmel et al. (2007): Biomass Re-

calcitrance: Engineering Plants and Enzymes for Biofuels Production. *Science* 315, 804–807.

33 J. S. Tolan (2006): Iogen's Demonstration Process for Producing Ethanol from Cellulosic Biomass. In: B. Kamm, P. R. Gruber und M. Kamm (Hrsg.): wie Anm. 5, 193 ff.; siehe auch http://www.iogen.ca.

34 http://www.sekab.com

35 B. Kamm (2006): *Internationale Bioraffinerie-Systeme.* Vortrag anlässlich des 605. Dechema Kolloquiums, 2. März 2006, Frankfurt, online verfügbar unter http://www.events.dechema.de.

36 P. Wasserscheid und T. Welton (Hrsg.) (2007): *Ionic Liquids in Synthesis.* Weinheim: Wiley-VCH.

37 P. G. Jessop und W. Leitner (1999): *Chemical Synthesis using Supercritical Fluids.* Weinheim: Wiley-VCH.

38 D. A. Fort et al. (2007): Can ionic liquids dissolve wood? Processing and analysis of lignocellulosic materials with 1-n-butyl-3-methylimidazolium chloride. *Green Chemistry* 9, 63–69.

39 R. A. Bourne et al. (2007): Maximizing opportunities in supercritical chemistry: the continuous conversion of levulinic acid to γ-valerolactone in CO_2. *Chemical Communications* 44, 4632–4634.

40 T. Werpy et al. (2004*): Top Value Added Chemicals from Biomass.* Oak Ridge: US Department of Energy.

41 I. T. Horvath et al. (2008): γ-Valerolactone – a sustainable liquid for energy and carbon-based chemicals. *Green Chemistry* 10,238–242.

Biomasse-Nutzung für globale Zyklen: Energieerzeugung oder Kohlenstoffspeicherung?

1 Diese Arbeit beruht auf einer Kooperation des Projekthauses «ENER-CHEM» der Max Planck Gesellschaft. Teile der Arbeit wurden als Aufsatz publiziert: M. M. Titirici, A. Thomas und M. Antonietti (2007): Back in the black: hydrothermal carbonization of plant material as an efficient chemical process to treat the CO_2 problem? *New Journal of Chemistry* 31, 787–789.

2 Offizielle Energiestatistik der US-Regierung (http://www.eia.doe.gov/ipm/supply.html).

3 Rohöl ist natürlich nur eine Quelle der gesamten CO_2-Belastung der Atmosphäre. Auch wenn die anderen Zahlen weniger leicht zu bestimmen sind und aus einer Fülle von anderen Quellen stammen, so ist davon auszugehen, dass Öl nur zu ca. einem Drittel der humanen CO_2-Produktion beiträgt.

4 D. S. Powlson, A. B. Riche und I. Shield (2005): Biofuels and other approaches for decreasing fossil fuel emissions from agriculture. *Annals of Applied Biology* 146 (2), 193–201.

5 L. Gustavsson et al. (1995): Reducing CO_2 emissions by substituting biomass for fossil fuels. *Energy* 20, 1097–1113.

6 H. Lieth und R. H. Whittaker (1975): *Primary Productivity of the Biosphere.* Berlin: Springer, 205 f.

7 O. Bobleter (1994): Hydrothermal degradation of polymers derived from

plants. *Prog. Polym. Sci.* 19, 797–841; F. Bergius (1928): Beiträge zur Theorie der Kohleentstehung. *Naturwissenschaften*, 16, 1–10.

8 Diese funktioniert zudem nur mit trockenem Stammholz und nicht mit feuchter Abfallbiomasse. Bei der Holzkohlebildung gehen zudem Teile des CO_2 durch Verbrennung wieder verloren.

9 F. Bergius und H. Specht (1913): *Die Anwendung hoher Drücke bei chemischen Vorgängen.* Halle.

10 B. Glaser (2007): Prehistorically modified soils of central Amazonia: a model for sustainable agriculture in the twenty-first century. *Philosophical Transactions of the Royal Society, B-Biological Sciences* 362, 187–196.

11 E. Marris (2006): Putting the carbon back: black is the new green. *Nature* 442, 624–626.

12 M. M. Titirici et al. (2007): A direct synthesis of mesoporous carbons with bicontinuous pore morphology from crude plant material by hydrothermal carbonization. *Chemistry of Materials* 19, 4205–4212.

13 F. Pearce (2005): Forests paying the price for biofuels. *New Scientist* 188 (2526), 19.

Transport- und Speicherformen für Energie

1 Eine Liste findet sich bei Wikipedia: http://de.wikipedia.org/wiki/Pumpspeicherkraftwerk#Deutschland.

2 Energieagentur NRW (http://infografik.ea-nrw.de/graph_bild/graph_RAD003.jpeg). Wikipedia nennt gleiche Zahlen basierend auf World Wind Energy Association (www.ewea.org/fileadmin/ewea_documents/documents/press_releases/2008/gwec-table-2008.pdf); Verband der Netzbetreiber (www.vdn-berlin.de/global/downloads/Publikationen/LB/VDN_LB_VS_2003-2005.pdf).

3 F. Schüth (2006): Mobile Wasserstoffspeicher mit Hydriden der leichten Elemente. *Nachrichten aus der Chemie* 54, 24–28.

4 J. Wolf (2002): Liquid-hydrogen technology for vehicles. *MRS Bull.* 27, 684.

5 R. S. Irani (2002): Hydrogen storage: High-pressure gas containment. *MRS Bull.* 27, 680.

6 B. Panella, M. Hirscher und S. Roth (2005): Hydrogen adsorption in different carbon nanostructures. *Carbon* 43, 2209.

7 F. Schüth, B. Bogdanović und M. Felderhoff (2004): Light metal hydrides and complex hydrides for hydrogen storage. *Chem. Commun.* 2249–2258.

8 G. A. Olah, A. Goeppert und G. K. Sury Prakash (2006): *Beyond Oil and Gas: The Methanol Economy.* Weinheim: Wiley-VCH.

9 http://bmwi.de/BMWi/Navigation/Energie/energiestatistiken.html.

Neue Wege der Batterieforschung

1 Eine gute Übersicht gibt J.-M. Tarascon und M. Armand (2001): Issues and challenges facing rechargable lithium batteries. *Nature* 414, 359–367.

2 F. A. Kröger (1964): *Chemistry of Imperfect Crystals.* Amsterdam: North Holland.

3 J. Maier und R. Amin (im Druck): Defect Chemistry of LiFePO$_4$. *Journal of the Electrochemical Society*.

4 J. Maier (2005): Nanoionics: ion transport and electrochemical storage in confined systems. *Nature Materials* 4, 805–815.

5 J. Maier (1995): Ionic Conduction in Space Charge Regions. *Progress in Solid State Chemistry* 23, 171–263.

6 A. J. Bhattacharyya und J. Maier (2004): Second Phase Effects on the Conductivity of Non-Aqueous Salt Solutions: «Soggy Sand Electrolytes». *Advanced Materials* 16, 811–814.

7 J. Jamnik und J. Maier (2003): Nanocrystallinity effects in lithium battery materials. Aspects of nano-ionics. Part IV. *Physical Chemistry Chemical Physics* 5, 5215–5220; J. Maier (2007): Mass storage in space charge regions of nano-sized systems (Nano-ionics. Part V). *Faraday Discussions* 134, 51–56.

8 P. Balaya et al. (2003): Fully Reversible Homogeneous and Heterogeneous Li Storage in RuO$_2$ with High Capacity. *Advanced Functional Materials* 13, 621–625.

9 P. Poizot et al. (2000): Nano-sized transition-metal oxides as negative electrode materials for lithium-ion batteries. *Nature* 407, 496–499; P. Balaya et al. (2003): wie Anm. 8.

10 Y.-S. Hu et al. (2007): Synthesis of Hierarchically Porous Carbon Monoliths with Highly Ordered Microstructure and Their Application in Rechargeable Lithium Batteries with High-Rate Capability. *Advanced Functional Materials* 17, 1873–1878.

11 M. Gaberšček et al. (2006): Mass and charge transport in hierarchically organized storage materials. Example: Porous active materials with nanocoated walls of pores. *Solid State Ionics* 177, 3015–3022.

12 Y.-S. Hu et al. (2007): Improved Electrode Performance of Porous LiFePO$_4$ Using RuO$_2$ as an Oxidic Nanoscale Interconnect. *Advanced Materials* 19, 1963–1966; Y.-G. Guo et al. (2007): Superior Electrode Performance of Nanostructured Mesoporous TiO$_2$ (Anatase) through Efficient Hierarchical Mixed Conducting Networks. *Advanced Materials* 19, 2087–2091.

13 J. Maier (2007): Size effects on mass transport and storage in lithium batteries. *Journal of Power Sources* 174, 569–574.

Der Weg zu einer nachhaltigen Energiequelle: Die Erforschung der Kernfusion

1 Der Autor möchte an dieser Stelle Isabella Milch, Thomas Hamacher und Axel Kampke für die Unterstützung bei der Vorbereitung dieses Artikels danken.

Die Autoren

Prof. Markus Antonietti (geb. 1960 in Mainz) studierte Chemie und Physik an der Universität Mainz. Nach der Promotion 1985 habilitierte er sich 1990 im Fach Physikalische Chemie und arbeitete ab 1991 zunächst als Hochschuldozent in Mainz und dann als Professor in Marburg. Seit Oktober 1993 ist er Direktor am Max-Planck-Institut für Kolloid- und Grenzflächenforschung und lehrt zudem als Professor an der Universität Potsdam. Er beschäftigt sich unter anderem mit der Synthese und den Eigenschaften von funktionalen Polymeren, hydrothermalen und isothermalen Prozessen und der nachhaltigen Chemie.

Prof. Alexander M. Bradshaw (geb. 1944 in Bushey, UK) promovierte 1969 auf dem Gebiet der Physikalischen Chemie am Queen Mary College der University of London. Habilitation 1974 an der TU München. Von 1980 bis 1998 leitete er als Wissenschaftliches Mitglied die Abteilung Oberflächenphysik am Fritz-Haber-Institut der Max-Planck-Gesellschaft. Im Nebenamt war er 1980–1985 und 1988–1989 als Wissenschaftlicher Geschäftsführer der Berliner Elektronenspeicherring-Gesellschaft für Synchrotronstrahlung (BESSY) mbH tätig. Seit 1999 ist Bradshaw Wissenschaftlicher Direktor am Max-Planck-Institut für Plasmaphysik in Garching und Greifswald. Zurzeit ist er auch Vorsitzender des EFDA Steering Committee, eines Lenkungsgremiums für das Kernfusionsprogramm der EU (Euratom). Er ist Honorarprofessor für Experimentalphysik an der Technischen Universität Berlin (beurlaubt) und an der TU München. 1998–2000 war er Präsident der Deutschen Physikalischen Gesellschaft. Er ist Mitglied mehrerer Akademien. Seine wissenschaftlichen Interessen umfassen die Oberflächenphysik, Photoionisationsprozesse in Atomen und Molekülen, die Kernfusion und Energiesysteme.

PD Dr. Gerd Gleixner (geb. 1963 in Uetersen/Holstein) studierte Agrarwissenschaften, Biotechnologie und teilweise Umweltwissenschaften an der Technischen Universität München. Er schrieb 1989 seine Diplomarbeit im Fachgebiet Biochemie und promovierte 1994 über ein enzymkinetisches Thema. Er war als wissenschaftlicher Mitarbeiter an der TU München tätig und wechselte 1998 als Arbeitsgruppenleiter «Humuschemie» an das Max-Planck-Institut für Biogeochemie in Jena. Er habilitierte sich 2003 in organischer Geochemie an der Friedrich-Schiller-Universität und nimmt seither als Privatdozent an der Ausbildung von Chemikern, Geowissenschaftlern und Biologen teil. 2006 wurde er vom Präsidenten der MPG zum Arbeitsgruppenleiter (W2) am MPI für Biogeochemie ernannt. Hauptarbeitsgebiete sind die Untersuchung von molekularen Mechanismen globaler Stoffkreisläufe (Schwerpunkt Boden), die Rekonstruktion von Paläoklima und die Untersuchung zellulärer Stoffwechselvorgänge. Er ist weltweit anerkannter Fachmann für die Bestimmung und die Entwicklung neuer Methoden zur substanzspezifischen Isotopenverhältnis-Massenspektrometrie.

Prof. Walter Leitner (geb. 1963 in Pfarrkirchen) studierte in Regensburg Chemie und promovierte bei H. Brunner auf dem Gebiet der asymmetrischen Katalyse. Nach einem Auslandsaufenthalt an der Universität Oxford forschte er von 1991 bis 1995 an der neu gegründeten Arbeitsgruppe «CO_2-Chemie» der Max-Planck-Gesellschaft an der Universität Jena, wo er sich auch habilitierte. Anschließend war er als Nachwuchsgruppenleiter am Max-Planck-Institut für Kohlenforschung in Mülheim an der Ruhr tätig, wo er ab 1998 die Leitung des Technikums übernahm. Im Jahr 2002 folgte er dem Ruf auf den Lehrstuhl für Technische Chemie und Petrolchemie am Institut für Technische und Makromolekulare Chemie (ITMC) der RWTH Aachen. Im gleichen Jahr wurde er zum Externen Wissenschaftlichen Mitglied des MPI für Kohlenforschung ernannt. Sein Hauptarbeitsgebiet ist die Katalyseforschung von ihren molekularen Grundlagen bis zu reaktionstechnischen Konzepten.

Prof. Joachim Maier (geb. 1955 in Neunkirchen/Saar) studierte Chemie an der Universität des Saarlandes, promovierte dort 1982 und schloss 1988 seine Habilitation an der Universität Tübingen ab. Er lehrte bzw. lehrt noch in Tübingen, am Massachusetts Institute of Technology (MIT) als externes Fakultätsmitglied, an der Universität Graz als Gastprofessor und an der Universität Stuttgart als Honorarprofessor. Als Direktor der Abteilung für Physikalische Chemie (seit 1991) am Max-Planck-Institut für Festkörperforschung liegen seine Hauptinteressen im konzeptionellen Verständnis chemischer und elektrochemischer Phänomene in und an Festkörpern, wie auch in ihrer gezielten Nutzung in materialwissenschaftlichen Anwendungen.

Prof. Jochem Marotzke (geb. 1959 in Nister/Rheinland-Pfalz) studierte Physik in Bonn, Kopenhagen und Kiel. Er promovierte 1990 in Ozeanographie an der Universität Kiel und war von 1990 bis 1999 erst Postdoktorand, dann Assistant und Associate Professor für Ozeanographie am Massachusetts Institute of Technology (MIT), bevor er den Ruf auf den Lehrstuhl für Ozeanographie am Southampton Oceanography Centre, Großbritannien, annahm. Seit 2003 ist er Direktor und Wissenschaftliches Mitglied am Max-Planck-Institut für Meteorologie in Hamburg, wo er die Abteilung «Ozean im Erdsystem» leitet. Er beschäftigt sich mit der Rolle der großräumigen Ozeanzirkulation im Klimageschehen sowie der Dynamik und den Folgen des Klimawandels. Sein Methodenspektrum umfasst Theorie, Modellierung und Beobachtungen sowie insbesondere die Synthese aller drei Zugänge.

Prof. Hartmut Michel (geb. 1948 in Ludwigsburg/Baden-Württ.) studierte Biochemie in Tübingen, unterbrochen von Praktikumssemestern in München. 1977 promovierte er bei Dieter Oesterhelt in Würzburg über Lichtenergiewandlung bei Halobakterien. Von 1979 bis 1987 war er wissenschaftlicher Mitarbeiter und Gruppenleiter am Max-Planck-Institut für Biochemie in Martinsried bei München. 1986 habilitierte er sich an der Münchner Ludwig-Maximilians-Universität. Seit 1987 ist er Direktor am Max-Planck-Institut für Biophysik in Frankfurt am Main. Er erforscht Struktur, Funktion und Mechanismen membrangebundener Proteine. 1988 erhielt er für die Aufklärung der Struktur eines photosynthetischen Reaktionszentrums den Nobelpreis für Chemie.

Prof. Klaus Müllen (geb. 1947 in Köln) studierte Chemie an der Universität Köln. Nach seiner Diplomarbeit bei Prof. E. Vogel (1969) wechselte er an die Universität Basel und promovierte dort 1972 unter Prof. F. Gerson über die EPR- und NMR-Spektroskopie verbrückter Annulene. Es folgte ein Post-Doc-Aufenthalt an der ETH Zürich bei Prof. J. F. M. Oth über dynamische NMR-Spektroskopie und Elektrochemie, der 1977 zur Habilitation und zur Ernennung zum Privatdozenten führte. 1979 wurde er Professor für Organische Chemie an der Universität Köln, 1983 nahm er den Ruf auf einen Lehrstuhl für Organische Chemie an der Universität Mainz an. 1989 wurde er Wissenschaftliches Mitglied der Max-Planck-Gesellschaft und Direktor des Forschungsbereichs Synthetische Chemie am Max-Planck-Institut für Polymerforschung. Seit dem 1. Januar 2008 ist er außerdem Präsident der Gesellschaft deutscher Chemiker. Seine Forschungsschwerpunkte liegen auf den Gebieten der synthetischen makromolekularen Chemie und der supramolekularen Chemie sowie der Materialwissenschaften.

Prof. Hans-Joachim Queisser (geb. 1931 in Berlin) studierte Physik in Berlin, Lawrence (USA) und Göttingen, dort Promotion in Physik 1958. Von 1959 bis 1963 «Senior Scientist» beim Nobelpreisträger und Transistor-Erfinder W. Shockley in Mountain View, Kalifornien. Dort entstand 1960 die heute allgemein verbindliche Theorie des maximalen Wirkungsgrads von Solarzellen («Shockley-Queisser-Limit»). Nach Tätigkeiten bei den Bell Telephone Labs in Murray Hill (USA) und als Professor an der Universität Frankfurt/Main wurde er 1969 einer der Gründungsdirektoren des Stuttgarter Max-Planck-Instituts für Festkörperforschung, wo er an Halbleiterphysik und den Grundlagen der Sonnenenergie-Nutzung arbeitete. Mitglied mehrerer Akademien; Ehrenmitglied der *Japan Academy*; Emeritierung 1998.

Dr. Erich Roeckner (geb. 1941 in Allenstein) studierte Meteorologie an der Universität Hamburg. Nach der Fertigstellung seiner Dissertation am Max-Planck-Institut für Aeronomie in Lindau (Harz) kehrte er 1973 an die Universität Hamburg zurück, wo er sich 1989 im Fach Meteorologie habilitierte. Von 1991 bis zu seiner Pensionierung im Jahre 2006 war er Leiter der Arbeitsgruppe «Globale Klimamodellierung» am Max-Planck-Institut für Meteorologie in Hamburg. Seine Forschungstätigkeit ist eng mit der Entwicklung und Anwendung von Klimamodellen verknüpft und umfasst u. a. die Wechselwirkungen zwischen Wolken, Strahlung und Klima sowie den Einfluss menschlicher Aktivitäten auf das Klimasystem.

Prof. Robert Schlögl (geb. 1954 in München) studierte Chemie an der Ludwig-Maximilians-Universität in München, wo er 1982 mit Beiträgen zur Interkalationschemie in Graphit promovierte. Nach Studienaufenthalten in Cambridge und Basel habilitierte er von 1986–89 bei Professor Ertl am Fritz-Haber-Institut in Berlin. Danach nahm er einen Ruf als C4-Professor für Anorganische Chemie an der Universität Frankfurt/Main an, bevor er 1994 als Direktor an das Fritz-Haber-Institut der Max-Planck-Gesellschaft berufen wurde. Schwerpunkt seiner Forschung sind die heterogene Katalyse, insbesondere die Verknüpfung von wissenschaftlicher Durchdringung mit technischer Anwendbarkeit, sowie Fragestellungen zur Entwicklung nanochemisch optimierter Materialien für Energiespeicherkonzepte.

Dr. Bruno Schmaltz (geb. 1978 in Strasbourg, Frankreich) studierte Chemie an der Technischen Universität Robert Schumann in Illkirch und an der Louis-Pasteur-Universität in Strasbourg. Er schloss sein Studium 2001 mit einer Arbeit über die Bildung metallorganisch verbundener molekularer Netzwerke in der Gruppe von Prof. Mir Wais Hosseini an der Louis-Pasteur-Universität ab (DEA). Er promovierte 2005 am Institut Charles Sadron unter der Anleitung von Dr. Claude Mathis und Dr. Martin Brinkmann über die Synthese von Sternpolymeren mit Fulleren-Kern und der Kontrolle der Organisation der resultierenden Blockcopolymere auf Nanometer-Skala. Im gleichen Jahr wurde er Mitglied der Forschungsgruppe von Prof. Klaus Müllen am Max-Planck-Institut für Polymerforschung in Mainz. Dort arbeitet er – seit 2007 als Projektleiter – auf dem Gebiet der Synthese von konjugierten Polymeren und Makrozyklen für den Einsatz in der Polymerelektronik.

Randolf Schücke (geb. 1976 in Wiesbaden) studierte Chemie an der Universität Kyoto, Japan, und an der Johannes-Gutenberg-Universität in Mainz, wo er 2004 seine auf dem Gebiet der «green chemistry» angelegte Diplomarbeit zur kationischen Ringöffnungspolymerisation von Tetrahydrofurfurylalkohol bei Prof. Holger Frey erstellte. Seit 2005 arbeitet er am Max-Planck-Institut für Polymerforschung in der Gruppe von Prof. Klaus Müllen an seiner Dissertation über heteroatomhaltige konjugierte Polymere und deren Anwendung in der Polymerelektronik.

Prof. Ferdi Schüth (geb. 1960 in Warstein/Westfalen) studierte Chemie und Jura an der Westfälischen Wilhelms-Universität Münster, wo er 1988 bei E. Wicke zum Dr. rer. nat. promovierte. 1989 legte er das Erste Staatsexamen der Rechtswissenschaften ab. 1988/89 arbeitete er als Postdoktorand im Department of Chemical Engineering and Materials Science an der University of Minnesota, Minneapolis. 1989–1995 war er im Rahmen seiner Habilitation als Wissenschaftlicher Assistent am Institut für Anorganische und Analytische Chemie an der Universität Mainz unter Klaus Unger tätig. 1993 arbeitete er fünf Monate mit Galen Stucky an der University of California in Santa Barbara. 1995–1998 war er Professor für Anorganische Chemie an der Johann-Wolfgang-Goethe Universität in Frankfurt. Seit 1998 ist er als Direktor und Wissenschaftliches Mitglied am Max-Planck-Institut für Kohlenforschung in Mülheim an der Ruhr tätig. Seit 2007 ist er Vizepräsident der DFG. Seine Forschungsinteressen umfassen die Grundlagen der Kristallisation, Synthese von Katalysatoren, Heterogene Katalyse, Hochdurchsatzmethoden in der Materialforschung, zeolithische Materialien und Wasserstoffspeicher.

Prof. Mark Stitt (geb. 1953 in Bedford, UK) studierte Naturwissenschaften an der Universität Cambridge, England und promovierte dort 1978 auf dem Gebiet der Pflanzenbiochemie. Von 1978–80 war er als wissenschaftlicher Mitarbeiter am Institut für Physiologische Chemie der Ludwig-Maximilians-Universität in München tätig und von 1980–1986 wissenschaftlicher Mitarbeiter am Lehrstuhl für Biochemie der Pflanze in Göttingen. 1985 habilitierte er im Fach Biochemie der Pflanze an der Universität Göttingen. 1986 erhielt er einen Ruf als Fiebiger-Professor (C2) für Biochemie der Pflanze an der Universität Bayreuth. 1990 wechselte er auf die C4-Professur für Botanik an der Universität Heidelberg. 2000 wurde er zum Direktor am Max-Planck-Institut für Molekulare Pflanzenphysiologie in Potsdam-Golm berufen. Seine Forschung befasst sich mit der Regulation der zentralen Pflanzenstoffwechsel und wendet Methoden aus der Biochemie, der Genomik und der Systembiologie an.

Prof. Kai Sundmacher (geb. 1965 in Hildesheim) studierte Maschinenbau und Verfahrenstechnik in Hannover, Clausthal und Braunschweig. Von 1990 bis 1995 war er als wissenschaftlicher Mitarbeiter am Institut für Chemische Verfahrenstechnik der TU Clausthal tätig und promovierte dort 1995 auf dem Gebiet der Reaktivdestillation. Von 1995 bis 1998 leitete er am gleichen Institut die Forschergruppen «Reaktivdestillation» und «Elektrochemische Verfahrenstechnik». Nach einem Forschungsaufenthalt am Department of Chemical and Process Engineering der University of Newcastle-upon-Tyne, Großbritannien, habilitierte er sich 1998 für das Fachgebiet «Chemische und Thermische Verfahrenstechnik». 1999 erhielt er den Ruf auf die C4-Professur für Systemverfahrenstechnik an der Otto-von-Guericke-Universität Magdeburg. 2001 wurde er zum Direktor am Max-Planck-Institut für Dynamik komplexer technischer Systeme in Magdeburg berufen. Seine Forschungsinteressen umfassen Brennstoffzellensysteme, integrierte chemische Prozesse, eigenschaftsverteilte Partikelsysteme sowie die mathematische Modellierung und Simulation komplexer verfahrenstechnischer Systeme.

Prof. Rudolf K. Thauer (geb. 1939 in Frankfurt am Main) studierte Medizin und Biochemie in Frankfurt, Tübingen und Freiburg. Seiner Promotion (1968) und Habilitation (1971) am Biochemischen Institut in Freiburg schloss sich ein Forschungsaufenthalt an der Case Western Reserve University in Cleveland, Ohio an. Von 1972 bis 1976 hatte er eine Professur für Biochemie der Pflanzen an der Ruhr-Universität Bochum inne und von 1976 bis 2005 eine Professur für Mikrobiologie an der Philipps-Universität Marburg. Seit 1991 war er zusätzlich Direktor am Max-Planck-Institut für terrestrische Mikrobiologie, an dessen Gründung er mitgewirkt hat. Nach seiner Pensionierung als Direktor Ende 2007 leitet er eine Emeritusgruppe am Max-Planck-Institut. Seine Forschungsinteressen umfassen seit seiner Promotion die Biochemie, Physiologie und Ökologie von strikt anaeroben Mikroorganismen mit einem Schwerpunkt auf Methanbildnern.

Prof. Carl Christian von Weizsäcker (geb. 1938 in Berlin) studierte Volkswirtschaftslehre und Sozialwissenschaften an deutschen und schweizerischen Universitäten. Er wurde 1961 in Basel mit einer volkswirtschaftlichen Arbeit zum Dr. phil. promoviert. Nach Forschungsaufenthalten am Massachusetts Institute of Technology (MIT) und an der University of Cambridge war er wissenschaftlicher Mitarbeiter am Max-Planck-Institut für Bildungsforschung in Berlin. 1965 wurde er ordentlicher Professor für Volkswirtschaftslehre an der Universität Heidelberg. Von 1968 bis 1970 war er zugleich Professor of Economics am MIT. Es folgten Professuren an den Universitäten Bielefeld, Bonn, Bern und schließlich seit 1986 Köln. Dort leitete er bis zu seiner Emeritierung 2003 das Energiewirtschaftliche Institut. Seither ist er Senior Research Fellow am Max Planck-Institut zur Erforschung der Gemeinschaftsgüter in Bonn. Von 1986 bis 1998 war er Mitglied, von 1989 bis 1998 Vorsitzender der Monopolkommission. Er ist Mitglied des wissenschaftlichen Beirats des Bundesministers für Wirtschaft und Technologie, Fellow der Econometric Society und der European Economic Association sowie Mitglied der American Academy of Arts and Sciences und der Nordrhein-Westfälischen Akademie der Wissenschaften. Seine Hauptarbeitsgebiete sind die Wettbewerbspolitik, die Energiepolitik sowie die theoretischen Grundlagen von Konzepten der «Sozialen Marktwirtschaft».

Prof. Friedrich Widdel (geb. 1950 in Lindhorst/Schaumburg) studierte Biologie und Chemie in Hannover und Mikrobiologie in Göttingen. Nach der Promotion folgten Forschungs- und Lehrtätigkeiten an den Universitäten Konstanz, Urbana-Champaign/Illinois und Marburg. 1988 habilitierte er im Fach Mikrobiologie. 1990 wurde er auf eine C3-Professur an der Ludwig-Maximilians-Universität in München berufen. Seit 1992 ist er Direktor am Max-Planck-Institut für Marine Mikrobiologie in Bremen und Professor für Mikrobiologie an der Universität Bremen. Er beschäftigt sich mit der Physiologie aquatischer Bakterien, der Umsetzung organischer und anorganischer Verbindungen des natürlichen Stoffkreislaufs durch Bakterien und deren Stoffwechselleistungen im sauerstofffreien Milieu.